U0396642

计算机应用基础

毛科技　王炳忠　陈立建　主　编
竺超明　钱　芳　周　雪　郑月锋　章晓强　副主编

图书在版编目(CIP)数据

计算机应用基础 / 毛科技，王炳忠，陈立建主编.
—杭州 ：浙江工商大学出版社，2016.12(2021.1 重印)
ISBN 978-7-5178-1538-9

Ⅰ.①计… Ⅱ.①毛… ②王… ③陈… Ⅲ.①电子计算机—高等学校—教材 Ⅳ.①TP3

中国版本图书馆 CIP 数据核字(2016)第 023787 号

计算机应用基础
毛科技　王炳忠　陈立建 主编

责任编辑　姚　媛
封面设计　林朦朦
责任校对　刘　颖
责任印制　包建辉
出版发行　浙江工商大学出版社
(杭州市教工路 198 号　邮政编码 310012)
(E-mail:zjgsupress@163.com)
(网址:http://www.zjgsupress.com)
电话:0571-88904980,88831806(传真)
排　　版　杭州朝曦图文设计有限公司
印　　刷　杭州高腾印务有限公司
开　　本　787mm×1092mm　1/16
印　　张　26
字　　数　600 千
版 印 次　2016 年 12 月第 1 版　2021 年 1 月第 4 次印刷
书　　号　ISBN 978-7-5178-1538-9
定　　价　66.00 元

浙江工商大学出版社营销部邮购电话　0571-88904970

前　言

随着信息技术的快速发展和计算机的普及，使用计算机的意识和基本技能，已成为衡量一个人文化素质高低的重要标志之一。

本书以教育部高等学校计算机基础课程教学指导委员会最新发布的《高等学校计算机基础教学发展战略暨计算机基础课程教学基本要求》为重要依据，系统、深入地介绍了计算机科学与技术的基本概念和原理，安排的教学内容具有很强的知识性、实用性和操作性，并将重点放在新技术的发展和应用上。本书可作为高等院校各专业本科生及高职高专学生的大学计算机基础课程教学用书，也可作为高等学校成人教育的培训教材和教学参考书。

本书共分8章，第1章主要介绍了计算机基础知识、计算机系统的组成及信息技术基础等，由浙江工业大学的王炳忠和浙江广播电视大学萧山学院的竺超明编写；第2章主要介绍了操作系统的基本概念，重点介绍了 Windows 7 的基本应用，由浙江广播电视大学萧山学院的钱芳编写；第3章主要介绍了文字处理软件 Word 2010 的概念及使用，由浙江工业大学的毛科技编写；第4章主要介绍了 Excel 2010 的概念及使用，由浙江广播电视大学萧山学院的周雪和浙江工业大学的毛科技编写，浙江工业大学的郑月锋对本章进行了部分修改工作；第5章主要介绍了 PowerPoint 2010 基础及使用，由浙江工业大学的王炳忠编写；第6章主要介绍了计算机网络的相关内容，由浙江广播电视大学萧山学院的竺超明编写；第7章主要介绍了图像处理软件、视频及音频处理软件等，由浙江广播电视大学萧山学院的陈立建、章晓强编写；第8章主要介绍了密码技术、计算机病毒以及最新的手机安全技术、微信安全技术等，由浙江广播电视大学萧山学院的陈立建编写。

本书由浙江工业大学的毛科技、王炳忠和浙江广播电视大学萧山学院的陈立建担任主编进行统稿。参与本教材编写的作者都是工作在计算机教学、科研和实验室第一线的计算机专业教师，他们在长期的教学和实践工作中积累了丰富的教学经验。

本书的出版得到了浙江工商大学出版社的关心和支持，在此表示感谢。

本教材受浙江工业大学重点教材建设项目资助，在此表示感谢！

由于时间紧迫及作者水平有限，书中难免有不足之处，恳请读者批评和指正。

编　者

2016年10月于浙江杭州

目　录

第 1 章　计算机基础

1.1　计算机系统概述

计算机是一种能自动、高速、精确地对信息进行存储、传送与加工处理的现代化智能电子设备。计算机技术的飞速发展，使计算机不仅成为当前使用最广泛的现代化工具，而且还促进了信息技术革命的到来，使社会发展步入了信息时代。信息革命以计算机(Computer)、通信(Communication)和控制(Control)技术("3C"技术)为主要代表，以机器智能代替人类的脑力劳动为主要特征，从而影响信息活动的一切领域。信息革命导致了人类社会从工业社会向信息社会的过渡。

1.1.1　计算机的发展和展望

计算技术发展的历史是人类文明史的一个缩影。人类最早的计算工具可以追溯到中国古代的算筹，算筹后来被方便的算盘取代。算盘是世界上第一种手动式计算器，迄今还在使用。1622 年，英国数学家威利・奥特瑞德(William Oughtred)发明了圆盘计算尺，这称得上是最早的模拟计算工具了。1642 年，法国数学家、物理学家帕斯卡(Blasie Pascal)发明了手动计算机器，它能进行加法和减法运算。1673 年，德国数学家、思想家莱布尼兹(G. W. Leibniz)制造了能进行四则运算的机械计算机器。这些早期的计算机器都是一种手动机械计算装置，都没有突破手工操作的框架。直到 19 世纪初，计算技术才取得突破，计算机不但能快速地完成四则运算，还能够自动完成复杂的运算，使计算技术从手动机械跃入自动机械的新时代。

(1)近代计算机

①巴比奇和差分机

1818 年，法国人托马斯(C. Thomas)设计了一种比较实用的计算机，计算机开始走出发明家的研究室，进入社会，成为人们得力的计算工具。这是计算机发展史上的一件大事。

图 1.1　莱布尼茨

瑞典人奥涅尔(W. Odhner)从 1874 年开始整整花费 15 年的时间，发明了一种齿数可变的齿轮，并设计出一种新型计算机，叫奥涅尔机。直到 20 世纪 20 年代，奥涅尔机都是应用中一种主要的计算机器。

1822 年，英国数学家查尔斯・巴比奇(Charles Babbage)设计出第一台能通过加减法计算各种多项式的机器，定名为“差分机”。它仅能进行加法运算，其重要意义更在于，它不只是每次完成一个算术运算，而且能按照设计者的安排自动地完成整个运算过程。这无疑已经蕴含了程序设计的萌芽。

图 1.2 巴比奇

图 1.3 差分机

②分析机——现代通用数字机的雏形

大约在 1834 年，巴比奇完成了一项新设计，这种新设计的计算机有专门控制运算程序的机构，而机器的其余部分可以进行各种具体的数字运算，他把这种新机器命名为“分析机”。

分析机主要由三部分组成：齿轮式寄存器、运算的装置、控制操作顺序及输出结果的装置。可以看出巴比奇的分析机已经包括了现代计算机设计的一些主要思想。

图 1.4 分析机

③模拟机的研制

1876年,英国物理学家凯尔文(Kelvin)利用他兄弟汤姆逊(Thomson)的圆盘—圆球—圆轴式积分仪成功地制造出第一台计算傅立叶系数的机器,他称之为“潮汐调和分析仪”。这种调和分析仪能在一两小时内完成熟练的计算员至少需要20小时才能完成的计算。

图1.5　潮汐调和分析仪

1930年,美国工程师布什(V. Bush)和哈森(H. Hazen)合作制造出第一台真正的微分分析仪。

到20世纪30年代为止,设计制造模拟机的活动相当活跃。但在实际工作中,人们逐步看到了模拟装置在通用性、精确度及速度这三个方面的局限。从理论上说,任何一种数学计算都可以设计出相应的模拟机器,但要在技术上加以实现却会遇到许多重大困难。因此,随着条件成熟,人们的注意力转向了数字计算机。

④图灵和理想计算机

图灵奖是计算机界最负盛名的奖项,有“计算机界诺贝尔奖”之称。该奖由美国计算机协会于1966年设立,用来专门奖励那些对计算机事业做出重要贡献的个人。其名取自计算机科学的奠基人、英国科学家艾伦·图灵(Alan Turing)。

图1.6　图灵

1936年,图灵发表了著名的关于“理想计算机”的论文,后人称该“理想计算机”为图灵机(Turing Machine,TM)。图灵机由三部分组成:一条带子、一个读写头和一个控制装置。带子分成许多小格,每小格可存一位数。相对于带子而言,读写头可以左右移动,每移动一小格,就读出一个符号或在带子上打印一个符号。图灵证明了一个很重要的定理:只有图灵机能解决的计算问题,实际计算机才能解决;如果是图灵机不能解决的问题,则实际计算机也无法解决。这种能够模拟任何给定的图灵机的机器就是“通用图灵机”,通用图灵机把程序和数据都以数码的形式存储在纸带上,是“存储程序”型的,这种程序能把高级语言写的程序译成机器语言写的程序。通用图灵机实际上是现代通用数字计算机的数学模型。图灵机理论不仅解决了数理逻辑的一个基础理论问题,而且证明了通用数字计算机是可以制造出来的。一般认为,现代计算机的基本概念源于图灵。

⑤电子计算机的诞生

第一个采用电器元件来制造计算机的是德国工程师朱斯(K. Zuse)。他设计的第一台计算机 Z-1 号于 1938 年完成,是世界上第一台真正的通用程序控制计算机。

1944 年,在国际商业机器公司(IBM 公司)的支持下,霍华德·艾肯(Howard Aiken)制造了世界上第一台程序控制的自动数字计算机——MARK-I,并在美国哈佛大学投入运行。

这些机器的典型部件是普通继电器,而继电器开关速度大约是百分之一秒,所以运算速度受到限制。

1946 年 2 月,美国宾夕法尼亚大学的莫奇莱(John W. Mauchly)教授和埃克特(J. Presper Eckert)博士等人设计制造出名为 ENIAC(Electronic Numerical Integrator And Calculator,电子数值积分计算机)的电子计算机,这是目前大家公认的第一台电子计算机。ENIAC 重 30 吨,占地面积约 170m²,大约使用了 18800 个电子管、7 英里长的铜丝和 5 万个焊头(图 1.7),它有 20 字节的寄存器,每个字长十位,采用十进制进行运算,时钟频率是 100kHz,耗电 150kW,每秒能完成 5000 次加减运算、333 次乘法运算或 100 次除法运算。

图 1.7　ENIAC

尽管 ENIAC 还有许多弱点,如没有真正的存储器、工作时发热量大、计算方式依赖于电路的连接方式等,但是在人类计算工具发展史上,它仍然是一座不朽的里程碑。它的问世,标志着电子计算机时代的到来。

(2)计算机的发展史

从 ENIAC 诞生至今,计算机所采用的基本电子元器件已经经历了电子管、晶体管、中小规模集成电路、大规模和超大规模集成电路四个发展阶段,这四个阶段通常称为计算机发展进程中的四个时代。

①第一代——电子管计算机

第一代计算机(1946—1958)是电子管计算机,它的基本电子元件是电子管。因此,第一代计算机体积大,耗电多,速度低,造价高,且使用不便,主要局限于一些军事和科研部门的科学计算。

图 1.8　电子管

②第二代——晶体管计算机

第二代计算机(1958—1964)是晶体管计算机。随着晶体管取代计算机中的电子管,晶体管计算机诞生了。晶体管计算机的基本电子元件是晶体管,与第一代电子管计算机相比,晶体管计算机体积小,耗电少,成本低,逻辑功能强,且使用方便,可靠性高。因此,它的应用从军事研究、科学计算扩大到数据处理、工业过程控制等领域,并开始进入商业市场。

典型的第二代机有 UNIVAC II、贝尔的 TRADIC、IBM 的 7090、7094、7044 等。

图 1.9　晶体管

③第三代——集成电路计算机

第三代计算机(1964—1971)是集成电路计算机。随着半导体技术的发展,第三代计算机的基本电子元件改用小规模集成电路和中规模集成电路,磁芯存储器也得到进一步发展,并开始采用性能更好的半导体存储器,运算速度提高到每秒几十万次到几百万次基本运算。计算机软件技术进一步发展,操作系统正式形成,并出现多种高级程序设计语言,如 BASIC 语言等。

由于采用了集成电路，第三代计算机各方面的性能都有了极大提高：体积缩小，价格降低，功能增强，可靠性大大提高。它广泛应用于科学计算、数据处理、工业控制等方面，并进入众多学科领域。

典型的第三代机有IBM360系列、Honeywell6000系列、富士通F230系列等。

④第四代——大规模和超大规模集成电路计算机

第四代计算机(1971至今)是大规模和超大规模集成电路计算机。随着大规模集成电路和超大规模集成电路的出现，电子计算机的发展进入第四代。第四代计算机的基本电子元件是大规模集成电路和超大规模集成电路，集成度很高的半导体存储器替代了磁芯存储器，运算速度可达每秒几百万次，甚至上亿次基本运算。计算机软件系统进一步发展，操作系统等系统软件不断完善，应用软件的开发已逐步成为一个现代产业，计算机的应用已渗透到社会生活的各个领域。

图1.10 大规模集成电路

在计算机四个时代的发展进程中，计算机的性能越来越好，主要表现在以下几个方面：生产成本越来越低；体积越来越小；运算速度越来越快；耗电量越来越少；存储容量越来越大；可靠性越来越高；软件配置越来越丰富；应用范围越来越广泛。

表1.1 一至四代计算机的发展纪年

时 代	年 代	器 件	软 件	应 用
一	1946—1958	电子管	机器语言与汇编语言	科学计算
二	1958—1964	晶体管	高级语言	数据处理、工业控制
三	1964—1971	中小规模集成电路	操作系统	文字处理、图形处理
四	1971年至今	大规模和超大规模集成电路	数据库、网络等	社会的各个领域

(3)微处理器的发展

微处理器是计算机的核心部件。随着大规模集成电路的日趋成熟，计算机的中央处理器(Central Processing Unit, CPU)有可能做在一个芯片上,再加上存储器和接口等其他芯片即可构成一台微型计算机(Microcomputer,简称微型机、微机、微电脑)。

1971年11月,美国英特尔(Intel)公司制成世界上第一片微处理器(Micro Processing Unit, MPU) Intel 4004,它是4位处理器,集成了2300只晶体管,频率仅有108kHz,只有45条指令,每秒也只能执行五万条指令,但它开创了微处理器的新时代。

1972年,Intel公司推出8位微处理芯片8008,之后的几年中,8位微型计算机得到飞速发展。

1978年,Intel公司推出16位微处理器芯片8086。

两年后,Microsoft公司推出Windows操作系统,这是微型计算机操作系统的一次革命性进步。

1989年,Intel公司成功研制出80486芯片。微型计算机市场日趋繁荣,出现了百家争鸣的局面。

1993年,Intel公司推出新一代的处理器80586,并给它起了个商品名Pentium(奔腾)。

1995年,2月Intel公司推出Pentium Pro芯片。

1997年,1月Intel公司推出第一片带MMX(Multi Media eXtensions,多媒体扩展)技术的多功能奔腾处理器。

1997年下半年起,各CPU制造商竞相将MMX技术纳入32位及64位微处理器中。

1998年的Pentium II是带有MMX技术的P6级微处理器。Pentium III是在Pentium II的基础上新增了70条能够增加音频、视频和3D图形效果的SSE(Streaming SIMD Extensions,数据流单指令多数据扩展)指令集。

2000年,Intel公司推出Pentium IV微处理器,主频达到1GMHz以上。

2002年,Intel公司推出超线程Pentium IV微处理器,超线程技术可将电脑性能提升达25%之多,主频也达到了3.06GHz。

2006年,Intel公司推出酷睿2处理器,该处理器是双核心处理器,共享高达4MB的二级缓存。

2008年,Intel公司推出Nehalem平台上的首款桌面级产品,即酷睿i7产品。相比酷睿2处理器,这款产品所带来的技术升级是革命性的:延续了多年的FSB(Front Side Bus,前端总线)前端总线系统被更加科学和高效的QPI(Quick Path Interconnector,快速通道互换总线)总线所替代,内存升级到三通道,外加增添了SMT(Surface Mounted Technology,表面安装技术)、三级缓存、TLB(Translation Look-aside Buffers,传输后备缓冲器)和分支预测的等级化及IMC等技术,智能睿频技术的加入也让处理器的工作变得更加智能。

综观计算机的发展历史,微处理器性能的不断提高是计算机应用得以迅速发展的真正动力,它比历史上任何发明都发展得更为迅速。

(4)未来计算机的发展趋势

20世纪后半叶,科技的发展使计算机的运算速度达每秒万亿次。然而,这种高密度、高功能的集成技术却使计算机的散热、冷却等技术问题日益突出。而且,芯片尺寸每缩小一半,生产成本就要增加五倍。这些物理学及经济方面的制约因素将使现有芯

图 1.11　酷睿 i7

片计算机的发展走向终结，超导、量子、光子、生物和神经等一些全新概念的计算机应运而生。

①超导计算机

所谓超导，是指在接近绝对零度的温度下，电流在某些介质中传输时所受阻力为零的现象。与传统的半导体计算机相比，使用约瑟夫逊器件的超导计算机执行一条指令的耗电量仅为传统计算机耗电量的几千分之一，却要快上 100 倍。

②量子计算机

量子计算机是一种利用量子力学特有的物理现象（特别是量子干涉）来实现的一种全新信息处理方式的计算机。量子计算机有四个优点：一是能够实行量子并行计算，加快了解题速度；二是用量子位存储，大大提高了存储能力；三是可以对任意物理系统进行高效率的模拟；四是发热量极小的。

③光子计算机

所谓光子计算机即全光数字计算机，以光子代替电子、光互连代替导线互连、光硬件代替计算机中的电子硬件、光运算代替电运算。光子计算机的优点是，并行处理能力强，具有超高速运算速度。和电子计算机相比，光子计算机信息存储量大，抗干扰能力强。

目前，世界上第一台光子计算机已由来自英国、法国、比利时、德国、意大利的 70 多名科学家研制成功，其运算速度比芯片计算机快 1000 倍。科学家们预计，光子计算机的进一步研制将成为 21 世纪高科技课题之一，21 世纪将是光子计算机时代。

④生物计算机

生物计算机的运算过程就是蛋白质分子与周围物理化学介质的相互作用过程。计算机的转换开关由酶来充当，而程序则在酶合成系统本身和蛋白质的结构中极为明显地表示出来。生物计算机的信息存储量大，能模拟人脑思维。因此有人预言，未来人类将获得智能的解放。

科学家正在利用蛋白质技术制造生物芯片，从而实现人脑和生物计算机的连接。

⑤神经计算机

神经计算机是模仿人的大脑判断能力和适应能力，并具有可并行处理多种数据功能的神经网络计算机。

未来计算机技术将向超高速、超小型、并行处理、智能化的方向发展。21 世纪初期，将出现每秒 100 万亿次的超级计算机，超高速计算机将采用并行处理技术，使计算机系统能同时执行多条指令或同时对多个数据实行处理，这是改进计算机结构、提高计算机运行速度的关键技术。计算机必将进入人工智能时代，它将具有感知、思考、判断、学习及一定的自然语言能力。随着新的元器件及其技术的发展，新型的超导计算机、量子计算机、光子计算机、生物计算机和神经计算机等将会在 21 世纪走进我们的生活，遍布各个领域。

1.1.2 计算机的特点、分类和应用

计算机具有一系列过去计算工具所没有的显著特点，这些特点使计算机进入了科研、生产、交通、商业、国防、卫生等各个领域，并且各种新型的计算机还在不断涌现，可以预见，其应用领域还将进一步扩大。

(1)计算机的特点

计算机与过去的计算工具相比，具有以下几个主要特点：运算速度快、计算精度高，具有逻辑记忆能力、自动运行的能力，以及可靠性极高。

计算机由于具有上述几个特点，所以获得了极其广泛的应用。

(2)计算机的分类

计算机按功能可分为专用计算机和通用计算机。专用计算机功能单一、适应性差，但是在特定用途下最有效、最经济、最快速。通用计算机功能齐全、适应性强，目前所说的计算机都是指通用计算机。在通用计算机中，又可根据运算速度、输入输出能力、数据存储能力、指令系统的规模和机器价格等因素将其划分为巨型机、大型机、小型机、微型机、服务器及工作站等。以下，主要就通用计算机的分类进行介绍。

①巨型机

巨型机运算速度快、存储容量大、结构复杂、价格昂贵，主要用于尖端科学研究领域。所有的超级计算机都属于巨型机。

“天河一号”是我国首台千万亿次超级计算机。它每秒 1206 万亿次的峰值速度和每秒 563.1 万亿次的实测性能，使其居同日公布的中国超级计算机 100 强之首，也使中国成为继美国之后世界上第二个能够自主研制千万亿次超级计算机的国家。

图 1.12　天河一号

2014 年 6 月 23 日，在德国莱比锡市发布的第 43 届世界超级计算机 500 强排行榜上，中国超级计算机系统“天河二号”位居榜首，获得世界超算“三连冠”，其运算速度比位列第二的美国超级计算机“泰坦”快近一倍。

②大型机

大型机规模仅次于巨型机，有比较完善的指令系统和丰富的外部设备，主要用于计算中心和计算机网络。

③小型机

小型机较大型机成本低，维护也较容易。小型机用途广泛，既可用于科学计算、数据处理，也可用于生产过程自动控制和数据采集及分析处理。

④微型机

20 世纪 70 年代后期，微型机的出现引发了计算机硬件领域的一场革命。如今微型机家族“人丁兴旺”。微型机由微处理器、半导体存储器和输入输出接口等组成，较小型机体积更小，价格更低，灵活性更好，使用更加方便。

日常生活中常见的台式机、笔记本（上网本、超级本等）、掌上电脑、平板电脑等都属于微型机。

图 1.13　台式机

图 1.14　平板电脑

⑤服务器

随着计算机网络的日益推广和普及，一种可供网络用户共享的、高性能的计算机应运而生，这就是服务器。服务器一般具有大容量的存储设备和丰富的外部设备，服务器上可运行网络操作系统，要求较高的运行速度，因此很多服务器都配置了双 CPU。服务器上的资源可供网络用户共享。

⑥工作站

20 世纪 70 年代后期出现了一种新型计算机系统，被称为工作站（Work Station，WS）。工作站实际上是一台高档微机，但它有其独到之处：易于联网，配有大容量主存，大屏幕显示器特别适合于 CAD/CAM 和办公自动化。典型产品有美国 SUN 公司的 SUN3、SUN4 等。

(3)计算机的应用

计算机的应用已渗透到人类社会生活的各个领域。归纳起来，计算机的应用主要有以下几个方面。

①科学计算

科学计算，亦称数值计算，是指计算机用于完成科学研究和工程技术中所提出的数学问题的计算。

②信息处理

信息处理是指计算机对信息及时记录、整理、统计并将其加工成需要的形式，信息处理被广泛应用于数据处理、企业管理、事务处理、情报检索及办公自动化等信息处理领域，已成为计算机应用的一个主要方面，约占全部应用的80%。

③实时控制

实时控制，亦称过程控制，是指用计算机及时采集检测数据，按最佳值迅速对控制对象进行自动控制或自动调节。

④计算机辅助系统

计算机辅助设计(Computer Aided Design,CAD)，即利用计算机的计算、逻辑判断等功能，帮助人们进行产品设计和工程技术设计。它能使设计过程逐步趋向自动化，大大缩短设计周期，节省人力、物力，降低成本，提高设计质量。

计算机辅助制造(Computer Aided Manufacturing,CAM)，即利用计算机进行生产设备的管理、控制和操作的过程。

计算机辅助测试(Computer Aided Testing,CAT)，即利用计算机辅助进行产品测试。

计算机集成制造系统(Computer Integrated Manufacture System,CIMS)，即利用计算机软硬件、网络、数据库等现代高技术，将企业的经营、管理、计划、产品设计、加工制造、销售及服务等环节的人力、财力、设备等生产要素集成起来，使之一方面能够发挥自动化的高效率、高质量，另一方面又具有充分的灵活性，以利于经营、管理及工程技术人员发挥智能，根据不断变化的市场需求及企业经营环境，灵活及时地调整企业的产品结构及各种生产要素的配置方法，实现全局优化，从而提高企业的整体素质和竞争能力。

⑤人工智能

人工智能(Artificial Intelligence,AI)是利用计算机模拟人类的智能活动来进行判断、理解、学习、图像识别、问题求解等。

⑥办公自动化

办公自动化系统是以支持办公自动化为目的的一个信息系统，如日程管理、电子邮政、电子会议、文档管理、统计报表等，能辅助管理和决策。

⑦通讯与网络

随着信息化社会的发展，通讯业也发展迅速。由于计算机网络的迅速发展，计算机在通讯领域的作用越来越大。

⑧电子商务

电子商务是计算机网络的又一次革命，通过电子手段建立一种新的经济秩序，它不仅涉及电子技术和商业交易本身，而且涉及诸如金融、税务、教育等社会其他层面。

⑨智能家居

如今，随着计算机软硬件功能越来越强大，各类智能家居纷纷出现，如有些空调能根据室内是否有人员活动自动控制开关、调节温度，还有些家电能够通过网络进行远程遥控指挥等。

总之，现代科学技术的发展，几乎使计算机的应用渗透到了日常生活的各个领域。

1.1.3 计算机与信息技术

在信息社会中，对信息的各种处理都是离不开计算机的。可以说，没有计算机就没有现代社会的信息化；没有计算机及其与通信、网络的综合利用，就没有日益发展的信息化社会。

(1)数据与信息

①数据

所谓数据(Data)，是指存储在某种媒体上可以加以鉴别的符号资料。数据的概念包括两个方面：一方面是事物特性的反映或描述；另一方面是存储在某一媒体上的符号的集合。

数据是描述、记录现实世界客观实体的本质、特征及运动规律的基本量化单元，其描述事物特性必须借助一定的符号，也就是数据形式，也可以是多种形式。特别是数据处理领域中的数据的概念与科学计算领域中的相比已大大拓宽。所谓“符号”不仅仅指数字、文字、字母和其他特殊字符，还包括图形、图像、动画、影像、声音等多媒体符号。

②信息

所谓信息，是人们在从事工业、农业、军事、商业、管理、文化教育、医学卫生、科学研究等活动时涉及的数字、符号、文字、语言、图形、图像等的总称。

从不同的角度和不同的层次来看，信息的概念可以有许多不同的理解。现代“信息”的概念，已经与微电子技术、计算机技术、通信技术、网络技术、多媒体技术、信息服务业、信息产业、信息经济、信息化社会、信息管理、信息论等含义紧密地联系在了一起。

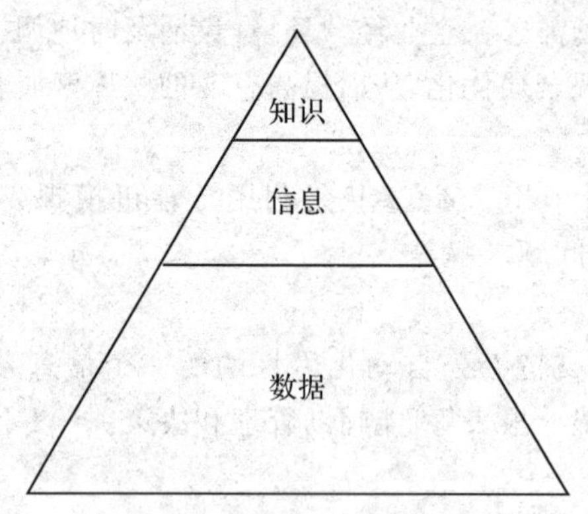

图 1.15 数据与信息的关系图

③数据和信息的关系

数据与信息是信息技术中常用的两个术语，它们常常被混淆，但它们之间有差别的。信息是有用的、经过加工的数据。数据是描述客观事实、概念的一组文字、数字或符号等，它是信息的素材，是信息的载体和表达形式。信息是从数据中加工、提炼出来的，用于为人们制定正确决策提供有用数据，它的表达形式是数据。根据不同的目的，可以从原始数据中得到不同的信息。虽然信息都是从数据中提取的，但并非一切数据都能产生信息。

可以认为，数据是处理过程的输入，而信息是输出。

信息被人脑接收后，经过人脑加工就成为知识，知识是信息的更高层次。

(2)信息技术概述

①信息技术的概念

随着信息技术(Information Technology，IT)的发展，信息技术的内涵也在不断变化，因此至今也没有统一的定义。一般来说，凡是涉及信息的产生、获取、检测、识别、变换、传递、处理、存储、显示、控制、利用和反馈过程中的每一种技术都是信息技术，这是一种狭义的定义。

联合国教科文组织对信息技术的定义是：应用在信息加工和信息处理中的科学、技术与工程的训练方法和管理技巧；上述方面的技巧和应用；计算机及其与人、机的相互作用；与之相应的社会、经济和文化等诸多事物。

在这个目前世界范围内较为统一的定义中，信息技术一般是指一系列与计算机等相关的技术。该定义侧重于信息技术的应用，对信息技术可能对社会、科技、人们的日常生活产生的影响及其相互作用进行了广泛的研究。

②现代信息技术的内容

信息技术包含三个层次的内容：信息基础技术、信息系统技术和信息应用技术。

信息基础技术是信息技术的基础，包括新材料、新能源、新器件的开发和制造技术。

信息系统技术是指有关信息的获取、传输、处理、控制的设备及系统的技术。感测技术、通信技术、计算机与智能技术和控制技术是它的核心和支撑。

信息应用技术是针对某种实用目的而发展起来的具体的技术群类，它是信息技术开发的根本目的所在。

③现代信息技术的发展趋势

展望未来，在社会生产力发展、人类认识和实践活动的推动下，信息技术将朝着数字化、网络化、高速度、宽频带、智能化、多媒体化等方向更深、更快、更广地发展。

(3)计算机在信息处理中的作用

计算机快速、高效、记忆和自动化处理的特点，为信息的处理带来了极大的方便，计算机在信息处理中的主要作用是：

①极高的运算速度，可高效率、高质量地完成数据加工处理的任务。

②海量的存储设备便于信息的长期保存和反复使用。

③全新的多媒体技术使计算机渗透到社会的各个领域，多媒体技术使人与计算机之间建立起更为默契、更加融洽的新型关系。

④四通八达的计算机网络使得信息的交流与共享、信息的传递与汇集成为现实。

⑤智能化的决策支持系统应用于管理信息，为决策科学化的实现提供了可能。

总之，计算机在信息处理中的作用正随着信息化社会的到来而凸显，计算机也日益成为人们生产和生活中离不开的工具和“伙伴”。

1.1.4 计算机系统的组成及基本工作原理

一个完整的计算机系统是由硬件系统和软件系统两大部分组成的。计算机硬件系统是指构成计算机的所有实体部件的集合，通常这些部件由电路（电子元件）、机械等物理部件组成，它们都是看得见摸得着的，通常称为硬件，是计算机系统的物质基础。

计算机软件系统是指为运行、维护、管理、应用计算机而编制的所有程序及文档的总和。它是在硬件系统的基础上，为有效地使用计算机而配置的，因此，软件系统可称为计算机系统的灵魂。下面是冯·诺伊曼结构计算机的系统组成。

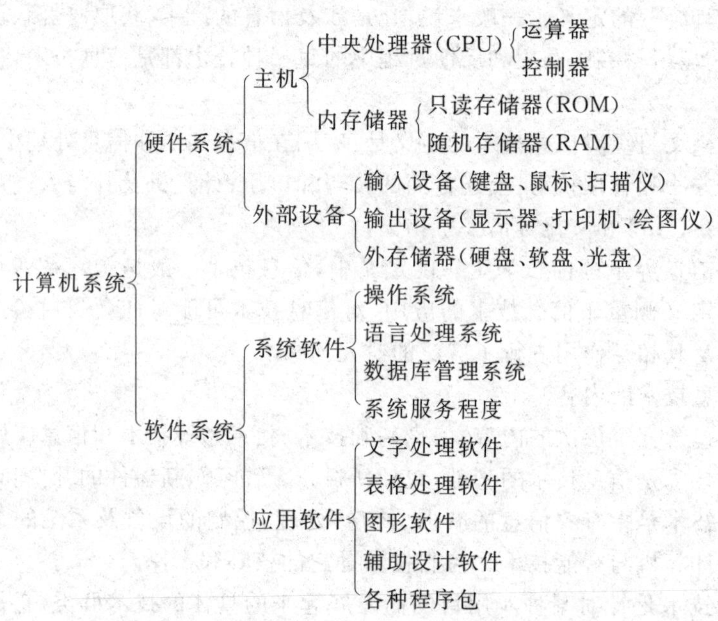

图 1.16 冯·诺伊曼结构计算机系统层次结构

1)冯·诺依曼及其理论

约翰·冯·诺依曼(John von Neumann，1903—1957)，美籍匈牙利人，在数学等诸多领域都进行了开创性的工作，并做出重大贡献。他对人类的最大贡献是对计算机科学、计算机技术和数值分析的开拓性工作，他还创造了冯·诺依曼体系，沿用至今。

图 1.17 冯·诺依曼

冯·诺依曼为现代计算机的形成做出了重要贡献，虽然现代计算机技术发展迅速、形态各异，但它们都是依照冯·诺依曼当年提出的理论来设计的。根据他的理念设计的计算机被称为冯·诺依曼机，现在世界上几乎所有计算机都是冯·诺依曼机。

从 20 世纪初开始，物理学和电子学科学家们就在争论制造可以进行数值计算的机器应该采用什么样的结构。人们被十进制这个人类习惯的计数方法所困扰。所以，那时研制模拟计算机的呼声更为响亮和有力。20 世纪 30 年代中期，冯·诺依曼大胆地提出抛弃十进制，采用二进制作为数字计算机的数制基础。同时，他还提出要预先编制计算程序，然后由计算机来按照人们事前制定的计算顺序来执行数值计算工作。

冯·诺依曼思想的核心是以下几点：

①二进制形式表示数据和指令。

②采用存储程序方式,即事先编制程序,把程序存入存储器,计算机在运行时就能自动、连续地从存储器中取出指令并执行。

③计算机必须具备五大基本组成部件:运算器、控制器、存储器、输入设备、输出设备。

其核心是:存储程序方式。

2)计算机硬件系统的硬件组成

冯·诺伊曼的计算机系统硬件由运算器、控制器、存储器、输入设备和输出设备五个部分构成。

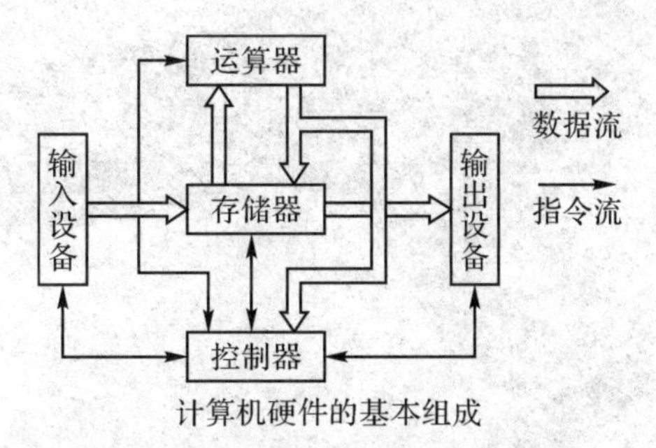

图 1.18　计算机硬件的基本组成

①运算器

运算器是完成二进制编码的算术或逻辑运算的部件,由累加器、通用寄存器和算术逻辑单元(Arithmetic Logic Unit,ALU)组成,其核心是算术逻辑单元。

运算器一次运算二进制数的位数,称为字长,它是计算机的重要性能指标,常用的计算机字长有 8 位、16 位、32 位及 64 位。

②存储器

存储器的主要功能是存放程序和数据。不管是程序还是数据,在存储器中都以二进制形式表示。

目前,计算机采用半导体器件来存储信息,电子计算机的最小信息单位是位(Bit),即一个二进制代码。

存储器是计算机的重要组成部分,按用途可分为主存储器和辅助存储器,主存储器又称内存储器(简称内存),辅助存储器又称外存储器。外存储器通常能长期保存信息,并且不会依赖电来保存信息。

内存的物理实质是一组或多组具备数据输入输出和数据存储功能的集成电路。内存按存储信息的功能可分为只读存储器 ROM(Read Only Memory)和随机存储器 RAM(Random Access Memory)。ROM 中的信息只能被读出,不能被修改或删除,故一般用于存放固定的程序。RAM 主要用来存放各种现场的输入、输出数据,中间计算结果,以及与外部存储器交换信息。它的存储单元根据具体需要可以读出,也可以写入或改写。一旦关闭电源或发生断电,其中的数据就会丢失。现在的 RAM 多为 MOS 型半导体电路,它分为静态和动态两种。静态 RAM 是靠双稳态触发器来记忆信息的,动态 RAM 是靠 MOS 电路中的栅级电容来记忆信息的。由于电容上的电荷会泄漏,需要定时给予补充,所以动态 RAM 需要设置刷新电路。动态 RAM 比静态 RAM 集成度高、功耗低,从而成本也低，适于用作大容量存储器。所以主内存通常采用动态 RAM，而高速缓冲存储器(Cache)则使用静态 RAM。另外，内存还应用于显卡、声卡及 CMOS 等设备中，用于充当设备缓存或保存固定的程序及数据。动态 RAM 按制造工艺的不同，又可分为动态随机存储器(Dynamic RAM)、扩展数据输出随机存储器(Extened Data Out RAM)和同步动态随机存储器(Sysnchromized Dynamic RAM)。

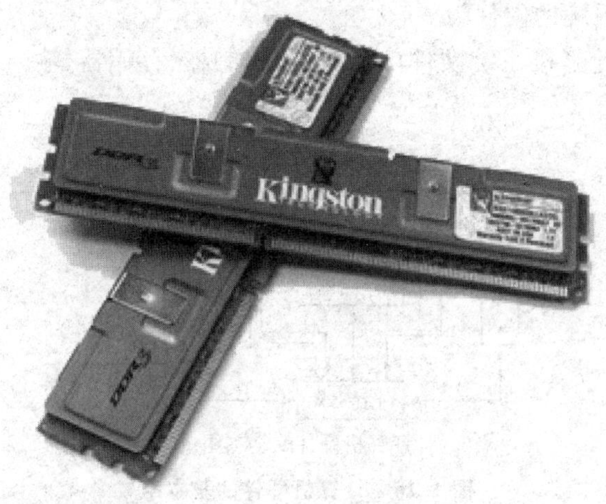

图 1.19　主存储器

外存储器主要有硬盘、U 盘、光盘、磁带等，能长期保存信息，并且不用依赖电来保存信息，因为由机械部件带动，速度比 CPU 慢得多。硬盘是电脑主要的存储媒介之一，由一个或者多个铝制或者玻璃制的碟片组成，碟片外覆盖有铁磁性材料。

硬盘分为固态硬盘(SSD，新式硬盘)、机械硬盘(HDD，传统硬盘)、混合硬盘(Hybrid Hard Disk，HHD，基于传统机械硬盘诞生出来的新硬盘)。固态硬盘采用闪存颗粒来存储，机械硬盘采用磁性碟片来存储，混合硬盘是把磁性硬盘和闪存集成到一起的一种硬盘。绝大多数硬盘都是固定硬盘，被永久性地密封固定在硬盘驱动器中。

图 1.20　机械硬盘

图 1.21　U 盘

U 盘，全称 USB 闪存盘，英文名 USB Flash Disk，是移动存储设备之一。它是一种使用 USB 接口，无须物理驱动器的微型高容量移动存储产品，通过 USB 接口与电脑连接，可实现即插即用。U 盘的称呼最早来源于朗科科技公司生产的一种新型存储设备——"优盘"，使用 USB 接口进行连接。U 盘连接到电脑的 USB 接口后，U 盘中的资料可与电脑交换。而之后生产的类似技术的设备由于朗科已进行专利注册，不能再称"优盘"，而改称谐音的"U 盘"。后来，U 盘这个称呼因其简单易记而广为人知。

通常，CPU 向存储器送入信息或从存储器取出信息时，不能存取单个的"位"，而是用字节(Byte)和字(Word)等较大的信息单位来工作。一个字节由 8 位二进制位组成，而一个字则由至少一个以上的字节组成。

存储器中保存一个字节的 8 位触发器被称为一个存储单元，存储器是由许多存储单元组成的，每个存储单元对应一个编号，用二进制编码表示，称为存储单元地址。

存储器所有存储单元的总数称为存储器的存储容量，存储容量越大，表示计算机储存的信息越多。

光盘存储器(Optical Disk Memory，ODM)是将用于记录的薄层涂覆在基体上构成的记录介质。基体的圆形薄片由热传导率很小、耐热性很强的有机玻璃制成。因此，在记录薄层的表面会再涂覆或沉积保护薄片，以保护记录面。记录薄层有非磁性材料和磁性材料两种，前者构成光盘介质，后者构成磁光盘介质。

③控制器

控制器是全机的指挥中心，它控制各部件的运作，使整个机器连续地、有条不紊地运行，控制器工作的实质就是解释程序。

控制器每次从存储器读取一条指令，经过分析译码，产生一串操作命令，发向各个部件，各个部件按指令进行相应的操作。接着从存储器取出下一条指令，再执行这条指令，依次类推。

图 1.22　光盘

在计算机术语中，通常把运算器和控制器合在一起称为中央处理器，简称 CPU。衡量 CPU 的主要性能指标是主频。主频也称为时钟频率，它是指 CPU 在单位时间内发出的脉冲数，时钟频率越高，计算机的运行速度越快。通常将 CPU 和内存储器合在一起称为主机。

④输入设备

输入设备是将外部信息转换成计算机能识别的信息形式的部件，目前常用的输入设备是键盘、鼠标、麦克风、扫描仪、手写板、数码相机、摄像头等。

键盘是最常用也是最主要的输入设备，通过键盘可以将英文字母、数字、标点符号等输入计算机，从而向计算机发出命令、输入数据等。

图 1.23　键盘

鼠标是一种很常见及常用的电脑输入设备，它可以对当前屏幕上的游标进行定位，并通过按键和滚轮装置对游标所经过位置的屏幕元素进行操作。1968 年，美国科学家道格拉斯·恩格尔巴特(Douglas Englebart)在加利福尼亚制作了第一只鼠标。鼠标因形似老鼠而得名，其标准称呼应该是“鼠标器”。使用鼠标可以代替键盘烦琐的指令，使计算机的操作更加简便。

鼠标按其工作原理及其内部结构的不同可以分为机械式、光机式和光电式。

机械鼠标的底部有一个可四向滚动的胶质小球。这个小球在滚动时会带动一对转轴转动(分别为 X 转轴、Y 转轴)，转轴的末端有一个圆形的译码轮，它可以将转轴的转动过程转化为相应的电信号，产生一组组不同的坐标偏移量，反映到屏幕上，就是光标可随着鼠标的移动而移动。

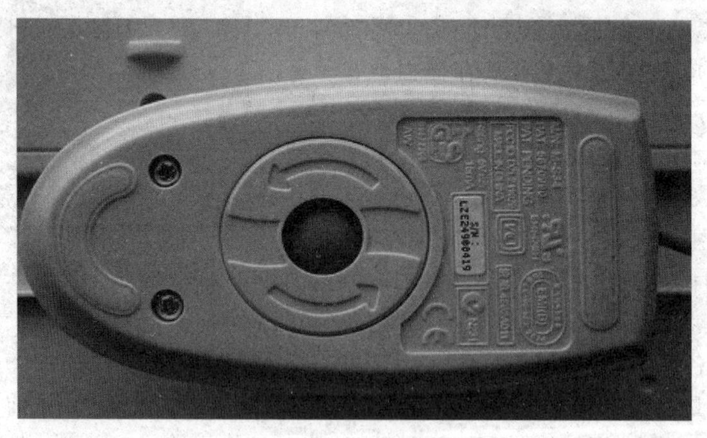

图 1.24　机械鼠标

光机鼠标是在纯机械式鼠标基础上进行改良的，通过引入光学技术来提高鼠标的定位精度。与纯机械式鼠标一样，光机鼠标同样拥有一个胶质的小滚球，并连接着 X、Y 转轴，不同的是光机鼠标不再有圆形的译码轮，取而代之的是两个带有栅缝的光栅码盘，并且增加了发光二极管和感光芯片。当鼠标在桌面上移动时，滚球会带动 X、Y 转轴的两只光栅码盘转动，而 X、Y 发光二极管发出的光便会照射在光栅码盘上，由于光栅码盘存在栅缝，在恰当时机二极管发射出的光便可透过栅缝直接照射在两颗感光芯片组成的检测部件头上，以此来确定位移量，并反映在电脑屏幕上。

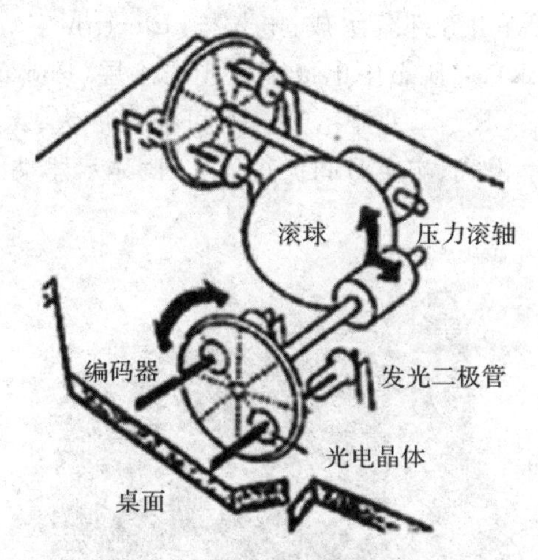

图 1.25　光机鼠标内部原理

光电鼠标内部有一个发光二极管，它发出的光线，可以照亮光电鼠标底部表面（这是鼠标底部总会发光的原因）。此后，光电鼠标经底部表面反射回的一部分光线，通过一组光学透镜后，传输到一个光感应器件（微成像器）内成像。这样，当光电鼠标移动时，其移动轨迹便会被记录为一组高速拍摄的连贯图像，被光电鼠标内部的一块专用图像分析芯片（DSP，即数字微处理器）分析处理。该芯片通过对这些图像上特征点位置的变化进行分析，来判断鼠标的移动方向和移动距离，从而完成光标的定位。

相比于机械鼠标，光电鼠标的精确度有很大提高，所以现在市面上在售的基本都是光电鼠标，机械鼠标已经基本被淘汰出局。

图 1.26　光电鼠标

⑤输出设备

输出设备是指将计算机运算结果的二进制信息转换成人类或其他设备能识别的信息形式（如字符、文字、图形、图像、声音等）的部件。除显示器外，常用的输出设备还有音箱、打印机、绘图仪等。

显示器通常也被称为监视器。它是一种将一定的电子文件通过特定的传输设备显示到屏幕上再反射到人眼的显示工具。

根据制造材料的不同,显示器可分为阴极射线管显示器(CRT),等离子显示器(PDP)、液晶显示器(LCD)等。

阴极射线管显示器主要由五部分组成:电子枪(Electron Gun)、偏转线圈(Deflection Coils)、荫罩(Shadow Mask)、高压石墨电极和荧光粉涂层(Phosphor)及玻璃外壳。它是应用最广泛的显示器之一,CRT 纯平显示器具有可视角度大、无坏点、色彩还原度高、色度均匀、可调节的多分辨率模式、响应时间极短等 LCD 显示器难以超越的优点,而且价格更便宜。

图 1.27 阴极射线管显示器

等离子显示器又称电浆显示器,其特点是厚度极薄,分辨率佳。其工作原理类似普通日光灯和电视彩色图像,由各个独立的荧光粉像素发光组合而成,因此图像鲜艳、明亮、干净而清晰。另外,等离子体显示设备最突出的特点是可做到超薄,可轻易做成 40 英寸以上的完全平面大屏幕,而厚度不到 100 毫米。

图 1.28 等离子显示器

液晶显示器是平面超薄的显示设备，它由一定数量的彩色或黑白像素组成，放置于光源或者反射面前方。它的主要工作原理是以电流刺激液晶分子产生点、线、面配合背部灯管构成画面。

相比于 CRT 显示器，它的主要特点是机身薄，节省空间，省电，不会产生高温，低辐射，画面柔和不伤眼。

打印机用于将计算机处理结果打印在相关介质上。衡量打印机好坏的指标有三项：打印分辨率、打印速度和噪声。

图 1.29　液晶显示器

打印机的种类很多，按打印元件对纸是否有击打动作，可分击打式打印机与非击打式打印机；按打印字符结构，可分全形字打印机和点阵字符打印机；按一行字在纸上形成的方式，可分串式打印机与行式打印机；按所采用的技术，可分柱形、球形、喷墨式、热敏式、激光式、静电式、磁式、发光二极管式等打印机。

针式打印机通过打印头中的 24 根针击打复写纸，从而形成字迹，在使用中，用户可以根据需求来选择多联纸张，一般常用的多联纸有 2 联、3 联、4 联纸，其中也有使用 6 联的打印机纸。多联纸一次性打印只有针式打印机能够快速完成，喷墨打印机、激光打印机无法实现多联纸打印。针式打印机的这种功能是其他类型的打印机不能取代的，因此，针式打印机一直都有着自己独特的市场份额，并服务于一些特殊的行业用户。

图 1.30　针式打印机

喷墨式打印机按工作原理可分为固体喷墨和液体喷墨两种(现在以后者更为常见)，而液体喷墨方式又可分为气泡式与液体压电式。气泡技术是通过加热喷嘴，使墨水产生气泡，喷到打印介质上。液体压电技术，墨水是由一个和热感应式喷墨技术类似的喷嘴所喷出，但是墨滴的形成方式是借由缩小墨水喷出的区域形成的。

激光打印机脱胎于 20 世纪 80 年代末的激光照排技术，它是将激光扫描技术和电子照相技术相结合的打印输出设备。其基本工作原理是由计算机传来的二进制数据信息，通过视频控制器转换成视频信号，再由视频接口/控制系统把视频信号转换为激光驱动信号，然后由激光扫描系统产生载有字符信息的激光

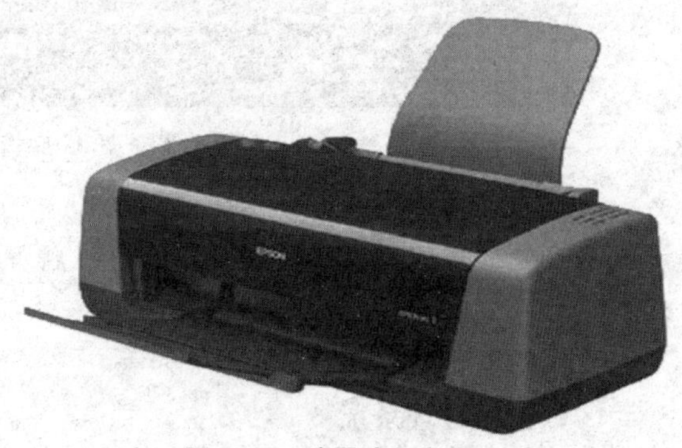

图 1.31　喷墨式打印机

束，最后由电子照相系统使激光束成像并转印到纸上。较其他打印设备，激光打印机有打印速度快、成像质量高等优点，但使用成本相对高昂。

3)计算机软件系统的组成

计算机系统的软件可以分为系统软件和应用软件两大类。

(1)系统软件

系统软件是指控制和协调计算机及其周边设备、支持应用软件的开发和运行的软件。它的主要功能是帮助用户管理计算机的硬件，控制程序调度，执行用户命令，方便用户使用、维护和开发计算机等。系统软件一般包括操作系统、语言处理程序、数据库系统和网络管理系统等。

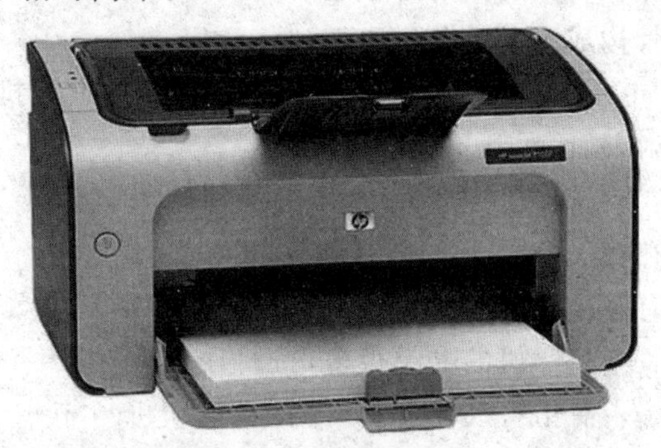

图 1.32　激光打印机

①操作系统

操作系统是系统软件中最重要的一种，是系统软件的核心，它是用户和计算机之间的接口，提供了软件的开发环境和运行环境。

常用的操作系统有：DOS、Windows、UNIX、Linux、iOS、Android 等。

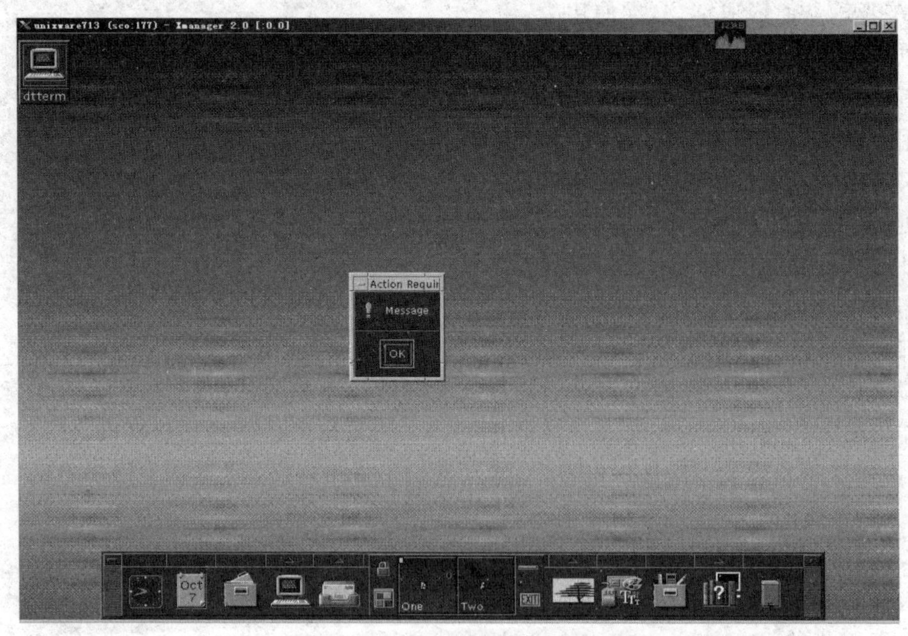

图 1.33　Unix 操作系统图形界面

②语言处理程序

语言处理程序有汇编程序、编译程序、解释程序等。它的作用是把我们所写的源程序转换成计算机能识别并执行的程序。

常用的语言程序有：C、VB、Java 等。

③数据库管理系统

计算机要处理的数据往往相当庞大，使用数据库管理系统可以有效地实现数据信息的存储、更新、查询、检索、通信控制等。微机上常用的桌面数据库管理系统有FoxPro、SQL、Access等，大型数据库管理系统有Oracle、Sybase、DB2等。

④网络管理系统

网络管理系统就是通过某种方式对网络状态进行调整，使网络能正常、高效地运行，使各种资源得到更加有效的利用，及时报告和处理网络出现的故障。

网络管理系统软件的功能可以分为体系结构、核心服务和应用程序三部分。体系结构主要是提供一种通用、开放、可扩展的框架体系。核心服务用来满足网络管理的基本要求，它提供最基本最重要的服务。为了实现特定的事务处理和结构支持功能，可加入一些有价值的应用程序，以扩展网络管理的基本功能。

常用的网络管理系统有：IBM Tivoli、HP Open View、Cisco网络管理系统、3COM Transcend、Novell网络管理系统等。

(2)应用软件

应用软件是指为了解决各类应用问题而设计的各种计算机软件。

应用软件一般有两类：一类是为特定需要开发的实用软件，如会计核算软件、订票系统、工程预算软件、辅助教学软件等；另一类则是为了方便用户使用而提供的一种软件工具，又称工具软件，如用于文字处理的Word、用于辅助设计的AutoCAD及用于系统维护的Pctools等。

4)指令和指令系统

(1)指令

指令是指能被计算机识别并执行的二进制代码，它规定了计算机能完成的某一种操作。一条指令通常由两个部分组成——操作码和操作数，其中操作码指明该指令要完成的操作类型或性质，如取数、做加法或输出数据等。

(2)指令系统

指令系统是处理器所能执行的指令的集合，它与处理器有着密切的关系，不同的处理器有不同的指令系统。但无论哪种类型的计算机，指令系统都应具有以下功能的指令：

①数据传送指令，将数据在内存与CPU之间进行传送。

②数据处理指令，对数据进行算术、逻辑或关系运算。

③程序控制指令，控制程序中指令的执行顺序，如条件转移、无条件转移、调用子程序、返回、停机等。

④输入/输出指令，用来实现外部设备与主机之间的数据传输。

⑤其他指令，对计算机的硬件进行管理等。

1.2　计算机中信息的表示与存储

1.2.1　信息化基础

计算机内所有的运算都是以二进制为基础的，其他常见的八进制、十六进制和其他非数值信息的编码都是以二进制为基础进行转换获得的。这是因为在计算机内部信息的表示依赖于机器硬件电路的状态，信息采用的表示形式直接影响到计算机的结构与性能。采用二进制编码表示信息有以下几个优点：

(1)易于实现

因为具有两种稳定状态的物理器件是很多的，如门电路的导通与截止、电压的高与低等，它们都可以用1与0两个符号对应表示。如果采用十进制，就要制造10种稳定状态的物理电路，这是十分困难的。

(2)运算简单

数学推导证明，对n进制数进行算术求和或求积运算，有n(n+1)/2这种运算规则。采用十进制数就要有55种规则，而采用二进制数就只有3种，这大大简化了运算器等物理器件的设计。

(3)可靠性高

由于电压的高低、电流的有无等，都表现为质的变化，两种状态表示分明，所以采用二进制编码的传递抗干扰能力强，鉴别信息的可靠性高。

(4)通用性强

二进制编码不仅可用于数值信息的编码，也可以用于非数值信息的数字化编码，特别是只有两个数字符号1和0，正好与逻辑命题的“真”和“假”两个值相对应，从而为计算机现实逻辑运算和逻辑判断提供了方便。

1.2.2 数制的概念

数制又称计数法，是人们用一组统一规定的符号和规则来表示数的方法。计数法通常使用的是进位计数制，即按进位的规则进行计数。在进位计数中有“基数”和“位权”两个基本概念。

基数是进位计数制中所用的数字符号的个数。假设以a为基数进行计数，其规则是“逢a进一”，则称为a进制。例如我们日常生活中使用的十进制数，其由0,1,2,3,4,5,6,7,8,9十个数字符号按照不同的顺序搭配而成，它的基数为10，其进位规则是“逢十进一”；而二进制数，由0,1两个数字符号按照不同的顺序搭配而成，它的基数是2，其进位规则是“逢二进一”。

在进位计数制中，基数的若干次幂称为权，幂次的大小随着该数字所在的位置而变化，整数部分从最低位开始依次为0,1,2,3,4……小数部分从最高位开始依次为－1,－2,－3,－4,……例如，十进制数469.58可以表示为：

$$469.58=4\times10^2+6\times10^1+9\times10^0+5\times10^{-1}+8\times10^{-2}$$

由此可见，任何一种用进位计数制表示的数，其数值都可以写成按位权展开的多项式之和：

$$D=\pm(A_{n-1}\times B^{n-1}+A_{n-2}\times B^{n-2}+\cdots+A_1\times B^1+A_0\times B^0+A_{-1}\times B^{-1}+A_{-2}\times B^{-2}+\cdots+A_{-m}\times B^{-m})=\sum_{i=n-1}^{-m}A_i\times B^i$$

其中，B是基数；A_i是第i位上的数字符号(或称系数)；B^i是位权；n和m分别是数的整数部分和小数部分的位数。

1.2.3 二进制

(1)二进制数的算术运算

二进制可进行两种基本的算术运算:加法和减法。利用加法和减法还可以进行乘法、除法和其他数制运算。

①二进制加法

二进制加法的运算规则是:

◆ 0+0=0

◆ 1+1=10,其中 10 中的 1 为进位

◆ 1+0=1

◆ 0+1=1

【例 1】二进制 10110011 加二进制 11011001,如下式所示。

解:

```
     10110011     ——被加数
+    11011001     ——加数
-----------------------------
    110001100     ——和
```

两个 8 位二进制数相加后,第 9 位出现了一个 1 代表“进位”。

②二进制减法

二进制加法的运算规则是:

◆ 0-0=0

◆ 1-1=0

◆ 1-0=1

◆ 0-1=1,借位 1

【例 2】二进制数 11000100 减去二进制数 100101,如下式所示。

解:

```
     11000100     ——被减数
-    00100101     ——减数
-----------------------------
     10011111     ——差
```

和二进制加法一样,计算机一般以 8 位数进行减法运算。若被减数、减数或差值中的有效位不足 8 位的,应补零以保持 8 位数。

③二进制乘法

二进制乘法的运算规则是:

◆ 0×0=0

◆ 1×0=0

◆ 0×1=0

◆ 1×1=1

【例 3】二进制数 1111 乘以二进制数 1101,如下式所示。

解:

```
          1111        ——被乘数
   ×      1101        ——乘数
          1111
         0000
        1111
       1111
  ----------------------------
      11000011        ——积
```

用乘数的每一位分别去乘被乘数,乘得的各中间结果的最低位有效位与相应的乘数位对齐,最后把这些中间结果同时相加记积。

二进制中每左移 1 位相当于乘以 2,左移 n 位相当于乘以 2^n,所以二进制乘法运算可以转换为加法和左移位运算。

④二进制除法

二进制除法与十进制除法类似,不过,由于基数是 2 而不是 10,所以它更加简单。二进制除法的运算规则是:

◆ 0÷0 无意义

◆ 0÷1=0

◆ 1÷0 无意义

◆ 1÷1=1

【例 4】二进制数 1001110 除以二进制数 110,如下式所示。

```
           1101
    110 ⟌ 1001110
         − 110
    -------------
           111
         − 110
    -------------
           00110
          − 110
    -------------
               0
```

运用长除时,从被除数的最高位开始检查,并定出需要超过除数值的位数。找到这个位时,则商记 1,并把选定的被除数减除数,然后把除数的下一位移到余数上。如果新余数不够减除数,则商记 0,把被除数的下一位移到余数上;若余数够减除数则商记 1,然后将余数减去除数,并把被除数的下一个低位再移到余数上。若此余数够减除数,则商记 1,并把余数减去除数。继续这一过程直到全部被除数的位都下移完为止。

二进制中每右移 1 位相当于除以 2,右移 n 位相当于除以 2^n,所以除法可以转化为减法和右移位运算。

(2)二进制数的逻辑运算

在计算机中,以 0 或 1 两种取值表示的变量叫逻辑变量。它们不是代表数学中的“0”和“1”的数值大小,而是代表所要研究的问题的两种状态或可能性,如电压的高或低、脉冲的有或无等。逻辑变量之间的运算称为逻辑运算。

逻辑运算包括 3 种基本运算:逻辑加法(“或”运算)、逻辑乘法(“与”运算)和逻辑否定(“非”运算)。

由这 3 种基本运算可以导出其他逻辑运算,如异“或”运算、同“或”运算及“与或非”运算等。这里将介绍 4 种逻辑运算(“与”运算、“或”运算、“非”运算和异“或”运算)及逻辑表达式的计算。

①二进制“与”运算

“与”运算通常用符号·或者∧表示。它的运算规则是:

◆ 0·0＝0 或者 0∧0＝0

◆ 0·1＝0 或者 0∧1＝0

◆ 1·0＝0 或者 1∧0＝0

◆ 1·1＝1 或者 1∧1＝1

可见,“与”运算中只有参加运算的逻辑变量同时为 1 时,其运算结果才为 1。

②二进制“或”运算

“或”运算通常用符号＋或者∨表示。它的运算规则是:

◆ 0＋0＝0 或者 0∨0＝0

◆ 0＋1＝1 或者 0∨1＝1

◆ 1＋0＝1 或者 1∨0＝1

◆ 1＋1＝1 或者 1∨1＝1

可见,“或”运算中只要参加运算的逻辑变量有一个为 1 时,其运算结果就为 1;只有参加运算的逻辑变量都为 0 时,其运算结果才为 0。

③二进制“非”运算

“非”运算又称逻辑否定。它是在逻辑变量上方加一横线表示“非”,其运算规则是:

◆ 0＝1

◆ 1＝0

④二进制“异或”运算

“异或”运算通常用符号⊕表示。它的运算规则是:

◆ 0⊕0＝0

◆ 0⊕1＝1

◆ 1⊕0＝1

◆ 1⊕1＝0

在给定的两个逻辑变量中,当两个逻辑变量相同时,“异或”运算的结果就为 0;当两个逻辑变量不同时,“异或”运算的结果才为 1。

注意,当两个多位逻辑变量进行逻辑运算时,只在对应位之间按照上述规则进行运算,不同位之间不发生任何关系,没有算术运算中的进位或借位关系。

⑤逻辑表达式的计算

用逻辑算符或者括号将逻辑变量或逻辑常数连接而成的式子叫逻辑表达式，其值为逻辑值。求值过程应该按照如下顺序进行：

如有括号，先括号内后括号外；逻辑运算的优先顺序为先“非”，后“与”，再“或”。

【例 5】已知 A=0,B=1,C=1,求逻辑表达式 D=(A·B·C)+(A·B) ·(B+C)的值。

解：

D =(A·B·C)+(A·B)·(B+C)

=(0·1·1)+(0·1)·(1+1)　代入相应值

=0+1·1

=0+1

=1

(3)二进制小数

为了扩展二进制计数法的计数范围，有必要引用二进制小数，即用小数点左边数字表示数值的整数部分，小数点右边的数字表示数值的小数部分。小数点右面第一位的权为 2^{-1}，第 2 位的权为 2^{-2}，第三位的权为 2^{-3}，后面依次类推。

对于带小数点的加法，十进制中的方法同样适用于二进制，即两个带小数点的二进制数相加，只要将小数点对齐，按照前面介绍的加法步骤进行即可，此处不再举例。

特别需要说明的是：计算机中所有的运算最后都以加法的形式进行，所以二进制数加法是计算机运算的基础。

1.2.4 不同数制间的互相转换

1)几种常见的数制

日常生活中人们习惯于使用十进制，有时也使用其他进制。例如：时间采用六十进制，1 小时为 60 分钟，1 分钟为 60 秒。计算机科学中经常涉及二进制、八进制、十进制和十六进制等。但在计算机内部，不管什么类型的数据都使用二进制编码的形式来表示。下面介绍几种常用的数制——八进制、十进制和十六进制，以及它们与二进制的转换。

(1)常见数制的特点

几种常见数制的特点如表 1.2 所示。

表 1.2　常见数制的特点

数制	基数	数码	进位规则
二进制	2	0,1	逢二进一
八进制	8	0,1,2,3,4,5,6,7	逢八进一
十进制	10	0,1,2,3,4,5,6,7,8,9	逢十进一
十六进制	16	0,1,2,3,4,5,6,7,8,9,A,B,C,D,E,F	逢十六进一

(2)常见数制的对应关系

常见数制的对应关系如表 1.3 所示。

表 1.3　常见数制的对应关系

二进制	八进制	十进制	十六进制
0	0	0	0
1	1	1	1
10	2	2	2
11	3	3	3
100	4	4	4
101	5	5	5
110	6	6	6
111	7	7	7
1000	10	8	8
1001	11	9	9
1010	12	10	A
1011	13	11	B
1100	14	12	C
1101	15	13	D
1110	16	14	E
1111	17	15	F
10000	20	16	10

(3)常见数制的书写规则

为了区分不同数制的数，常用以下两种方式进行标识。

①字母后缀标识法：

二进制用 B(Binary)表示。

八进制用 O(Octonary)表示。

十进制用 D(Decimal)表示。十进制的后缀 D 一般可以省略。

十六进制用 H(Hexadecimal)表示。

例如，101101B、225O、1452 和 6987ACH 分别表示二进制、八进制、十进制和十六进制。

②数字直接标识法：

直接在括号外面加下标来表示不同进制数。例如，$(101101)_2$、$(225)_8$、$(1452)_{10}$ 和 $(6987AC)_{16}$ 分别表示二进制、八进制、十进制和十六进制。

2)常用数制间的转换

(1)二进制与十进制的互相转换

把一个二进制数转换为十进制数，只需要采用前面介绍的“位权展开法”即可。

【例 6】将二进制数 11011.101 转换为十进制数。

解：

$$(11011.101)_2=(1\times2^4+1\times2^3+0\times2^2+1\times2^1+1\times2^0+1\times2^{-1}+0\times2^{-2}+1\times2^{-3})_{10}$$

$$=(16+8+2+1+0.5+0.125)_{10}$$

$$=(27.625)_{10}$$

因此，$(11011.101)_2=(27.625)_{10}$。

十进制转换为二进制需要将整数部分和小数部分分别根据不同规则转换后再合并。首先介绍整数部分的转换方法。

十进制整数转换为二进制整数，通常采用“除 2 取余”法。即对该十进制整数逐次除以 2，直至商数为 0。逆向取每次得到的余数，即可获得对应的二进制数。

【例 7】将十进制整数 89 转换为对应二进制数。

解：

		余数
2	89	1
2	44	0
2	22	0
2	11	1
2	5	1
2	2	0
2	1	1
	0	

因此，$(89)_{10}=(1011001)_2$。

十进制小数转换为二进制小数，可采用“乘 2 取整”法。即对于十进制纯小数逐次乘以 2，直至乘积的小数部分为 0，取每次乘积的整数部分即可得到对应的二进制小数。要注意的是，每次相乘时应只乘前次乘积的小数部分。

【例 8】将十进制小数 0.34375 转换为对应的二进制小数。

解：

```
      0.34375
  ×         2
  ───────────
      0.68750     整数部分=0
  ×         2
  ───────────
      1.37500     整数部分=1
  ×         2
  ───────────
      0.75000     整数部分=0
  ×         2
  ───────────
      1.50000     整数部分=1
  ×         2
  ───────────
      1.00000     整数部分=1
```

因此，$(0.34375)_{10}=(0.01011)_2$。

需要注意的是，小数部分转换时取数的顺序与整数部分正好相反，整数部分是从下往上，小数部分是从上到下。当然，用上述方法把一个十进制数转换为二进制时，其整数部分均可用有限的二进制整数表示，但其小数部分却不一定能用有限位的二进制小数来精确表示。例如：

$(0.4)_{10}=(0.01100110011\cdots\cdots)_2$。

$(0.23)_{10}=(0.001110101110000010100\cdots\cdots)_2$。

这就是说，用上述方法，大多数十进制小数在转换为对应二进制小数时，都不能精确地转换，而将产生一定的误差。当然这个误差是可以控制的。事实上，对于二进制与十进制的互相转换，还可以广泛采用 BCD 码，即用 4 位二进制数码代表 1 位十进制数码。这样，无论是整数还是小数的互换都将不会产生误差。

(2)二进制与八进制的互相转换

八进制数的基数为 8，有 0，1，2，3，4，5，6，7 共 8 个数码，逢八进一。由于 8 是 2 的 3 次方，因而它的一个数码对应二进制数的 3 个数码，这样互换起来就十分方便。

【例 9】将八进制数 315.27 转换为二进制数。

解：

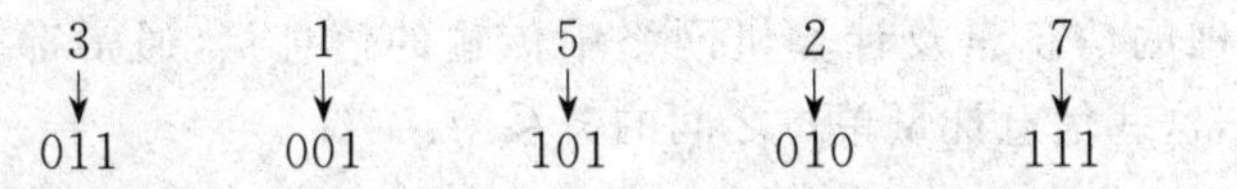

因此，$(315.27)_8=(11001101.010111)_2$。

二进制数转换为八进制数时，则以小数点为基准，向左、向右每 3 位为一组(前后端不足 3 位者都用零补齐)对应转换为 1 个八进制数即可。

【例 10】将二进制数 10110.0111 转换为八进制数。

解：

因此，$(10110.0111)_2=(26.34)_8$。

(3)二进制与十六进制的互相转换

十六进制数的基数为 16，它由数字 0～9 及字母 A～F 共 16 个数码组成，逢十六进一。由于 16 是 2 的 4 次方，因而它的一个数码对应二进制数的 4 个数码，这样互换起来也是十分方便的。

【例 11】将十六进制数 2BD.C 转换为二进制数。

解：

因此，$(2BD.C)_{16}=(1010111101.11)_2$。

二进制数转换为十六进制时，则以小数点为基准，向左、向右每 4 位为一组(前后端不足 4 位者都用零补齐)，对应转换为 1 个十六进制数即可。

【例 12】将二进制数 111110010.01111 转换为十六进制数。

解：

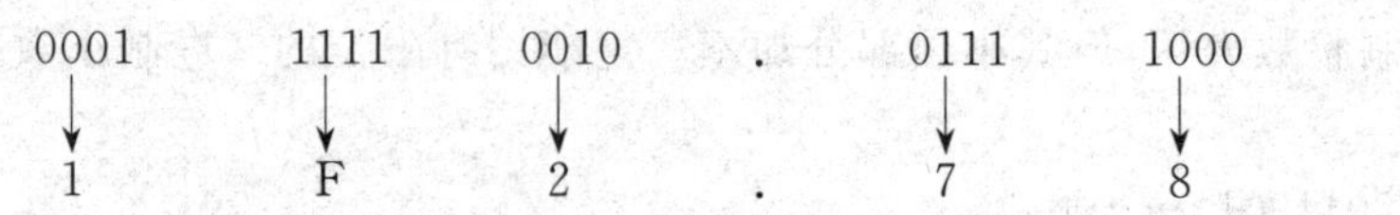

因此，$(111110010.01111)_2=(1F2.78)_{16}$。

1.2.5 信息化的计量

(1)基本存储单位

比特(bit，简写为小写字母 b)，通常也称为“位”，被用来表示一个二进制数码，是计量数字化信息的最小单位，每 8 位组成一个字节。各种信息在计算机中存储、处理至少需要一个字节。例如，一个 ASCII 码用一个字节表示，一个汉字用两个字节表示。

字节(Byte，简写为大写字母 B)由排列在一起的 8 个比特组成，是计量数字化信息的基本单位。1B=8b。

(2)扩展存储单位

目前，计算机所能存储和处理的信息量及计算机网络中传输的信息量，通常都是用 KB、MB、GB，甚至 TB 来表示的，这些信息计量单位之间的关系为：

$1KB=2^{10}B=1024B$

$1MB=2^{10}KB=1024\ KB$

$1GB=2^{10}MB=1024\ MB$

$1TB=2^{10}GB=1024\ GB$

例如，目前个人计算机的内部存储容量通常为 1GB、2GB、4GB 等，而目前硬盘的存储容量则大多为 500GB、1TB 或者 2TB 等。

1.2.6 数值的数字化

在计算机内部，数值和其他任何信息一样都是用一串二进制代码表示的，为了区分数制的符号，计算机中带符号数可以分别用原码、反码和补码三种形式表示。

(1)原码

在原码表示中，最高位用 0 和 1 表示该数的符号＋和－，后面数值部分不变。即正数的符号位为 0，负数的符号位为 1，后面各位为其二进制的数值。下面以 8 位二进制位例对原码、反码、补码进行说明。

$X_1=+85=+1010101$　　　　$[X_1]_{原}=01010101$

$X_2=-85=-1010101$　　　　$[X_1]_{原}=11010101$

在原码表示中，0 的原码有两种表达方式：

$$[+0]_{原}=00000000$$

$$[-0]_{原}=10000000$$

(2)反码

正数的反码与原码的表示方式相同；负数的反码是最高位为 1，数值位为原码逐位取反。

例如：　$X_1 = +85 = +1010101$　　$[X_1]_反 = 01010101$

　　　　$X_2 = -85 = -1010101$　　$[X_1]_反 = 10101010$

在反码表示中，0 的反码有两种表达方式：

$$[+0]_反 = 00000000$$
$$[-0]_反 = 11111111$$

(3)补码

在补码表示中，正数的补码与原码的表示方式相同；负数的补码为该负数的反码加 1。

例如：　$X_1 = +85 = +1010101$　　$[X_1]_补 = 01010101$

　　　　$X_2 = -85 = -1010101$　　$[X_1]_补 = [X_1]_反 + 1 = 10101011$

在补码表示中，0 的补码只有一种表达方式：

$$[+0]_补 = [-0]_补 = 00000000$$

在计算机中，凡是带符号数，一律用补码表示，而且运算的结果也是补码。

补码的加减运算是带符号数加减运算的一种。其运算特点是：符号位与数字位一起参加运算，并且自动获得结果(包括符号位与数字位)。

在进行加法运算时，按两数补码的和等于两数和的补码进行，即$[X]_补 + [Y]_补 = [X+Y]_补$；在进行减法运算时，按两数补码的差等于两数差的补码进行，即$[X]_补 - [Y]_补 = [X]_补 + [-Y]_补 = [X-Y]_补$。

【例 13】已知 X＝＋0000111，Y＝－0010011，求两数的补码之和。

解：

$[X]_补 = 00000111$，$[Y]_反 = 11101100$，$[Y]_补 = [Y]_反 + 1 = 11101101$

$$\begin{array}{rr} & [X]_补 = 00000111 \\ + & [Y]_补 = 11101101 \\ \hline & 11110100 \end{array}$$

因此，$[X + Y]_补 = 11110100$。

【例 14】已知 X＝＋1100111，Y＝＋0010011，求$[X]_补 - [Y]_补$。

解：

$[X]_补 = 01100111$，$[-Y]_反 = 11101100$，$[-Y]_补 = [-Y]_反 + 1 = 11101101$

$$\begin{array}{rr} & [X]_补 = 01100111 \\ + & [-Y]_补 = 11101101 \\ \hline & 101010100 \end{array}$$

得到结果为 101010100，因最高位的 1 已经超过 8 位而被溢出，所以最终结果为$[X]_补 - [Y]_补 = [X]_补 + [-Y]_补 = 01010100$。

计算机系统中，带符号的数值为什么一律要用补码表示呢？下面通过一个例子说明。

【例 15】在计算机中计算 1－1。

解：

利用二进制数的原码来进行计算，可将该式做一下变换，1－1＝1＋(－1)

$$[1]_{原}=00000001 \quad [-1]_{原}=10000001$$

$$\begin{array}{rr} & [1]_{原}=00000001 \\ + & [-1]_{原}=10000001 \\ \hline & 10000010 \end{array}$$

很显然结果不对，这是由于带符号位的原码进行减运算时出现了问题，主要是因为“＋0”和“－0”。在人们的计算概念中0是没有正负之分的，但是在计算机中，原码与反码中的0都有两种表示方法，所以才会出现以上错误的结果。因此在计算机系统中，对于带符号的数值一律用补码表示。原因总结如下：使符号位能与有效值部分一起参加运算，从而简化运算规则；使减法运算转换为加法运算，进一步简化计算机中运算器的线路设计。

1.2.7 定点数与浮点数

对于带有小数部分的数值，在计算机中可以有定点表示和浮点表示两种方式。定点表示方式是规定小数点的位置固定不变，这样的机器数称为定点数；浮点表示是以小数点的位置的指数的大小来确定，因而是可以浮动的，这样的机器数称为浮点数。不过无论是定点数还是浮点数，其小数点都不实际表示在机器数中。

定点表示方式通常将一个数值按整数的形式进行存放，而小数点则以隐含的方式固定在这个数的符号位之后，或者固定在这个数的最后。在实际运算时，操作数及运算结果均须用适当的比例因子进行折算，以便得到正确的计算结果。

定点表示方式虽然简单、方便，但是其所能表示的数值范围十分有限，难以表示绝对值很大或者很小的数，因此大多数计算机都采用浮点表示方式。

浮点表示法与数值的科学计数方法相对应，采用阶符、阶码、数符、尾数的形式来表示一个实数。

例如，$(158.625)_{10}=(10011110.101)_2=(0.10011110101)_2\times2^8$。

因此，十进制数158.625的浮点数表示形式为：

阶符	阶码	数符	尾数
0	1000	0	10011110101

上述表示形式中，阶符占一位，用来表示指数为正或者负，0表示指数为正，1表示指数为负；阶码即指数的数值，这里的指数为十进制数8，所以是二进制数1000；数符也占一位，用来表示整个数值位正或者负，同样是0表示正数，1表示负数；尾数总是一个小于1的数，用来表示该数值的有效值。

1.2.8 字符的数字化

计算机除了做各种数值运算外，还需要处理各种非数值的文字和符号。这就需要对文字和符号进行数字化处理，即用一组统一规定的二进制码来表示特定的字符集合，这就是字符编码问题。字符编码涉及信息表示与交换的标准化，因而都以国际标准或者国家标准的形式予以颁布与实行。

在计算机和其他信息系统中使用最广泛的字符编码是ASCII码(American Standard Code for Information Interchange,美国标准信息交换代码),它包括对大写和小写的英文字母、阿拉伯数码、标点符号和运算符号、各类功能与控制符号及其他一些符号的二进制编码。ASCII码虽然是美国的国家标准,但是已被国际标准组织(ISO)认定为国际标准,因而该标准在世界范围内通用。

ASCII码的编码原则是将每个字符用一组7位二进制代码来表示。由于7位二进制数可以组合成128种不同状态,所以共可定义128个不同的字符,这些字符的集合被称为基本ASCII码字符集,具体如表1.4所示。

表1.4　7位ASCII码表

$d_6\ d_5\ d_4$ / $d_3\ d_2\ d_1\ d_0$	000	001	010	011	100	101	110	111
0000	NUL	DLE	SP	0	@	P	、	p
0001	SOH	DC1	!	1	A	Q	a	q
0010	STX	DC2	”	2	B	R	b	r
0011	ETX	DC3	#	3	C	S	c	s
0100	EOT	DC4	$	4	D	T	d	t
0101	ENQ	NAK	%	5	E	U	e	u
0110	ACK	SYN	&	6	F	V	f	v
0111	BEL	ETB	,	7	G	W	g	w
1000	BS	CAN	(	8	H	X	h	x
1001	HT	EM	)	9	I	Y	i	y
1010	LF	SUB	*	:	J	Z	j	z
1011	VT	ESC	+	;	K	[	k	{
1100	FF	FS	`	<	L	\	l	|
1101	CR	GS	—	=	M	]	m	}
1110	SO	RS	.	>	N	ˆ	n	~
1111	SI	US	/	?	O	_	o	DEL

标准ASCII码也叫基础ASCII码,使用7位二进制数来表示所有的大写和小写字母,数字0到9、标点符号,以及在美式英语中使用的特殊控制字符。其中:

0～31及127(共33个)是控制字符或通信专用字符(其余为可显示字符),如控制符:LF(换行)、CR(回车)、FF(换页)、DEL(删除)、BS(退格)、BEL(响铃)等;通信专用字符:SOH(文头)、EOT(文尾)、ACK(确认)等。ASCII值为8,9,10和13分别转换为退格、制表、换行和回车字符。它们并没有特定的图形显示,但会依不同的应用程序,对文本显示产生不同的影响。

32～126(共95个)是字符,其中32是空格,48～57为10个阿拉伯数字0到9。

65～90 为 26 个大写英文字母，97～122 为 26 个小写英文字母，其余为一些标点符号、运算符号等。

同时还要注意，在标准 ASCII 中，其最高位(b_7)用作奇偶校验位。所谓奇偶校验，是指在代码传送过程中用来检验是否出现错误的一种方法，一般分奇校验和偶校验两种。奇校验规定，正确的代码一个字节中 1 的个数必须是奇数，若非奇数，则在最高位 b_7 添 1；偶校验规定，正确的代码一个字节中 1 的个数必须是偶数，若非偶数，则在最高位 b_7 添 1。

后 128 个称为扩展 ASCII 码。许多基于 x86 的系统都支持使用扩展（或“高”）ASCII。扩展 ASCII 码允许将每个字符的第 8 位用于确定附加的 128 个特殊符号字符、外来语字母和图形符号。

1.2.8 汉字的数字化

汉字信息在计算机内部也是采用二进制编码表示的。汉字的数量很大，常用的汉字有几千个之多，用一个字节来表示(8 位编码)肯定不够，目前常见的汉字编码方案有两字节、三字节，甚至四字节的。以下我们将介绍有关汉字数字化及其编码的一些基本概念。

(1)国标 GB2312—80

汉字编码方案有多种，GB2312—80 标准编码是我国于 1980 年公布的“中华人民共和国国家标准信息交换汉字编码”，简称国标码。它是我国应用最广泛、历史最悠久的汉字信息编码方案。它是计算机可以识别的编码，适用于汉字处理、汉字通信等系统之间的信息交换，共收入汉字 6763 个和非汉字图形字符 682 个。整个字符集分成 94 个区，每区有 94 个位。每个区位上只有一个字符，因此可用所在的区和位来对汉字进行编码，称为区位码。

(2)汉字机内码

汉字机内码(或称汉字内码)是指每个汉字在计算机内部表示或存储的二进制代码。我们知道，英文的计算机内部代码是 ASCII 码，那么对于汉字也应有一套统一的内部编码，以便让使用各种不同方式和方法输入的汉字信息具有互换性并可进行统一的处理。由于汉字的数量大，用一个字节的二进制代码无法区分它们，所以我国普遍使用两个字节的汉字内码，每个字节只使用其低 7 位，这样就可以区分 128×128＝16384 个不同汉字了。为了避免与高位为“0”的西文 ASCII 码相混淆，汉字内码是在国标码的基础上将其高位置加“1”形成的。例如汉字“国”的机内码为 B9FAH，即对应二进制编码的 10111001 11111010。这样构成的内码与国标码有极简单的对应关系，同时解决了中、西机内码的二义性问题，使得中、西文信息的兼容处理变得简单可行。

汉字机内码、国标码和区位码三者之间的关系为：区位码(十进制)的两个字节分别转换为十六进制后加 2020H 得到对应的国标码；机内码是汉字交换码(国标码)两个字节的最高位分别加 1，即汉字交换码(国标码)的两个字节分别加 80H 得到对应的机内码；区位码(十进制)的两个字节分别转换为十六进制后加 A0H 得到对应的机内码。

(3)GBK 与 GB18030

由于 GB2312—80 是 20 世纪 80 年代制定的标准，它只包含了 6763 个汉字的编码，因此一些较为偏僻的人名、地名和古籍用字在相应的字符集中无法找到。随着我国计算机应用的普及和深入，这个问题日渐突出，于是我国信息标准化委员会对原标准进行了扩充，得到扩充后的汉字编码方案GBK。在GBK之后，我国又颁布了国家标准GB18030，新的标准共收录了27484个汉字，且繁、简汉字均处于同一个平台，极大地方便了祖国大陆与港、澳、台地区的交流。汉字信息表示与交换的标准化是信息处理的重要基础，Windows 2000和Windows XP都提供了对GB18030标准的支持。

(4)Unicode编码

随着计算机互联网络的不断发展，需要交换和处理的字符信息越来越多，同时多种语言共存的文档也日益增多，因而不同编码体系的字符日益成为信息交换的障碍。为此国际化的Unicode编码诞生了。

Unicode编码是多语种的统一编码体系，它为当今世界使用的各种语言文字的每个字符提供了一个唯一的编码，而与具体的软硬件平台和语言环境无关。Unicode编码标准已被大多数软件公司采用，并符合有关的国际标准。

Unicode编码采用16位的编码体系，因此可以表示65536个不同的字符。该编码的前128个字符为标准ASCII码，接下来是128个扩展的ASCII码，其余则是不同语言的文字和符号，包括英文、中文和日文等。Unicode编码的一个突出特点是：所有字符一律用两个字节表示，即对于ASCII码和扩展的ASCII码也用两个字节表示，所以不需要通过每个字节的高位来表示和判定是ASCII码还是汉字等其他文字，因而简化了各种文字的处理过程。

1.2.9 其他信息的数字化

除了文字和符号，图像、声音和视频等信息在计算机内也是以二进制形式编码的，所以必须对图像、声音和视频进行数字化处理。

(1)图像的数字化

图像包括照片、绘画等，常见的图像文件的格式有BMP格式、JPEG格式、GIF格式、PSD格式、PNG格式、TIFFD格式和WG格式，图像的数字化过程主要分采样、量化与编码三个步骤。

①采样

采样的实质就是要用多少点来描述一幅图像，采样结果质量的高低就是用图像分辨率来衡量。简单来讲，将二维空间上连续的图像在水平和垂直方向上等间距地分割成矩形网状结构，所形成的微小方格称为像素点。一幅图像被采样成有限个像素点构成的集合。例如：一幅640×480分辨率的图像，则表示这幅图像是由640×480＝307200个像素点组成。

②量化

量化是指要使用多大范围的数值来表示图像采样之后的每一个点。量化的结果是图像能够容纳的颜色总数，它反映了采样的质量。例如：如果以4位存储一个点，就表示图像只能有$2^4=16$种颜色；若采用16位存储一个点，则有$2^{16}=65536$种颜色。所以，随着量化位数越来越大，则表示图像可以拥有更多的颜色，自然可以产生更为细致的图像效果。但是，也会占用更大的存储空间。两者的基本问题其实是视觉效果和存储空间的取舍。

③压缩编码

数字化后得到的图像数据量十分巨大,必须采用编码技术来压缩其信息量。在一定意义上讲,编码压缩技术是实现图像传输与储存的关键。

(2)视频的数字化

视频信息可以看成是连续变换的多幅图像,常见的视频格式有 AVI 格式、QuickTime 格式、MPEG 格式、RM 格式和 ASF 格式。如果想要播放视频信息,通常需要每秒钟能传输和处理 30 幅图像。假如每幅图像的信息量为 300KB,一秒钟播放 30 幅图像就需要传输和处理 9MB 的信息量,一部片长 2 小时的数字电影的信息量就将高达 64.5GB。因此,用计算机进行图像和视频处理,对机器的性能要求是相当高的。事实上,目前在用计算机进行图像和视频处理时由于采用了优秀的信息压缩算法,再加上计算机硬件性能的极大提高,所以用计算机处理图像和视频信息已经相当普遍了。

(3)声音的数字化

自然界的声音是一种连续变化的模拟信息,可以采用 A/D 转换器(即模拟、数字转换器)对声音信息进行数字化转换。其方法是按一定的频率对声音信号的幅值进行采样,然后对得到的一系列数据进行量化与二进制编码处理,即可将模拟声音的信息转换为相应的二进制比特序列。这种数字化后的声音信息即可被计算机存储、传输和处理。

习　题

一、填空题

1. 二进制数 11101101 转换为十六进制数是__________。
2. 二进制加法 10010100 ＋ 110010 的和为__________。
3. 二进制减法 11000101－10010010 的差为__________。
4. 将十进制数 215 转换为二进制数是__________。
5. 将十进制数 215 转换为八进制数是__________。
6. 二进制数 1011010 扩大二倍是__________。
7. 十进制数 837 对应的二进制数是__________。
8. 八进制数 1000 对应的十进制数是__________。
9. 十进制算式 3×512＋7×64＋8×5＋5 的运算结果对应的二进制数是__________。
10. 将二进制数 1100100 转换成十六进制数是__________。
11. 将二进制数 1100100 转换成八进制数是__________。
12. 十进制数 255 对应的二进制数是__________。
13. 二进制数 11110011 对应的十进制数是__________。
14. 二进制数 111101 对应的十六制数是__________。
15. 十六进制数 AB 对应的二进制数是__________。
16. 二进制数 111001－100111 的结果是__________。
17. 在一个无符号二进制整数的右边加上一个 0,新形成的数是原来的______倍。

二、选择题

1. 下列不同进制的四个数中，最大的数是（　　）。

A. $(88)_{10}$　　B. $(97)_8$　　C. $(5D)_{16}$　　D. $(111011)_2$

2. 下列不同进制的四个数中，最小的数是（　　）。

A. $(48)_{10}$　　B. $(57)_8$　　C. $(3B)_{16}$　　D. $(110011)_2$

3. 设一个汉字的点阵为 24×24，则 600 个汉字的点阵所占用的字节数是（　　）。

A. 48×600　　B. 72×600　　C. 192×600　　D. 576×600

4. 二进制数 110101 中，右起第五位数字是“1”，它的权值是十进制数（　　）。

A. 6　　B. 16　　C. 32　　D. 64

5. 下列四个不同进制的数值中，最小的数是（　　）。

A. $(107)_{10}$　　B. $(154)_8$　　C. $(01101011)_2$　　D. $(6A)_{16}$

三、计算题

1. 以补码的形式写出十进制 176－78 的计算过程和结果（用 16 位表示）。

第 2 章　Windows 7 操作系统及其应用

操作系统是计算机系统中最重要的系统软件，它的主要功能是控制和管理计算机系统中的硬件资源和软件资源，提高系统资源的利用率，同时为计算机用户提供各种强有力的使用功能，方便用户使用计算机。目前主流的操作系统有 Windows、Linux、UNIX、Mac OS、OS/2 等。其中 Windows 操作系统是当前使用最为广泛的操作系统。

本章将介绍 Windows 7 操作系统的基础知识、新功能及其基础操作技巧，使读者能够更好地认识 Windows 7 操作系统。

2.1　Windows 7 概述

2009 年 10 月 23 日，微软在中国正式发布 Windows 7 中文版操作系统。Windows 7 操作系统是在学习了 5.1 版 Windows XP 的成功之处，并吸取了 6.0 版 Windows Vista 的失败教训之后诞生的。与之前的 Windows 操作系统相比，Windows 7 无论在设计、引擎还是概念方面都进行了翻天覆地的革新，良好的用户体验使其有望取代此前备受用户青睐的 Windows XP，成为微软历史上销售最快的操作系统。

2.1.1　Windows 7 版本

根据不同的市场定位，微软发行了多个版本的 Windows 7 ：Windows 7 Starter（初级版）、Windows 7 Home Basic（家庭普通版）、Windows 7 Home Premium（家庭高级版）、Windows 7 Professional（专业版）、Windows 7 Enterprise（企业版）、Windows 7 Ultimate（旗舰版）。用户可以根据自己的需求，选择适合自己的操作系统版本。其各版本的区别如表 2.1 所示。

表 2.1　Windows 7 各版本

Windows 7 Starter（初级版）	缺乏 Aero 特效功能，没有 Windows 媒体中心和移动中心等，对更换桌面背景有限制，主要用于上网本等低端计算机 版本在全球仅通过 OEM 渠道提供，仅提供 32 位版本
Windows 7 Home Basic（家庭普通版）	增强视觉体验（限制部分 Aero 特效）、高级网络支持、移动中心、支持多显示器；缺少实时缩略图预览、Internet 连接共享，不支持应用主题，没有 Windows 媒体中心
Windows 7 Home Premium（家庭高级版）	面向家庭用户，能为最新硬件设备提供完备功能，为用户提供轻松连接的各种方式。家庭高级版的重要特点是支持高级动画效果，支持触摸屏，提供媒体中心和其他众多功能

续　表

Windows 7 Professional (专业版)	能满足中小型企业的需求,以及拥有多 PC、多服务器,具备网络、备份及安全性需求的用户。满足办公开发需求,支持加入管理网络、位置感知打印技术、移动中心及演示模式等
Windows 7 Enterprise (企业版)	能满足托管环境、高级数据保护、网络和安全性需求 面向企业市场的高级版本,提供一系列企业级增强功能以及满足企业数据共享、管理、安全等需求,包含多语言包、UNIX 应用支持,分支缓存(Branch Cache)及无缝连接基于 Windows Server 2008 R2 的企业网络等
Windows 7 Ultimate (旗舰版)	面向高端用户和软件爱好者,Windows 7 旗舰版与企业版具有相同的功能,只有授权模式不同

2.2　Windows 7 新功能

与之前的 Windows 系统相比,Windows 7 在应用服务的设计、用户的个性化、视听娱乐的优化、操作的易用性等方面进行了改进,新增了很多实用功能。

2.2.1　Aero 桌面透视

如果打开了比较多的窗口,在以往的操作系统中是很难正确地分辨这些窗口。而在 Windows 7 中新增加了一个 Aero 桌面透视功能,使用该功能只需将鼠标指针移动到某个任务栏按钮上,即可查看该窗口的缩略图,将鼠标移动到该缩略图上即可全屏预览该窗口,如图 2.1 所示。用户只需单击该预览窗口即可准确地切换到该窗口。

图 2.1　Aero 桌面透视功能

2.2.2　跳转列表(Jump List)

跳转列表是 Windows 7 中新增的一项功能,用户可以通过该功能快速访问常用的文档、图片、歌曲或网站。只需右击 Windows 7 任务栏上的程序按钮即可打开跳转列表,如

图 2.2 左图所示。此外，在开始菜单上单击程序名称右侧的三角箭头，也可以访问跳转列表，如图 2.2 右图所示。

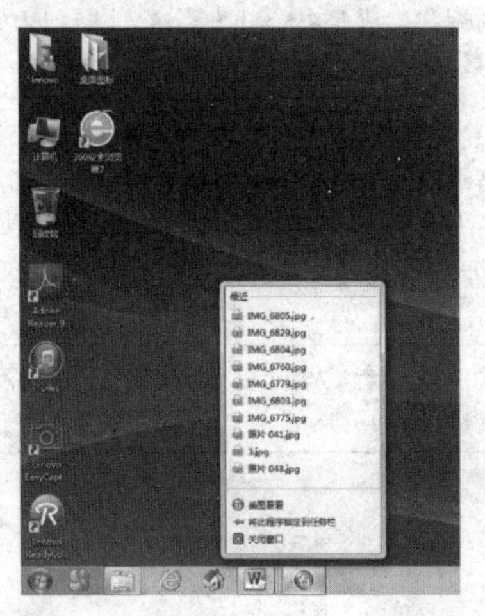
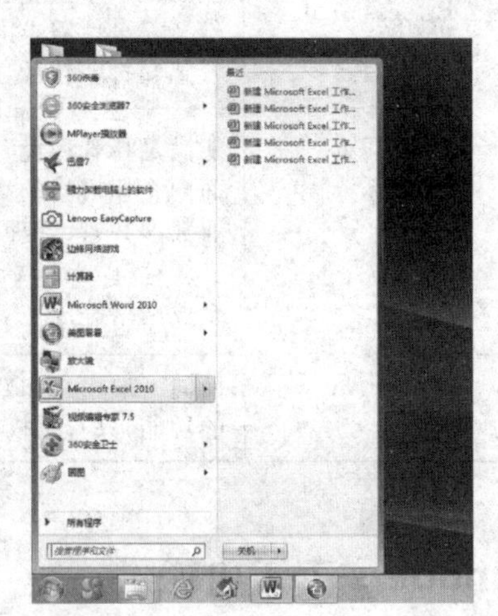

图 2.2　跳转列表

2.2.3 Windows 7 触摸功能

Windows 7 明显改进了触摸屏体验，使其扩展到计算机的每一个部位。通过触摸感应显示器，用户可以脱离鼠标和键盘，实现电脑的相关操作。

例如，Tablet PC 输入面板中的触摸键盘更易用，使用新的笔势可以更方便地执行常见任务，重新设计的任务栏可以更方便地使用触控输入访问程序和文件。

打开 Tablet PC 输入面板的方式如下：

(1)单击“开始”按钮，在搜索框中输入关键字“Tablet PC 输入面板”，或者在“附件”中找到“屏幕键盘”。

(2)在搜索结果中单击“Tablet PC 输入面板”即可打开。如图 2.3 所示。

图 2.3　Tablet PC 输入面板

2.2.4 性能改进

Windows 7 在一系列性能上做了改进，如：

(1)睡眠和恢复：Windows 7 可以更快地进入睡眠和从睡眠中恢复及重新连接到无线网络，节约了用户等待的时间。

(2)搜索更加快捷：使用 Windows 7 的搜索功能时，搜索结果会更快地弹出，而且搜索结果的排序和分组也变得更快了。

(3)更好地使用内存：Windows 7 使得在同等配置下的计算机的整体运行速度和性能表现得比之前的版本更为优异，就算在几个大型程序之间进行切换也不会感到延迟。此外，Windows 7 中的 Ready Boost 功能还可以通过使用大多数 USB 闪存驱动器和闪存卡的存储空间来提高计算机的运行速度。

2.3　Windows 7 运行环境

Windows 7 操作系统对电脑硬件配置需求如下：

(1)中央处理器：1GHz 以上或 64 位以上的处理器。

(2)内存容量：建议使用 1GB 以上的内存。旗舰版的内存消耗在开机时就达到 800MB，因此建议安装 2GB 以上的内存。

(3)硬盘容量：16 GB 可用硬盘空间(基于 32 位)或 20 GB 可用硬盘空间(基于 64 位)。

(4)显卡：集成显卡 64MB 以上。

(5)其他：带有 WDDM 1.0 或更高版本的驱动程序的 DirectX 9 图形设备。

上述配置只是可运行 Windows 7 操作系统的最低指标，更高的指标可以明显提高其运行性能。如需连入计算机网络和增强多媒体功能，则需配置调制解调器(MODEM)、声卡、DVD 驱动器等附属设备。

2.4　Windows 7 基本操作

Windows 操作系统是用户和计算机的接口，它为用户提供了使用和管理计算机资源的大量命令，这些命令都是以图形界面的方式提供给用户的，使用非常方便。

2.4.1　Windows 7 的启动和退出

(1)启动

当主机和显示器电源接通后，系统首先进行开机自检，并显示电脑主板、内存、显卡显存等信息。如图 2.4 所示。

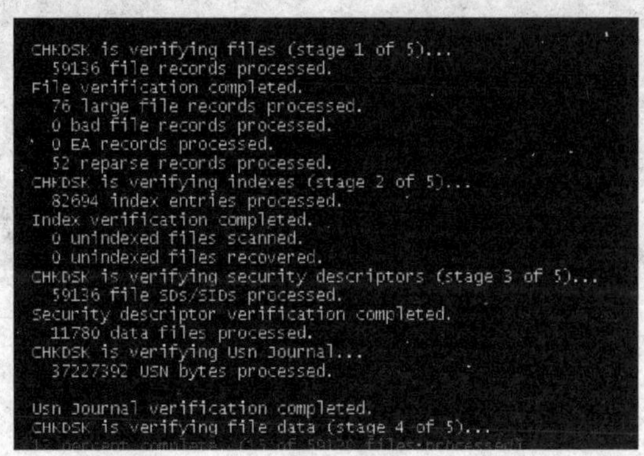

```
CHKDSK is verifying files (stage 1 of 5)...
  59136 file records processed.
File verification completed.
  76 large file records processed.
  0 bad file records processed.
  0 EA records processed.
  52 reparse records processed.
CHKDSK is verifying indexes (stage 2 of 5)...
  82694 index entries processed.
Index verification completed.
  0 unindexed files scanned.
  0 unindexed files recovered.
CHKDSK is verifying security descriptors (stage 3 of 5)...
  59136 file SDs/SIDs processed.
Security descriptor verification completed.
  11780 data files processed.
CHKDSK is verifying Usn Journal...
  37227392 USN bytes processed.

Usn Journal verification completed.
CHKDSK is verifying file data (stage 4 of 5)...
```

图 2.4　Windows 7 开机自检

成功自检后进入欢迎界面，系统会显示电脑的用户名和登录密码。单击需要登录的用户名，然后在该用户名下的文本框中输入登录密码，按 Enter 键确认。如图 2.5 所示。如密码正确，经过几秒钟后，系统就成功进入 Windows 7 的系统桌面。

图 2.5　Windows 7 开机欢迎界面

在系统启动过程中，如长按 F8 键，可进入安全模式设置界面。安全模式是 Windows 用于修复操作系统错误的专用模式，它仅启动运行 Windows 所必需的基本文件和驱动程序，可帮助用户排除问题，修复系统错误。如图 2.6 所示。

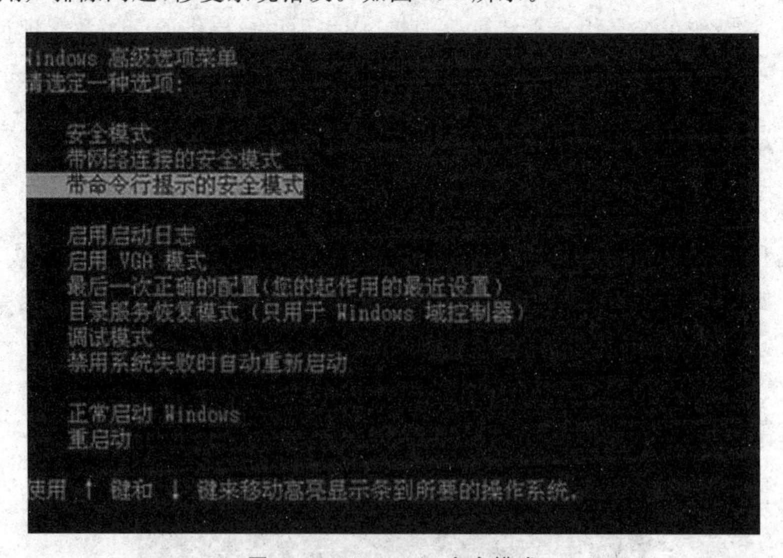

图 2.6　Windows 7 安全模式

(2)退出

为了延长计算机的使用寿命，用户应选择正确退出系统的方法，常见的关机方法有两种：系统关机和手动关机。

①系统关机

首先关闭正在运行的应用程序,对需要保存的应用程序则先保存后关闭,然后单击“开始”按钮,选择“关机”。如图 2.7 左图所示。

②手动关机

当用户在使用电脑的过程中,出现蓝屏、死机等现象时,就只能选择手动关机了,按住主机机箱上的电源按钮几秒钟,主机就会关闭,然后再关闭显示器的电源开关。

③注销电脑

注销的意思是向系统发出清除现在登录的用户的请求,清除后即可使用其他用户来登录系统。注销不是重新启动。单击“开始”按钮,在弹出的菜单中单击“关机”按钮右侧的向右按钮,在弹出的菜单中选择“注销”命令。如图 2.7 右图所示。

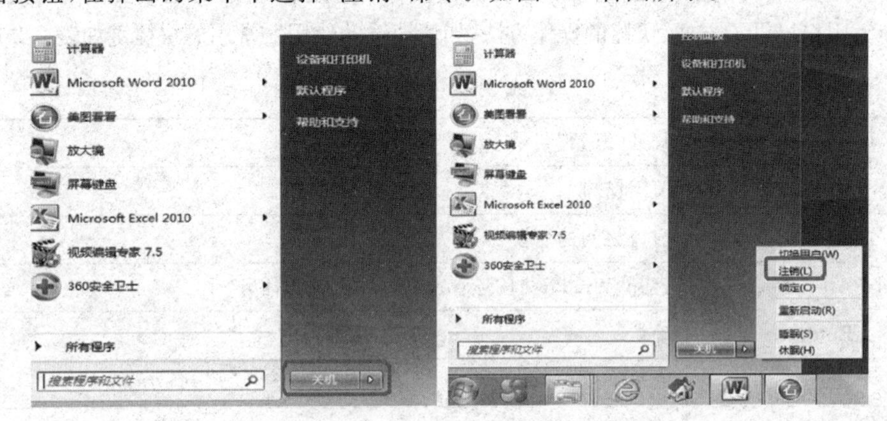

图 2.7　Windows 7 关机和注销

④切换用户

通过切换用户功能,用户可以退出当前用户账户,但并不关闭当前运行的程序,然后返回到用户登录界面。具体操作步骤如下:单击“开始”按钮,在弹出的菜单中单击“关机”按钮右侧的向右按钮,在弹出的菜单中选择“切换用户”命令,系统会快速切换到用户登录界面。

⑤休眠与睡眠

在“关闭选项”中还有两项是“休眠”与“睡眠”选项。休眠系统将会在关闭计算机之前将系统状态和内存内容保存到磁盘上的一个文件(hiberfil. sys)中。在按下主机上的电源按钮恢复时系统将会重新读取该文件,并将内容恢复到内存中。睡眠能够以最小的能耗保证电脑处于锁定状态,与“休眠”状态相似,它们最大的区别在于休眠不需要按开机键即可恢复到电脑的原始状态。

2.4.2 Windows 7 的操作方式

Windows 7 操作以鼠标操作为主,也可以使用键盘操作。在 Windows 7 中,对一个对象实施操作,要先选择对象,再执行命令。

(1)鼠标操作

鼠标有五种基本操作:指向、单击、右击、双击和拖放。

标准选择	文字选择	对角线调整 1
帮助选择	手写	对角线调整 2
后台操作	不可用	移动
忙	调整垂直大小	其他选择
精度选择	调整水平大小	链接选择

图 2.8　鼠标的形状

在 Windows 7 中，鼠标是最常用的输入设备。使用鼠标操作几乎可以完成全部操作，进行不同操作时，鼠标的形状会随之改变。如图 2.8 所示。

(2)键盘操作及功能

在 Windows 7 中，虽然大部分操作都是通过鼠标来完成的，但有时也需要使用键盘进行操作，键盘为用户提供了方便、快捷的操作方法，如快捷键的使用。常用的快捷键如表 2.2 所示。

表 2.2　快捷键

Ctrl＋Esc	打开“开始”菜单
Alt＋F4	关闭窗口
Alt＋Tab	窗口之间的切换
Ctrl＋Alt＋Delete	打开“Windows 任务管理器”，以供管理任务。
Enter	确认
Esc	取消
Ctrl ＋Space	启动或关闭输入法
Ctrl ＋ Shift	中文输入法的切换

2.4.3 Windows 7 桌面的个性化

开机进入操作系统后，在电脑显示屏上显示的就是 Windows 7 的桌面，如图 2.9 所示，它是用户与计算机进行交流的窗口。通过桌面，用户可以有效地管理自己的计算机。Windows 7 桌面主要由桌面背景、桌面图标、“开始”按钮、任务栏、快速启动工具栏、桌面小工具等组成。

图 2.9　Windows 7 桌面

在 Windows 7 中，用户能对自己的桌面进行更多的操作和个性化设置，让屏幕看起来更舒服。

1)桌面背景和主题

在桌面右击鼠标，在弹出的快捷菜单中选择“个性化”菜单命令，系统弹出如图 2.10 所示的个性化设置窗口。在此窗口中可设置桌面背景、窗口颜色、屏幕保护程序等，同时还可以选择自己喜欢的主题。主题是系统集成的一系列设置。

图 2.10　Windows 7 个性化

2)桌面图标

Windows 7 操作系统中，所有的文件、文件夹和应用程序等都由相应的图标表示。桌面图标一般由文字和图片组成，文字说明图标的名称或功能，图片是它的标识符。桌面上通常会放些图标，包括“计算机”“回收站”等系统资源图标方便用户使用，用户可按自己的需要将经常使用的应用程序和文件夹图标放到桌面上，也可以根据需要在桌面上添加各种快捷图标，在使用时双击图标就能快速启动相应的程序或文件。

(1)添加系统图标

首次安装 Windows 7 并登录系统后，桌面默认只显示“回收站”图标，那么如何将其他被隐藏的图标显示出来呢？具体操作步骤如下：

①右击桌面空白区域，在弹出的快捷菜单中选择“个性化”命令。如图 2.11 左图所示。

②在弹出的窗口左侧单击“更改桌面图标”链接。如图 2.11 右图所示。

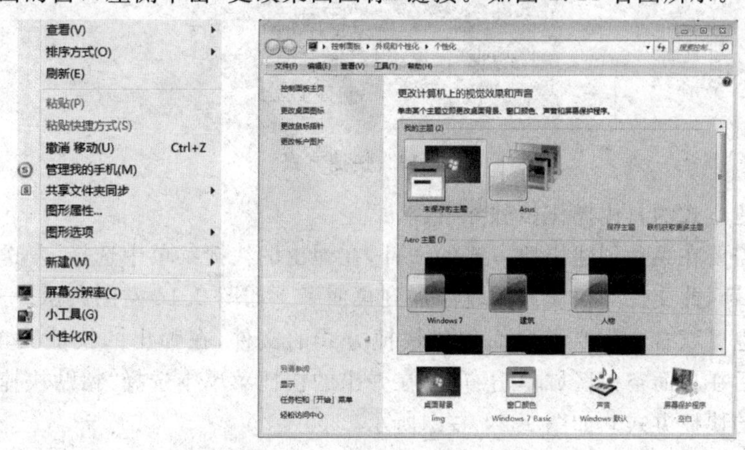

图 2.11　Windows 7 更改桌面图标

③弹出“桌面图标设置”对话框，选中需要显示的桌面图标，单击“确定”按钮。这时，即可在桌面上显示其他被隐藏的默认图标。如图 2.12 所示。

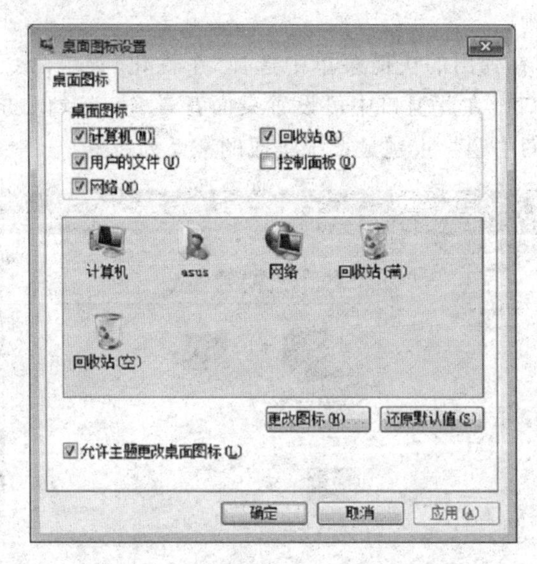

图 2.12　Windows 7“桌面图标设置”

(2)添加文件图标和快捷方式

为了从桌面轻松访问常用的文件或程序，可在桌面创建它们的快捷方式。快捷方式是一个表示与某个项目链接的图标，删除快捷方式不会影响原始文件。快捷方式图标的左下角会有一个箭头标志。如图 2.13 所示。

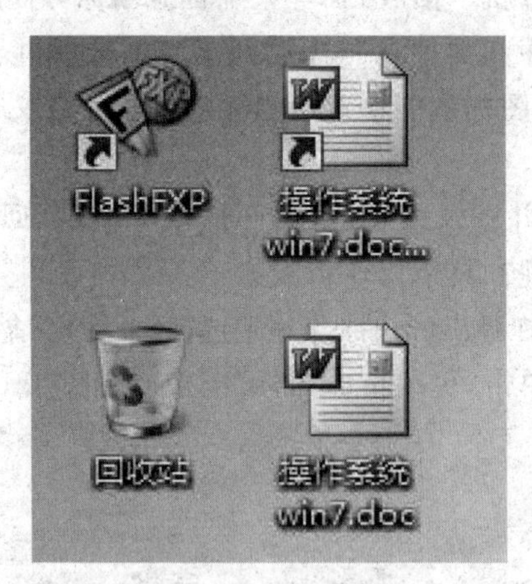

图 2.13　快捷方式

添加快捷方式的具体操作步骤如下：

①右击需要在桌面创建快捷方式的文件，在弹出的快捷菜单中选择“发送到”→“桌面快捷方式”命令，此文件的快捷方式就添加到桌面了。如图 2.14 左图所示。

②用户也可以右击需要在桌面创建快捷方式的文件，在弹出的快捷菜单中选择“复制”命令，然后在桌面空白区域单击右键，在弹出的快捷菜单中选择“粘贴快捷方式”命令，创建该文件的快捷方式。如图 2.14 右图所示。

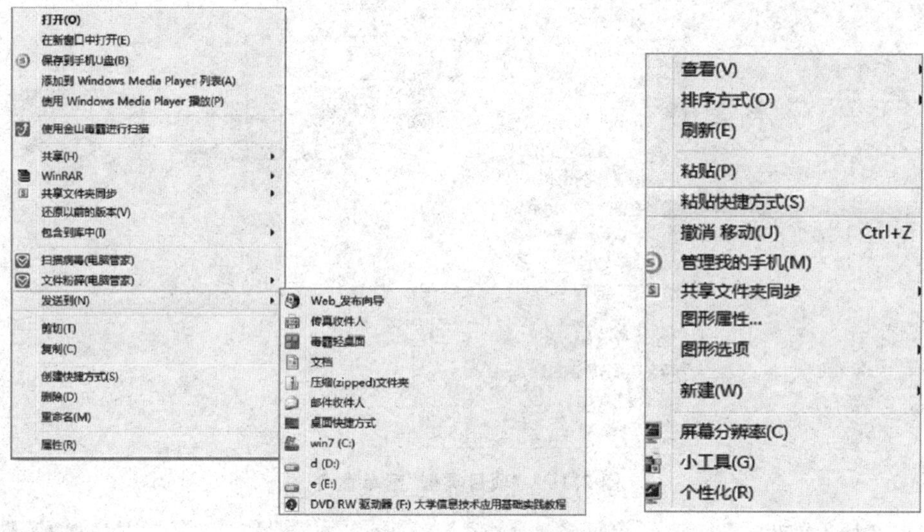

图 2.14　创建快捷方式

要删除桌面图标，只需选择该图标，然后单击鼠标右键，在弹出的快捷菜单中选择“删除”命令即可。

(3)排列桌面图标

图标添加到桌面后，有时候会显得杂乱无章。为了桌面的整洁和美观，可以设置桌面图标的大小和排列方式。具体操作步骤如下：

①在桌面的空白处右击，在弹出的快捷菜单中选择“查看”菜单命令，在弹出的子菜单中显示的 3 种图标大小中选择一种即可。如图 2.15 所示。

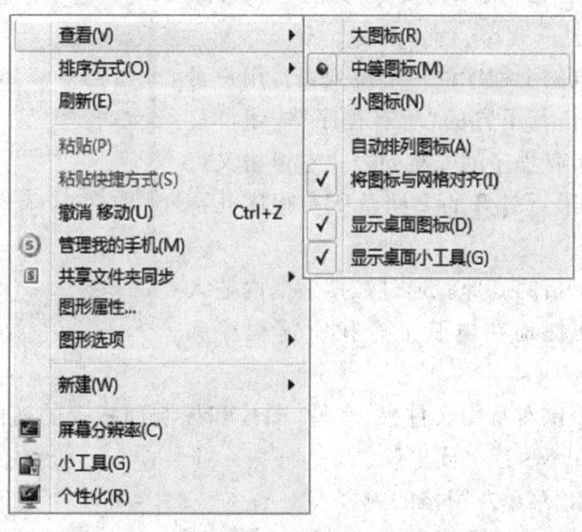

图 2.15　“查看”命令

②在桌面空白处右击，在弹出的快捷菜单中选择“排序方式”菜单项，在弹出的子菜单中有 4 种排列方式供选择，分别是名称、大小、项目类型和修改日期。本实例选择“项目类型”菜单命令，如图 2.16 所示。回到桌面，所有图标均已按照项目类型进行排列。

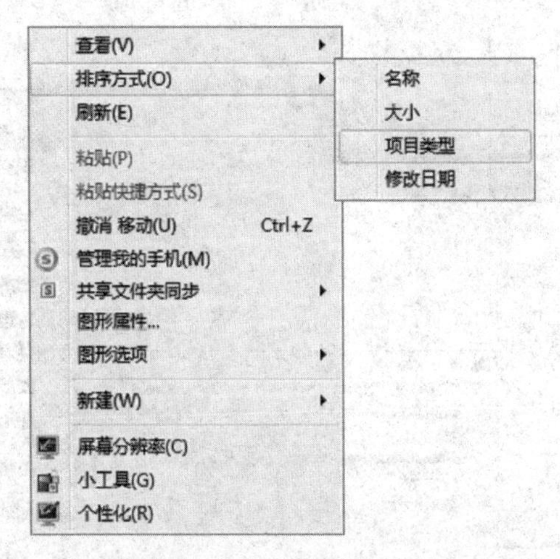

图 2.16 “项目类型”菜单命令

3)“开始”按钮

“开始”按钮是计算机程序、文件夹和设置的主门户。“开始”按钮位于桌面的左下角,单击“开始”按钮或按下键盘上的 Windows 键就可以打开 Windows 的“开始”菜单。它提供了一个选项列表,包含了计算机内所有安装程序的快捷方式,用户可以便捷地通过“开始”菜单访问程序,搜索文件,并且可以自定义“开始”菜单。

Windows 7 的“开始”菜单主要分为左窗格、搜索框及右窗格三个部分。

左窗格是显示电脑上程序的一个短列表。用户可以自定义此列表,单击其下方的“所有程序”按钮可显示电脑内已安装的所有程序的完整列表。左窗格又可以分为附加的程序、最近打开的文档及所有程序几部分。如图 2.17 所示。

搜索框位于左窗格的底部。通过在搜索框内输入搜索项,可以非常便捷地在电脑上查找所需程序和文件。

图 2.17 “开始”菜单

右窗格不但能提供对常用文件夹、文件、图片和控制面板等的访问,还可通过它查看帮助信息,注销 Windows 或关闭电脑。

(1)自定义“开始”菜单左窗格的内容

开始菜单左边窗格中列出了部分 Windows 的项目链接,在默认情况下,文档、音乐、图片和视频库会显示在该菜单下。用户也可以根据自己的需要添加或删除这些项目链接并定义其外观。具体操作如下:

①“开始”按钮上右击,选择“属性”菜单命令,弹出“任务栏和「开始」菜单属性”对话框。

②“开始”菜单选项卡,如图 2.18 所示,然后单击“自定义”按钮。

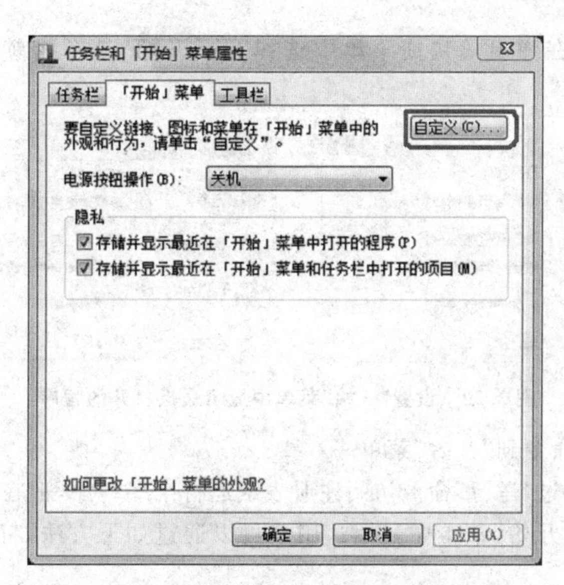

图 2.18　“任务栏和「开始」菜单属性”对话框

③在如图 2.19 所示的“自定义「开始」菜单”对话框中，选择所需选项及此项目的外观，单击“确定”按钮。

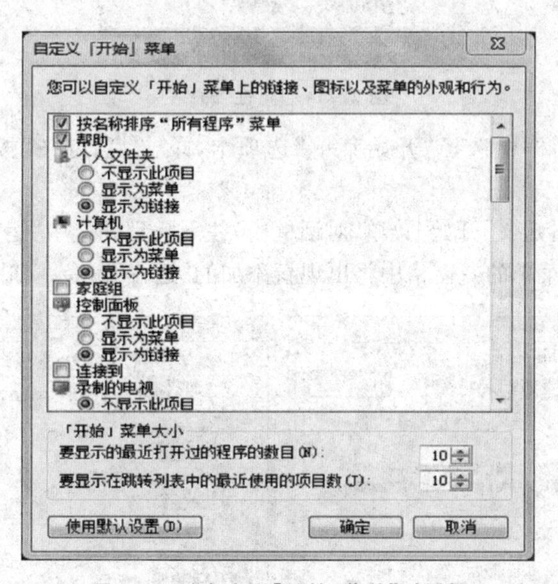

图 2.19　“自定义「开始」菜单”对话框

(2)设置“开始”菜单，显示最近打开的程序

Windows 7 开始菜单左边窗格中会列出用户最近打开过的应用程序列表。在如图 2.17 所示的“自定义「开始」菜单”窗口中，用户可以设置要显示的最近打开过的程序的数目。

如果需要将某个程序固定显示在此列表中，可以右击“开始”菜单中的此程序项，在弹出的快捷菜单中选择“附到「开始」菜单”命令，如图 2.20 左图所示，这个程序项就会一直显示在“开始”菜单左边窗格的固定程序列表中。如果不需将此程序固定到“开始”菜单，可以右击此程序项，在弹出的快捷菜单中选择“从「开始」菜单解锁”。如图 2.20 右图所示。

图 2.20　设置“开始”菜单中显示最近打开的程序

(3)添加“运行”命令到“开始”菜单

有时用户需要通过“运行”命令访问注册表或运行某些程序，但在 Windows 7 中，“运行”命令默认并未在“开始”菜单中显示。用户可以通过如下方法，将“运行”命令添加到“开始”菜单中。

①右击“开始”菜单，点击“属性”命令。如图 2.21 所示。

图 2.21　“属性”命令

②在弹出的对话框中选择“开始菜单”选项卡，单击“自定义”按钮，如图 2.22 左图所示。

③在弹出来的“自定义「开始」菜单”对话框中，往下找到并选中“运行命令”，点击“确定”按钮，这时，在“开始”菜单的右窗格中将出现新添加的“运行”命令。如图 2.22 右图所示。

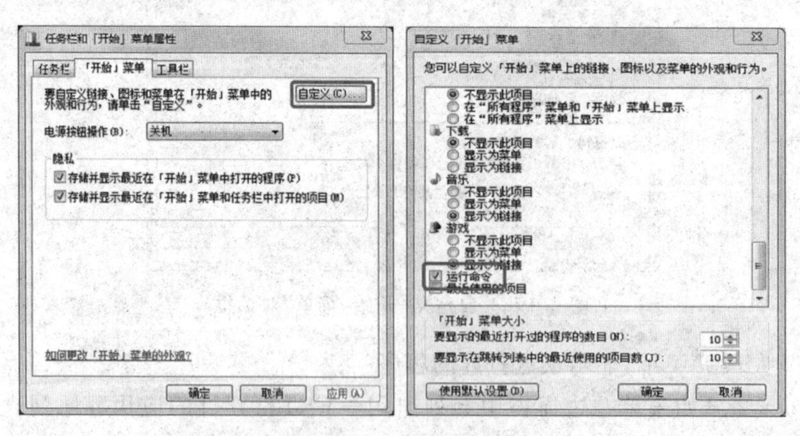

图 2.22　通过“自定义”按钮添加“运行”命令

(4)跳转列表

上文关于 Windows 7 的新特性中简单介绍了 Windows 7 为“开始”菜单和“任务栏”引入了跳转列表，它是最近使用的项目的列表，如文件、文件夹或网站，这些项目按照用来打开它们的程序进行组织。

鼠标指向“开始”菜单上的程序链接项或右击任务栏上的程序按钮，均会打开跳转列表，跳转列表上会列出最近此程序打开的文档列表，方便用户快速打开。

在图 2.22 右图所示的“自定义开始菜单”窗口中，用户可以设置需要显示在跳转列表中最近使用的项目的数目，也可以通过右击跳转列表中的项目，在快捷菜单中选定“锁定此列表”或直接单击项目右侧的“锁定”按钮，将该项目固定显示在跳转列表中。如图 2.23 所示。

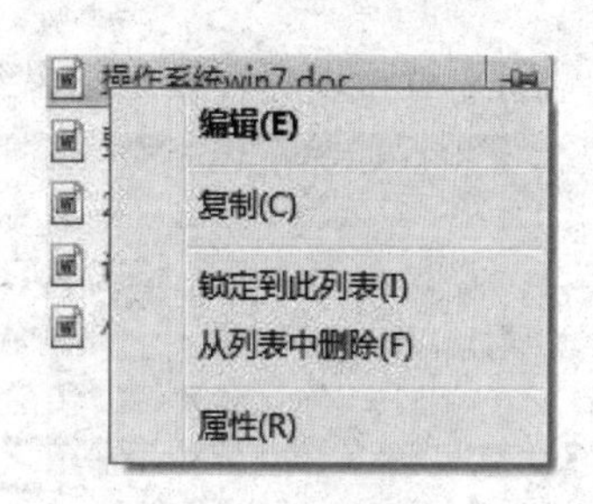

图 2.23　跳转列表

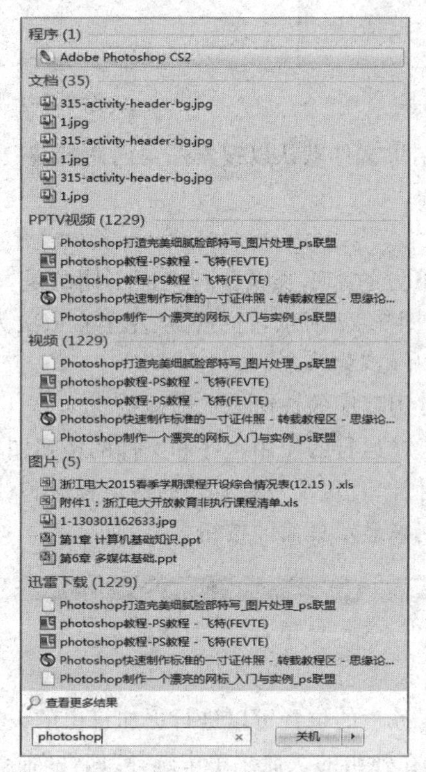

图 2.24　搜索

注意：“开始”菜单和任务栏上的程序的“跳转列表”中出现的项目是一致的。

(5)通过搜索框查找项目

通过搜索框查找电脑中的所需文件是查找文件最为便捷的方法之一。搜索框的搜索范围包括用户电脑的程序、文档、图片、桌面及其他常见位置中的所有文件夹。下面我们将通过实例对其进行讲解，具体操作步骤如下：

①输入关键词。单击“开始”按钮，打开“开始”菜单。输入需要查找的文件关键词，如输入“photoshop”，“开始”菜单中即可迅速显示搜索结果。搜索结果将会按文件类型自动分类。如图 2.24 所示。单击链接即可打开该文件。

②查看更多结果。单击“查看更多结果”链接，可以在弹出的窗口中查看更多搜索结果。如图 2.25 所示。

③如果要保存搜索结果，则可单击窗口中的“文件”“保存搜索”按钮，弹出“另存为”对

话框，就可以保存搜索结果到指定路径。如图 2.26 所示。

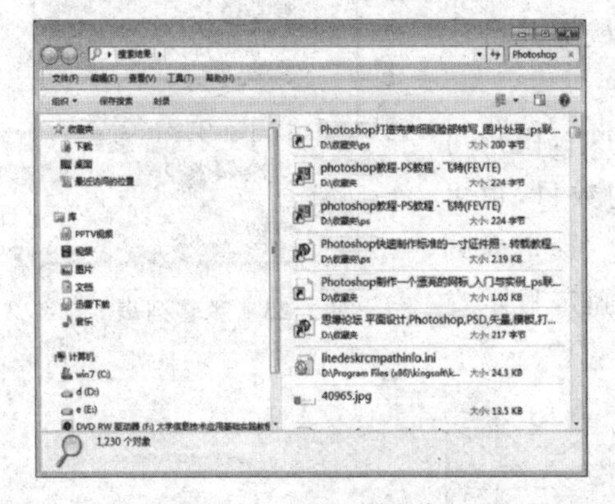

图 2.25　查看更多结果

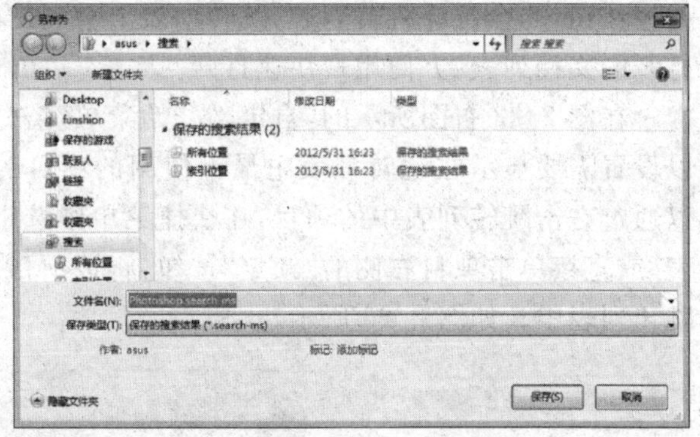

图 2.26　保存搜索结果

④查看文件。该搜索结果文件默认以搜索关键词命名，双击该文件，即可打开搜索结果窗口。

4)任务栏

任务栏是位于桌面最下方的水平长条。与桌面不同的是，任务栏不会被打开的窗口遮挡，它是始终可见的。如图 2.27 所示，任务栏从左至右依次为：

- “开始按钮”：打开“开始”菜单。
- 快速启动区：放置常用程序的快捷方式图标。
- 程序按钮区：显示正在运行的应用程序和文件的按钮图标。
- 系统通知区：显示时钟、音量及一些告知的特定程序和计算机设置状态的图标。
- “显示桌面”按钮：用来显示桌面的按钮。

图 2.27　任务栏

(1)调整任务栏的位置

在 Windows 7 中，对任务栏的位置可以进行更加自由的设置，具体操作步骤如下：

①右击任务栏空白处，在弹出的快捷菜单中选择“属性”命令，如图 2.28 左图所示。

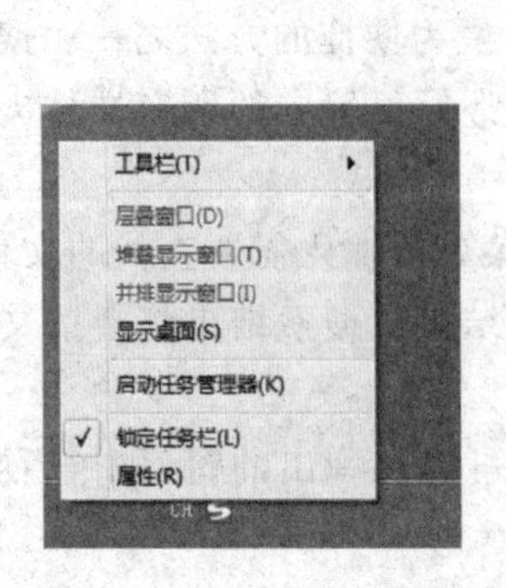

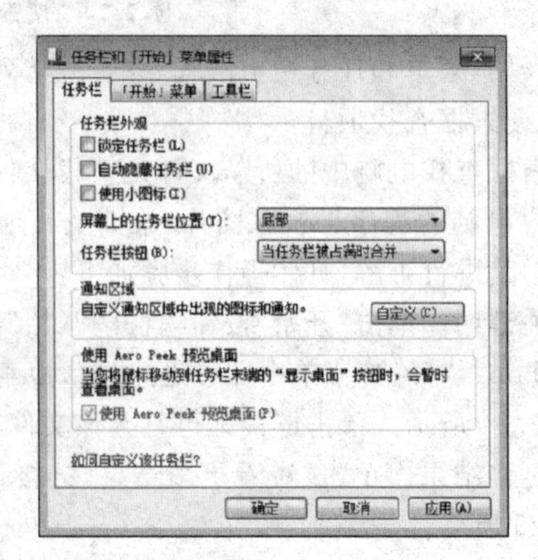

图 2.28　调整任务栏位置

②在打开的“任务栏和「开始」菜单属性”对话框中，选择“任务栏”选项卡，取消选中“锁定任务栏”复选框，在“屏幕上的任务栏位置”的下拉列表框中选择“右侧”选项，单击“确定”按钮，如图 2.28 右图所示，这样，任务栏就从桌面的底部跑到桌面右侧了。

(2)调整任务栏的大小

有时用户为了自己的使用习惯，需要调整任务栏的大小，以便放置更多的程序按钮。具体操作步骤如下：

①与上一项调整任务栏位置一样，首先在打开的“任务栏和「开始」菜单属性”对话框中，取消选中“锁定任务栏”复选框，这时将鼠标指针放在任务栏的最上边缘，当鼠标指针变成上下箭头的形状时，按住鼠标，向下拉动，调到自己满意的大小后，松开即可。如图 2.29 所示。

②任务栏调整到合适的大小后，仍然锁定任务栏，防止它因误操作而随意变动。

图 2.29　调整任务栏大小

(3)隐藏任务栏

如果不想显示任务栏，可以将其隐藏。具体操作步骤如下：

①在任务栏空白处右击，选择“属性”菜单命令。

②在弹出的对话框中，选择“任务栏”选项卡，选择“自动隐藏任务栏”复选框，单击“确定”按钮即可。如图 2.30 所示。

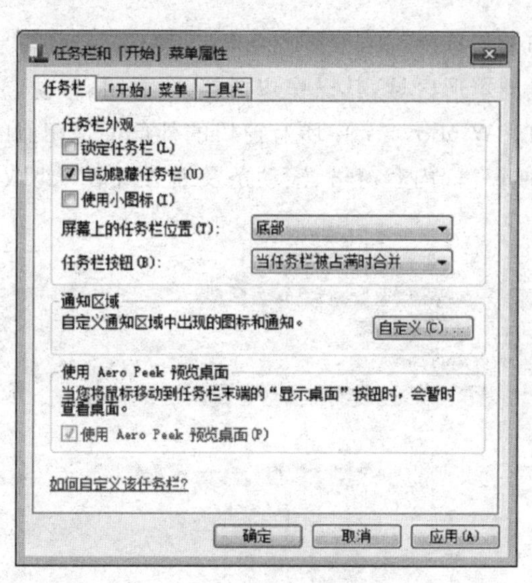

图 2.30　选择“自动隐藏任务栏”

③这时，桌面上的任务栏就隐藏起来了。当鼠标放到屏幕最下面时，任务栏又会显示出来。如果不想隐藏，就将鼠标放到任务栏，让它显示出来后右击选择属性，去掉“自动隐藏任务栏”的勾选再点击“确定”即可。

5)桌面小工具

Windows 7 设计了非常漂亮的桌面小工具，但在默认情况下，桌面小工具功能没有自动开启。添加小工具的具体操作步骤如下：

①在桌面空白处右击，在弹出的快捷菜单中选择“小工具”菜单命令。如图 2.31 左图所示。

②弹出“小工具”窗口，系统列出了多个默认小工具。可以双击要添加的小工具图标或者直接将其拖曳到桌面。如图 2.31 右图所示。

图 2.31 添加小工具

桌面上的小工具如果长期不使用，可将其从桌面移除。将鼠标放在小工具的右侧，单击显示的“关闭”按钮，即可删除。

2.4.4 Windows 7 的窗口

1）Windows 7 窗口的组成

窗口是屏幕上可见的矩形区域，其操作包括打开、关闭、移动、放大和缩小等。在桌面上可同时打开多个窗口。Windows 7 中所有窗口的外部都是相似的，一般由标题栏、搜索框、工具栏、地址栏、导航窗格、内容窗格、滚动条及细节窗格等组成，如图 2.32 所示。

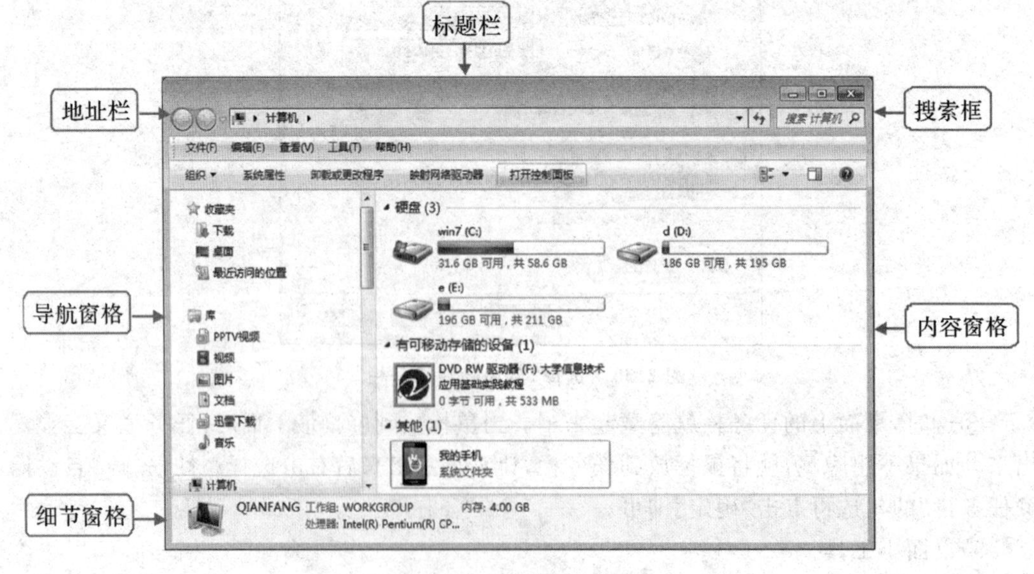

图 2.32 Windows 7 窗口

①标题栏：位于窗口顶部，其右侧显示了窗口的“最小化”按钮、“最大化”按钮和“关闭”按钮。单击这些按钮可对窗口执行相应的操作。

②地址栏：用于显示当前窗口中的文件在系统中的位置。单击左侧的“返回”按钮和“前进”按钮，可打开最近浏览过的窗口。

③搜索框：用于快速搜索电脑中的程序、文件和文件夹等内容。

④工具栏：根据窗口或选择的对象不同而发生变化，以便让用户进行快速操作。

⑤导航窗格：用于快速打开指定文件夹。

⑥内容窗格：用于显示当前窗口包含的对象或内容，双击对象图标即可查看内容。

⑦细节窗格：用于显示电脑的配置信息或当前窗口中所选对象的信息。

2）Windows 7 窗口基本操作

窗口的操作包括打开和关闭窗口、移动窗口、改变窗口大小及切换活动窗口等。

（1）打开和关闭窗口

在 Windows 7 操作系统中，启动程序、打开文件或文件夹时都将打开一个窗口。

①打开窗口有以下几种方法：

- 双击对象。
- 单击选中对象，按 Enter 键。
- 鼠标右键单击对象图标，在弹出的快捷菜单中选择“打开”命令。

②关闭窗口：

- 单击窗口右上角的“关闭”按钮。
- 选择“文件”菜单中的“关闭”命令。
- 按住 Alt+F4 键。
- 在任务栏对应窗口图标上单击右键，在弹出的快捷菜单中选择“关闭窗口”命令。

当打开的程序或窗口过多时，同类型的窗口将自动形成一个窗口组。在该组上单击鼠标右键，在打开的快捷菜单中选择“关闭所有窗口”命令，可关闭该类型下的所有窗口，如图 2.33 所示。

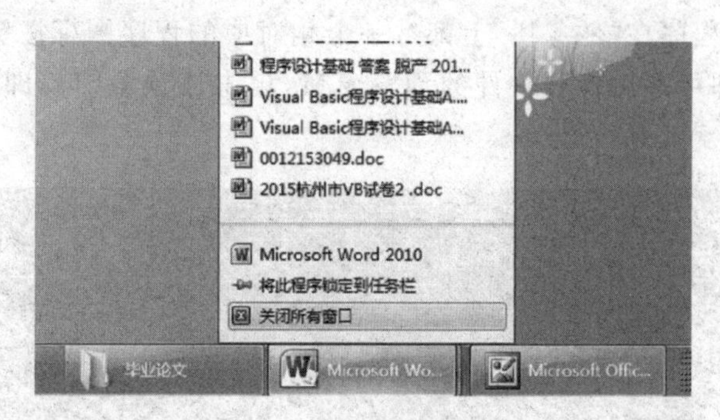

图 2.33　关闭所有窗口

（2）移动窗口

在 Windows 7 操作系统中，如果打开多个窗口，会出现窗口重叠现象。对此，用户可以将窗口移动到合适的位置。

要移动窗口，只需将鼠标指针移动至标题栏，此时鼠标是形状。按住鼠标左键不放并拖动到指定位置即可。

(3)改变窗口大小

默认情况下,打开的窗口大小和上次关闭时的大小一样。用户可以根据需要调整窗口的大小。

单击窗口右上方的“最大化”按钮,可以使窗口填满整个屏幕。最大化显示窗口后,单击“还原”按钮,即可取消最大化显示,还原窗口到原来的大小。

若要调整窗口的高度,将鼠标指向窗口的上边或下边,当鼠标指针变成上下双箭头后,拖动鼠标调整到所需高度。如图 2.34 左图所示。

若要调整窗口的宽度,将鼠标指向窗口的左边或右边,当鼠标指针变成左右双箭头后,拖动鼠标调整到所需宽度。如图 2.34 中间图所示。

若要同时改变窗口的高度和宽度,将鼠标指向窗口的任意一个角,当鼠标指针变成倾斜的双向箭头后,用鼠标拖动一个角调整到所需宽度和高度。如图 2.34 右图所示。

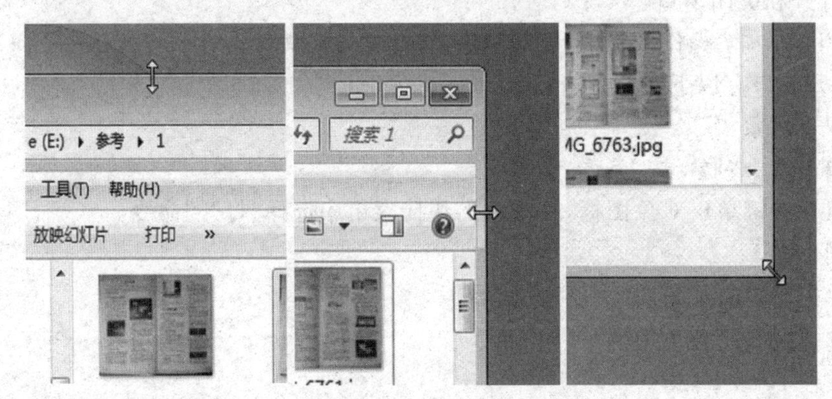

图 2.34 改变窗口大小

(4)切换活动窗口

虽然在 Windows 7 操作系统中可以同时打开多个窗口,但是当前活动窗口只有一个,需要通过切换窗口指定到当前的活动窗口。主要有以下几种方法:

- 每个打开的程序在“任务栏”上都有一个相对应的程序图标按钮,将鼠标指针移动到按钮上,即可弹出打开软件的预览窗口,单击该预览窗口即可打开窗口。如图 2.35 所示。

图 2.35 通过任务栏打开窗口

● 使用 Aero 三维窗口切换功能。按住 Windows 徽标键的同时，按 Tab 键即可打开三维窗口切换。当按住 Windows 徽标键时，重复按 Tab 键可以循环切换打开的窗口，如图 2.36 所示。当所需的窗口位于最前面时，释放 Windows 徽标键，该窗口即显示为当前活动窗口。

图 2.36　Aero 三维窗口切换功能

2.4.5 Windows 7 的菜单和对话框

(1)菜单

Windows 7 操作系统中，菜单分成快捷菜单和下拉菜单两类。用鼠标单击窗口菜单栏中的某个菜单名，出现一个下拉式菜单，如图 2.37 所示；用鼠标右击某个选中对象或屏幕的某个位置，弹出一个快捷菜单，如图 2.38 所示。

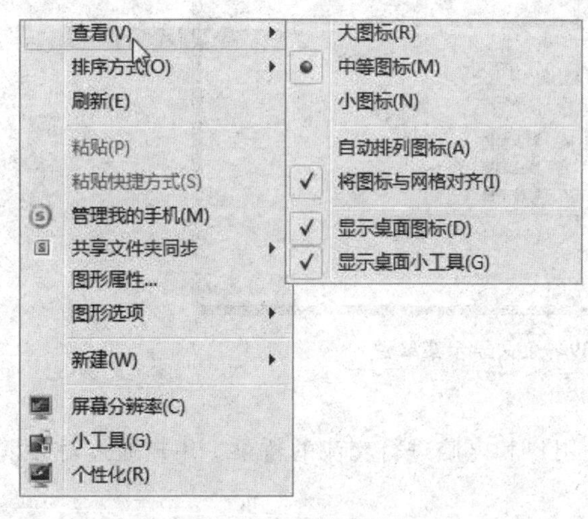

图 2.37　下拉式菜单

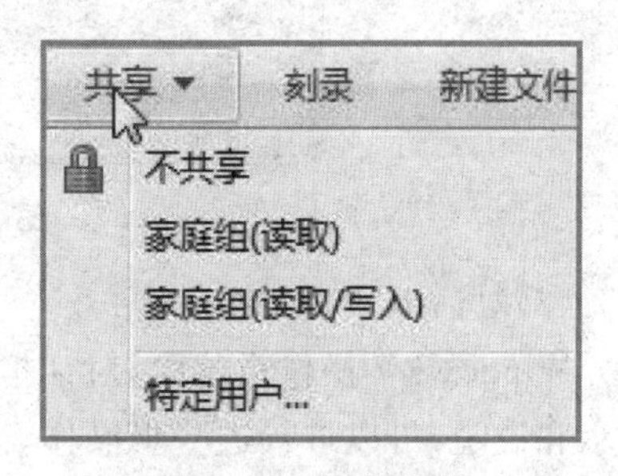

图 2.38　快捷菜单

菜单中常包含一些特殊符号表示特定的含义，主要有以下几种：

● 浅灰色命令，表示该命令当前不能执行。

● 命令名后带有“…”命令，表示选择该命令将弹出一个对话框，以期待用户输入必要的信息或做进一步的选择。

- 命令名前有选择标记✓,表示该命令正在起作用,再单击一次这个命令可删除标记,表示命令不再起作用。例如,图 2.37 所显示,“显示桌面图标”“显示桌面小工具”等命令被选中,表示正在起作用。
- 命令名后带字母,表示该命令的快捷键。打开菜单后,可按下键盘上的字母执行命令。如图 2.37 所示,按下 E 键可执行“刷新”命令。
- 命令名右侧的组合键,表示使用组合键,可以在不打开菜单的情况下直接执行该命令。
- 命令名右侧的箭头▸,表示该菜单还有下一级子菜单,如图 2.37 所示,单击“排序方式”可打开子菜单。
- 命令名左边带圆点●,通常在由单选命令组成的一组命令中可见,即一组命令中只能选择其中一个,被选择的命令前标记圆点。

在 Windows 7 中,窗口的菜单栏通常是隐藏的,可按如下步骤显示菜单。

①按 F10 或 Alt 键,菜单栏将显示在工具栏上。菜单命令执行完毕后菜单会自动消失。

②在工具栏单击“组织”按钮,在弹出的下拉菜单中依次单击“布局”→“菜单栏”命令,如图 2.39 所示,这种方法可以永久显示菜单栏。

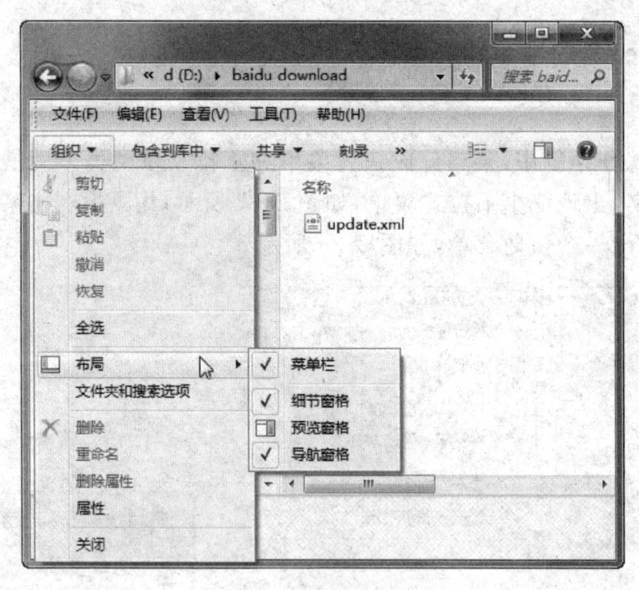

图 2.39 永久显示菜单栏

(2)对话框

Windows 7 操作系统中,对话框是用户和电脑进行交流的桥梁。用户通过对话框的提示和说明,可以进行进一步操作。

对话框一般在执行菜单命令或单击命令按钮后出现,通常由标题栏、命令按钮、复选框、单选按钮、提示文字、帮助按钮及选项卡等元素组成,如图 2.40 所示。窗口中的这些控件元素用途各不相同。例如,复选框可以选择多个选项;单选按钮只能选择一个选项;单击命令按钮执行操作。在一些复杂的对话框中,其包含的选项甚多,无法在同一个窗口中列出，于是就将选项按功能分类，分别纳入某个选项卡标签之下，每一个标签如同菜单栏中的一个菜单。图 2.40 所示的对话框有 4 个选项卡，当前列出的是“索引”选项卡所包含的选项。单击其他选项卡标签则显示出该选项卡所包含的所有选项。

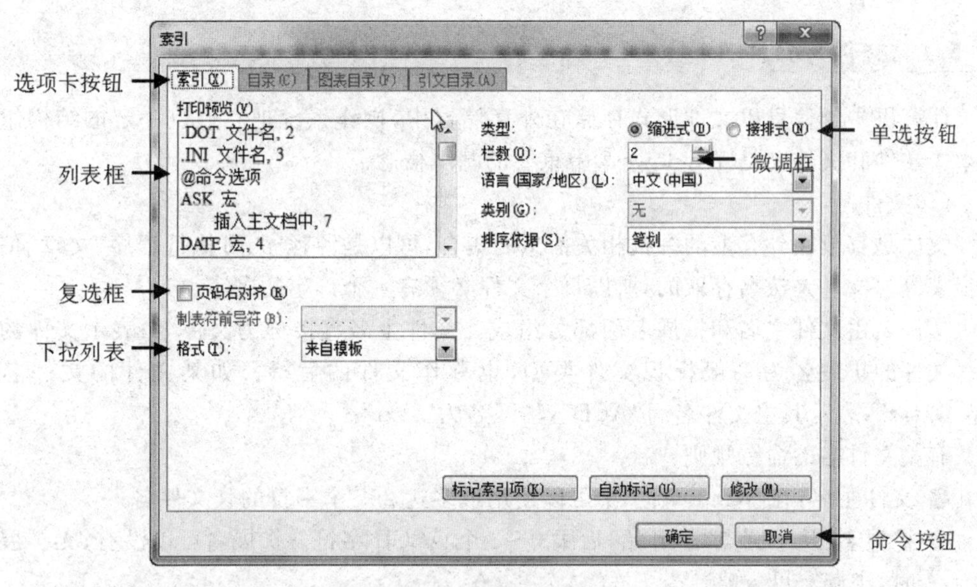

图 2.40　对话框

对话框中的基本操作包括在对话框中输入信息、选择选项、使用对话框中的命令按钮等。用户设置完对话框的所有选项后，单击“确定”命令按钮，表示确认所输入的信息和选项，系统就会执行相应的操作，对话框也会随之关闭。

2.4.6 剪贴板

剪切板是指 Windows 操作系统提供的一个暂存数据，并且提供共享的一个模块，又称为数据中转站。剪切板在后台起作用，是内存里的一段存储区域，它所传送的信息可以是文字、数字、符号、图形、图像、声音或者它们的组合。

(1)对剪贴板的基本操作

- 剪切(Ctrl+X)：将选定的内容移到剪贴板中。
- 复制(Ctrl+C)：将选定的内容复制到剪贴板中。
- 粘贴(Ctrl+V)：将剪贴板中的内容插入指定的位置。

在大部分的 Windows 应用程序中都有以上三个操作命令，它们一般放在“编辑”菜单中。如果没有清除剪贴板中的信息，则退出 Windows 之前，其剪贴板中的信息将一直保留，随时可以将它粘贴到指定位置。

(2)屏幕复制

- 在进行 Windows 操作的过程中，任何时候按下 Print Screen 键，都会将当前整个屏幕信息以图片的形式复制到剪贴板中。
- 在进行 Windows 操作的过程中，任何时候按下 Alt 与 Print Screen 键，都会将当前活动窗口中的信息以图片的形式复制到剪贴板中。

2.5 文件及文件管理

2.5.1 文件与文件夹

计算机中的信息以文件形式存储在外存储器中,操作系统把它们以一定的结构组织起来。文件和文件夹是 Windows 7 中重要的基本概念。

(1)文件

文件是存放在外存上的一批相关信息的集合,可以是源程序、可执行程序、文章、信函或报表等。文件是按名存取的,所以每个文件必须有一个确定的名字。

文件名由文件主名和扩展名两部分组成。文件主名直接称为文件名,表示文件的名称。文件的扩展名为一般标识文件类型,也称作文件的后缀。如某文件的文件名为"ACD. txt",表示其主文件名为"ACD",扩展名为". txt"。

有关文件名的命令规则:

- 文件主名:在 Windows 7 中可以使用最多达 255 个字符的长文件名。
- 扩展名:从小圆点"."开始,后跟 0～3 个 ASCII 字符。扩展名可以没有,无扩展名时,小圆点可省略。
- 文件主名和扩展名中允许出现的 ASCII 字符是:英文字母(A～Z,大小写字母被认为是一样的);数字符号(0～9);汉字;特殊符号($ ＃ & @ !(、) % {、} ^ ‘’ ～等)。

注意:不能在文件名中出现的符号有 \ / : * ? " ＜ ＞ |。常见的文件类型见表 2.3。

表 2.3 常见文件类型

. EXE	可执行程序文件	. COM	系统程序文件
. TXT	文本文件	. C	C 语言源程序
. DBF	Visual FoxPro 表文件	. BMP	画图文件
. HTM	超文本主页文件	. WAV	声音文件
. DOC	Word 文档	. XLS	Excel 文档
. PPT	PowerPoint 文档	. HLP	帮助文件

(2)文件夹

为了让用户更方便地使用和区分各种类型的文件,Windows 7 系统为每个文件都分配了一个图标。同种类型的文件图标相同,不同扩展名的文件可以很方便地通过不同的图标区分开来。计算机外存储器中有成千上万个文件,如果都放在一起,将造成管理上的混乱,因此又引进了文件夹的概念。文件夹是存放文件的地方,每个文件夹对应磁盘上一块空间,每个文件夹可以存放很多不同类型的文件。同一个文件夹中的文件、文件夹不能同名。

(3)文件路径

计算机的外存储器主要是硬盘。为了便于管理,硬盘又分成几个逻辑盘,用盘符(例如 C、D、E 等）来标识。文件路径是指文件保存的具体位置。打开任意文件夹，存放在该文件夹内的所有文件或文件夹的路径将显示在窗口的地址栏中。如图 2.41 所示，该文件夹中所有文件或文件夹的路径都为“C:\DRMsoft\LibAV”。要指定文件的完整路径，应先输入逻辑盘符号，如 C、D 等，后面紧跟一个冒号“:”和反斜杠“\”，然后依次输入各级文件夹名，各级文件夹名之间用反斜杠分隔。

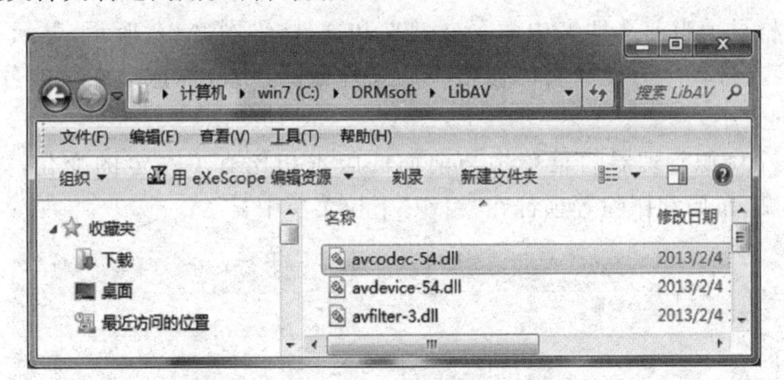

图 2.41　文件路径

2.5.2 计算机与资源管理器

计算机和资源管理器都是 Windows 7 中管理系统软硬件资源的重要工具，两者都用于对计算机资源进行管理。不同的是，打开计算机窗口默认打开计算机，即呈现各磁盘分区，而打开资源管理器则默认打开库。

（1）计算机

单击“开始”按钮，在“开始”菜单中单击“计算机”，即可打开“计算机”，如图 2.42 所示。“计算机”窗口中显示了多个硬盘分区图标。双击硬盘分区图标，进入分区根目录后，若要打开某个文件夹，则双击文件夹；若要打开某个文件，则逐级打开文件夹找到该文件，双击文件图标即可。

（2）资源管理器

在 Windows 7 中，资源管理器可以方便地对计算机中的内容进行查看、移动、删除等管理，其界面如图 2.43 所示。

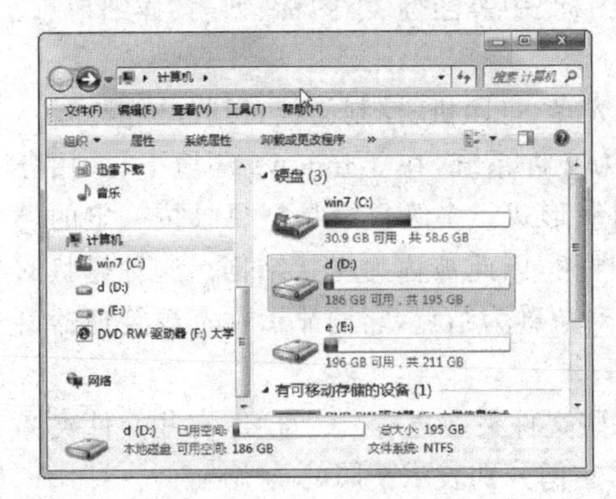

图 2.42　“计算机”视图

图 2.43　资源管理器

打开资源管理器的方法有很多，这里介绍其中的三种：

①右击“开始”菜单，在弹出的右键菜单中选择“打开 Windows 资源管理器”命令。

②在“开始”菜单中，选择“所有程序”→“附件”→“Windows 资源管理器”命令。

③用 Windows＋E 快捷键。

资源管理器窗口分为左右两个窗格，中间由“分界线”分隔。左窗格显示文件夹的树状结构；右窗格显示当前文件夹中的子文件夹和文件，如图 2.43 所示，显示了“book”文件夹下的所有文件。下方显示右侧窗格中的文件数目，用鼠标拖动中间的分界线可以调整左右窗格的大小。

Windows7 资源管理器的菜单栏与前面的版本相比有了一定的变化，如图 2.44 所示。复制、粘贴、布局和删除等项都在“组织”下拉菜单中显示。

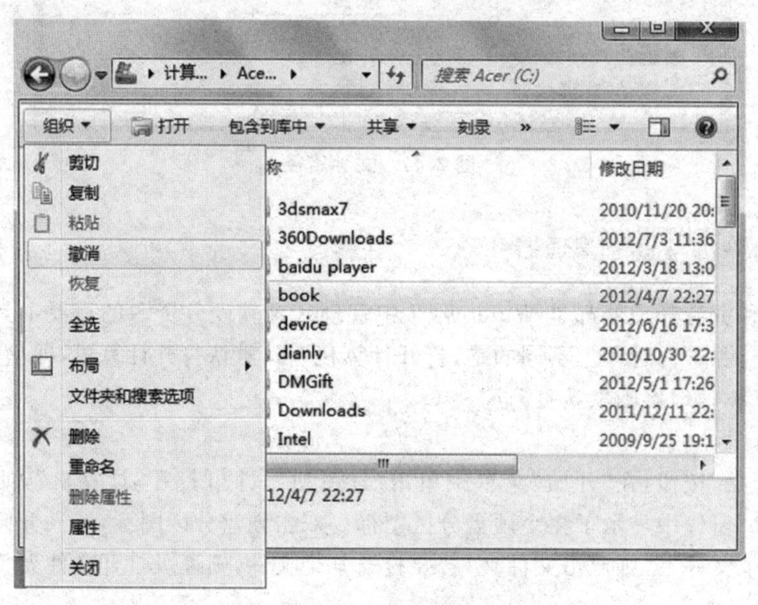

图 2.44 Windows 7 资源管理器的菜单栏

在菜单栏右侧有视图按钮，在此可以选择视图方式。在 Windows 7 中打开一个文件夹，文件夹会以窗口的形式出现。该文件夹下的所有文件和子文件夹都出现在此窗口中。文件夹的显示方式有 7 种，分别是超大图标、大图标、中等图标、小图标、列表、详细信息、平铺和内容，如图 2.45 所示。

资源管理器可以用来管理计算机中的硬盘、光盘、打印机、控制面板、回收站等资源。

计算机中所有文件和文件夹的组织方式称为文件系统，在 Windows 环境下，采用分组管理的方法，即多级目录或树形目录的目录组织形式。多级目录是把目录按一定的类型进行分组，并在分组下再细分，其形状就像一棵树，因此被称为树状结构。这种树状的组织形式非常直观，也易于管理。树上的每一个对象称为结点，它们显示在资源管理器窗口的左窗格中。

从窗口的左窗格可以看到，磁盘或光盘和有些文件夹旁边有“◢”符号，有些文件夹旁边有“▷”符号，还有些文件夹旁边没有任何标记，它们分别表示不同的含义：

“◢”表示该文件夹存在子文件夹，但子文件夹处于折叠状态，未展开。

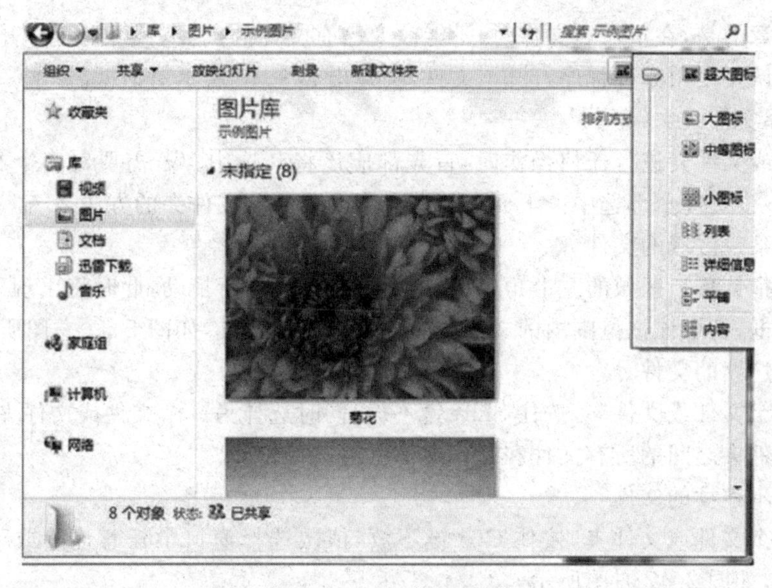

图 2.45　文件夹显示方式

“▹”表示该文件夹存在子文件夹，其下一级子文件夹已经展开。

无标记则意味着该文件夹不存在子文件夹，但可能存在文件。

2.5.3 文件和文件夹的操作

(1) 创建新的文件或文件夹

在资源管理器窗口中文件夹树的任何位置都可以建立一个新的文件夹或文件。操作方法是在当前文件夹窗口中使用菜单命令“文件”→“新建”，选择“文件夹”或某一类型文件，也可以在文件夹窗口工作区空白处右击，在弹出的快捷菜单中选择“新建”命令。

(2)重命名文件或文件夹

文件新建或文件夹后，都是以一个默认的名称作为文件名，如果要更改文件名，用户可以在“计算机”或“资源管理器”或任意一个文件夹窗口中，给新建的或已有的文件或文件夹重新命名。

常见的重命名具体操作如下：

①选择需要重命名的文件或文件夹，右击，在弹出的快捷菜单中选择“重命名”菜单命令。

②文件的名称以蓝色高亮显示。用户可以直接输入文件的名称，按回车键即可完成对文件和文件夹的更名。

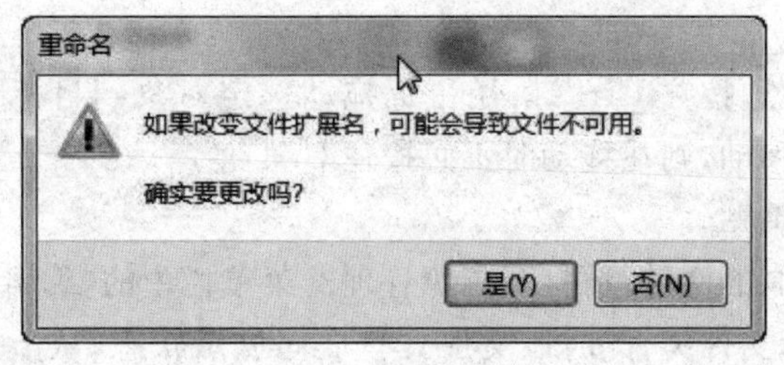

图 2.46　“重命名”命令

需要注意的是，在重命名文件时，不能改变已有文件的扩展名，否则在打开该文件时，系统不能确认要使用哪种程序打开该文件，会弹出如 2.46 所示对话框。

(3)选择文件或文件夹

对文件或文件夹进行任何操作时，首先都应该将其选中。若需要对多个文件进行操作，则需将多个文件全部选中。下面介绍选择多个文件和文件夹的方法。

①选择某一区域的文件

将鼠标指针移至区域的左上角，按住鼠标左键不放进行拖动，此时将出现一个半透明的蓝色矩形框，处于该框范围内的文件和文件夹都将被选择，如图 2.47 左图所示。

②选择连续的文件

选择一个文件或文件夹，按住 Shift 键不放，同时选择另一个文件或文件夹，此时这两个文件或文件夹之间的所有文件和文件夹都将被选择。

④选择不连续的文件

选择一个文件或文件夹，按住 Ctrl 键不放，依次选择窗口中任意连续或不连续的文件和文件夹，如图 2.47 右图所示。

⑤选择全部文件

在窗口中选择“编辑”→“全部选定”命令或按 Ctrl＋A 键，即可选择当前窗口中所有的文件和文件夹。

图 2.47　选择文件或文件夹

(4)移动和复制文件夹

①文件的移动

选择要移动的对象，按住 Shift 键，用鼠标拖动选定对象到目标位置。如果要在同一逻辑盘上的文件夹之间移动，则在拖动时不必按住 Shift 键。

②文件的复制

选择要复制的对象，按住 Ctrl 键，用鼠标拖动选定对象到目标位置。如果在同一逻辑盘上的文件夹之间移动，则在拖动时不必按住 Ctrl 键。

③文件的剪切与粘贴

选定需移动或复制的文件，再打开资源管理器菜单栏中的“编辑”菜单，选择“剪切”或“复制”命令，单击目标文件夹，此时该文件夹呈反向显示状态，从上述“编辑”菜单中选择

“粘贴”命令，单击后即完成文件的移动或复制。上述操作也可以通过快捷菜单或快捷键完成。其中，复制的快捷键是 Ctrl + C，粘贴的快捷键是 Ctrl + V，剪切的快捷键是Ctrl＋X。

(5)删除文件或文件夹

对于已经不再使用的文件或文件夹，可以将其删除，这样就可以释放磁盘空间，另做他用。Windows 中的删除分为逻辑删除和物理删除两种。

①逻辑删除

逻辑删除即将文件删除到回收站里(可恢复)。主要方法如下：

- 先选择要删除的文件或文件夹，然后按键盘上的 Delete 键。
- 先选择要删除的文件或文件夹，然后单击鼠标右键，选择“删除”。
- 先选择要删除的文件或文件夹，然后按住鼠标左键不放，直接拖动到回收站即可。

②物理删除

物理删除即将文件从计算机里彻底删除(不可恢复)。主要方法如下：

- 先按逻辑删除中的几种方法把文件删除到回收站里，再在回收站上单击鼠标右键，选择“清空回收站”。
- 选择要删除的文件或文件夹，按键盘上的 Shift＋Delete 键，即可一次性删除。

(6)恢复回收站中的文件或文件夹

删除到回收站中的文件或文件夹，以后如果需要重新使用，可以从回收站中还原到原来的位置。具体操作步骤如下：

①双击桌面上的“回收站”图标，打开“回收站”窗口。

②选中需要还原的文件，单击“还原此项目”按钮。如图 2.48 左图所示。这时此文件已从回收站回到了它原来所在的文件夹。或者选中要恢复的文件，右击，在弹出的快捷菜单中选择“还原”命令，如图 2.48 右图所示，同样能实现还原操作。

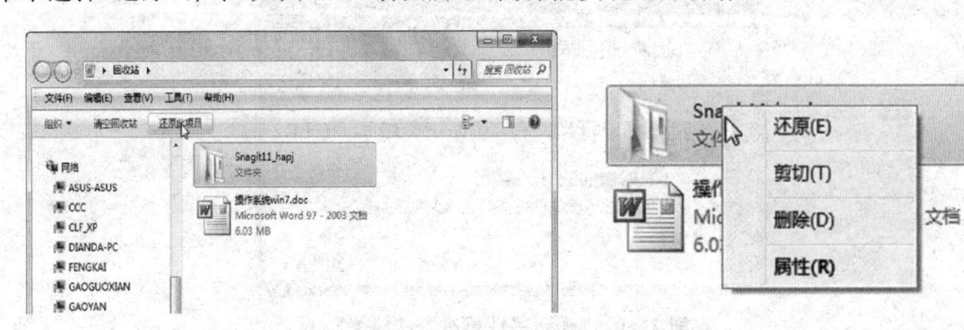

图 2.48　恢复回收站中的文件或文件夹

(7)设置文件或文件夹属性

每一个文件或文件夹都有其一定的属性信息，对于不同的文件和文件夹，其“属性”对话框中的信息也各不相同，如文件类型、路径、占用空间、修改时间等。

查看文件或文件夹属性的具体操作步骤如下：

①在要查看属性的文件或文件夹上右击，在弹出的快捷菜单中选择“属性”菜单命令。

②弹出“属性”对话框，如图 2.49 所示，可以看到有关文件的属性信息。用户可以在此对话框中对属性进行设置。

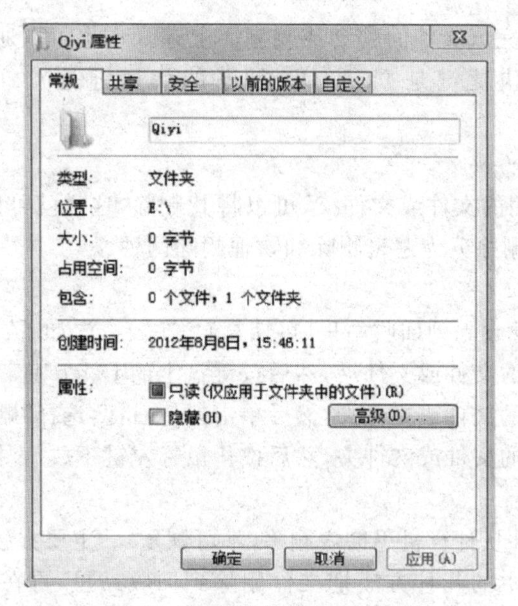

图 2.49 查看文件或文件夹属性

(8)隐藏文件或文件夹

对于放置在电脑中的重要文件或文件夹，用户可以将其隐藏，以防止别人阅读、修改或删除。具体操作步骤如下：

①选中要隐藏的对象，右击，在弹出的快捷菜单中选择“属性”命令。

②在弹出的“属性”对话框中，选中“隐藏”复选框。如图 2.49 所示。

③单击“确定”按钮，如果选择的是文件夹，则会弹出“确认属性更改”对话框，系统默认选中“将更改应用于此文件夹、子文件夹和文件”单选按钮。如图 2.50 所示。

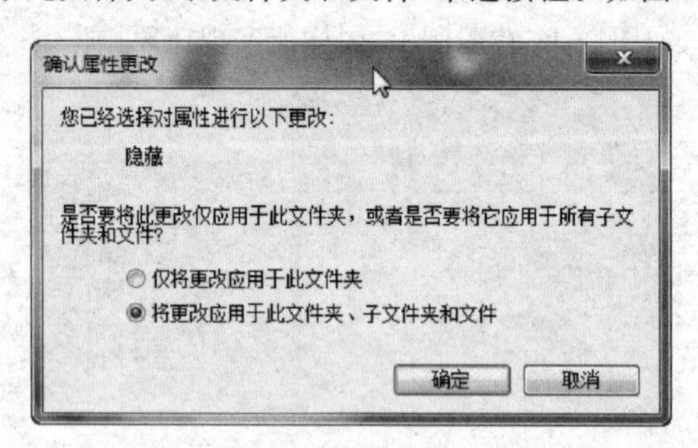

图 2.50 “确认属性更改”→“隐藏”

④单击“确定”按钮，此时可以看到，该文件或文件夹已经消失。

(9)重新显示隐藏的文件或文件夹

当用户需要重新查看或修改已经隐藏起来的文件或文件夹时，需要先将其重新显示出来。下面以文件夹为例介绍具体的操作步骤：

①打开已经隐藏的文件夹所在目录，单击“组织”下拉按钮，在弹出的下拉列表框中选择“文件夹和搜索选项”菜单命令。如图 2.51 左图所示。

②这时将弹出“文件夹选项”对话框，切换到“查看”选项卡，在“高级设置”列表框中拖

动滚动条，找到并选中“显示隐藏的文件、文件夹和驱动器”单选按钮。如图 2.51 右图所示，单击“确定”按钮。此时，隐藏的文件夹重新以半透明状态显示出来。

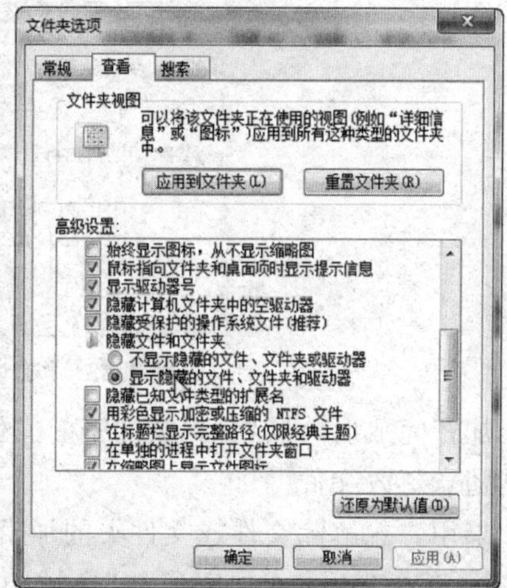

图 2.51　重新显示隐藏的文件或文件夹

③最后按照设置“隐藏”属性的操作方法，取消该文件夹的“隐藏”属性，单击“确定”按钮，就可以看到被隐藏的文件夹又重新显示出来了。

(10)文件或文件夹的加密与解密

在 Windows 7 操作系统中，可以为文件或文件夹加密，以防止他人修改或查看保密文件。以文件夹为例，具体操作方法如下：

①在窗口中，单击要加密的文件夹，单击窗口工具栏“组织”下拉菜单，选择“属性”菜单命令。

②在弹出的“属性”对话框中，单击“高级”按钮，如图 2.49 所示。

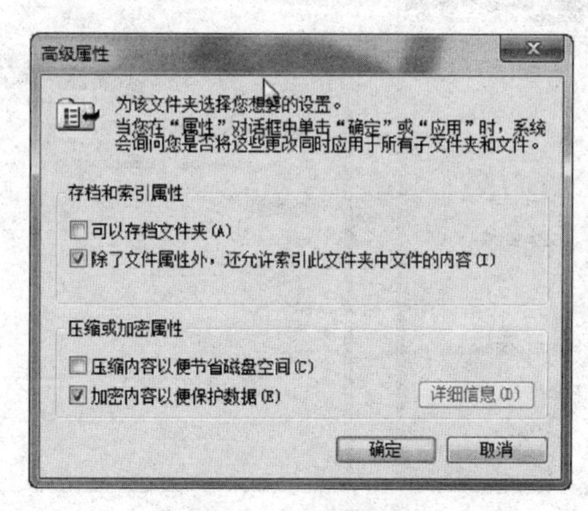

图 2.52　加密内容

③在“高级属性”对话框的压缩或加密属性区域选中“加密内容以便保护数据”复选框，然后单击“确定”按钮，如图 2.52 所示。

④返回属性对话框，单击“应用”按钮，在弹出的“确认属性更改”对话框中选择默认选项“将更改应用于此文件夹、子文件夹和文件”，单击“确定”按钮，如图 2.53 所示。

⑤返回“属性”对话框，单击“确定”按钮，弹出“应用属性”窗口，系统会自动对所选的文件夹进行加密操作。

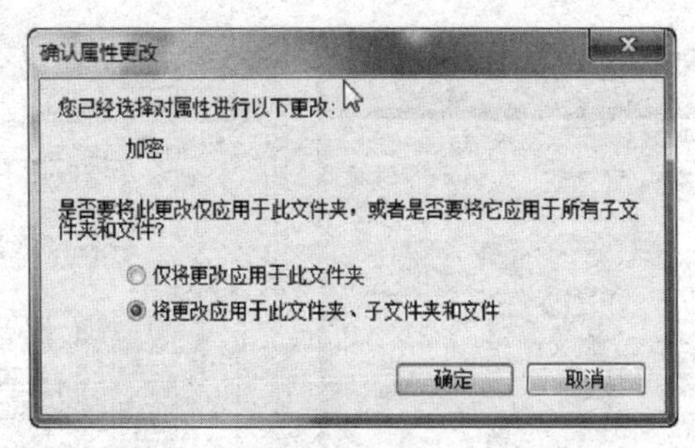

图 2.53 “确认属性更改”→“加密”

⑥加密完成后，可以看到被加密的文件夹名称显示为绿色，即表示加密成功。其他用户不能随意更改文件。

如果用户想解除文件或文件夹的加密操作，只要在“加密”操作的第③步中，在“高级属性”对话框的“压缩或加密属性”区域中，取消选中“加密内容以便保护数据”复选框即可，其余步骤与“加密”操作相同。

(11)共享文件夹

Windows 7 中，可以共享文件和文件夹，以便局域网中的所有用户访问，操作步骤如下：

①在文件夹上右击，在弹出的快捷菜单中选择“属性”命令，弹出属性对话框。

②单击“共享”选项卡，在“网络文件和文件夹共享”栏中显示当前文件或文件夹的共享状态，单击“共享”按钮，如图 2.54 左图所示。

③弹出“文件共享”对话框，在“选择要与其共享的用户”下拉列表框中选择“Everyone”选项，然后单击“添加”按钮，如图 2.54 右图所示。

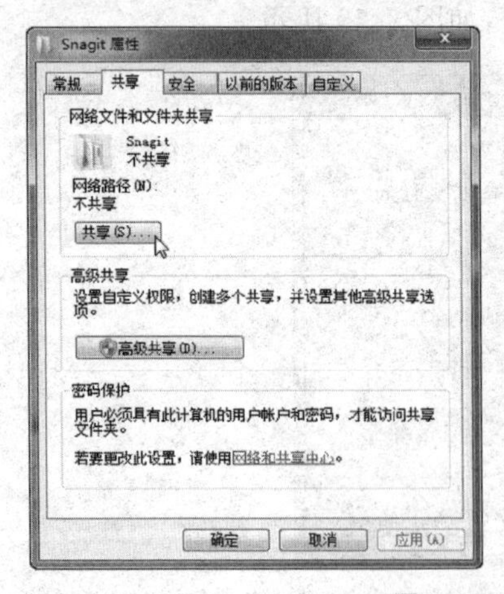

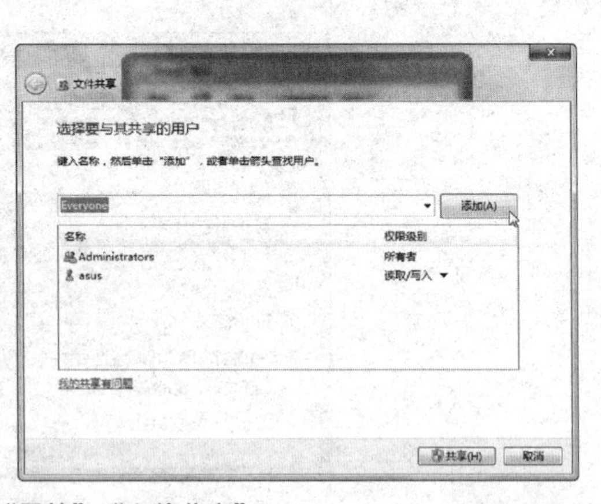

图 2.54 “属性”→“文件共享”

④此时“Everyone”选项将添加到下方的列表框中，权限级别默认为“读取”。在该选项上单击，在打开的菜单中选择“读/写”命令，如图 2.55 所示。此时，该用户的权限级别更改为“读取/写入”。单击“共享”按钮，该文件夹即可成功共享。在打开的对话框中将显示共享信息。

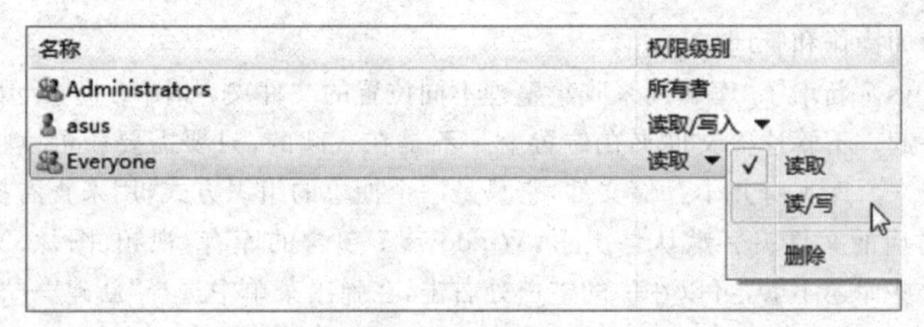

图 2.55　“读取/写入”

⑤返回属性对话框,“网络文件和文件夹共享”栏将显示文件夹的共享状态,单击“关闭”按钮关闭对话框。

(12)查找文件、文件夹和应用程序

跟 Windows 之前的版本相比,Windows 7 增强了搜索功能,增加了索引机制。默认情况下,Windows 7 对系统预置的用户个人文件夹和库进行了索引。在有索引的位置进行搜索时,实际上只在索引数据库中进行搜索,而不是在实际硬盘的位置上进行搜索,这样就大大提高了搜索的速度。要使用 Windows 7 的搜索功能,有两种方法。

①使用“开始”菜单中的搜索框

单击“开始”按钮,然后在搜索框中键入搜索关键词。键入后,与所键入关键词相匹配的文件或文件夹将出现在开始菜单上。这种搜索是基于文件名中的文本、文件中的文本、标记以及其他文件属性。(具体操作见第 2.4.3 节的“开始”按钮中关于搜索的内容。)

②使用文件夹或库中的搜索框

打开资源管理器,在搜索框中输入要搜索对象的名字后,就会在资源管理器右边内容窗格中显示出对象名中包含此关键字的所有文件或文件夹。如果要更快搜索到所需要的对象,也可以用搜索筛选器按照种类、修改日期、类型、名称等条件进行搜索,如图 2.56 所示。

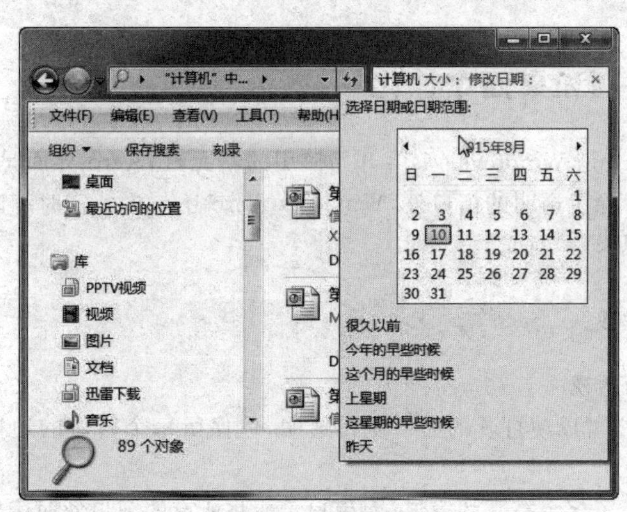

图 2.56　搜索框

当文件夹或文件名不确定时可以用通配符代替,Windows 中常用的通配符是“ * ”和“?”。“ * ”代表任意的多个字符,“?”代表任意的单个字符。如果要查找电脑中所有的 Word 文档,则在搜索框中输入“ * . doc”即可。

(13)库的操作和管理

Windows 7 新增了“库”,用来收集整理不同位置的文件夹,如图 2.57 所示,把它们集中显示在一起。不管这些文件夹在位置上是不是在一起的,只要需要就可以把它们组织到一个库中来。库本身并不存储文件,它只是一个抽象的组织方式,用来查看操作库中所包含项目对应的文件夹。默认情况下,Windows 7 包含的库有:视频、图片、文档、音乐。如果觉得这些库还不够,可以在库的空白处右击,在弹出菜单中选择“新建”→“库”命令来新建一个库,也可以在资源管理器工具栏中直接选择“新建库”命令来创建一个新库。要删除一个库,就直接右击,在弹出的菜单中选择“删除”命令即可。要往库中添加项目,可以在要添加的项目上右击,在弹出菜单中选择“包含到库中”命令,再选择相应的库即可。

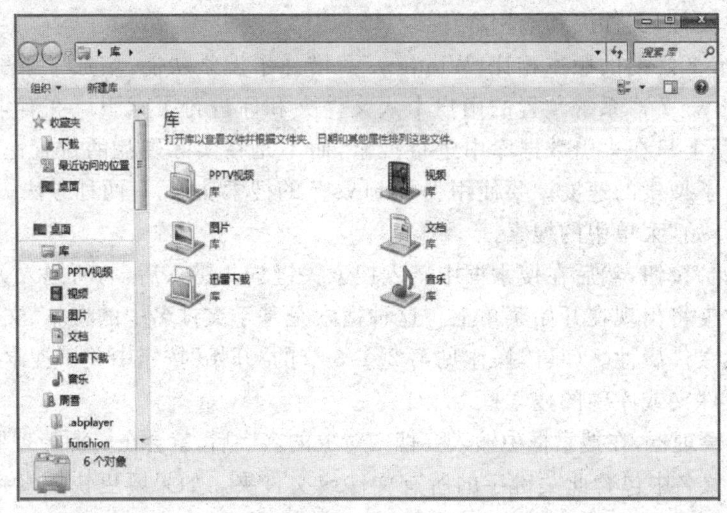

图 2.57 “库”

2.6 Aero 界面和桌面个性化

Windows Aero 是 Windows Vista 开始使用的新元素,Aero 界面是具有立体感和透视感的用户界面。除了透明的窗口外,Windows Aero 还包含了实时缩略图、实时动画等窗口特效,以吸引用户的目光。

2.6.1 Aero 特效

(1)Aero 桌面透视

Aero 桌面透视可以使打开的窗口变得透明,但保留每个窗口的边框,用户可以看到桌面上的内容。

若屏幕上显示了多个打开的窗口,而用户希望将所有的窗口暂时隐藏,以便查看被窗口遮盖的桌面小工具,则可将鼠标指针指向屏幕右下角的“显示桌面”按钮,随后就会产生如图 2.58 的效果——所有窗口的内容都被隐藏,只保留边框,而桌面图标和桌面小工具都会显示出来。将鼠标指针移走后,该效果自动撤销。

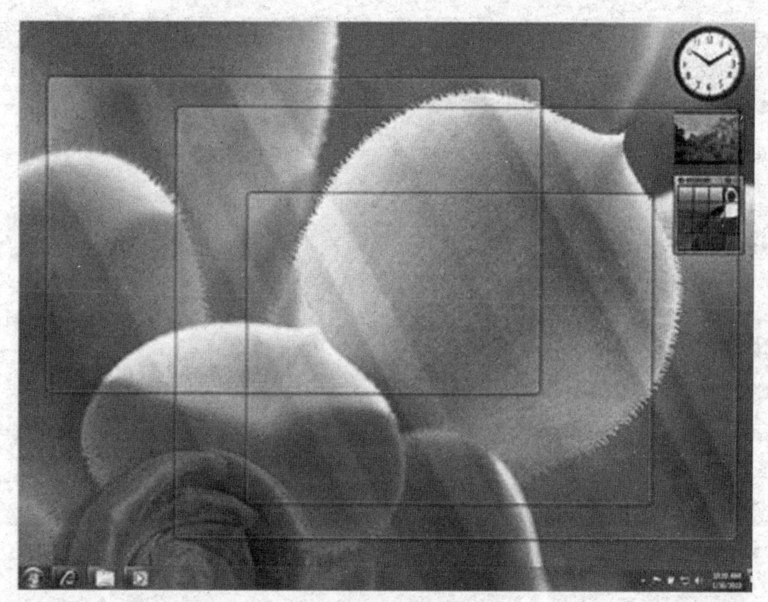

图 2.58　桌面透视

如需要将所有窗口都隐藏，以便对桌面小工具进行操作，或希望在桌面上双击某个快捷方式启动程序，则可以用鼠标单击“显示桌面”按钮，此时所有窗口都会被隐藏。再次单击“显示桌面”按钮，所有隐藏的窗口将重新显示。

(2)Aero 晃动

有时候，用户打开了很多的窗口，又想把全部的窗口最小化，只打开其中一个窗口。这个时候可以试试 Windows 7 高级版的特色功能“Aero 晃动”。“Aero 晃动”就是只要选中想要保留的窗口，然后轻轻甩一下窗口，就能把除选中窗口外的其他窗口全部最小化。当你再甩一下刚刚那个窗口，刚刚最小化的那些窗口又会马上恢复。

2.6.2 桌面个性化设置

(1)设置桌面背景

Windows 7 包含了大量新的桌面背景，从壮丽景观到乡村风情。用户也可以自己添加喜欢的图片。另外，Windows 7 还提供新的桌面幻灯片放映功能，桌面背景可在多张图片之间自动切换。

设置桌面背景的具体步骤如下：

①在桌面空白处右击，在弹出的快捷菜单中选择“个性化”菜单命令。如图 2.59 左图所示。

②弹出“更改计算机上的视觉效果和声音”窗口，选择“桌面背景”选项。如图 2.59 右图所示。

③弹出“选择桌面背景”窗口后，在“图片位置”右侧的下拉列表中列出了系统默认的图片存放文件夹，选择不同的选项，系统将会列出相应文件夹包含的图片(本实例选择“Windows 桌面背景”选项)。然后单击一幅图片将其选中。如图 2.60 左图所示。

④单击窗口左下角的“图片位置”向下按钮，弹出背景显示方式，这里选择“拉伸”选

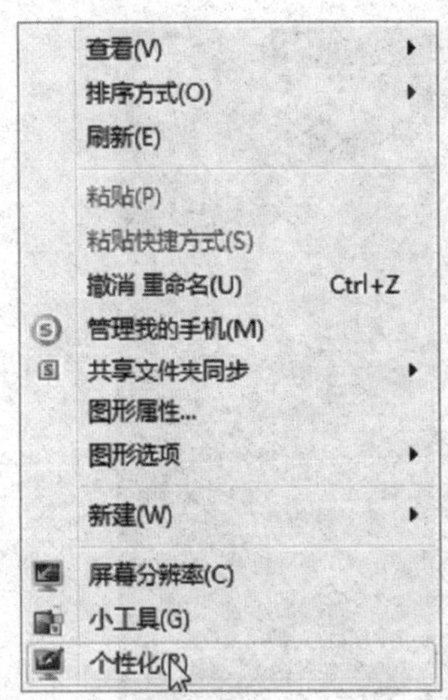

图 2.59 “个性化”

项。如图 2.60 右图所示。

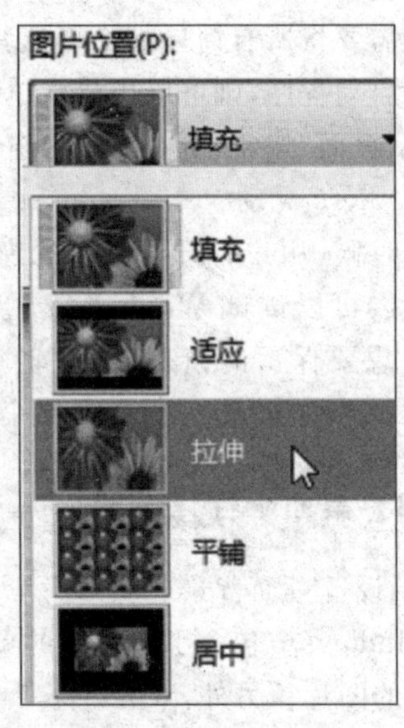

图 2.60 设置桌面背景图片

⑤如果用户想以幻灯片的形式显示桌面背景，可以单击图 2.60 左图中的“全选”按钮，在“更改图片时间间隔”列表中选择桌面背景的替换间隔时间，选择“无序播放”复选框，单击“保存修改”按钮即可完成设置。

⑥如果用户对系统自带的图片不满意，可以将自己保存的图片设置为桌面背景。在上一步骤中单击“浏览”按钮，弹出“浏览文件夹”对话框，选择图片所在的文件夹，单击“确定”按钮。如图 2.61 左图所示。

⑦选择文件夹中的图片后，其会被加载到“图片位置”下面的列表框中，从列表框中选择一张图片作为桌面背景，单击“保存修改”按钮，返回“更改计算机上的视觉效果和声音”窗口，在“我的主题”组合框中保存主题。如图 2.61 右图所示。

⑧返回桌面,即可看到设置桌面背景后的效果。

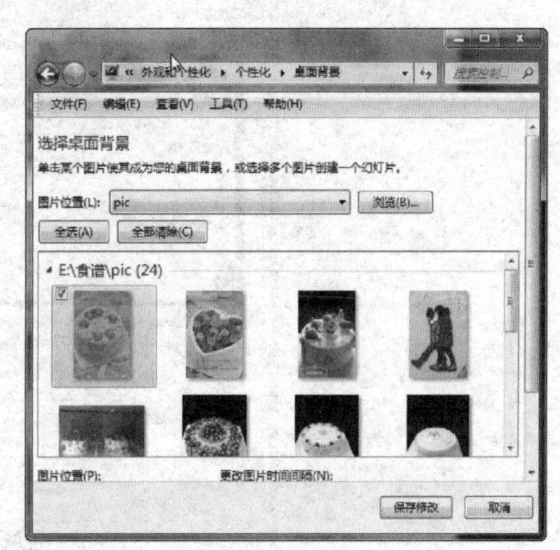

图2.61 添加其他图片

(2)更改显示外观

用户可以根据自己的喜好自定义窗口的颜色和外观,具体操作步骤如下:

①在桌面空白处右击,在弹出的快捷菜单中选择"个性化"菜单命令。

②在弹出的窗口最下方选择"窗口颜色"链接,在弹出的窗口中选择"高级外观设置"链接。如图2.62所示。

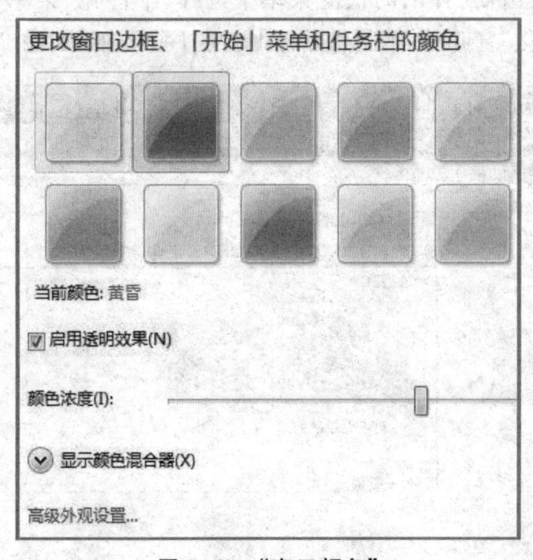

图2.62 "窗口颜色"

③在弹出的"窗口颜色和外观"对话框中,在"项目"下拉列表框中选择需要更改外观的对象。如图2.63所示。

④选择好项目后,对该项目的字体大小、外观颜色等参数进行修改,然后单击"确定"按钮。

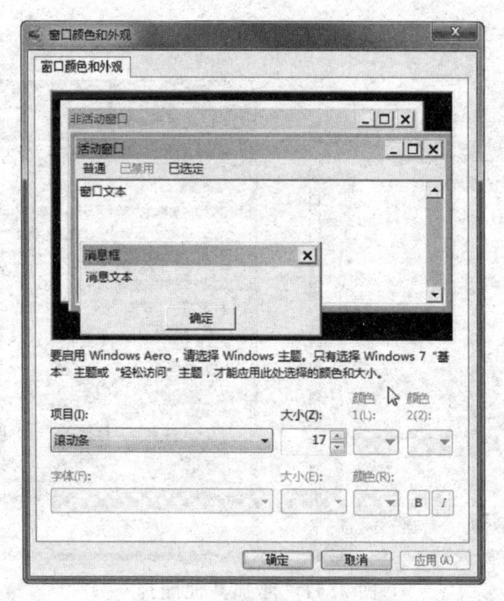

图 2.63 “窗口颜色和外观”

(3)设置屏幕保护程序

屏幕保护是为了防止电脑因无人操作使显示器长时间显示同一个画面从而导致显示器的使用寿命缩短而设计的一种专门保护显示器的程序，Windows 7 的屏幕保护程序可以大幅度降低屏幕的亮度，起到节电的作用。设置屏幕保护程序的步骤如下：

①在桌面空白处右击，在弹出的快捷菜单中选择“个性化”菜单命令。

②在弹出的“个性化”窗口中，单击“屏幕保护程序”链接，如图 2.64 所示。

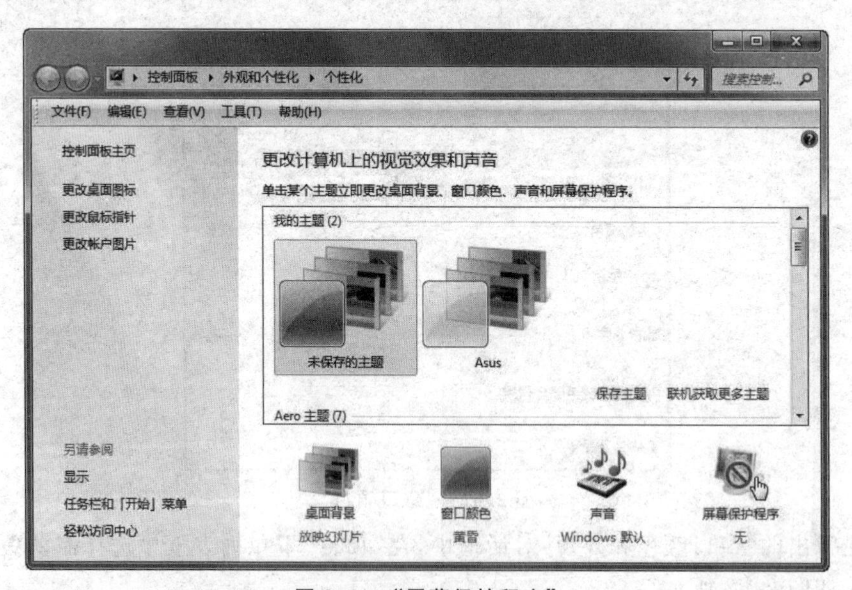

图 2.64 “屏幕保护程序”

③弹出“屏幕保护程序设置”对话框，单击“屏幕保护程序”下拉按钮，选择准备使用的屏保效果，如“气泡”，在“等待”微调框中调节屏保需要的时间，如 10 分钟，单击“确定”按钮，如图 2.65 左图所示。

④当电脑在已设置的屏保时间，如 10 分钟后，仍无人操作，屏幕保护程序自动开启，如图 2.65 右图所示。

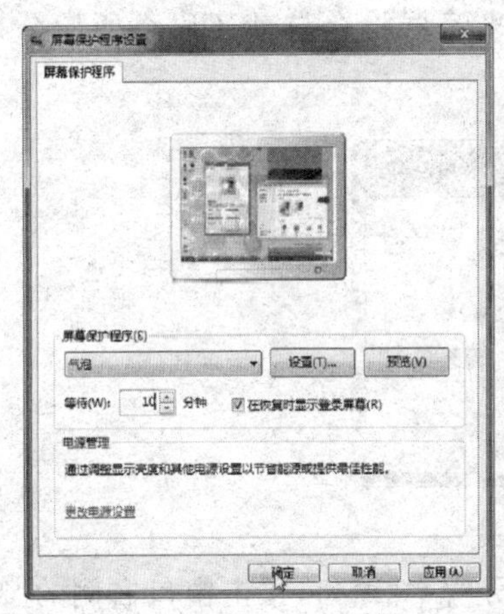

图 2.65 “屏幕保护程序设置”

(4)设置显示器的分辨率和刷新率

对于 LCD 和 CRT 显示器而言，设置 DPI(每英寸像素)越高，字体的显示效果越好。因此设置的分辨率越高，项目中的字体将越清晰。设置显示器分辨率和刷新率的具体操作步骤如下：

①右击桌面空白处，在弹出的快捷菜单中选择“屏幕分辨率”命令，如图 2.66 左图所示。

②单击“分辨率”下拉按钮，在弹出的下拉列表中通过拖动滑块选择所需分辨率大小，系统会显示针对用户显示器的推荐分辨率。如图 2.66 右图所示。

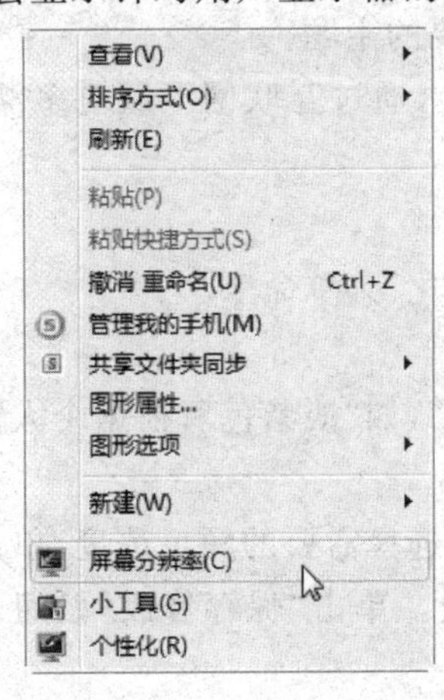

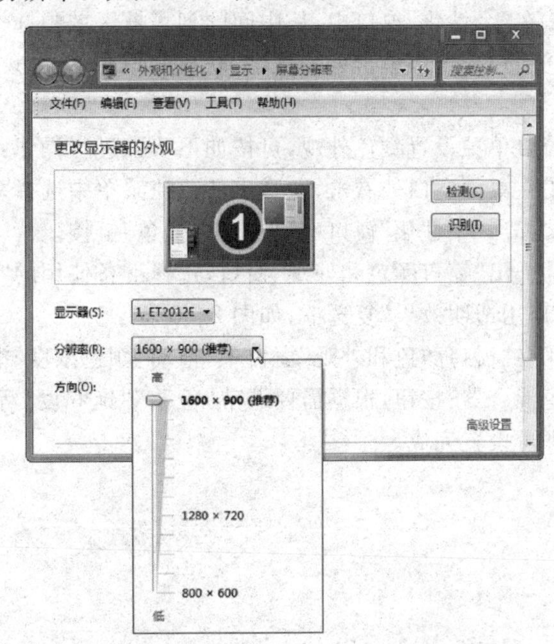

图 2.66 “屏幕分辨率”

③单击“应用”按钮，弹出“显示设置”对话框后，如果显示效果满意，则单击“保留更改”按钮，否则单击“还原”按钮，显示器将还原至更改之前的分辨率。如果将显示器设置为不支持的屏幕分辨率，该屏幕在几秒内将变成黑色，显示器将会自动还原至原始分辨率。如图 2.67 所示。

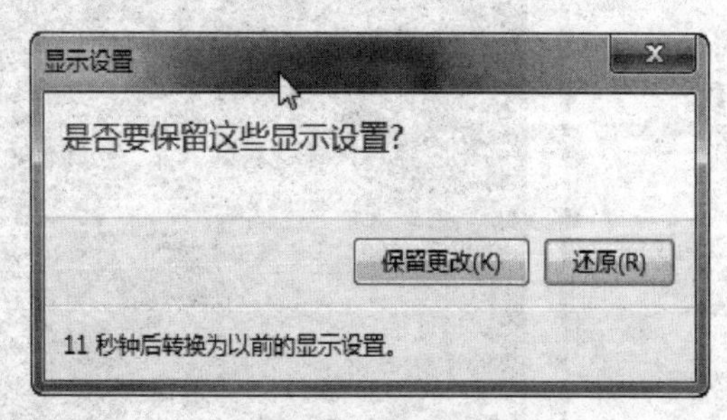

图 2.67 “显示设置”

④设置屏幕刷新率，只要在图 2.66 右图中的“屏幕分辨率”窗口，单击窗口右侧的“高级设置”链接，弹出“通用即插即用监视器和 Intel(R) HD Graphics Family 属性”对话框，选择“监视器”选项卡，然后在“屏幕刷新频率”下拉列表中选择合适的刷新率，单击“确定”按钮。其中刷新率的选择以屏幕无闪烁为原则。

⑤返回“更改显示器的外观”窗口，单击“确定”按钮即可完成设置。

(5)更换主题和颜色外观

主题是 Windows 背景图片、外观颜色和声音的组合。在 Windows 7 中，通过设置不同的主题，可以更改电脑的桌面背景、窗口边框颜色、屏幕保护程序等。更换桌面主题的操作步骤如下：

①在桌面空白处右击，在弹出的快捷菜单中选择“个性化”菜单命令。

②在“个性化”窗口中，从中间的列表框区域中选择需要的主题。

③用户也可以单击列表框中“联机获取更多主题”链接，通过互联网下载更多漂亮的主题。

若要单独设置颜色外观，可按如下步骤进行操作：

①在桌面空白处右击，在弹出的快捷菜单中选择“个性化”菜单命令。

②弹出“个性化”窗口，单击“窗口颜色”链接。

③弹出“窗口颜色和外观”窗口，选择准备使用的“色块”，如“淡紫色”；根据个人需要，选中“启用透明效果”复选框，如图 2.68 所示。

④在“窗口颜色和外观”窗口中，拖动“颜色浓度”滑块，选择需要的颜色浓度，单击“显示颜色混合器”按钮，根据需要调节“色调”“饱和度”等滑块。单击“保存修改”按钮，颜色外观即可设置完成。

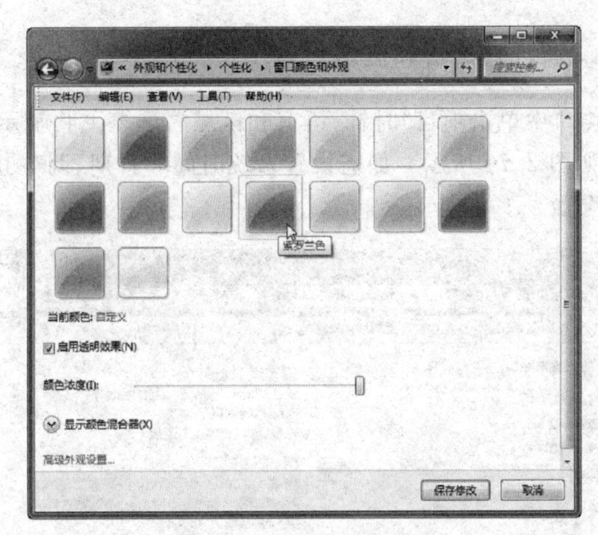

图 2.68　单独设置颜色外观

2.7　Windows 系统环境设置

Windows 在系统安装时，一般都给出了系统环境的最佳设置，但也允许用户对其系统环境中各个对象的参数进行调整和重新设置。这些功能主要集中在“控制面板”窗口中，这个窗口显示了配置系统参数的各种功能。

2.7.1　控制面板的启动

控制面板的启动方法：使用“开始”菜单的“控制面板”命令，还可利用“计算机”或“资源管理器”窗口打开“控制面板”。“控制面板”界面如图 2.69 所示。

图 2.69　“控制面板”界面

2.7.2 Windows 中时钟、语言和区域设置

在“控制面板”窗口中单击项目“时钟、语言和区域”，屏幕上将显示“日期和时间”“区域和语言”对话框，如图 2.70 所示。如需设置系统时间和日期、调整其格式等，就可以选择对应链接项进行设置。

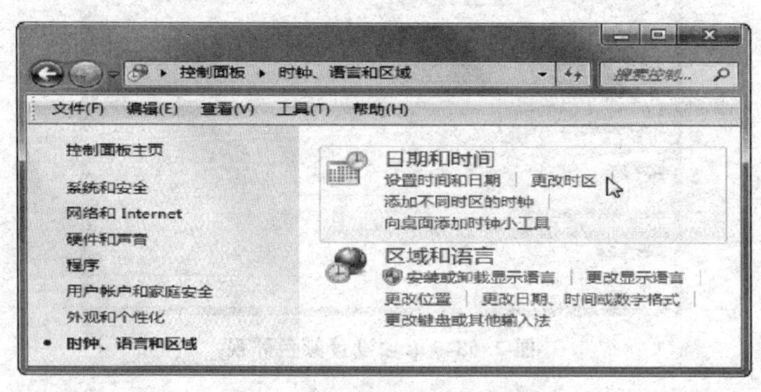

图 2.70 “时钟、语言和区域”

(1)日期和时间设置

在图 2.70 所示的“时钟、语言和区域”对话框中，单击“设置时间和日期”按钮，可以打开“日期和时间”设置对话框，如图 2.71 所示，在此可以调整系统的日期和时间。单击“更改时区”按钮，便会打开“时区设置”对话框，然后可以设置选择某一地区的时区。

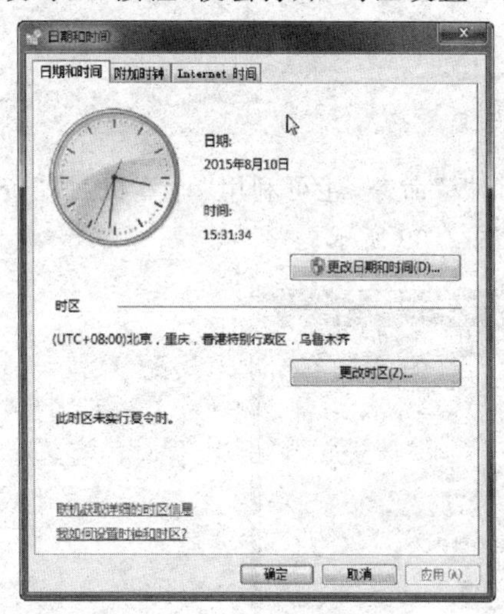

图 2.71 “日期和时间”

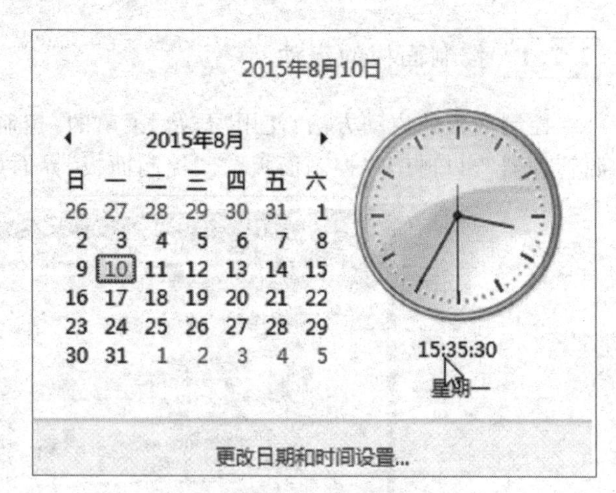

图 2.72 “更改日期和时间设置”

用户也可以通过如下方法对系统时钟的日期和格式进行设置：

①单击任务栏右侧的系统时钟图标 。

②在打开的窗口下方单击“更改日期和时间设置”链接，如图 2.72 所示。

③弹出“日期和时间”对话框，单击“更改日期和时间”按钮。

④弹出“日期和时间设置”对话框，即可对日期进行更改。

⑤单击“更改日历设置”链接，弹出“区域和语言”对话框，在“格式”选项卡下可对日期

和时间格式进行自定义,如图 2.73 所示。

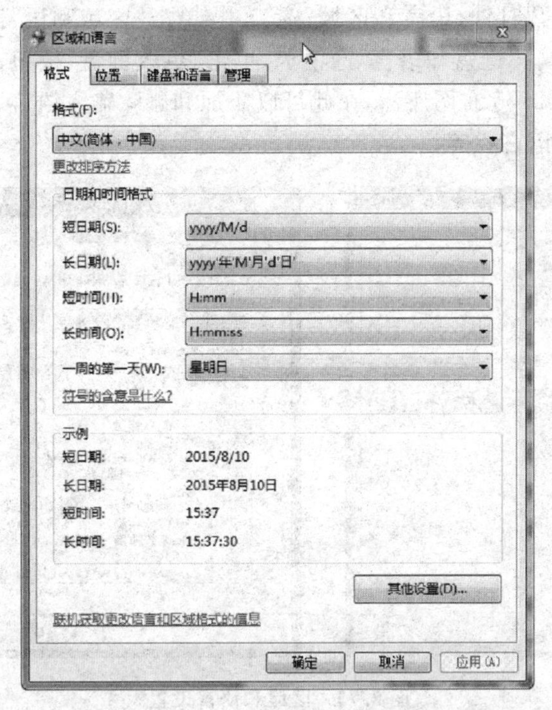

图 2.73　“区域和语言”对话框

⑥单击“其他设置”按钮,弹出“自定义格式”对话框,可以对日期和时间的格式进行更为详细的设置,如图 2.74 所示。

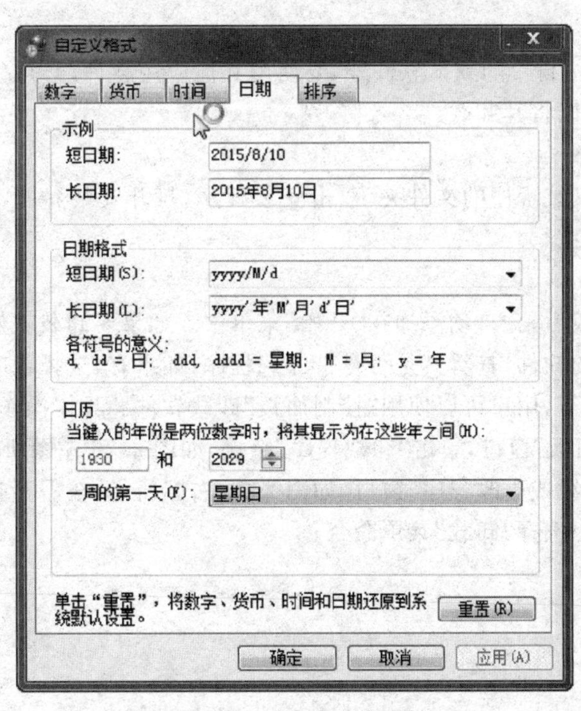

图 2.74　“自定义格式”

(2)区域和语言设置

在图 2.70 所示的“时钟、语言和区域”窗口中,单击“区域和语言”,打开对话框,如图 2.75 左图所示。再选择“键盘和语言”选项卡,单击“更改键盘”按钮,会打开“文本服务和输入语言”窗口,如图 2.75 右图所示,在此可以添加和删除输入语言、设置默认输入语言、设置是否在桌面显示语言栏等。

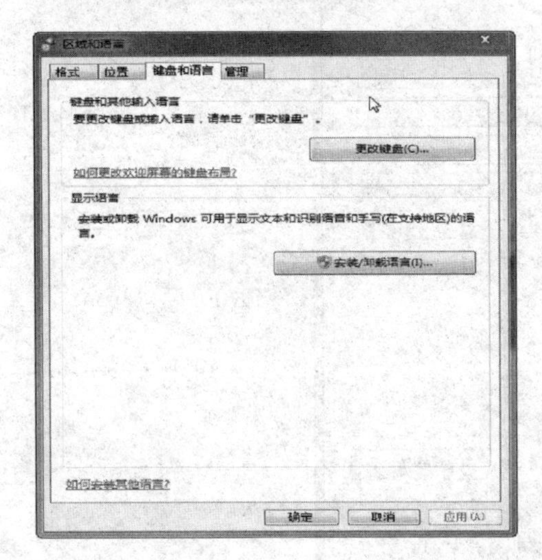

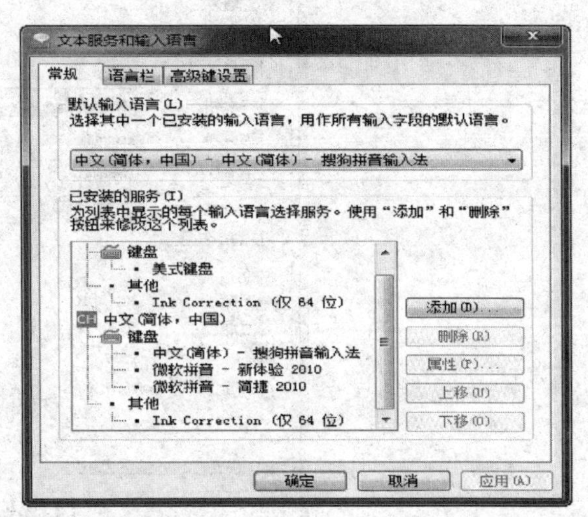

图 2.75　区域和语言设置

2.7.3 添加、删除 Windows 程序和组件

1)安装和卸载软件

除了 Windows 7 自带的默认软件外,要使用其他应用软件,必须先在电脑中安装;不再使用该软件时,可以将其卸载。

(1)安装软件

打开存放软件安装程序的文件夹,双击安装程序,打开安装界面,根据提示信息依次进行设置和操作即可。

(2)卸载软件

当软件安装完成后,会自动添加在“开始”菜单中。如果要卸载软件,可以在“开始”菜单中找到需要卸载的软件,查看其是否自带卸载程序,如果有,选择相应的卸载命令即可。

当然,一般情况下,用户可以使用“控制面板”卸载软件。具体操作步骤如下:

① 打开“控制面板”窗口,单击“卸载程序”链接,如图 2.76 左图所示。

②在弹出的“卸载或更改程序”窗口,如图 2.76 右图所示,在需要卸载的程序上右击,在弹出的快捷菜单中选择“卸载”菜单命令。

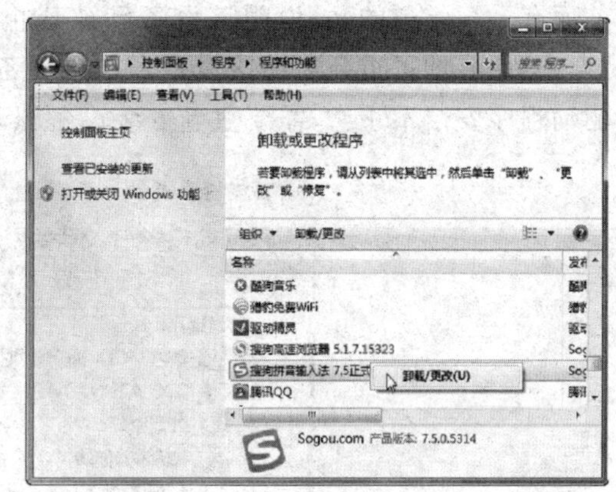

图 2.76　卸载软件

2)安装和卸载 Windows 组件

Windows 组件是指系统自带的一些程序。Windows 7 操作系统提供了多种组件，通过安装可将其添加到“开始”菜单中，也可卸载不常用的组件。

① 打开“控制面板”，选择“卸载程序”链接。

②在“程序和功能”窗口下方单击“打开或关闭 Windows 功能”超链接，打开“Windows 功能”对话框，如图 2.77 左图所示。

③在中间的列表框中选中某个组件的复选框，可安装对应的组件；取消选中的复选框，则可卸载对应的组件，如图 2.77 右图所示。

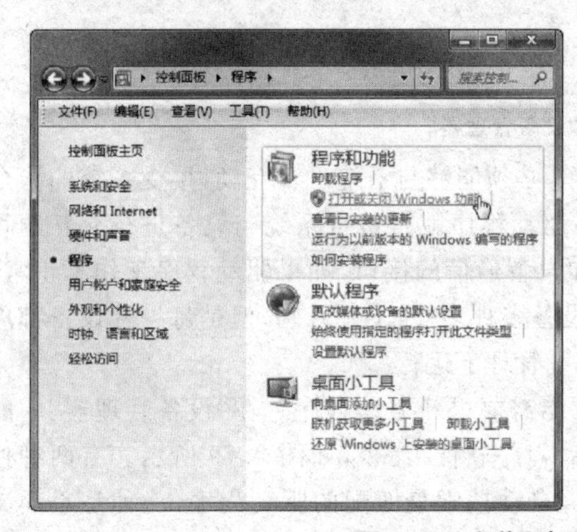

图 2.77　安装和卸载 Windows 组件

2.7.4　设备管理器

在 Windows 7 操作系统中，设备管理器是管理计算机硬件设备的工具，用户可以借助设备管理器查看计算机中所安装的硬件设备、设置设备属性、安装或更新驱动程序、停用或卸载设备，功能非常强大。如图 2.78 所示，设备管理器显示了本地计算机安装的所有硬件设备，例如光存储设备、CPU、硬盘、显示器、显卡、网卡、调制解调器等。如果设备前面有一个红色的叉,说明该设备已被禁止或停用。右击该设备,在弹出的菜单中选择“启用”命令即可重新启动该设备。如果设备前面有黄色的问号或感叹号,说明该设备的驱动程序安装不正常,需要重新安装设备驱动程序。

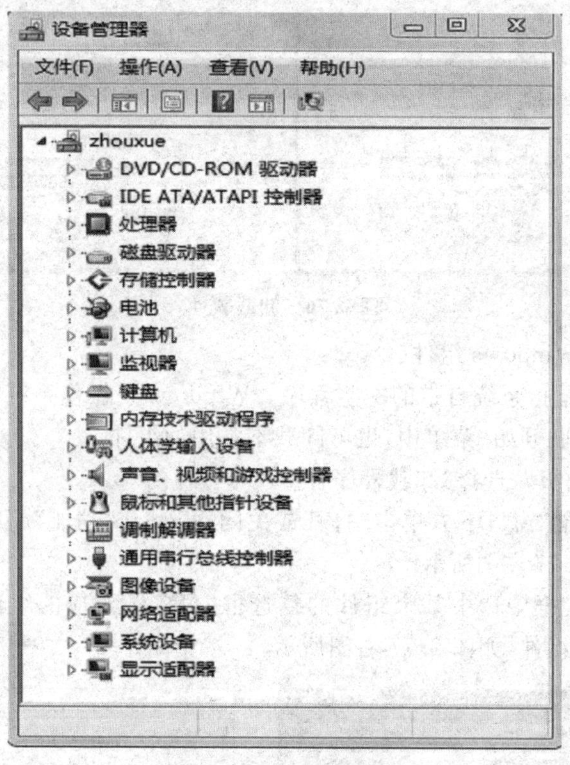

图 2.78 “设备管理器”

任何一个设备如果要在操作系统下工作,必须能够与系统进行互动,接受系统的指令进行工作,并把工作状态返回给系统。设备驱动程序就是负责系统与设备进行交互的程序。设备的驱动程序非常重要,它是系统和设备通信的接口,如果驱动程序工作不正常,那么设备就无法正常进行。计算机的硬件设备多种多样,千差万别,但是每一种设备都应该有对应的驱动程序,这样才能正常地在系统管理下运行。

如果计算机有不能正常工作的设备,可能需要更新驱动程序。在“设备管理器”中的设备上右击,在弹出的菜单中选择“更新驱动程序软件”命令,如图 2.79 所示。有两种搜索驱动程序软件的方法,一种是让 Windows 自动搜索最匹配的驱动程序,一种是手动浏览计算机来查找要安装的驱动程序文件。一般推荐使用前者,如果系统自动搜索无法完成,而且已经从光盘上拷贝或从 Internet 上下载了合适的驱动程序文件,则可以使用后者。如果要手动查找驱动程序,通过“浏览”按钮找到驱动程序文件所在位置,单击“下一步”按钮,按照提示安装即可。

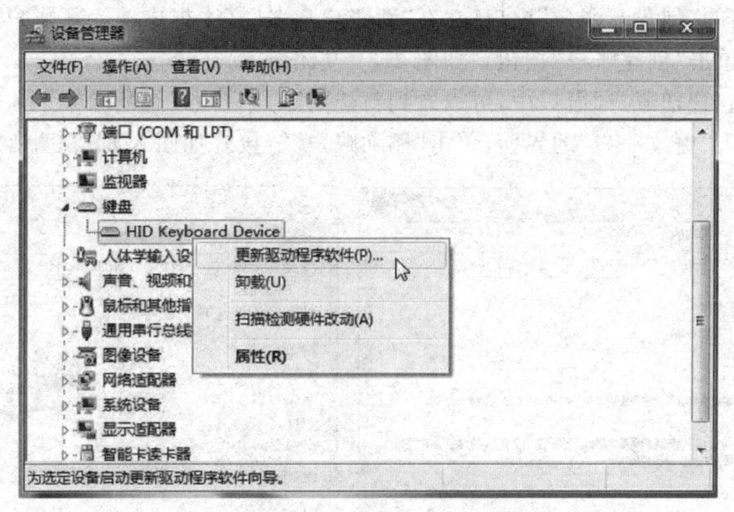

图 2.79　“更新驱动程序软件”

2.7.5 账户管理

Windows 7 中的账户类型分为计算机管理员账户、标准账户和来宾账户。不同账户的使用权限不同。

计算机管理员账户可以存取所有文件、添加或删除程序、改变系统设置、添加或删除用户账户等，对计算机拥有最大的操作权限。

标准账户只能访问已经安装到计算机上的程序，其操作权限受到限制。

来宾账户没有密码，可以快速登录进行受限操作。来宾账户权限比受限账户更小，可提供给临时使用计算机的用户。

(1)添加和删除账户

用户以系统管理员的身份登录到 Windows 7 系统后，可以创建新账户，具体操作如下：

①单击“控制面板”窗口中的“添加或删除用户账户”链接，如图 2.80 左图所示。

②在弹出的“管理账户”窗口中，选择创建一个新账户，如图 2.80 右图所示。

图 2.80　“添加或删除用户账户”→“管理账户”

③在弹出的“创建新账户”窗口中，在“新账户户名”文本框中输入新账户的名称，选择账户的类型，单击“创建账户”按钮。如图 2.81 左图所示。

④返回到“管理账户”窗口中，可以看到新建的账户。如果想删除某个账户，可以单击账户名称，进入“更改账户”的界面，单击“删除账户”链接。如图 2.81 右图所示。

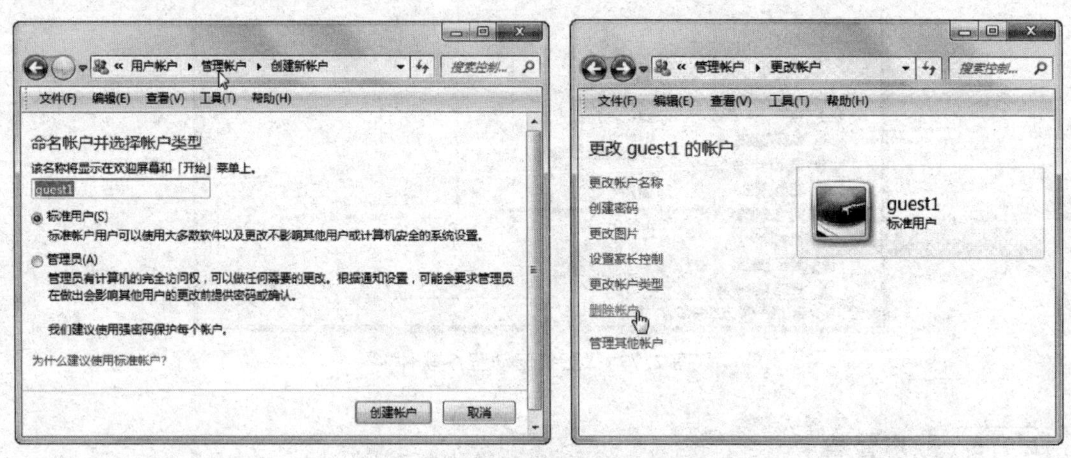

图 2.81 “创建新账户”和“删除账户”

⑤弹出“删除账户”窗口。因为系统为每个账户设置了不同的文件，包括桌面、文档、音乐、收藏夹等，如果用户想保留这些文件，可以单击“保留文件按钮”，反之可单击“删除文件”按钮。弹出“确认删除”窗口后，单击“删除账户”按钮即可。

(2)设置账户密码

账户创建完成后，为了更好地保证个人账户的安全性，还可以对个人账户设置密码。设置密码后，在登录账号前必须输入正确的密码才可进入账户。设置账户密码的操作步骤如下：

①单击“控制面板”窗口中的“用户账户和家庭安全”链接项，在弹出的窗口中，点击“用户账户”链接，打开“用户账户”对话框。如图 2.82 所示。

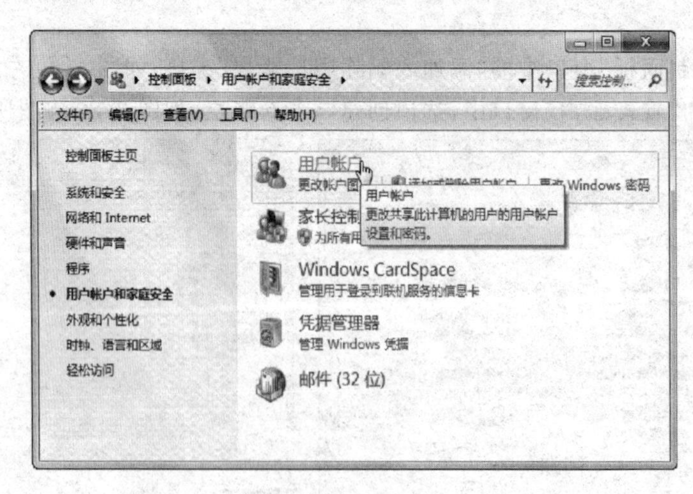

图 2.82 “用户账户和家庭安全”→“用户账户”

②在弹出的“用户账户”窗口中，在图 2.83 所示窗口的“更改用户账户”区域中，单击“管理其他账户”链接项。

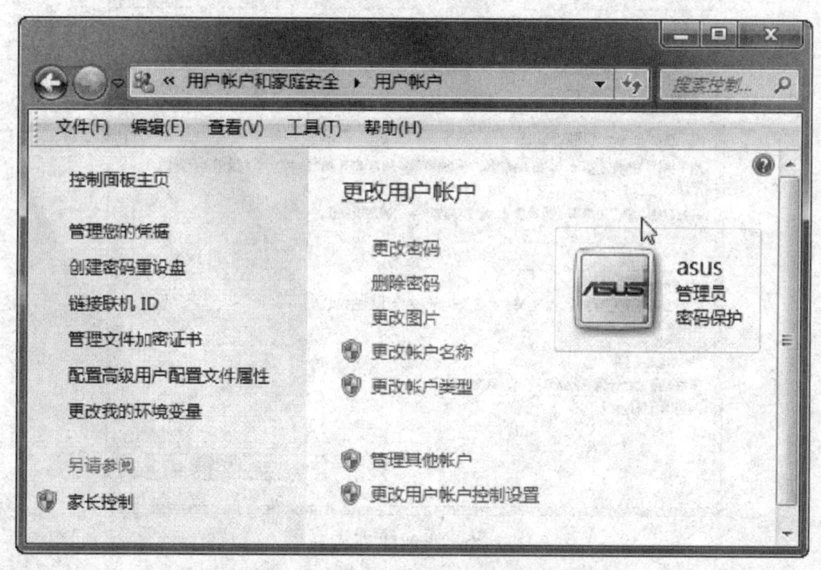

图 2.83　“更改用户账户”→“管理其他账户”

③在弹出的“管理账户”窗口中单击准备进入的账户，如图 2.84 所示。

图 2.84　单击进入账户

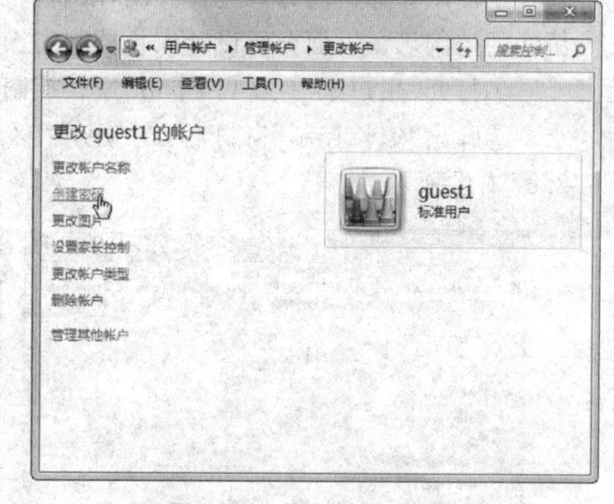

图 2.85　单击“创建密码”

④在弹出的“更改账户”窗口中单击“创建密码”链接项，如图 2.85 所示。

⑤弹出“创建密码”窗口后，在“新密码”文本框和“确定新密码”文本框中输入相同的密码，单击“创建密码”按钮，如图 2.86 所示。

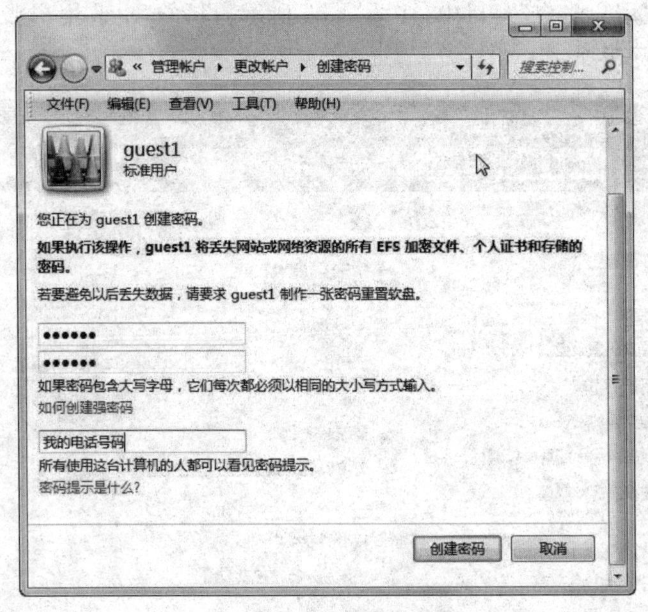

图 2.86 “创建新密码”

(3)家长控制

在 Windows 7 中，家长控制功能可以减去很多家长的烦恼，通过家长控制功能可以对孩子使用计算机的方式进行控制，限制孩子对网站访问的权限、使用电脑的时长和登录游戏的控制等。下面介绍设置家长控制的操作方法：

①打开“用户账户”窗口，单击“家长控制”链接，如图 2.87 左图所示。

②弹出“家长控制”窗口后，在“用户”区域中，选择准备进行家长控制的账户。如图 2.87 右图所示。

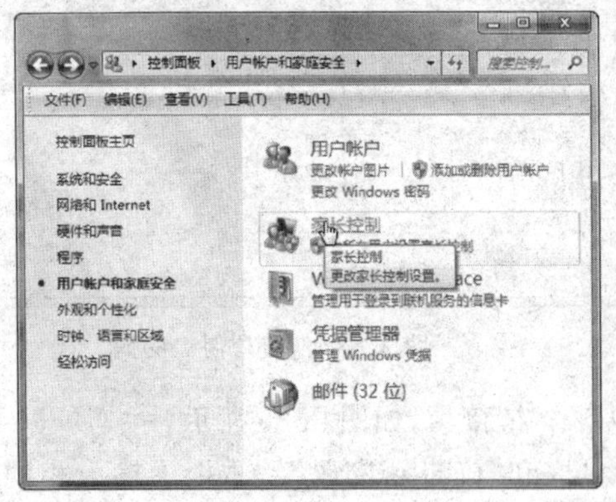

图 2.87 “用户账户”→“家长控制”

③在弹出的“用户控制”窗口中，选择“启用、应用当前设置”单选按钮，在“Windows 设置”区域中，单击“时间限制”链接项，如图 2.88 左图所示。

④在弹出的“时间限制”窗口中，将准备阻止的时间段单击成蓝色，允许的时间段单击成白色，最后单击“确定”，如图 2.88 右图所示。

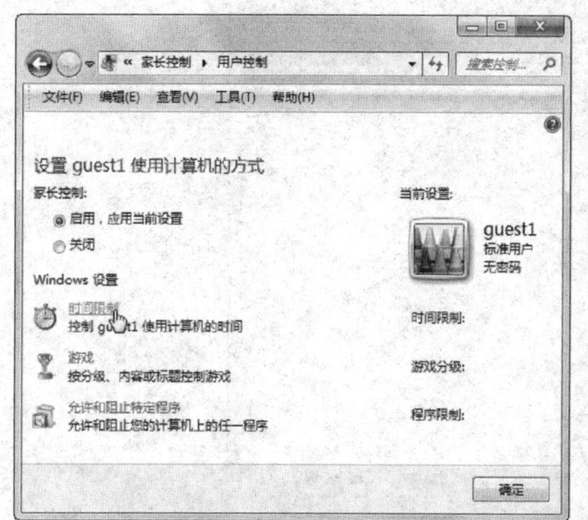

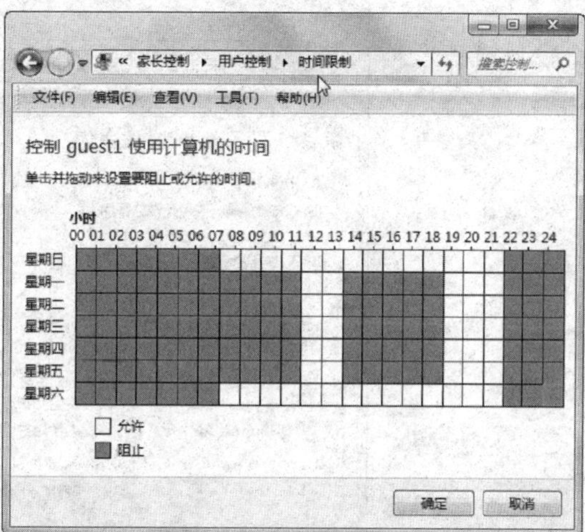

图 2.88　在“时间限制”中选择时间段

⑤返回“用户控制”窗口，单击“游戏”链接项，在“游戏控制”窗口，单击“阻止或允许特定游戏”链接项，如图 2.89 所示。

⑥在弹出的“游戏覆盖”窗口中，选择允许或阻止游戏的单选按钮，单击“确定”按钮，如图 2.90 所示。

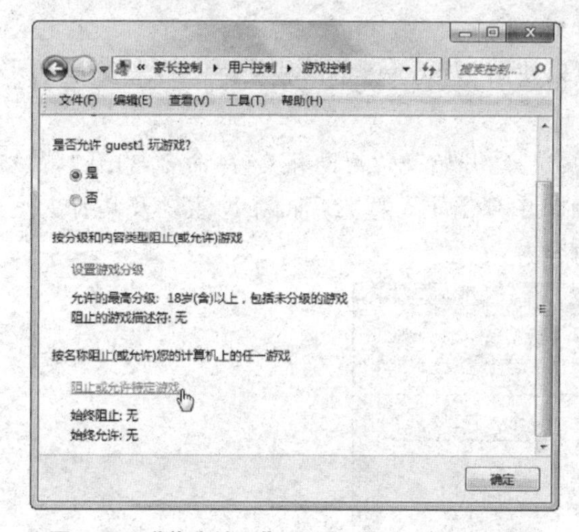

图 2.89　“游戏控制”→“阻止或允许特定游戏”

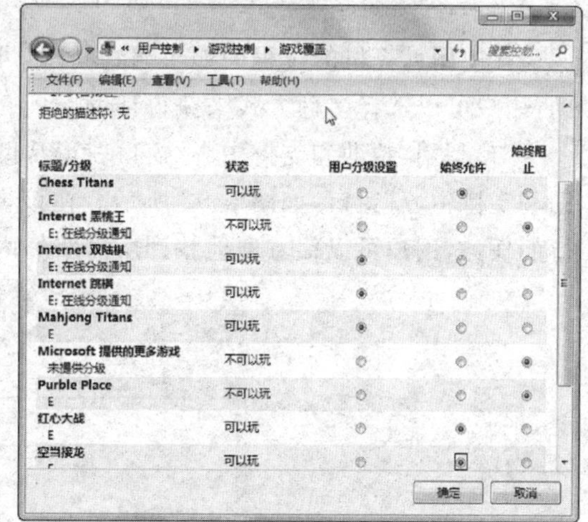

图 2.90　选择允许或阻止的游戏

⑦返回窗口，单击“允许和阻止特定程序”链接项，在弹出的“应用程序限制”窗口中，选择“新用户只能使用允许的程序”单选按钮，选择准备允许使用的程序复选框，单击“确定”按钮，如图 2.91 所示。

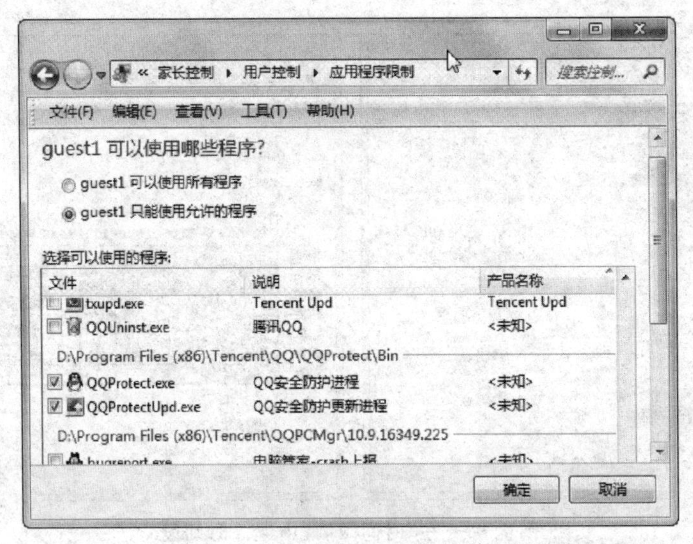

图 2.91 “应用程序限制”→“新用户只能使用允许的程序”

⑧返回“用户控制”窗口，在“当前设置”区域中，显示着“时间限制”“游戏分级”“特定游戏”和“程序限制”的状态，单击“确定”按钮，即可完成家长控制。

2.7.6 帮助功能

在使用计算机的过程中如果遇到问题，可以使用 Windows 帮助和支持中心来获得帮助，用户可以选择多种方式来获得帮助。

(1)利用“帮助和支持中心”窗口获得帮助：选择“开始”→“帮助和支持”命令，打开“帮助和支持中心”窗口，如图 2.92 所示。在该窗口中列出了一些常用的帮助主题及其所支持的任务，用户可以很方便地找到所需要的内容。

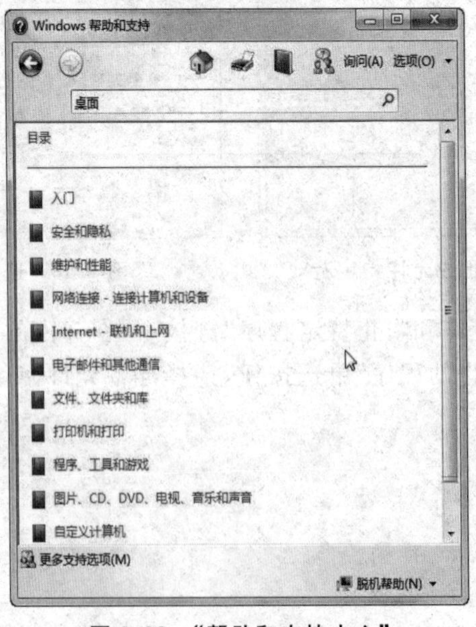

图 2.92 “帮助和支持中心”

(2)通过应用程序的"帮助"菜单获得帮助:Windows 7 打开的应用程序窗口中一般都带有"帮助"菜单。单击"帮助"菜单可以获得相应的帮助信息。

(3)按 F1 功能键,可以获得当前操作的帮助信息。

2.7.7 系统工具

Windows 7 提供了许多功能强大的磁盘管理工具和系统维护工具,如磁盘清理、磁盘碎片整理、备份和系统还原等实用系统工具。使用这些系统工具,用户可以有效地管理和维护计算机系统。

(1)磁盘清理

Windows 在运行过程中生成的各种垃圾文件(如".BAK"".OLD"".TMP"文件及浏览器产生的 CACHE 文件、TEMP 文件夹等)会占用大量的磁盘空间,这些垃圾文件广泛分布在磁盘的不同文件夹中,手工清除非常麻烦,Windows 附带的"磁盘清理程序"可轻松地解决这一问题。

磁盘清理程序是一个垃圾文件清除工具,它可以找出磁盘中的各种无用文件,保持系统的简洁,提高系统性能。

使用"磁盘清理"的步骤如下:

①执行"开始"→"程序"→"附件"→"系统工具"→"磁盘清理"命令,打开"驱动器选择"对话框,选择需要清理的驱动器,单击"确定"按钮,如图 2.93 所示。

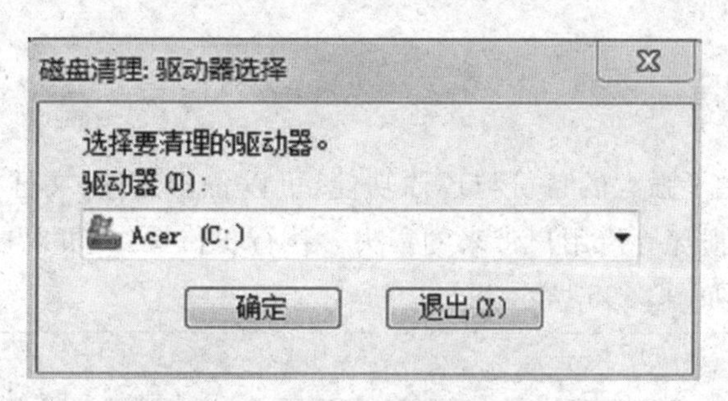

图 2.93 "选择要清理的驱动器"

②在弹出的"磁盘清理"对话框里选择要清理的内容,然后单击"确定",如图 2.94 所示,系统会提示是否真的要删除选定的内容,单击"确定"按钮后删除要清理的内容。

(2)磁盘碎片整理程序

当用户对磁盘进行多次读写操作后,会产生多处不连续的、不可用的磁盘空间,即"碎片"。如果磁盘"碎片"过多,就会降低磁盘的访问速度,影响系统的性能。

利用"磁盘碎片整理程序"可以分析本地磁盘,合并碎片文件和文件夹,使每个文件或文件夹都可以占用磁盘上单独而连续的磁盘空间。合并文件和文件夹碎片的过程称为碎片整理。使用磁盘碎片整理程序、整理磁盘的方法如下:

①执行"开始"→"程序"→"附件"→"系统工具"→"磁盘碎片整理程序"命令,打开"磁盘碎片整理程序"窗口。

②在"卷"列表框中选择要整理的磁盘,单击"分析"按钮,程序开始分析磁盘碎片情况并把分析结果显示在"分析显示"区域。

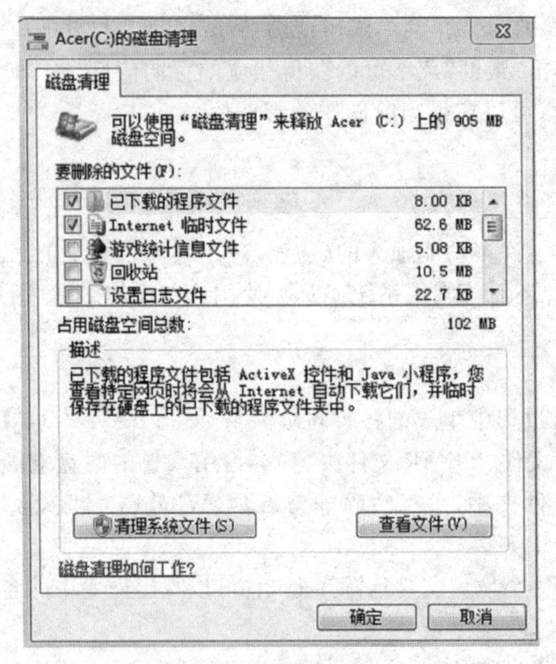

图 2.94　清理选定的内容

③分析结束后，如果有必要整理碎片，系统会弹出对话框提示碎片整理，用户单击"碎片整理"按钮进行整理。

2.7.8 备份和还原

Windows 7 提供了强大的备份与还原功能，可以备份文件、文件夹及系统文件，能有效避免因误删、磁盘损坏等给用户带来的损失。执行备份操作，可以在"控制面板"中选择"备份和还原"窗口，如图 2.95 所示。

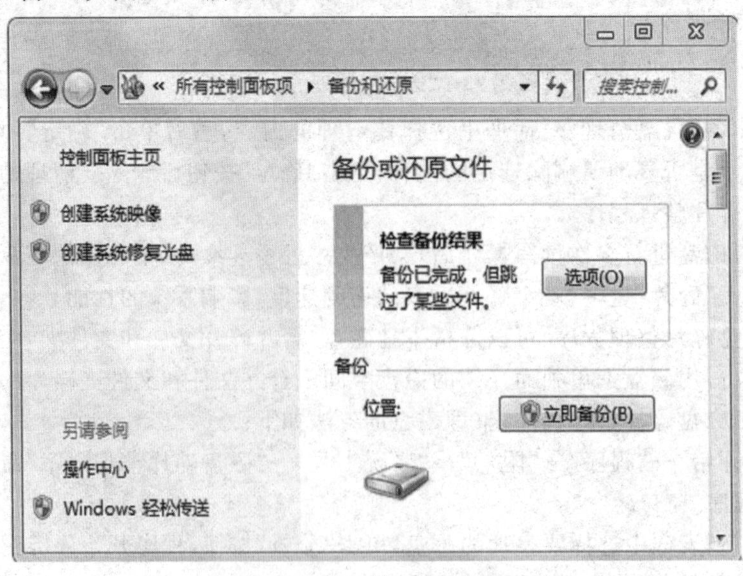

图 2.95　"备份和还原"窗口

(1)备份 Windows 7 数据

备份 Windows 7 数据非常简单,只需单击“立即备份”就行,备份全程全自动运行。为了保证 Windows 7 数据的安全性,建议把备份的数据保存在移动硬盘等其他非本地硬盘里。

(2)还原 Windows 7 数据

如果 Windows 7 系统出现问题,可以将其还原到早期的系统。在“备份或还原”窗口中选择“还原我的文件”即可,如图 2.96 所示。还原的前提是之前至少为 Windows 7 做过一次备份。

为了提高恢复 Windows 7 数据的成功率,建议用户创建系统映像或者创建系统修复光盘。

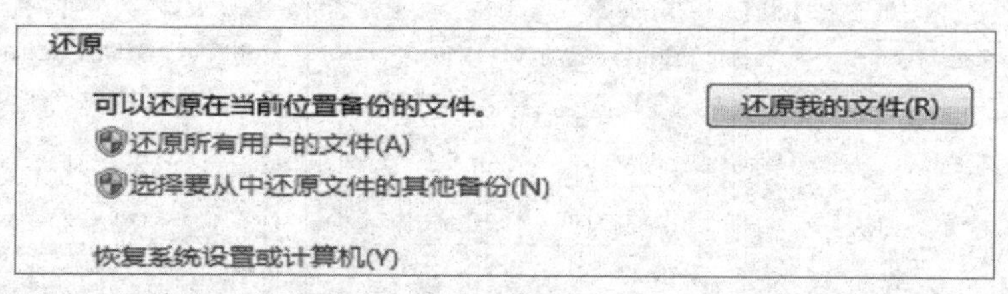

图 2.96　还原 Windows 7 数据

2.8　Windows 附件工具

2.8.1　计算器

计算器是 Windows 自带的附件之一,很多用户只是用它来进行一些简单的运算。Windows 7 中计算器变得更加强大,具有与以往版本不同的功能,加入了多重计算及中间过程显示区域。

单击“开始”按钮,打开“附件”菜单,从中选择“计算器”命令,即可启动计算器程序。系统默认打开的是标准型计算器,点击“查看”按钮,可选择标准型、科学型、程序员、统计信息四种模式,还有基本、单位转换、日期计算、工作表四种功能,如图 2.97 所示。

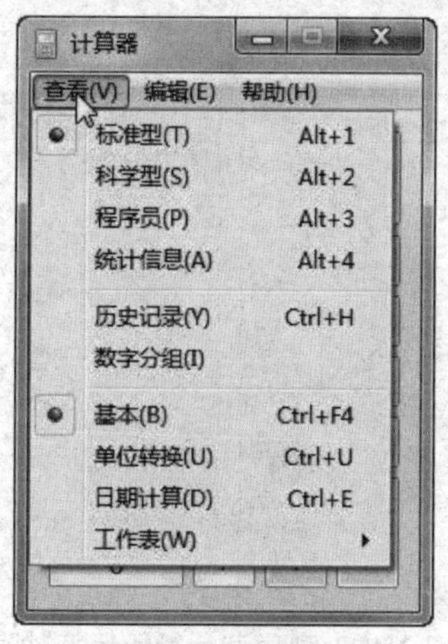

图 2.97　“计算器”

(1)标准型计算器

标准型计算器可以用来进行简单的四则运算,下面就以计算算式(20－5＋3.8)×12÷6为例,介绍一下操作步骤。

①在计算器的界面中依次单击对应的数字和运算符号按钮,输入“20－5＋3.8”,然后按 * 按钮,此时的结果是“18.8”,如图2.98左图所示。

②输入“12”,然后按 / 按钮,此时得出的是(20－5＋3.8)×12的结果,为“225.6”,如图2.98中图所示。

③输入“6”,单击 = 按钮,显示出最终的答案“37.6”,如图2.98右图所示。

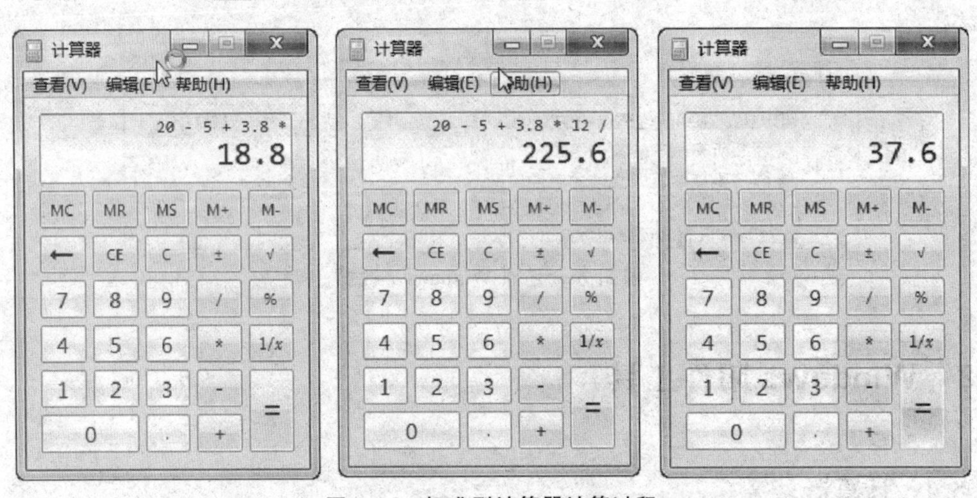

图 2.98 标准型计算器计算过程

计算结束,单击 C 按钮,会将当前的内容并归0,用户可以接着进行其他计算操作。

(2)科学型计算器

如果用户要进行更复杂的运算,如幂、开方、三角函数等,就要在科学型计算器模式下实现。下面就以12^4为例,介绍一下使用科学型计算器的具体操作步骤。

①在计算器的“查看”菜单中,选择“科学型”。

②输入12,单击 x^y 按钮,如图2.99左图所示。

③输入4,如图2.99右图所示。

图 2.99 科学型计算器计算过程

④单击 = 按钮，计算完毕，显示结果，如图 2.100 所示。

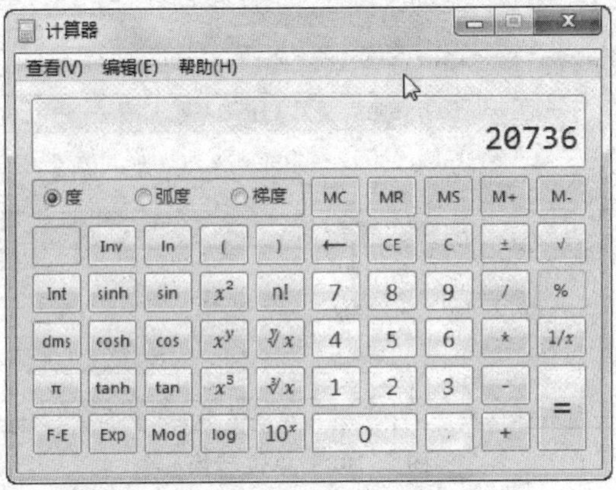

图 2.100　科学型计算器计算结果

(3)计算日期

在工作中，经常需要计算两个日期之间间隔的天数。假设今天是 2015 年 8 月 10 日，要计算离国庆小长假还有多少日期，则可以使用计算器计算距离这个期限的时间，便于安排每天的工作量，到时外出旅游。

①打开计算器，选择“查看”→“日期计算”命令。

②在右侧的窗口中输入需要计算的起始日期和结束日期，单击“计算”按钮即可得出结果，如图 2.101。

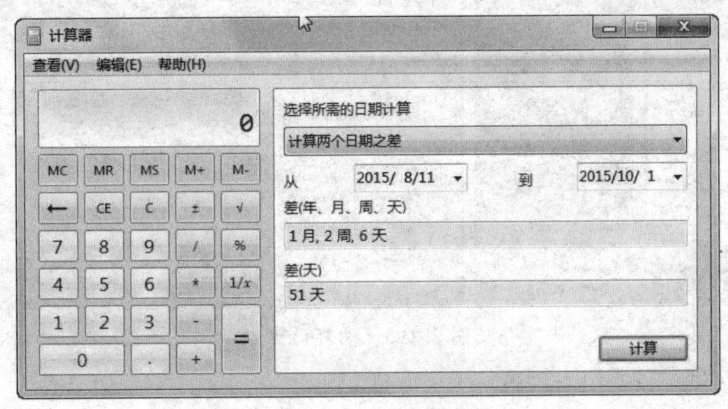

图 2.101　计算日期

(4)单位转换

在日常生活中，经常会接触到克拉、盎司、英尺等计量单位，但是大部分人对这些单位并没有一个直观的概念。例如：一瓶可乐的能量是 108 千卡，那么是多少焦耳呢？可以利用计算器进行换算，步骤如下：

① 打开计算器，选择“查看”→“单位转换”命令。

②在右侧的窗口中选择要转换的单位类型为“能量”，在下面的两个下拉列表框中分别选择“千卡路里”和“焦耳”，在“从”文本框中输入数值“108”，“到”文本框中就会自动将其换算为“452174.4”，如图 2.102 所示。

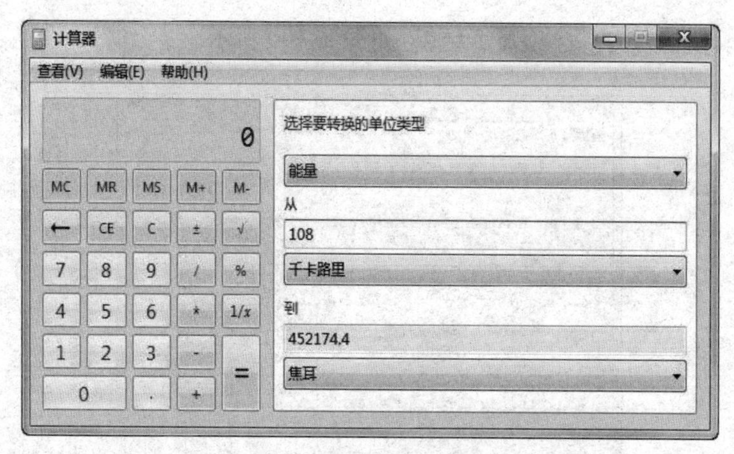

图 2.102　单位转换

(5)油耗计算

对于有车一族来说,计算爱车的油耗也是一项必需的理财项目,这可以对养车成本有一个更为准确的估算。

①打开计算器,选择"查看"→"工作表"→"油耗(1/100km)"命令,如图 2.103 左图所示。

②在图 2.103 右图中,在右侧的"距离"文本框中输入行驶的距离,如"1200"千米,在"已使用的燃料"文本框中输入燃料数,如"89"升,单击"计算"按钮即可得出该车的油耗。

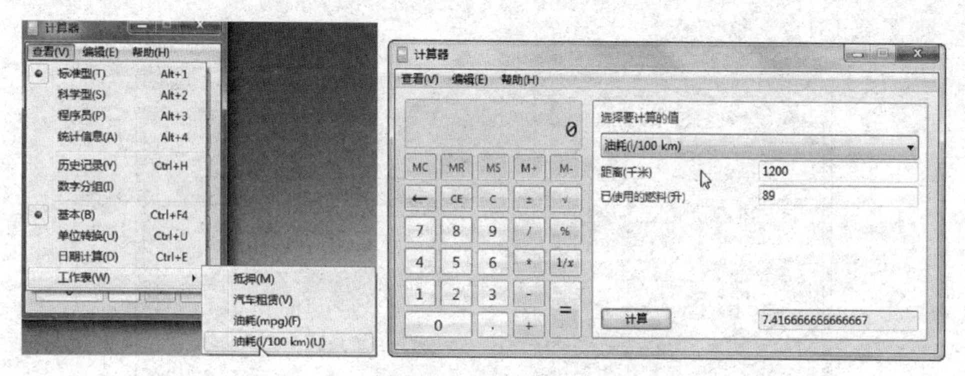

图 2.103　油耗计算

(6)计算月供

Windows 7 的计算器还能轻松地计算贷款购房者每月的分期还款额,便于确定还款年限和贷款额度。假设用户买了一套价值 150 万的房子,首付付了 60 万,贷款 30 年,利率是 4.8%,那么每个月的还款额是多少呢?

①打开计算机,选择"查看"→"工作表"→"抵押"命令,如图 2.104 左图所示。

②在图 2.104 右图中,在右侧的下拉列表框中选择"按月付款",在"采购价"文本框中输入房子的购买总金额 1500000,在"定金"文本框中输入房子的首付款 600000,在"期限(年)"文本框中输入还款年限 30,在"利率(%)"文本框中输入公积金贷款利率 4.8,然后单击"计算"按钮,即可计算出每月的还款额是 4721.988 元。

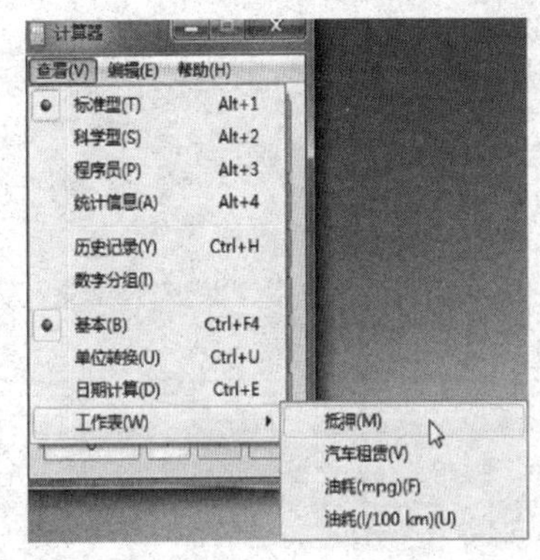

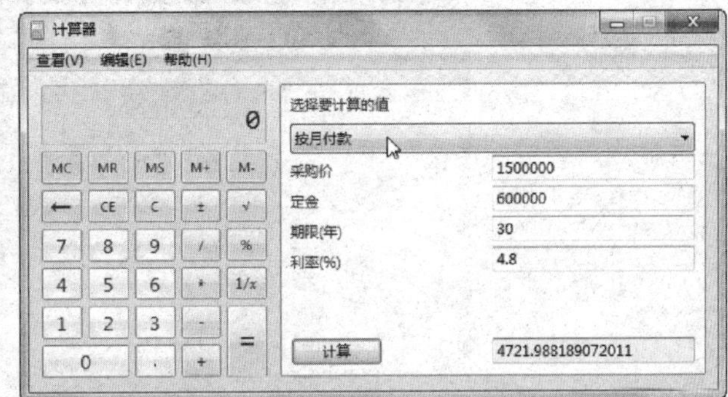

图 2.104　计算月供

2.8.2 画图工具

Windows 7 自带的“画图”程序是一个绘制与编辑图片的小工具，利用它可以绘制各种形状，编辑图片、任意涂鸦和为图片着色等，还可以像使用数字画板那样使用“画图”来绘制简单的图片，进行简单的设计等。

1)打开画图工具

单击“开始”菜单，从弹出的菜单中选择“所有程序”→“附件”→“画图”菜单命令，即可启动画图程序。画图程序的窗口由三部分组成，如图 2.105 所示，分别是标题栏、功能区和绘图区。

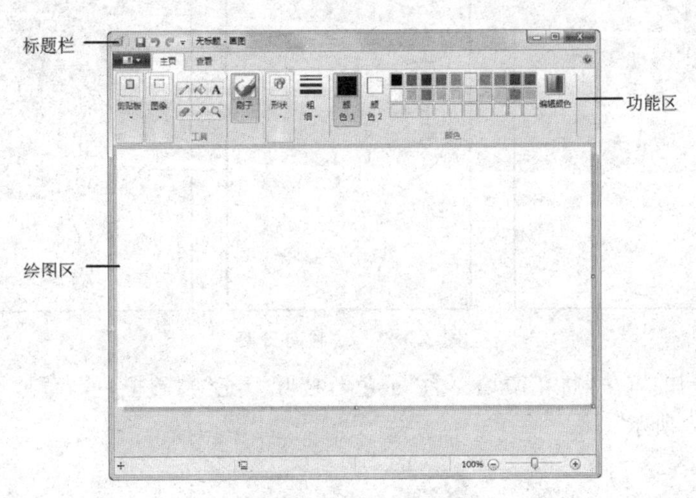

图 2.105　画图工具窗口

2)绘制图形

使用画图工具可以绘制一幅完整的图画，绘制完成后，还能对关键部分填充颜色，最后保存为图片。下面以绘制向日葵为例，介绍绘制图形的具体操作步骤：

①打开“画图”程序，在“形状”工具组选择“曲线”按钮，拖动鼠标绘制一条直线。

②将鼠标指针移动到直线中部，当其变为✧形状时，按住鼠标左键不放并向上拖动，使之先变为有弧度的曲线，如图 2.106 所示。

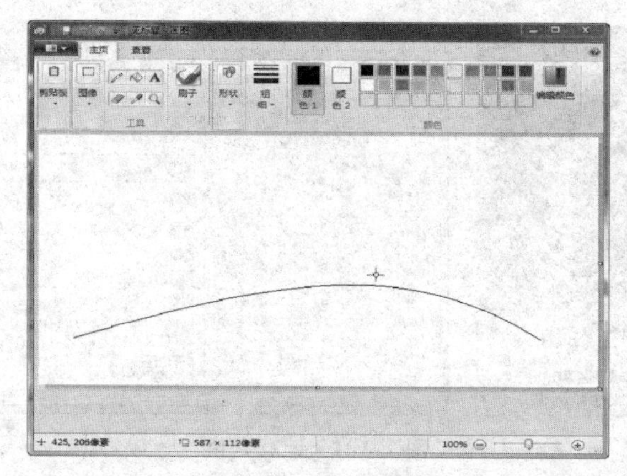

图 2.106　绘制曲线

③在“形状”工具组中选择“椭圆”工具，绘制出一个大椭圆，然后使用相同的方法在大椭圆上绘制多个小椭圆。

④在“工具”工具组中选择“橡皮擦”工具，将鼠标指针移到大椭圆内部，按住鼠标左键拖动，擦去多余的线，如图 2.107 左图所示。

⑤单击“刷子”按钮，此时鼠标指针变为刷子形状，绘制出枝叶，如图 2.107 中图所示。

⑥在“颜色”工具组中单击“橙色”色块，将颜色 1 设置为橙色，在“工具”工具组中单击“用颜色填充”按钮，在花朵中的椭圆形上单击填充颜色，如图 2.107 右图所示。

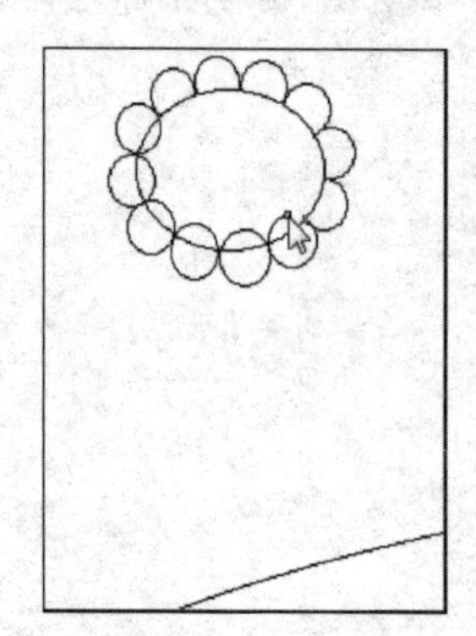
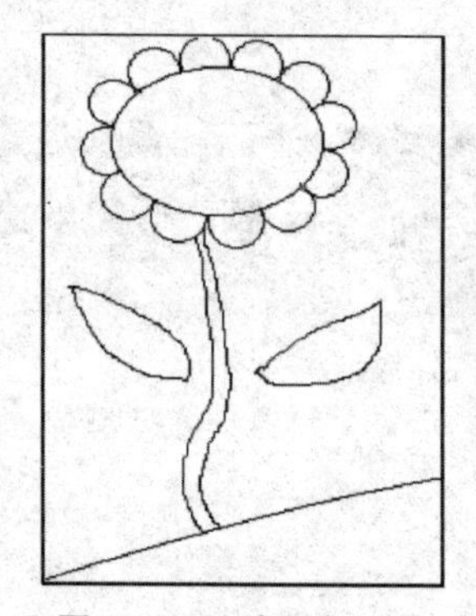

图 2.107　绘制向日葵

⑦使用相同的方法，将花瓣填充为“黄色”，枝叶填充为“酸橙色”，草地填充为“绿色”，效果如图 2.108 所示。

图 2.108　绘制效果图

3)编辑图片

“画图”工具具有编辑图片的功能,能够对图片实现调整大小、复制、移动、旋转、裁剪等操作。

(1)打开图片

①打开“画图”工具,单击“画图”按钮,在弹出的下拉菜单中选择“打开”菜单命令,如图 2.109 左图所示。

②弹出“打开”对话框,如图 2.109 右图所示。

③选中需要打开的图片,单击“打开”按钮。

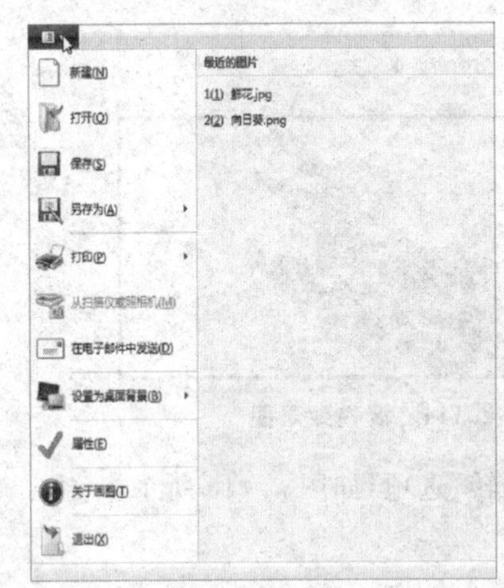

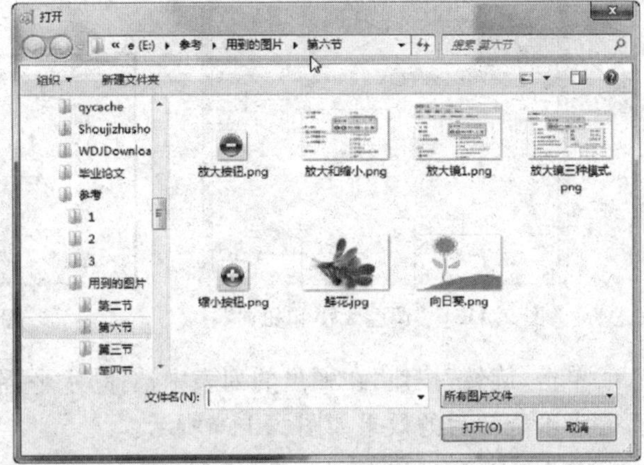

图 2.109　打开图片

(2)选择图片

使用选择工具可以选择图片中需要编辑的内容,具体操作步骤如下:

①单击“图像”→“选择”按钮,在弹出的列表中选择“矩形选择”选项。

②在图片上单击拖曳一个矩形框,如图 2.110 所示。

③单击“图像”→“选择”按钮,在弹出的列表中选择“自由图形选择”选项。

④在图片上拖曳任意图形,如图 2.111 所示。

⑤选择完成后,松开鼠标,即可移动选择的区域,如图 2.112 所示。

图 2.110　矩形框

图 2.111　拖曳任意图形

图 2.112　移动选择的区域

(3)调整图片

①单击“图像”→“重新调整大小”按钮。

②弹出“调整大小和扭曲”对话框,如图 2.113 所示。在“重新调整大小”区域设置“水

平”为“90”,“垂直”为“90”,在“倾斜”区域设置“水平”为“45”。

③设置后效果如图 2.114 所示。

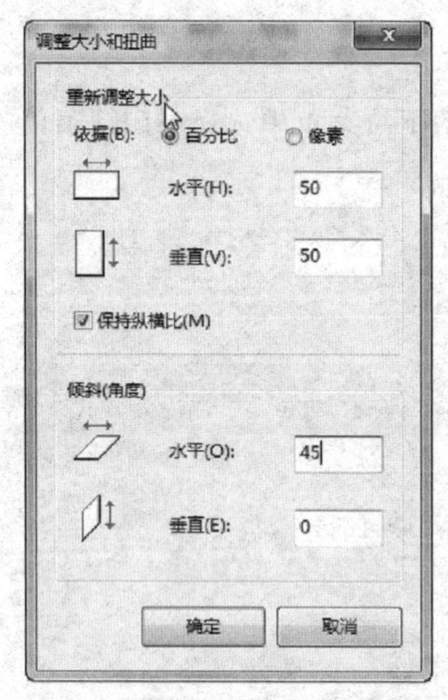

图 2.113 “调整大小和扭曲”

图 2.114 调整效果图

④单击“旋转”按钮,在弹出的列表中选择“水平翻转”选项,如图 2.115 所示。

⑤水平翻转后的效果如图 2.116 所示。

⑥单击“文本”按钮**A**,输入文字。

⑦在“颜色”中选择一种颜色,设置文字的颜色,效果如图 2.117 所示。

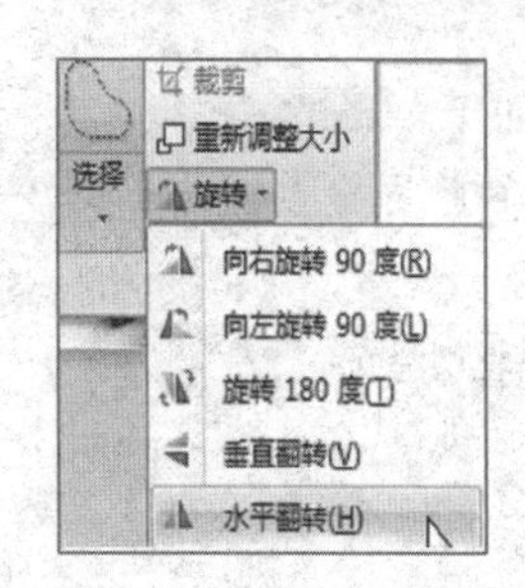

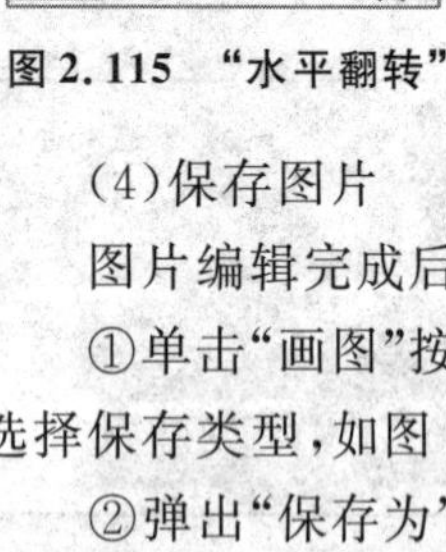

图 2.115 “水平翻转”

图 2.116 翻转效果图

图 2.117 设置文字及颜色

(4)保存图片

图片编辑完成后,即可保存在电脑上。

①单击“画图”按钮,从弹出的下拉菜单中选择“另存为”菜单命令,在弹出的子菜单中选择保存类型,如图 2.118 所示。

②弹出“保存为”对话框,在左侧的列表中选择图片保存的位置,在“文件名”文本框中输入保存图片的名称,单击“保存”按钮即可。

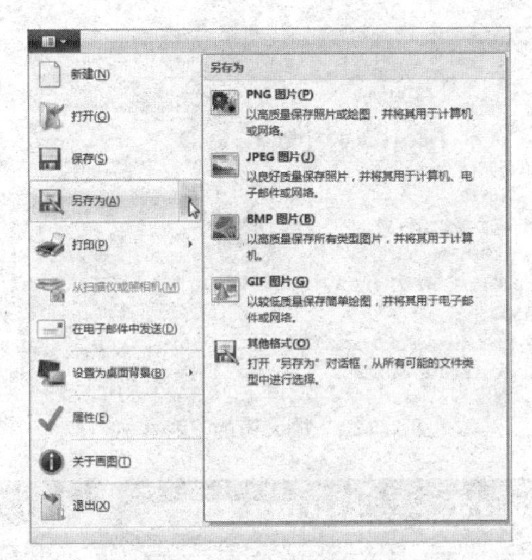

图 2.118　“另存为”命令

2.8.3 放大镜

Windows 7 操作系统中提供了放大镜工具，它可以放大屏幕的各个部分，便于查看一些过小的字体或者细节。

(1)打开和退出放大镜

①单击开始按钮，单击“附件”→“轻松访问”，单击“放大镜”即可，界面如图 2.119 所示。

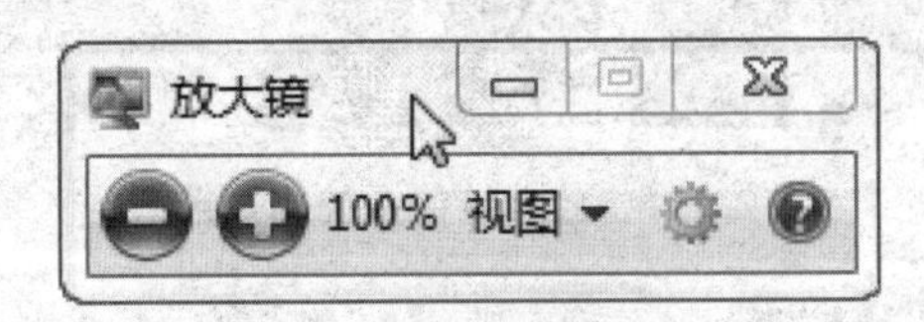

图 2.119　“放大镜”界面

②按 Win 和“＋”的组合键，弹出放大镜工具，屏幕及窗口也随之变大。

③单击“放大”或者“缩小”按钮，可以进一步放大或缩小窗口，同时将鼠标移动到需要放大的区域即可。

④如需退出放大镜，只需按 Win 和 Esc 组合键即可。

(2)放大镜的三种模式

Windows 7 自带的放大镜有三种模式，用户可以根据实际需要选择合适的模式。单击“视图”按钮，可以选择“全屏”“镜头”或者“停靠”模式，如图 2.120 所示。

- 全屏模式：在全屏模式下，整个屏幕都会被放大，用户可以使放大镜跟随鼠标指针进行放大操作。
- 镜头模式：在镜头模式下，鼠标指针周围的区域会被放大。移动鼠标指针时，放大的屏幕区域会随之移动。镜头模式的效果如图 2.121 所示。
- 停靠模式：在停靠模式下，仅放大屏幕的一部分，桌面的其余部分处于正常状态，用户可以控制放大哪个屏幕区域。停靠模式的效果如图 2.122 所示。

图 2.120　放大镜的三种模式

图 2.121　放大镜镜头模式效果图

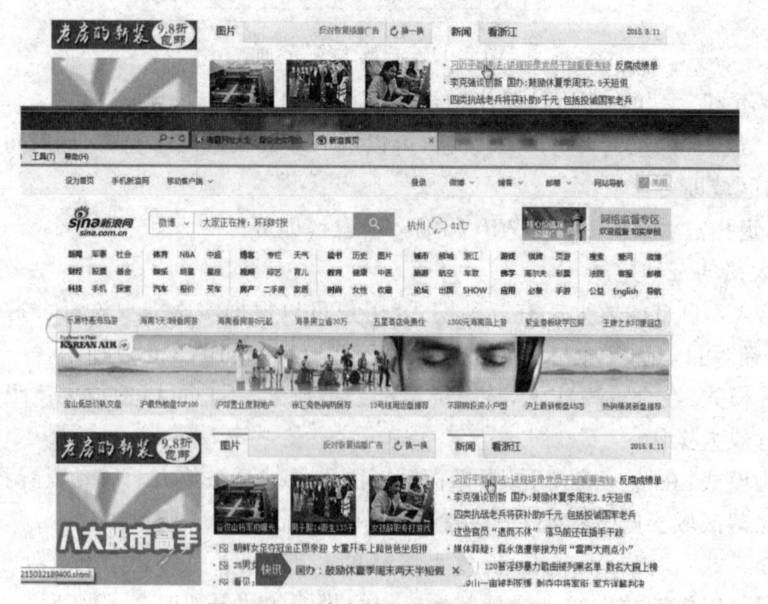

图 2.122　放大镜停靠模式效果图

(3)设置放大镜选项

用户还可以设置放大镜工具的缩放增量、镜头大小及颜色反转等功能。

①单击“选项”按钮,即可打开“放大镜选项”对话框。

②在“放大镜选项”对话框中,用户可以设置缩放时视图的变化范围,启用颜色反转及放大跟踪效果等,如图 2.123 所示。在“放大镜选项”对话框中,如果选中“启用颜色反转”复选框,则可以增强屏幕上项目之间的对比度,使用户更轻松地观看效果,如图 2.124 所示。

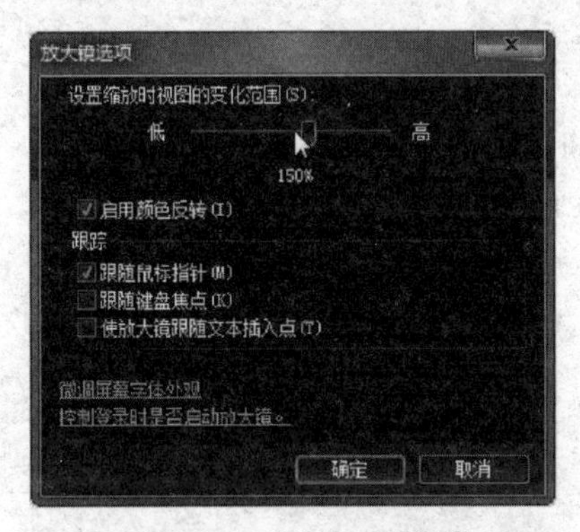

图 2.123　“放大镜选项”

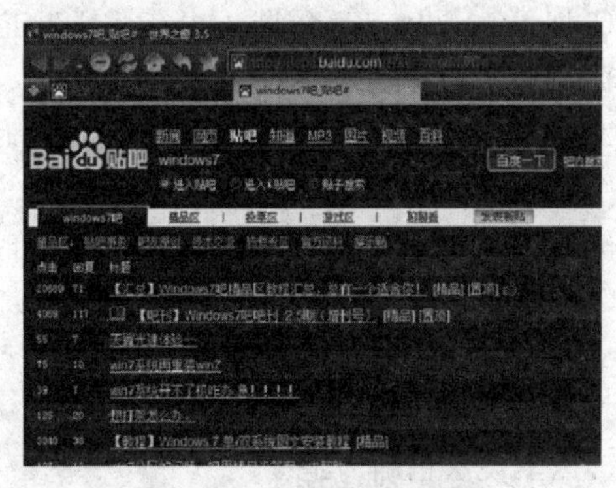

图 2.124　颜色反转效果图

③在镜头模式下,则可以通过移动滑块来调节放大镜镜头的大小,如图 2.125 所示。

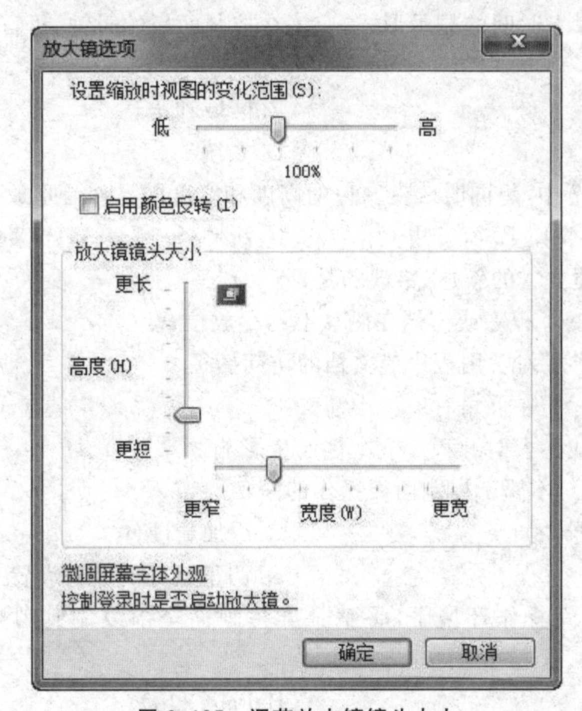

图 2.125　调节放大镜镜头大小

习　题

一、选择题

1. 启动 Windows 7，最确切的说法是（　　）。

A. 让 Windows 7 系统在硬盘中处于工作状态

B. 把软盘的 Windows 7 系统自动装入 C 盘

C. 把 Windows 7 系统装入内存并处于工作状态

D. 给计算机接通电源

2. 在 Windows 7 中，按住鼠标左键的同时移动鼠标的操作称为（　　）。

A. 单击　　B. 双击　　C. 拖曳　　D. 启动

3. 在 Windows 7 中，菜单项名为浅灰色时，意为本项当前（　　）。

A. 已操作　　B. 可操作　　C. 不可操作　　D. 没操作

4. Windows 7 的对话框一般包括（　　）、选项按钮、列表框、文本框和选择框等。

A. 程序按钮　　B. 命令按钮　　C. 对话按钮　　D. 提示按钮

5. 以下说法正确的是（　　）。

A. 隐藏是文件和文件夹的属性之一　　B. 隐藏文件不能删除

C. 只有文件才能隐藏，文件夹不能隐藏　　D. 隐藏文件在浏览时不会显示出来

6. 要改变任务栏上时间的显示形式，应该在控制面板的时钟、语言和区域窗口中选择的任务是（　　）。

A. 显示　　B. 区域和语言

C. 日期和时间　　D. 系统

7. 在 Windows 7 中，想同时改变窗口的高度和宽度的操作是拖放（　　）。

A. 窗口角　　B. 窗口边框　　C. 滚动条　　D. 菜单栏

8. 下列有关快捷方式的叙述，错误的是（　　）。

A. 快捷方式改变了程序或文档在磁盘上的存放位置

B. 快捷方式提供了对常用程序或文档的访问捷径

C. 快捷方式图标的左下角有一个小箭头

D. 删除快捷方式不会对源程序或文档产生影响

9. Windows 7 中，不属于控制面板操作的是（　　）。

A. 更改桌面背景　　B. 添加新硬件

C. 造字　　D. 调整鼠标的使用设置

10. 在 Windows 7 操作环境下，将整个屏幕画面全部复制到剪贴板中使用的键是（　　）。

A. Print Screen　　B. Page Up

C. Alt＋F4　　D. Ctrl＋Space

11. 在 Windows 7 中，剪贴板是用来在程序和文件间传递信息的临时存储区，它是（　　）。

A. 回收站的一部分　　B. 硬盘的一部分

C. 内存的一部分　　D. 软盘的一部分

12. 文件Flower.bmp存放在E盘ABC文件夹中的G子文件夹下，它的完整文件标识符是(　　)。

A. E:\ABC\G\Flower　　B. ABC:\Flower.bmp

C. E:\ABC\G\Flower.bmp　　D. E:\ABC:\Flower.bmp

13. 附件中"系统工具"一般不包含(　　)。

A. 磁盘清理程序　　B. 碎片整理程序

C. 系统还原　　D. 重装计算机

14. 在Windows中，粘贴命令的快捷键是(　　)。

A. Ctrl＋X　　B. Ctrl＋S

C. Ctrl＋C　　D. Ctrl＋V

15. 在Windows中，Alt＋Tab键的作用是(　　)。

A. 关闭应用程序　　B. 打开应用程序的控制菜单

C. 应用程序之间的相互切换　　D. 打开"开始"菜单

二、操作题

1. 按要求完成如下操作。

(1)为管理员账户添加密码。

(2)开启来宾账户，并创建"Win7"新账户，设置其密码为"888888"。

(3)切换Windows 7操作系统用户，选择进入创建的"Win7"新用户。

(4)为"Win7 "用户的操作界面设置Aero主题为"自然"，并将屏幕保护程序设置为"气泡"，等待时间为5分钟。

2. 使用计算器计算"12＋61－33＋(53×12)"的值。

3. 请在D盘下完成如下操作。

(1)在D盘下建立"学生"文件夹。

(2)在"学生"文件夹下建立"成绩""大学英语""高等数学"和"计算机应用基础"4个文件夹。

(3)将"大学英语""高等数学"和"计算机应用基础"文件夹复制到"成绩"文件夹中。

(4)将"成绩"文件夹中的"大学英语""高等数学"和"计算机应用基础"设置为"隐藏"属性(仅将更改应用于所选文件)。

4. 请按要求完成如下操作。

(1)在D盘根目录下建立以你的姓名命名的文件夹，在其中再建立名为"我的文件夹"的文件夹。

(2)在桌面建立"我的文件夹"的快捷方式图标，快捷方式名称为"我的文件夹"。

(3)为"附件"中的"计算器"创建桌面快捷方式图标，快捷方式名称为"计算器"。

5. 请按要求完成如下操作。

(1)查找电脑上所有bmp位图文件。

(2)选择一幅，将其作为电脑桌面背景。

第3章　Word 2010基础及其应用

3.1　Word 2010的主要功能

3.1.1 Word的主要功能

Word是日常生活中用得最多的一种文字处理工具，也是Office的主要工具之一。Word常用的主要功能包括如下几点：

（1）文字的输入、编辑、排版和打印，如图3.1所示。这些也是Word最常用的功能。

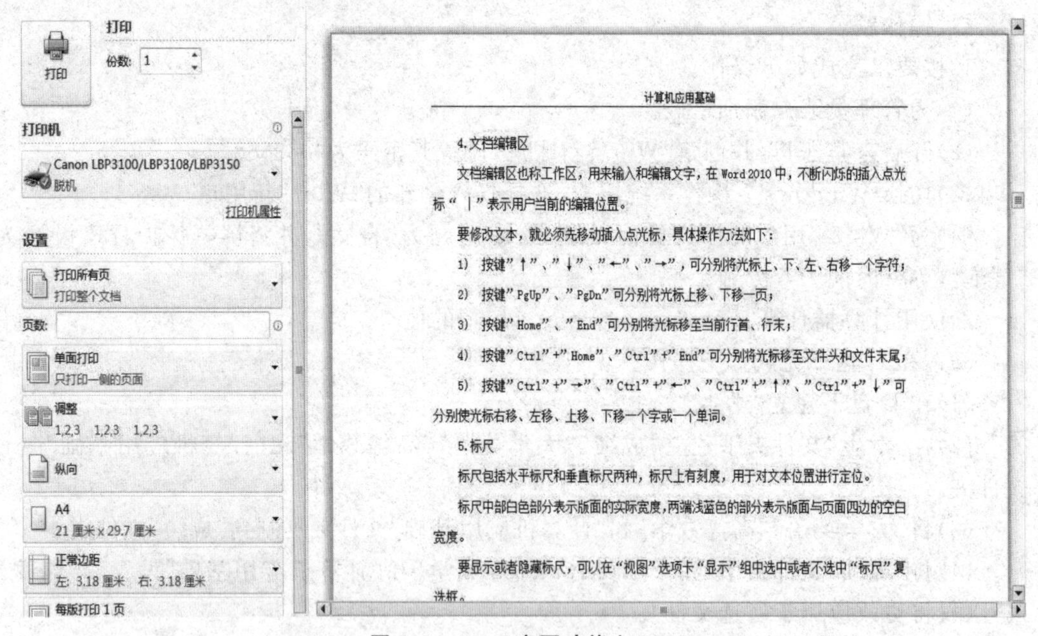

图3.1　Word主要功能之一

（2）书稿和学位论文的撰写及排版，包括图文混排、页眉页脚、公式的编辑、脚注尾注等，如图3.2所示。

无线传感器网络中节点高精度定位算法的设计（终稿） - Microsoft Word
使得对于 i=1,2,…,n，满足
则称训练样本集是线性可分的。式(2-1)和(2-2)中的(w·x)表示向量w与向量x的内积。
分类间隔=2/‖ω‖
X 轴
图 2-2　SVM 原理示意图[140]

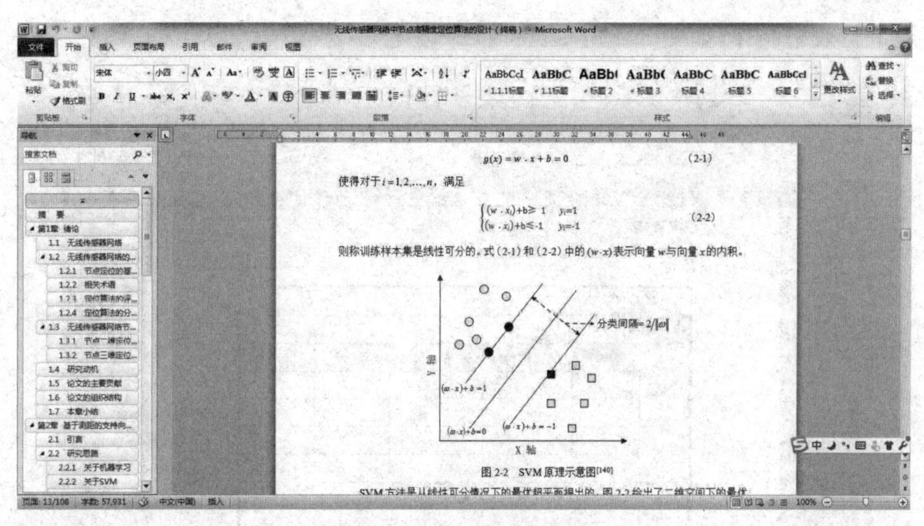

图 3.2　Word 主要功能之二

(3)对文档的审查、批阅及公文的制作，如图 3.3 所示。

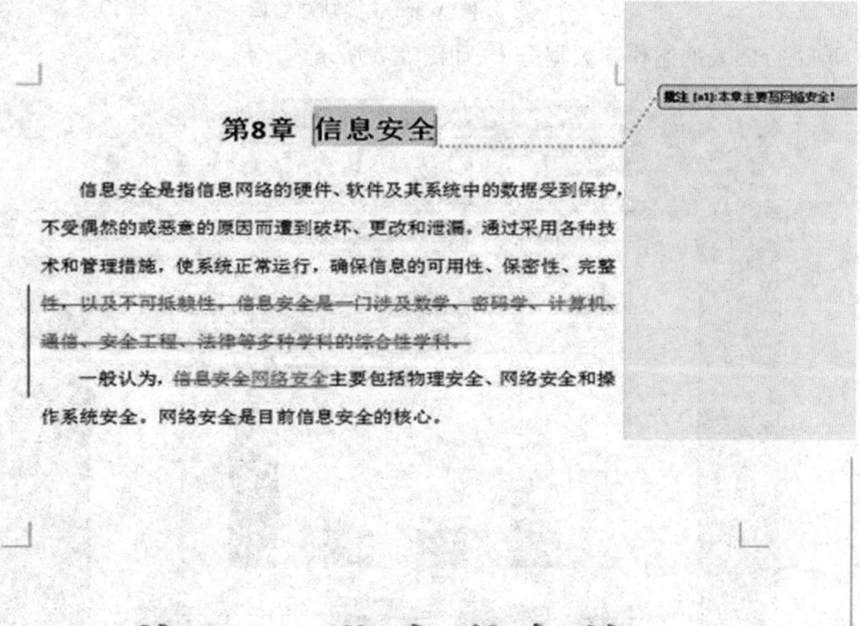

批注 [a1]: 本章主要写网络安全!
第8章 信息安全
信息安全是指信息网络的硬件、软件及其系统中的数据受到保护，不受偶然的或恶意的原因而遭到破坏、更改和泄漏。通过采用各种技术和管理措施，使系统正常运行，确保信息的可用性、保密性、完整性，以及不可抵赖性。信息安全是一门涉及数学、密码学、计算机、通信、安全工程、法律等多种学科的综合性学科。
一般认为，信息安全网络安全主要包括物理安全、网络安全和操作系统安全。网络安全是目前信息安全的核心。
浙江工业大学文件
浙工大〔2014〕12 号
浙江工业大学关于毛诗焙等 162 位同志
分别具有中、初级专业技术资格及聘任的通知

图 3.3　Word 主要功能之三

(4)进行表格制作,如图 3.4 所示。

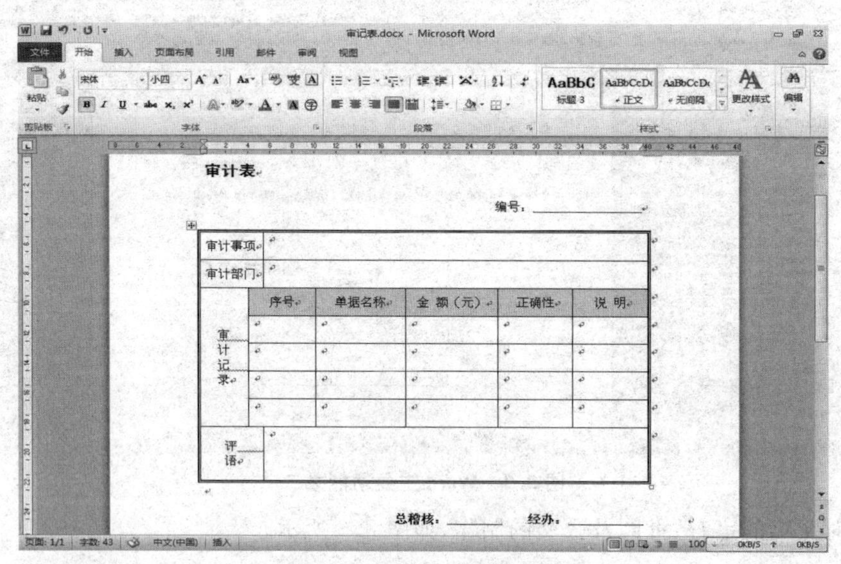

图 3.4　Word 主要功能之四

(5)进行图表的制作和数据分析,如图 3.5 所示。

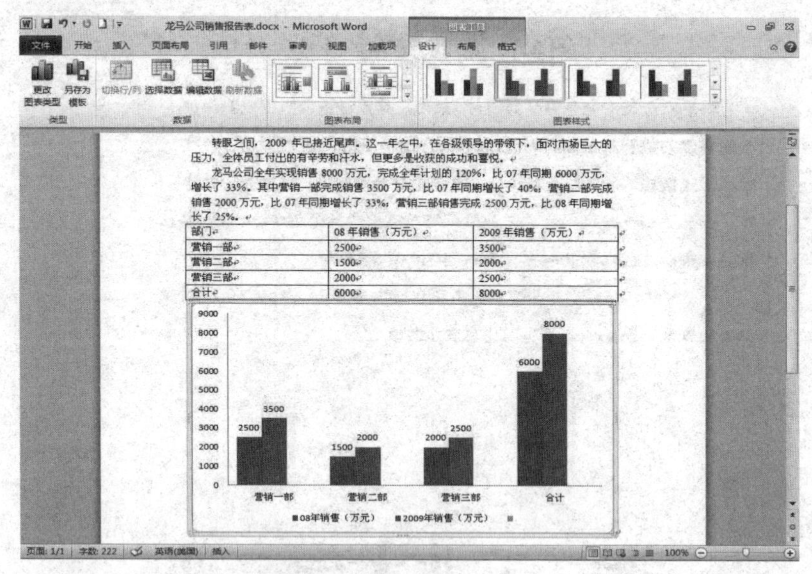

图 3.5　Word 主要功能之五

3.1.2　Word 2010 新增主要功能

Word 2010 在之前版本的基础上增加的主要功能有:可以同时设置文本和图像的格式;可以使用 OpenType 功能对文本进行微调;导航窗格和搜索功能更加方便;新增了 SmartArt 图形图片布局等,这些功能如图 3.6 所示。同时 Word 2010 还对图像的编辑和操作增加了一些新功能,包括新增了图像的艺术效果、能对图片进行修正、图片能自动消除背景等,此外还能插入屏幕截图,这些功能如图 3.7 所示。

图 3.6　Word 2010 新增功能之一

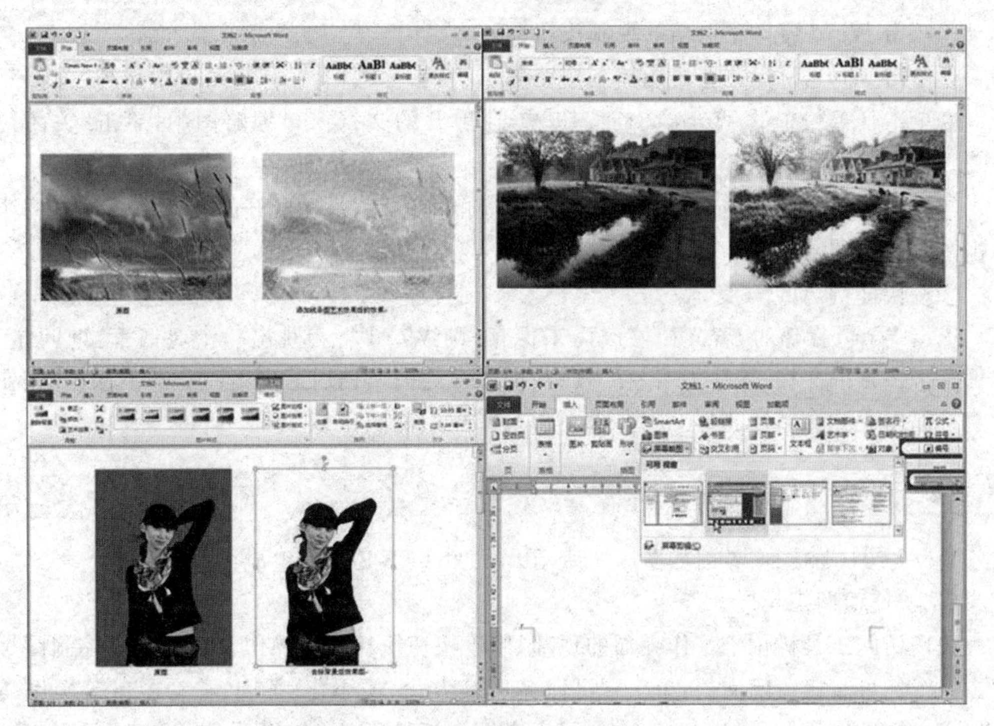

图 3.7　Word 2010 新增功能之二

3.2 认识 Word 2010

3.2.1 启动和退出 Word 2010

(1)启动 Word 2010

启动 Word 2010 有多种方法,常规的启动方式是单击屏幕左下角“开始”菜单按钮,然后执行“开始→所有程序→Microsoft Office→Microsoft Word 2010”命令。此外,还有多种更便捷的启动方法。

①桌面上如果有 Word 应用程序图标,双击该图标。

②在“资源管理器”中找带有图标的文件(即 Word 文档,文档名后缀为“.docx”或“.doc”),双击该文件。

③如果 Word 是最近经常使用的应用程序之一,则在 Windows 7 操作系统下,可单击屏幕左下角“开始”菜单按钮,执行“开始→Microsoft Word 2010”命令。

(2)退出 Word 2010

退出 Word 2010 的方法也有多种,常用的方法有以下几种。

①执行“文件→退出”命令。

②执行“文件→关闭”命令。

③单击标题栏右边“关闭”按钮。

④双击 Word 窗口左上角的控制按钮。

⑤单击 Word 窗口左上角的控制按钮,或右击标题栏,在弹出菜单中选择“关闭”。

⑥单击任务栏中的 Word 文档按钮,在展开的文档窗口缩略图中,单击“关闭”按钮。

⑦光标移至任务栏中的 Word 文档按钮上停留片刻,在展开的文档窗口缩略图中,单击“关闭”按钮。

⑧按快捷键 Alt+F4。

退出 Word 操作时,若文档修改尚未保存,则 Word 将会跳出一个对话框,询问是否要保存未保存的文档,若单击“保存”按钮,则保存当前文档后退出;若单击“不保存”按钮,则直接退出 Word;若单击“取消”按钮,则取消这次操作,继续工作。

3.2.2 Word 2010 工作界面

Word 2010 的工作界面如图 3.8 所示,主要由以下几部分组成:

(1)快速访问工具栏

快速访问工具栏位于工作界面的顶部,用于快速执行某些操作。为程序控制图标,双击该图标可直接关闭文档,单击它可以完成最大化、最小化、关闭、移动窗口等操作;是保存文档按钮;是撤销按钮,单击可以撤销最近执行的一次操作;和是恢复重复按钮,单击可以恢复到执行操作前的状态。

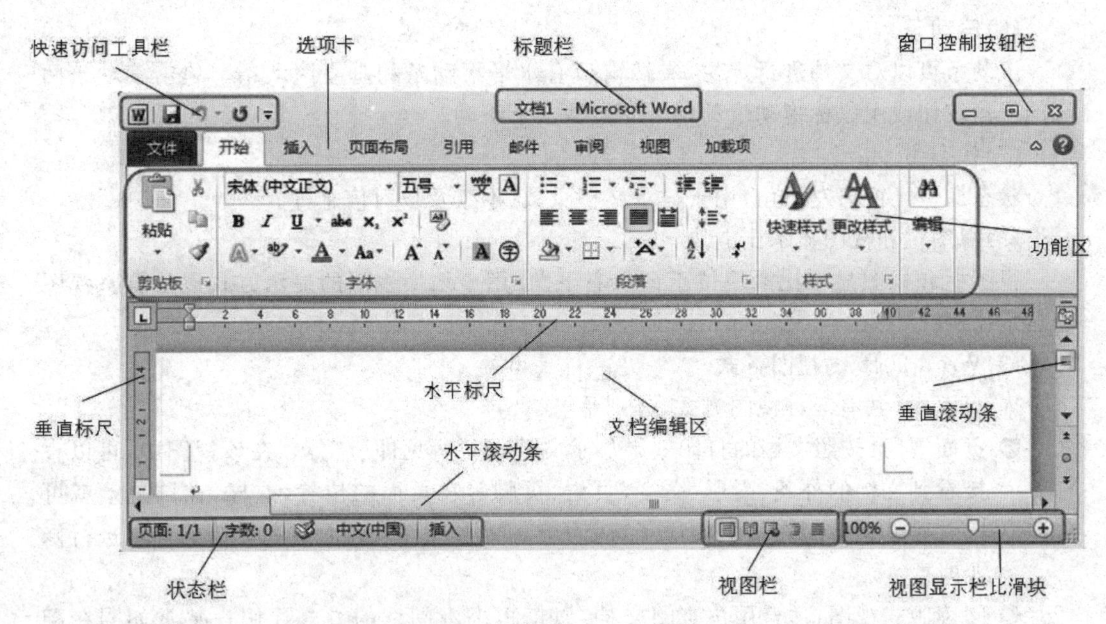

图 3.8　Word 2010 工作界面图

(2)标题栏和窗口控制按钮

标题栏位于快速访问工具栏右侧,用于显示文档和程序的名称。窗口控制按钮位于工作界面的右上角,单击窗口控制按钮,可以最小化(▭)、最大化(▣)、恢复(▣)或关闭(☒)程序窗口。

(3)功能区

功能区位于标题栏下方,几乎包括了 Word 2010 所有的编辑功能,单击功能区上方的选项卡,下方会显示与之对应的编辑工具。

(4)文档编辑区

文档编辑区即工作区,用来输入和编辑文字,在 Word 2010 中,不断闪烁的插入点光标"|"表示用户当前的编辑位置。

若要修改文本,必须先移动插入点光标,具体操作方法如下:

- 按键"↑""↓""←""→",可分别将光标上、下、左、右移一个字符;
- 按键 Page Up、Page Down 可分别将光标上移、下移一页;
- 按键 Home、End 可分别将光标移至当前行首、行末;
- 按键 Ctrl+Home、Ctrl+End 可分别将光标移至文件头和文件末尾;
- 按键 Ctrl+"→"、Ctrl+"←"、Ctrl+"↑"、Ctrl+"↓"可分别使光标右移、左移、上移、下移一个字或一个单词。

(5)标尺

标尺包括水平标尺和垂直标尺两种,标尺上有刻度,用于对文本位置进行定位。标尺中部白色部分表示版面的实际宽度,两端浅蓝色的部分表示版面与页面四边的空白宽度。要显示或者隐藏标尺,可以在"视图"选项卡"显示"组中选中或者不选"标尺"复选框。

(6)滚动条

滚动条可以对文档进行定位,文档窗口有水平滚动条和垂直滚动条。单击滚动条两端的三角按钮或用鼠标拖动滚动条可使文档上下滚动。

(7)状态栏

状态栏位于窗口左下角,用于显示文档页数、字数及校对信息等。

(8)视图栏和视图显示比滑块

视图栏和视图显示比滑块位于窗口右下角,用于切换视图的显示方式以及调整视图的显示比例。

(9)Word 2010 的视图方式

Word 2010 共有 5 种视图方式,分别是:

- 页面视图:按照文档的打印效果显示文档,即“所见即所得”。在该视图中,可以直接看到文档的外观、图形、文字、页眉、页脚等在页面的位置,这样,在屏幕上就可以看到文档打印在纸上的样子,适用于对文本、段落、版面或者文档的外观进行修改时。
- 阅读版式视图:适合用户查阅文档,以模拟书本阅读的方式让用户感觉如同在翻阅书籍。
- 大纲视图:用于显示、修改或创建文档的大纲,它将所有的标题分级显示出来,层次分明,特别适合多层次文档,使得查看文档的结构变得很容易。
- Web 版式视图:以类似网页的形式来显示文档内容,也可以用该模式编辑网页。
- 草稿视图:草稿只显示了字体、字号、字形、段落及行间距等最基本的格式,将页面的布局简化,适用于需要快速键入或编辑文字并编排文字的格式时。

切换视图方式,要在“视图”选项卡的“文档视图”组中单击需要的视图模式按钮或者直接在“视图栏”中单击视图按钮。默认情况下,Word 2010 以页面视图显示文档。

除此之外还有一个导航窗格视图,该视图是一个独立的窗格,能显示文档的标题列表,使用导航视图可以方便用户对文档结构进行快速浏览。在“视图”选项卡的“显示”组中选中“导航窗格”复选框,将打开导航窗格视图,如图 3.9 所示。

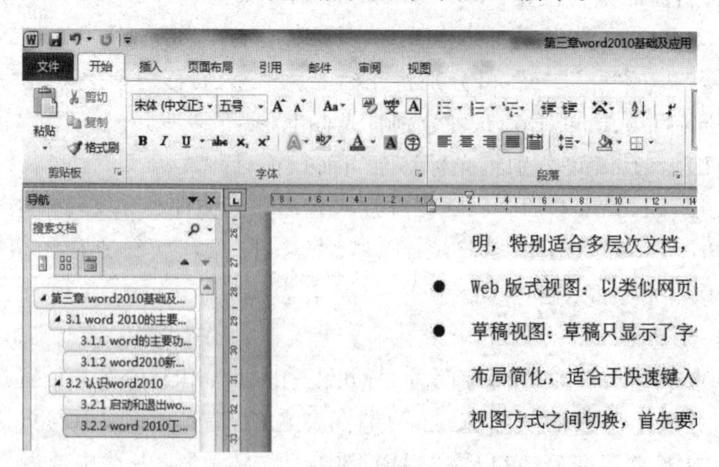

图 3.9 “导航窗格”视图

3.3　Word 2010 的编辑与排版

本教材将采用实例的方式来介绍文档的编辑和排版。

实例一：新建一个 Word 文档，命名为“实例一”，将图 3.10 实例中的内容输入 Word 文档并按以下要求进行排版，排版结束后将刚才的文档保存为 PDF 格式。

(1)题目“缩略时代”采用楷体三号、加粗、段前段后各 0.5 行，并用 * 的编号在文档的底端插入脚注，内容为“引自百度百科”；将文中的[1][2][3]设置成上标。

(2)为文中倒数第二段设置 10%的绿色底纹和蓝色底纹的三维边框。

(3)所有正文采用宋体五号，段前段后 0 行，1.5 倍行距，首行缩进两个字符。

(4)将文中第二段的段前距设置为 6 磅，段后距设置为 5 磅，并将字间距设置为加宽 2.3 磅。

(5)将页眉设为“缩略时代”，并在页脚上设置“第 X 页　共 Y 页”格式的页码。

(6)设置该页面上下页边距各为 2 厘米，左右各为 2.5 厘米，纵向，纸张大小为 A4。

(7)将最后两段文字分为两栏，第一栏为 21 个字符，第二栏为 20 个字符。

(8)将标题加上超链接，链接到浙江工业大学主页(www.zjut.edu.cn)。

(9)将第二段进行首字下沉，下沉 2 行，并在标题上插入批注，内容为你的名字和学号。

综合上面各点的要求，接下来分以下几个方面来进行操作。

缩略时代

有一位评论家想为今天的时代寻找一个印象式的命名,终于想到了两个字,叫做“缩略”一“缩”者，把原有的长度、时间、空间压缩；“略”者，省略、简化之意，故称我们的时代是“缩略时代”。

就中国信息技术应用而言,信息技术在企业中的应用尚处于“战术性”阶段,进入到“战略性”阶段的企业极少，因此中国企业只有“信息中心主任”而没有货真价实的 CIO 并不奇怪，中国企业的“一把手”即 CEO 不能正确认识信息技术投资的价值，不肯赋予 CIO 以 CIO 之职之权责亦顺理成章。但这不能成为 CIO“可以缓行”的理由。“Global 化”的大前提下，我们还经得起多久的落后?

创业成功的六条原理，密歇根州立大学的一项研究[1]，发现了六条指导创业成功的原理。

☑　原理①：反复构造图景

☑　原理②：抓住连续的机会成功

☑　原理③：放弃自主独断

☑　原理④：成为你竞争对手的噩梦

☑　原理⑤：培育创业精神

☑　原理⑥：靠团队配合而势不可挡

随着公司的发展和雇员人数的增多,一天接一天的日常工作会使人们看不到公司的主要目标。通过鼓励和协助团队合作，雇员把自己放在正确的努力方向上。需要不断剪裁调整团队，如规模、职责范围和它的组成等来适应眼下特定的情境。

把培训雇员的概念延展为横向培训[2]。使雇员们熟悉公司、公司中其他人在做什么,这能够帮助雇员们看到他们在更大的情景中自己所适宜的地方[3]。利用团队去减少扯皮，用团队去建立相互尊重，把团队建成一个人，给团队以反馈来证明你对团队的重视。

图 3.10　实例一的范文

3.3.1 文档的基本操作

1)文档的创建与使用

当启动 Word 后,它就自动打开一个新的空文档并暂时命名为"文档 1"(对应的默认磁盘文件名为"doc1. docx")。如果在编辑文档的过程中需要另外创建一个或多个新文档,可以用以下方法之一来创建:

方法①:执行"文件→新建"命令。

方法②:按组合键 Alt + F 打开"文件"选项卡,执行"新建"命令(或直接按 N 键)。

方法③:按快捷键 Ctrl + N。

若是要打开已存在的文档,则在资源管理器中,双击带有 Word 文档图标的文件名是打开 Word 文档最快捷的方式。除此之外,打开一个或多个已存在的 Word 文档,还有下列常用方法:

方法①:执行"文件/打开"命令。

方法②:按快捷键 Ctrl+O。

如果要打开的文档名不在当前文件夹中,则应利用"打开"对话框,来确定文档所在的驱动器和文件夹。

在"打开"对话框左侧的文件夹树中,单击所选定的驱动器;"打开"对话框右侧的"名称"列表框中就列出了该驱动器下包含的文件夹名和文档名;双击打开所选的文件夹后,"名称"列表框中就列出了该文件夹中所包含的文件夹名和文档名。重复这一操作,直到打开包含有要打开的文档名的文件夹为止。

若是要打开最近使用过的文档,有两种常用的操作方法:

方法①:执行"文件→最近所用文件"命令,出现"最近所用文件"命令菜单,如图 3.11 所示;然后分别单击"最近的位置"和"最近使用的文档"栏目中所需的文件夹和 Word 文档名,即可打开用户指定的文档。

图 3.11 "最近所用文件"命令菜单

方法②:若当前已存在打开的一个(或多个)Word 文档,则鼠标右击任务栏中“已打开 Word 文档”按钮,此时会弹出一个名为“最近”的列表框,如图 3.12 所示。列表框中含有最近使用过的 Word 文档,单击需要打开的文档名,即可打开用户指定的文档。默认情况下,“最近”列表框中保留 10 个最近使用过的 Word 文档名。

图 3.12　“最近”列表框

2)文档的保存和保护

考虑到在文档的编辑过程中要时刻保存文档,所以这里将重点介绍几种保存文档和保护文档的方法。保存新建文档的常用方法有如下几种:

方法①:单击标题栏“保存”按钮。例如之前新建的文档,单击该按钮之后会跳出如图 3.13 所示的“另存为”对话框,在该对话框的文件名处可以重命名文件名,单击保存类型则可以将文档保存为你所想要的类型,例如按照本例,将文档编辑完后可以保存为 PDF 格式。用以下的方法②和方法③都会出现该对话框。

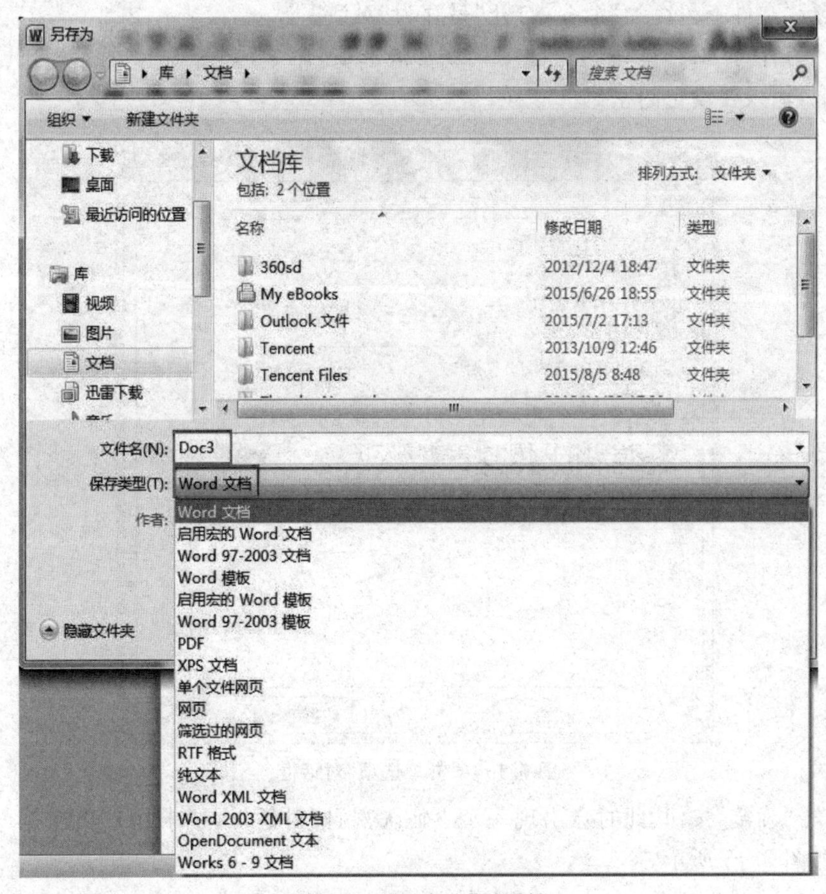

图 3.13　“另存为”对话框

方法②:执行"文件→保存"命令。

方法③:按快捷键 Ctrl+S。

对已有的文件打开和修改后,同样可用上述方法将修改后的文档以原来的文件名保存在原来的文件夹中。此时不再出现"另存为"对话框。

想用另一文档名保存文档时,执行"文件→另存为"命令可以把一个正在编辑的文档以另一个名字保存起来,而原来的文件依然存在。例如:当前正在编辑的文档名为"Doc3.docx",如果既想保存原来的文档"Doc3.docx",又想把编辑修改后的文档另存为一个名为"缩略时代.docx"的文档,那么就可以使用"另存为"命令。执行"另存为"命令后,会打开如图 3.13 所示的"另存为"对话框。其后的操作与保存新建文档一样。

若要一次操作保存多个已编辑修改了的文档,最简便的方法是按住 Shift 键的同时单击"文件"选项卡,这时选项卡的"保存"命令已改变为"全部保存"命令,单击"全部保存"命令就可以实现一次操作保存多个文档。

保护文档主要从以下几个方面进行:

(1)设置"打开权限密码"

在文档存盘前设置了"打开权限密码"后,那么再打开它时,Word 首先要核对密码,只有密码正确的情况下才能打开文档。设置"打开权限密码"可以通过以下步骤实现:

①执行"文件→另存为"命令,打开"另存为"对话框。

②在"另存为"对话框中,执行"工具→常规选项"命令,如图 3.14 所示,打开"常规选项"对话框,输入要设定的密码。

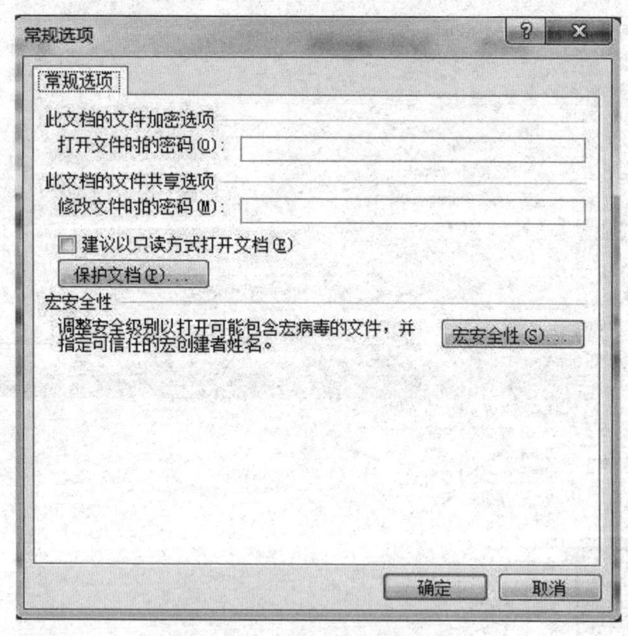

图 3.14 "常规选项"对话框

③单击"确定"按钮,此时会出现一个"确认密码"对话框,要求用户再次键入所设置的密码,如图 3.15 所示。

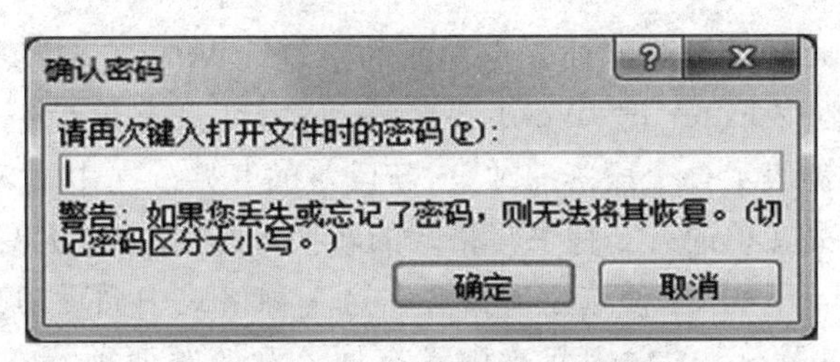

图 3.15　"确认密码"对话框

④在"确认密码"对话框的文本框中重复键入所设置的密码并单击"确定"按钮。如果密码正确，则返回"另存为"对话框，否则会出现"确认密码不符"的警示信息。此时只能单击"确定"按钮，重新设置密码。

⑤返回到"另存为"对话框后，单击"保存"按钮即可存盘。

至此，密码设置完成。以后再次打开此文档时，会出现"密码"对话框，要求用户键入密码以便核对，如密码正确，则文档打开；否则，文档无法打开。

(2)设置修改权限密码

如果要允许别人打开并查看一个文档，但无权修改它，则可以通过设置"修改权限时的密码"实现。设置修改权限密码的步骤，与设置打开权限密码的操作非常相似，不同的只是要将密码键入"修改文件时密码"的文本框。打开文档的情形也很类似，此时"密码"对话框多了一个"只读"按钮，供不知道密码的人以只读方式打开它。

(3)设置文件为"只读"属性

将文件设置成为只读文件的方法是：

①打开"常规选项"对话框(参见"设置打开权限密码")。

②单击"建议以只读方式打开文档"复选框。

③单击"确定"按钮，返回到"另存为"对话框。

④单击"保存"按钮完成只读属性的设置。

(4)对文档中的指定内容进行编辑限制

有时，文档作者认为文档的某些内容比较重要，不允许被更改，但允许阅读或对其进行修订、审阅等操作，可以设置对这部分内容进行编辑限制。这在 Word 中称为"文档保护"。"文档保护"操作的具体步骤如下：

①选定需要保护的文档内容。

②单击"审阅→保护→限制编辑"命令，打开"限制格式和编辑"窗格。

③在"限制格式和编辑"窗格中，选中"仅允许在文档中进行此类型的编辑"复选框，并在"限制编辑"下拉列表框中从"修订""批注""填写窗体"和"不允许任何更改(只读)"四个选项中选定一项。

以后，对于这些被保护的文档内容，只能进行上述选定的编辑操作。

3)文档的输入

在窗口工作区的左上角有一个闪烁着的黑色竖条"|"，这个竖条被称为插入点，它表明输入字符将出现的位置。输入文本时，插入点自动后移。在指定的位置进行文字的插入、修改或删除等操作时，要先将插入点移到该位置，然后才能进行相应的操作。删除输入过程中错误的文字时，要将插入点定位到有文字的文本处，按 Delete 键可删除插入点右

面的字符，按 BackSpace 键可删除插入点左面的字符。Word 有自动换行的功能，当输入到每行的末尾时不必按 Enter 键，Word 就会自动换行，只有单设一个新段落时才需按 Enter 键。按 Enter 键表示一个段落的结束，新段落的开始。在中文 Word 中既可输入汉字，也可输入英文。英文单词有 3 种书写格式的转换，即“首字母大写”“全部大写”“全部小写”，反复按 Shift＋F3 键，会使选定的英文在这 3 种格式中循环切换，也可以在功能区的按钮中实现。在 Word 的输入状态中常有插入和改写两种状态：单击状态栏上“插入”“改写”或按 Insert 键，将会在“插入”和“改写”状态之间转换，这可在任务栏上的按钮上实现。

在输入文本时，一些键盘上没有的特殊符号(如俄、日、希腊文字符，数学符号，图形符号等)，除了可利用汉字输入法的软件盘外，还可使用 Word 提供的“插入符号”功能。插入符号的具体操作步骤如下：

①把插入点移至要插入符号的位置(插入点可以用键盘的上、下、左、右箭头键来移动，也可以移动“I”型鼠标指针到选定的位置并左击鼠标)。

②执行“插入→符号”命令，在随之出现的列表框中，列出了最近插入过的符号和“其他符号”按钮。如果需要插入的符号位于列表框中，单击该符号即可；否则，单击“其他符号”按钮，打开如图 3.16 所示的“符号”对话框。

③在“符号”选项卡“字体”下拉列表中选定适当的字体项(如“普通文本”)，在符号列表框中选定所需插入的符号，再单击“插入”按钮就可将所选择的符号插入文档的插入点处。

④单击“取消”或者按钮，关闭“符号”对话框。

图 3.16 “符号”对话框

在文本的输入过程中经常会碰到需要插入时间和日期的情况。插入时间和日期的具体步骤如下：

①将插入点移动到要插入日期和时间的位置处。

②执行“插入→文本→日期和时间”命令，打开“日期和时间”对话框，如图 3.17 所示。

③在“语言”下拉列表中选定“中文(中国)”或“英文(美国)”，在“可用格式”列表框中

选定所需的格式。如果选定“自动更新”复选框，则所插入的日期和时间会自动更新，否则保持插入时的日期和时间。

④单击“确定”按钮，即可在插入点处插入当前的日期和时间。

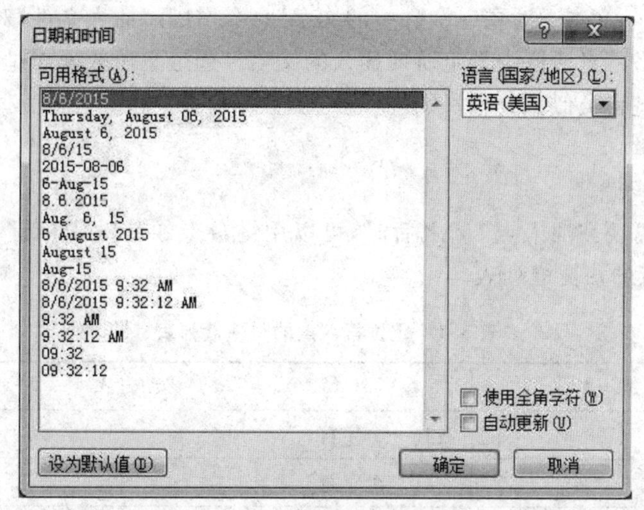

图 3.17　“日期和时间”对话框

在编写文章时，常常需要对一些从别人的文章中引用的内容加以注释，这被称为脚注或尾注。脚注和尾注的区别是：脚注位于每一页面的底端，而尾注位于文档的结尾处。

插入脚注和尾注的操作步骤如下：

①将插入点移到需要插入脚注和尾注的文字之后。

②执行“引用→脚注→脚注和尾注”命令（注：这个操作可通过单击“引用”选项卡中“脚注”分组右下角的箭头实现），打开“脚注和尾注”对话框，如图 3.18 所示。

③在对话框中选定“脚注”或“尾注”单选项，设定注释的编号格式、自定义标记、起始编号和编号方式等。

本文中的范例按照要求插入脚注之后的效果图如图 3.19 所示。

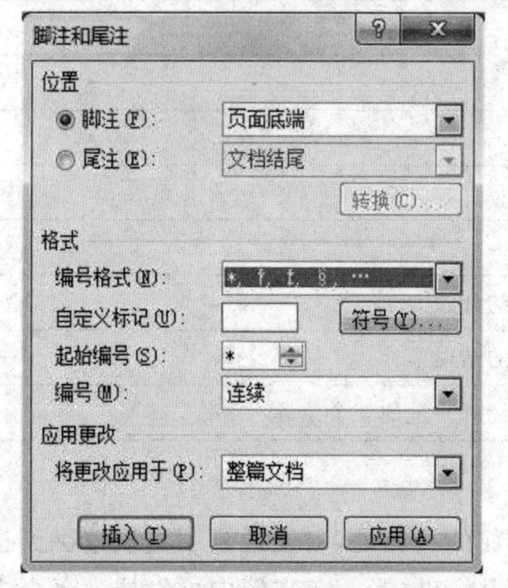

图 3.18　“脚注和尾注”对话框

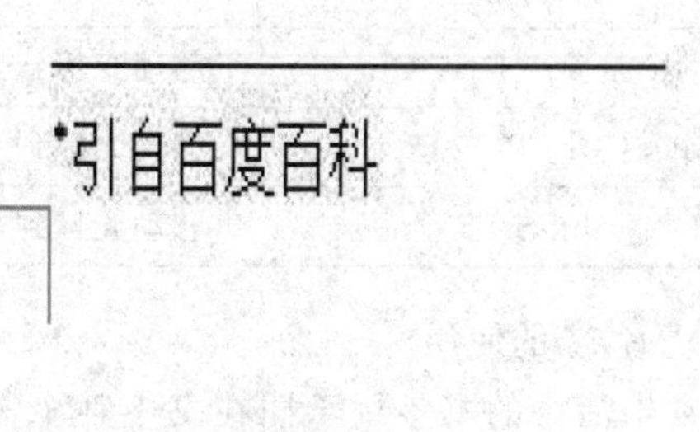

图 3.19　插入脚注效果图

在文本的输入过程中若要插入另一个文档时，可利用 Word 插入文件的功能，这一功能还可以将几个文档连接成一个文档。其具体步骤如下：

①将插入点移至要插入另一文档的位置。

②执行“插入→文本→对象→文件中的文字”命令，打开“插入文件”对话框。

③在“插入文件”对话框中选定所要插入的文档。选定文档的操作过程与打开文档时的选定文档操作过程类似。

4)文档的编辑

(1)快捷键列表

文本的输入需要在插入点“|”之后时，可以用键盘上的移动光标键移动插入点。表 3.1 为定位插入点的快捷键列表。

表 3.1　定位插入点的快捷键列表

快捷键	移动方式
→	右移一个字符
←	左移一个字符
↓	下移一行
↑	上移一行
Ctrl+→	右移一个单词
Ctrl+←	左移一个单词
Ctrl+↑	下移一段
Ctrl+↓	上移一段
End	移到行尾
Home	移到行首
Page Down	下移一屏
Page Up	上移一屏
Ctrl+End	移到文档尾
Ctrl+Home	移到文档首
Ctrl+Page Down	下移一页
Ctrl+Page Up	上移一页
Alt+Ctrl+Page Up	移动光标到当前页的开始
Alt+Ctrl+Page Down	移动光标到当前页的结尾
Shift+F5	移动光标到最近曾经修改过的 3 个位置

(2)“书签”的使用

日常生活中的书签用于插在书中某个需要记住的页面处，以便通过书签快速翻到指定的页。Word 提供的书签功能同样可以记忆某个特定位置。在文档中可以插入多个书签，书签可以出现在文档的任何位置。插入书签时由用户为书签命名。插入书签的操作步骤如下：

①光标移至要插入书签的位置。

②执行“插入→链接→书签”命令。

③在“书签”对话框中输入书签名，然后单击“添加”按钮。

若要删除已设置的书签，就在“书签”对话框选择要删除的书签名，单击“删除”按钮。

用以下方法，可将光标快速移到指定的书签位置：

方法①：执行“插入→链接→书签”命令，在“书签”对话框的列表中选择要定位的书签名，单击“定位”按钮。

方法②：执行“开始→编辑→替换”命令，打开“查找和替换”对话框，单击“定位”选项卡，出现 “定位”选项卡窗口，执行“插入→链接→书签”命令。如图 3.20 所示。

方法③：在“定位目标”列表框中选择“书签”，在“请输入书签名”一栏中选择（或键入）要定位的书签名，单击“定位”按钮。

书签不但可以帮助快速定位到指定的位置，也可以用于建立指定位置的超级链接。

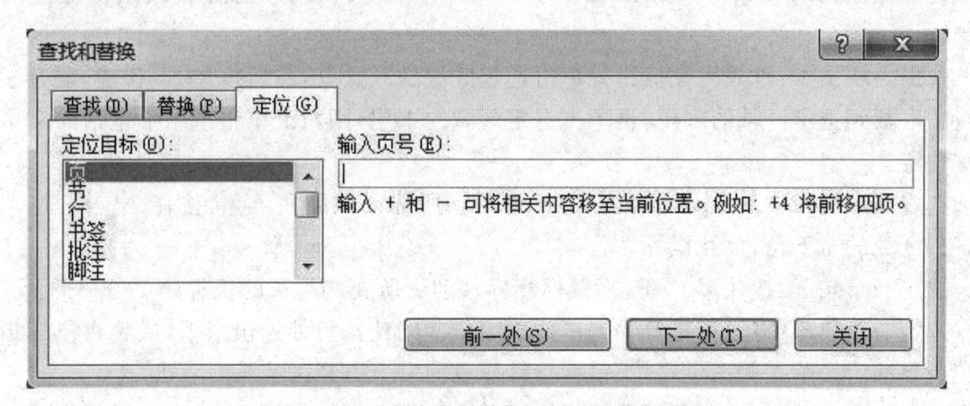

图 3.20　“查找和替换”中的“定位”对话框

用定位命令可以使光标快速定位到指定的项。可定位的项有页、节、行、书签、批注、脚注、尾注、域、表格、图形、公式、对象和标题等。操作步骤如下：

①执行“开始→编辑→替换”命令，打开“查找和替换”对话框，单击“定位”选项卡。

②在“定位”选项卡中的“定位目标”列表框中选择定位项。

③反复单击“前一处”或“后一处”按钮，光标将依次定位到当前光标之前或之后的对象。

用快速定位按钮定位，与用定位命令一样，可以快速定位光标到指定的项。在垂直滚动条的底部有 3 个用于快速浏览对象的按钮，单击“选择浏览对象”按钮，弹出如图 3.21 所示的“选择浏览对象”对话框，单击选定的浏览对象，光标迅速移至当前光标后最近的一个“对象”处。单击“前一个”或“后一个”按钮，光标则移至当前光标之前或之后的一个“对象”处。

（3）文本的选定

①用鼠标选定文本。

根据所选定文本区域的不同情况，分别有以下几种情况：

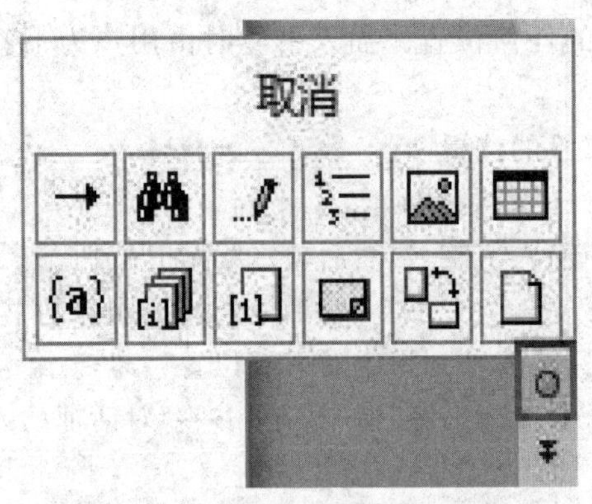

图 3.21 “选择浏览对象”对话框

选定任意大小的文本区：首先将“Ⅰ”形鼠标指针移动到所要选定文本区的开始处，然后拖动鼠标直到所选定的文本区的最后一个文字再松开鼠标左键，这样，鼠标所拖动过的区域都会被选定，并以反白形式显示出来。文本选定区域可以是一个字符或标点，也可以是整篇文档。如果要取消选定区域，可以用鼠标单击文档的任意位置或按键盘上的箭头键。

选定大块文本：首先用鼠标指针单击选定区域的开始处，然后按住 Shift 键，配合滚动条将文本翻到选定区域的末尾，再单击选定区域的末尾，则两次单击范围中包括的文本就会被选定。

选定矩形区域中的文本：将鼠标指针移动到所选区域的左上角，按住 Alt 键，拖动鼠标直到区域的右下角，放开鼠标。

选定一个句子：按住 Ctrl 键，将鼠标光标移动到所要选句子的任意处单击一下。

选定一个段落：将鼠标指针移到所要选定段落的任意行处连击三下，或者将鼠标指针移到所要选定段落左侧选定区，当鼠标指针变成向右上方指的箭头时双击。

选定一行或多行：将“Ⅰ”形鼠标指针移到这一行左端的文档选定区，当鼠标指针变成向右上方指的箭头时，单击一下就可以选定一行文本，如果拖动鼠标，则可选定若干行文本。

选定整个文档：按住 Ctrl 键，将鼠标指针移到文档左侧的选定区单击一下，或者将鼠标指针移到文档左侧的选定区并连续快速三击鼠标左键，或者直接按快捷键 Ctrl＋A 选定全文。

②用键盘选定文本。

当用键盘选定文本时，注意应首先将插入点移到所选文本区的开始处，然后再按快捷组合键，具体如表 3.2 所示。

③用扩展功能键 F8 选定文本。

在扩展式模式下，可以用连续按 F8 键以扩大选定范围的方法来选定文本。

如果先将插入点移到某一段落的任意一个中文词(英文单词)中，那么会出现以下情况：

a. 第一次按 F8 键，状态栏中出现“扩展式选定”信息项，表示扩展选区方式被打开；

b. 第二次按 F8 键，选定插入点所在位置的中文词/字(或英文单词)；

c. 第三次按 F8 键，选定插入点所在位置的一个句子；

d. 第四次按 F8 键,选定插入点所在位置的段落;

e. 第五次按 F8 键,选定整个文档。

也就是说,每按一次 F8 键,选定范围则扩大一级。反之,反复按组合键 Shift+F8 可以逐级缩小选定范围。如果需要退出扩展模式,只要按下 Esc 键即可。

表 3.2　选定文本的快捷组合键

快捷组合键	选定功能
Shift+→	选定当前光标右边的一个字符或汉字
Shift+←	选定当前光标左边的一个字符或汉字
Shift+↑	选定到上一行同一位置之间的所有字符或汉字
Shift+↓	选定到下一行同一位置之间的所有字符或汉字
Shift+Home	从插入点选定到它所在行的开头
Shift+End	从插入点选定到它所在行的末尾
Shift+Page Up	选定上一屏
Shift+Page Down	选定下一屏
Ctrl+Shift+Home	选定从当前光标到文档首
Ctrl+Shift+End	选定从当前光标到文档尾
Ctrl+A	选定整个文档

(4)文本的移动和复制

移动文本主要有以下几种方法:

①使用剪贴板移动文本:

a. 选定所要移动的文本。

b. 单击"开始→剪贴板"中的"剪切"按钮,此时所选定的文本被剪切掉并保存在剪贴板之中。

c. 将插入点移到文本要移动到的新位置。此新位置可以在当前文档中,也可以在其他文档中。

d. 单击"开始/剪贴板"中"粘贴"按钮,所选定的文本便移动到指定的新位置上。

②使用快捷菜单移动文本:

a. 选定所要移动的文本。

b. 将"Ⅰ"形鼠标指针移到所选定的文本区,右击鼠标,拉出快捷菜单,此时鼠标指针形状变成指向左上角的箭头↖。

c. 单击快捷菜单中的"剪切"命令。

d. 再将"Ⅰ"形鼠标指针移到要移动的新位置上并右击鼠标,拉出快捷菜单。

e. 单击快捷菜单中的"粘贴"命令,完成移动操作。

③使用鼠标左键拖动文本:

a. 选定所要移动的文本。

b. 将"Ⅰ"形鼠标指针移到所选定的文本区,使其变成指向左上角的箭头↖。

c. 按住鼠标左键，此时鼠标指针下方会增加一个灰色的矩形，并在箭头处出现一虚竖线段（即插入点），它表明文本要插入的新位置。

d. 拖动鼠标指针前的虚插入点到文本要移动到的新位置上并松开鼠标左键，这样就完成了文本的移动。

④使用鼠标右键拖动文本：

a. 选定所要移动的文本。

b. 将"Ⅰ"形鼠标指针移到所选定的文本区，使其变成向左上角指的箭头↖。

c. 按住鼠标右键，将虚插入点拖动到文本要移动到的新位置上并松开鼠标右键，此时会出现快捷菜单，如图 3.22 所示。

d. 单击快捷菜单中的"移动到此位置"命令，完成移动。

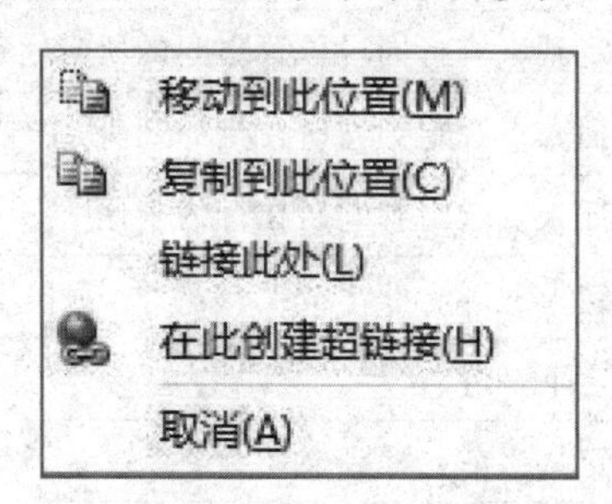

图 3.22　使用鼠标右键拖动选定文本时的快捷菜单

复制文本的主要方法有：

①使用剪贴板复制文本：

a. 选定所要复制的文本。

b. 单击"开始→剪贴板"中的"复制"按钮，此时所选定文本的副本被临时保存在剪贴板之中。

c. 将插入点移到文本要复制到的新位置。与移动文本操作相同，此新位置也可以在另一个文档中。

d. 单击"开始→剪贴板"中的"粘贴"按钮，则所选定文本的副本被复制到指定的新位置上。

②使用鼠标左键拖动复制文本：

a. 选定所要复制的文本。

b. 将"Ⅰ"形鼠标指针移到所选定的文本区，使其变成向左上角指的箭头↖。

c. 先按住 Ctrl 键，再按住鼠标左键，此时鼠标指针下方会增加一个叠置的灰色矩形和带"＋"的矩形，并在箭头处出现一虚竖线段（即插入点），它表明文本要插入的新位置。

d. 拖动鼠标指针前的虚插入点到文本需要复制到的新位置上，松开鼠标左键后再松开 Ctrl 键，就可以将选定的文本复制到新位置上。

(5)查找与替换

查找和替换在文本的编辑中用得较多，点击开始里面的查找按钮 查找 · 会在左边导航窗格上出现一个查找的小框，例如在文中查找"word"，那么相关的结果就会以高亮的形式出现，如图 3.23 所示。

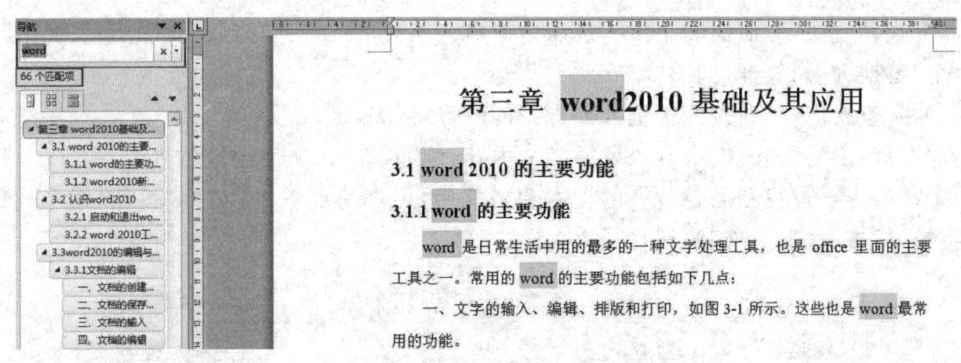

图 3. 23　查找“word”的结果显示

若是高级查找，则点击 高级查找(A)... 并单击“更多”按钮，就会出现“查找和替换”对话框，如图 3. 24 所示。

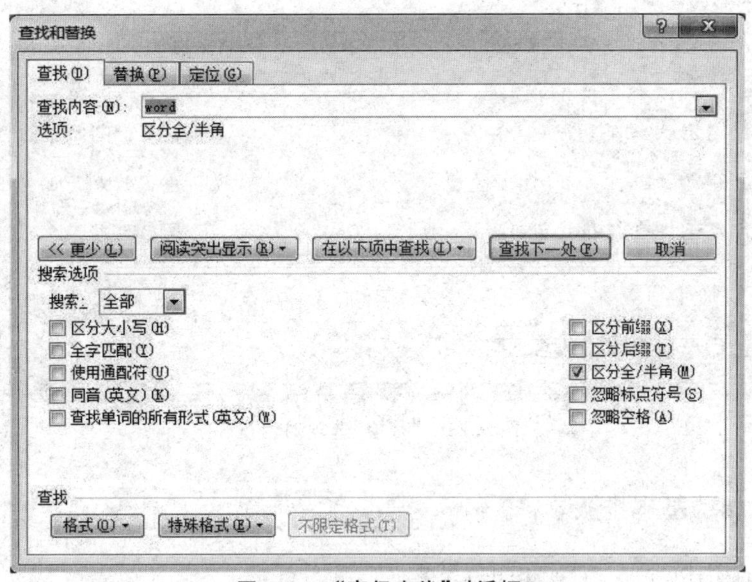

图 3. 24　“高级查找”对话框

下面介绍一下高级查找中的几个选项功能。

- 查找内容：在“查找内容”列表框中键入要查找的文本。
- 搜索：在“搜索”列表框中有“全部”“向上”和“向下”三个搜索方向选项。
- “区分大小写”和“全字匹配”复选框：主要用于查找英文单词。
- 使用通配符：选择此复选框可在要查找的文本中键入通配符实现模糊查找。
- 区分全角和半角：选择此复选框，可区分全角或半角的英文字符和数字。
- 特殊格式字符：如要找特殊字符，可单击“特殊格式”按钮，打开“特殊格式”列表，从中选择所需要的特殊格式字符。
- “格式”按钮：可设置所要查找的指定文本的格式。
- “更少”按钮：单击“更少”按钮可返回常规查找方式。

替换文本是在查找的基础上对文本进一步操作，主要步骤如下：

①单击“开始→编辑→替换”按钮，打开“查找和替换”对话框，并单击“替换”选项卡，

出现“查找和替换”对话框的“替换”选项卡窗口。此对话框中比“查找”选项卡的对话框多了一个“替换为”列表框，如图 3.25 所示。

②在“查找内容”列表框中键入要查找的内容，例如，键入“word”。

③在“替换为”列表框中键入要替换的内容，例如，键入“文字处理软件”。

④在输入要查找和需要替换的文本和格式后，根据情况单击“替换”按钮，或“全部替换”按钮，或查找“下一处”按钮。

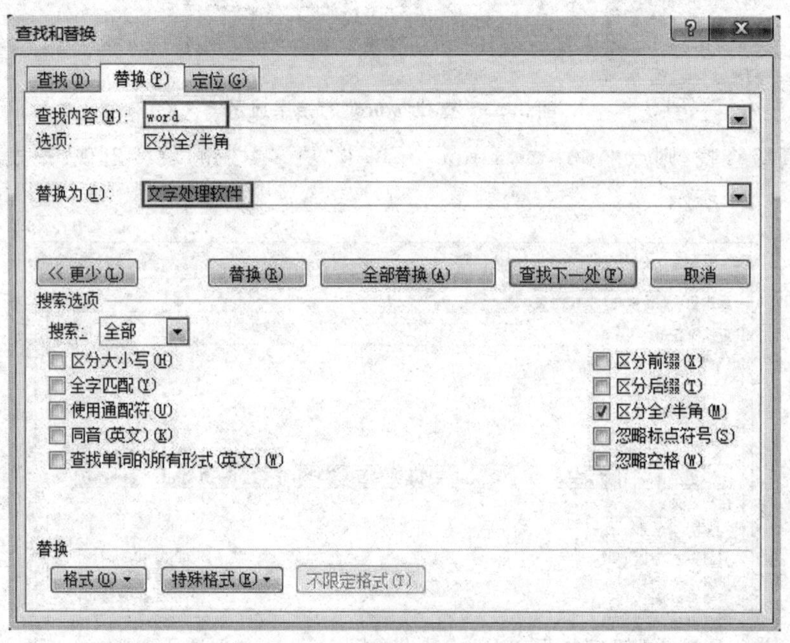

图 3.25 “替换”选项对话框

3.3.2 文档的基本排版

1)文字的字体、字形、字号和颜色设置

(1)文字格式的设置

①用“开始”功能区的“字体”分组设置文字的格式，如图 3.26 所示。

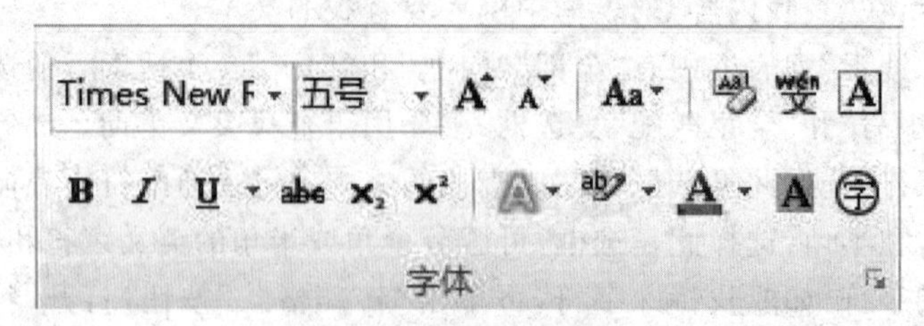

图 3.26 “字体”功能区

选定要设置格式的文本之后可以有如下操作：

a. 单击“开始”功能区→“字体”分组中的“字体”列表框 宋体(中文正) 右端的下拉按钮，在随之展开的字体列表中，单击所需的字体。

b. 单击“开始”功能区→“字体”分组中的“字号”列表框 五号 右端的下拉按钮，在展开的字号列表中，单击所需的字号或者单击A˄A˅用于增大或者缩小字号。

c. 单击“开始”功能区→“字体”分组中的“字体颜色”按钮A的下拉按钮，展开颜色列表框，单击所需的颜色选项。

d. 单击“开始”功能区→“字体”分组中的“加粗”“倾斜”“下划线”“删除线”“上标”“下标”“字符边框”“字符底纹”或“字符缩放”等按钮，给所选的文字设置相应格式。

e. 单击Aa按钮用于英文字符中大小写的改变。

文字的字体、字形、字号和颜色设置的效果图如图 3.27 所示。

按钮	作用	示例
B	加粗	笑对人生→笑对**人生**
I	倾斜	笑对人生→笑对*人生*
U	下划线	笑对人生→笑对人生
A	字符边框	笑对人生→笑对人生
abc	删除线	笑对人生→笑对人生
x₂	下标	笑对人生→笑对人生
x²	上标	笑对人生→笑对人生
ab	以不同颜色突出显示文本	笑对人生→笑对人生
A	字符底纹	笑对人生→笑对人生
A˄	增大字体	笑对人生→笑对人生
A˅	缩小字体	笑对人生→笑对人生

图 3.27　文字的字体、字形、字号和颜色设置的效果图

②用“字体”对话框设置文字的格式。

a. 选定要设置格式的文本。

b. 单击右键，在随之打开的快捷菜单中选择“字体”，或者点击功能区字体选项下面的按钮，打开“字体”对话框，如图 3.28 所示。

c. 单击“字体”选项卡，可以对字体进行设置。

d. 单击“中文字体”列表框中的下拉按钮，打开中文字体列表并选定所需字体。

e. 单击“英文字体”列表框中的下拉按钮，打开英文字体列表并选定所需英文字体。

f. 在“字形”和“字号”列表框中选定所需的字形和字号。

g. 单击“字体颜色”列表框的下拉按钮，打开颜色列表并选定所需的颜色。Word 自动设置的颜色为黑色。

h. 在预览框中查看字体，确认后单击“确定”按钮。

(2)字符间距、字宽度和水平的位置

①选定要调整的文本。

②单击右键，在打开的快捷菜单中选择“字体”，打开“字体”对话框。

③单击“高级”选项卡，得到“字体”对话框，如图 3.29 所示，设置以下选项：

a. 缩放：在水平方向上扩展或压缩文字。

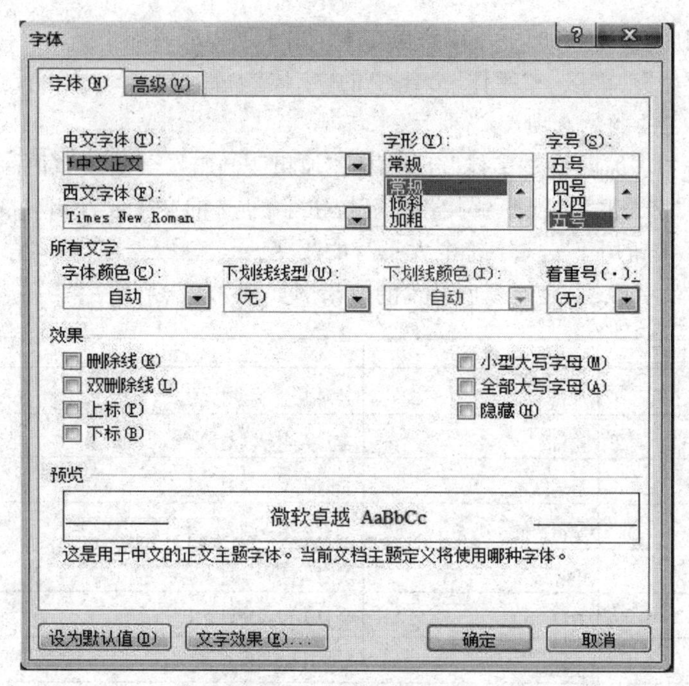

图 3.28 “字体”对话框

b. 间距:通过调整“磅值”,加大或缩小文字间距。

c. 位置:通过调整“磅值”,改变文字相对水平基线提升或降低文字显示的位置。

④设置后,可在预览框中查看设置结果,确定后单击“确定”按钮。

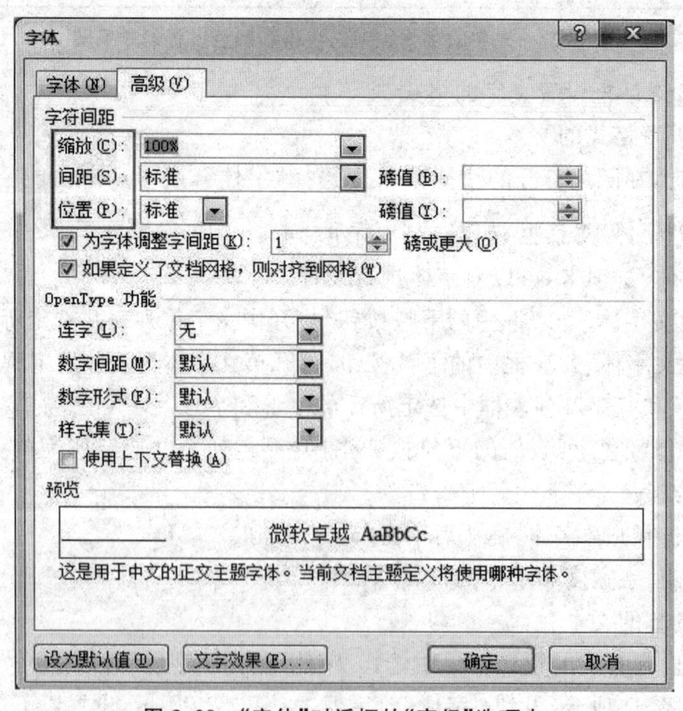

图 3.29 “字体”对话框的“高级”选项卡

(3)给文本添加下划线、着重号、边框和底纹等设置

给文本添加下划线、着重号、边框和底纹等设置也有两种方法：

①用“开始”功能区的“字体”分组，如图 3.26 所示。

选定要设置格式的文本后，单击“开始”功能区→“字体”分组中的“下划线”“字符边框”和“字符底纹”按钮即可。但是，用这种方法设置的边框线和底纹都比较单一，没有线型、颜色的变化。

②用“字体”对话框和“边框和底纹”对话框。

对文本加下划线或着重号有以下步骤：选定要加下划线或着重号的文本；单击右键，在随之打开的快捷菜单中选择“字体”，打开“字体”对话框；在“字体”选项卡中，单击“下划线”列表框的下拉按钮，打开下划线线型列表并选定所需的下划线；在“字体”选项卡中，单击“下划线颜色”列表框的下拉按钮，打开下划线颜色列表并选定所需的颜色，如图 3.27 所示；单击“着重号”列表框的下拉按钮，打开着重号列表并选定所需的着重号；查看预览框，确认后单击“确认”按钮。“字体”选项卡中，还有一组如“删除线”“双删除线”“上标”“下标”等的复选框，选定某复选框可以使字体格式得到相应的效果，尤其是上标、下标在简单公式中是很实用的。

对文本加边框和底纹有以下步骤：在选定要加边框的文本后单击“页面布局”功能区→“页面背景”分组中的“页面边框”按钮，打开“边框和底纹”对话框，如图 3.30 所示；在“边框”选项卡的“设置”“样式”“颜色”“宽度”等列表中选定所需的参数；在“应用于”列表框中选定“文字”；在预览框中可查看结果，确认后单击“确认”按钮；如果要加“底纹”，那么单击“底纹”选项卡，重复上述的操作，在选项卡中选定底纹的颜色和图案；在“应用于”列表框中选定“文字”；在预览框中可查看结果，确认后单击“确认”按钮。边框和底纹可以同时或单独加在文字上。

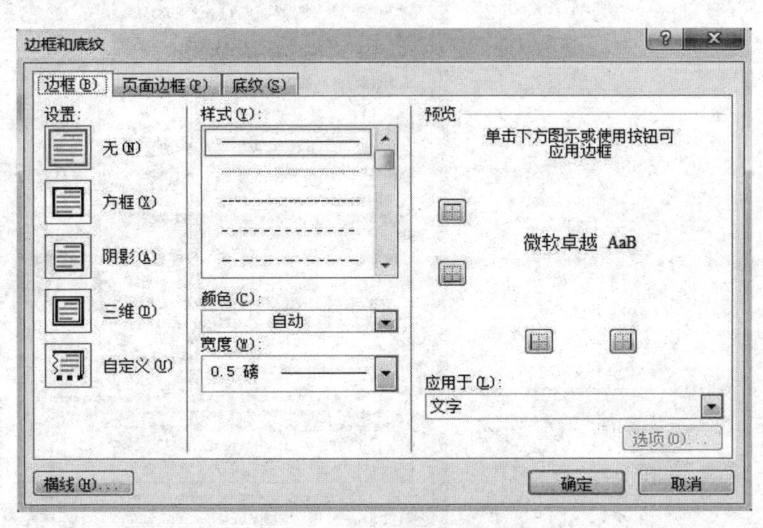

图 3.30　“边框和底纹”对话框

(4)格式的复制和清除

格式的复制主要用到的是格式刷。首先选定已设置格式的文本，然后单击功能区上的格式刷按钮 格式刷 ，此时鼠标指针变为刷子形，将鼠标指针移到要复制格式的文本开

始处，拖动鼠标直到要复制格式的文本结束处，放开鼠标左键就完成了格式的复制。

格式的清除首先要选定需要清除格式的文本，单击“开始→样式→其他”按钮，并在打开的样式列表框下方的命令列表中选择“清除格式”命令，如图 3.31 所示，即可清除所选文本的格式；另外，也可以用组合键清除格式。其操作步骤是选定清除格式的文本，再按组合键 Ctrl+Shift+Z。

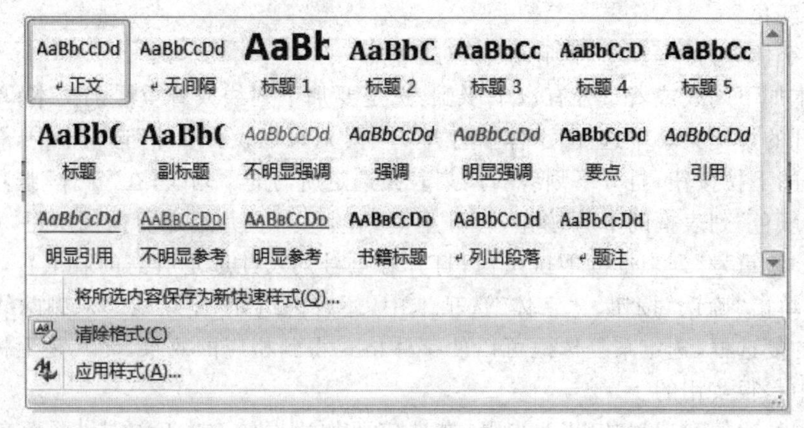

图 3.31 “清除格式”按钮

2)段落格式的设置

段落是指以段落标记符为结束标记的一段文字。段落格式设置即把整个段落作为一个整体进行格式设置。段落的设置主要在“开始”功能区→“段落”分组中，或者点击右键单击段落选项，如图 3.32 所示。下面将介绍实例中的第(3)(4)两题的操作过程。

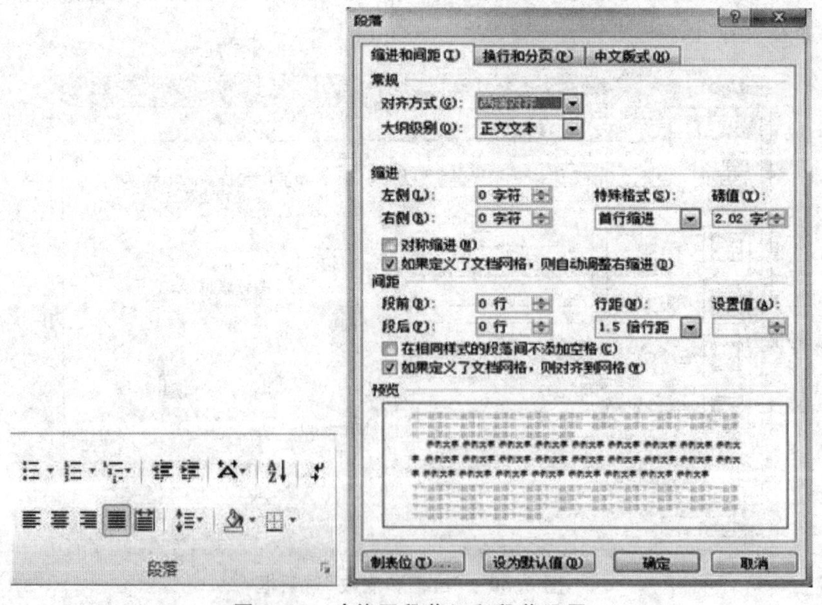

图 3.32 功能区段落组和段落设置

(1)段落左右边界的设置

段落左右边界的设置可以通过“段落”组中的 按钮来减少和增加段落的缩进量；

也可以在“段落”对话框的“缩进”选项卡中，单击“缩进”组下的“左侧”或“右侧”文本框的增减按钮设定左右边界的字符数从而调节段落缩进量；也可以单击“特殊格式”列表框的下拉按钮，选择“首行缩进”“悬挂缩进”或“无”确定段落首行的格式。在“预览”框中查看，确认排版效果满意后，单击“确定”按钮；若排版效果不理想，则可单击“取消”按钮取消本次设置。

还有一种方法是用鼠标拖动标尺上的缩进标记，具体设置如下：

①首行缩进标记：仅控制第一行第一个字符的起始位置。拖动它可以设置首行缩进的位置。

②悬挂缩进标记：控制除段落第一行外的其余各行起始位置，且不影响第一行。拖动它可实现悬挂缩进。

③左缩进标记：控制整个段落的左缩进位置。拖动它可设置段落的左边界，拖动是将首行缩进标记和悬挂缩进标记一起拖动。

④右缩进标记：控制整个段落的右缩进位置。拖动它可设置段落的右边界。

(2)段落对齐方式设置

段落的对齐方式在“开始/段落”分组中，这五个按钮分别表示文本“左对齐”“居中对齐”“右对齐”“两端对齐”和“分散对齐”。Word默认的对齐方式是“两端对齐”。先选定要设置对齐方式的段落，然后单击“格式”工具栏中相应的对齐方式按钮即可。

也可以在“段落”对话框中设置对齐方式：

①选定拟设置对齐方式的段落。

②单击“开始→段落→段落”按钮，打开“段落”对话框。

③在“缩进和间距”选项卡中，单击“对齐方式”列表框的下拉按钮，在对齐方式的列表中选定相应的对齐方式。

④在“预览”框中查看，确认排版效果满意后，单击“确定”按钮；若排版效果不理想，则单击“取消”按钮取消本次设置。

还可以采用快捷键的方式来设置，段落实现对齐方式的快捷设置如表3.3所示。段落格式设置的效果图如图3.33所示。

表3.3 设置段落对齐的快捷键

快捷键	作用说明
Ctrl+J	使所选定的段落两端对齐
Ctrl+L	使所选定的段落左对齐
Ctrl+R	使所选定的段落右对齐
Ctrl+E	使所选定的段落居中对齐
Ctrl+Shift+D	使所选定的段落分散对齐

左对齐	随着公司的发展和雇员人数的增多，一天接一天的日常工作会使人们看不到公司的主要目标。通过鼓励和协助团队合作，雇员把自己放在正确的努力方向上。
居中对齐	随着公司的发展和雇员人数的增多，一天接一天的日常工作会使人们看不到公司的主要目标。通过鼓励和协助团队合作，雇员把自己放在正确的努力方向上。
右对齐	随着公司的发展和雇员人数的增多，一天接一天的日常工作会使人们看不到公司的主要目标。通过鼓励和协助团队合作，雇员把自己放在正确的努力方向上。
两端对齐	随着公司的发展和雇员人数的增多，一天接一天的日常工作会使人们看不到公司的主要目标。通过鼓励和协助团队合作，雇员把自己放在正确的努力方向上。
分散对齐	随着公司的发展和雇员人数的增多，一天接一天的日常工作会使人们看不到公司的主要目标。通过鼓励和协助团队合作，雇员把自己放在正确的努力方向上。

图 3.33　段落对齐设置效果图

(3)行距与段间距的设定

一般用户常用按 Enter 键插入空行的方法来增加段间距或行距。显然，这种办法只能粗略控制间距。实际上，可以用“段落”对话框来精确设置段间距和行距。

行距是指两行的距离，而不是两行之间的距离，即指当前行底端和上一行底端间的距离，而不是当前行顶端和上一行底端间的距离。

段间距是指两段之间的距离。

行距、段间距的单位可以是厘米、磅，以及当前行距的倍数。

设置段间距的步骤如下：

①选定要改变段间距的段落。

②单击“开始→段落→段落”按钮，打开“段落”对话框。

③单击“缩进和行距”选项卡中“间距”组的“段前”和“段后”文本框的增减按钮，设定间距，每按一次增加或减少 0.5 行。“段前”“段后”选项分别表示所选段落与上下段之间的距离。

④在“预览”框中查看，确认排版效果满意后，单击“确定”按钮；若排版效果不理想，则单击“取消”按钮取消本次设置。

设置行距的步骤如下：

①选定要设置行距的段落。

②单击“开始→段落→段落”按钮，打开“段落”对话框。

③单击“行距”列表框下拉按钮，选择所需的行距选项。

④在“设置值”框中键入具体的设置值。

⑤在“预览”框中查看，确认排版效果满意后，单击“确定”按钮；若排版效果不理想，则单击“取消”按钮取消本次设置。

(4)给段落设置边框和底纹

为文章的某些重要段落或文字加上边框或底纹，使其更为突出和醒目。给段落添加边框和底纹的方法与给文本加边框和底纹的方法相同，只是需要注意：在“边框”或“底纹”选项卡的“应用于”列表框中应选定“段落”选项，如图 3.30 所示。

(5)项目符号和段落编号

编排文档时，在某些段落前加上编号或某种特定的符号(称项目符号)，这样可以提高文档的可读性。手工输入段落编号或项目符号不仅效率低，而且在增、删段落时还需修改编号顺序，容易出错。在 Word 中，可以在键入时自动给段落创建编号或项目符号，也可以给已键入的各段文本添加编号或项目符号。

①在键入文本时，自动创建编号或项目符号。

在键入文本时，先输入一个星号“*”，后面跟一个空格，然后输入文本。当输完一段按 Enter 键后，星号会自动改变成黑色圆点的项目符号，并在新的一段开始处自动添加同样的项目符号。如果要结束自动添加项目符号，可以按 Back Space 键删除插入点前的项目符号，或再按一次 Enter 键。类似地，键入文本时自动创建段落编号的方法是：在键入文本时，先输入如“1.”“(1)”“一、”“第一，”“A.”等格式的起始编号，然后输入文本。当按 Enter 键时，在新的一段开头处就会根据上一段的编号格式自动创建编号。如果要结束自动创建编号，那么可以按 Back Space 键删除插入点前的编号，或再按一次 Enter 键。在这些已建立编号的段落中，删除或插入某一段落时，其余的段落编号会自动修改，不必人工干预。

②对已键入的各段文本添加项目符号或编号。

使用“开始→段落→项目符号”和“开始→段落→编号”按钮给已有的段落添加项目符号或编号，具体步骤如下：

a. 选定要添加项目符号(或编号)的各段落。

b. 单击“开始→段落→项目符号”(或“开始→段落→编号”按钮)中的下拉菜单按钮，打开“项目符号”列表框(或“编号”列表框)，如图 3.34 所示。

c. 在“项目符号”(或“编号”)列表中，选定所需要的项目符号(或编号)，再单击“确定”按钮。

d. 如果“项目符号”(或“编号”)列表中没有所需要的项目符号(或编号)，可以单击“定义新项目符号”(或“定义新编号格式”)按钮，在打开的对话框中，选定或设置所需要的符号项目(或编号)。

项目符号、编号和多级符号的示例如图 3.35 所示。

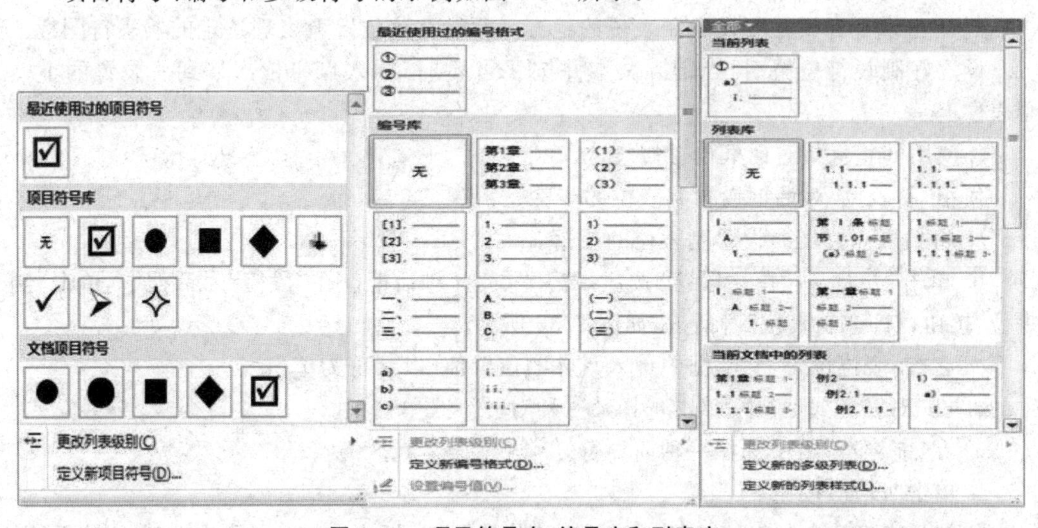

图 3.34　项目符号库、编号库和列表库

项目编号:

1. And if you find such a friend, your feel happy and complete, because you need not worry, you have a forever friend for life, and forever have no end.
2. A true friend is someone when reaches for your hand and touches your heart.
3. Remember, whatever happens, happens for a reason.

项目符号:

➢ And if you find such a friend, your feel happy and complete, because you need not worry, you have a forever friend for life, and forever have no end.

➢ A true friend is someone when reaches for your hand and touches your heart.

➢ Remember, whatever happens, happens for a reason.

多级符号:

1 计算机基本知识

1.1 计算机概述

1.1.1 计算机的发展

1.1.2 计算机的特点

图 3.35 项目符号、编号和多级符号的示例图

(6)制表位的设定

按 Tab 键后,插入点移动到的位置叫制表位。用户往往用插入空格的方法来实现各行文本的列对齐。显然,这不是一个好方法。最简单的方法是按 Tab 键将插入点移动到下一制表位,这样很容易做到各行文本的列对齐。Word 中,默认制表位是从标尺左端开始自动设置,各制表位间的距离是 2.02 字符。另外,Word 还提供了 5 种不同的制表位,用户可以根据需要选择并设置各制表位间的距离。

①使用标尺设置制表位。

使用标尺设置制表位的步骤如下:

a. 将插入点置于要设置制表位的段落。

b. 单击水平标尺左端的制表位对齐方式按钮,选定一种制表符。

c. 单击水平标尺上要设置制表位的地方。此时在该位置上出现选定的制表符图标。

设置好制表符位置后,当键入文本并按 Tab 键时,插入点将依次移到所设置的下一制表位上。

②使用"制表位"对话框设置制表位。

使用"制表位"对话框设置制表位的步骤是:

a. 将插入点置于要设置制表位的段落。

b. 单击"开始→段落→段落"按钮,打开"段落"对话框。在"段落"对话框中,单击"制表位"按钮,打开"制表位"对话框,如图 3.36 所示。

c. 在"制表位位置"文本框中键入具体的位置值(以字符为单位)。

d. 在"对齐方式"组中,单击选择某一种对齐方式单选框。

e. 在"前导符"组中选择一种前导符。

f. 单击"设置"按钮。

如果要删除某个制表位,可以在"制表位位置"文本框中选定要清除的制表位位置,并

单击“清除”按钮。设置制表位时，还可以设置带前导符的制表位，这一功能对目录排版很有用。

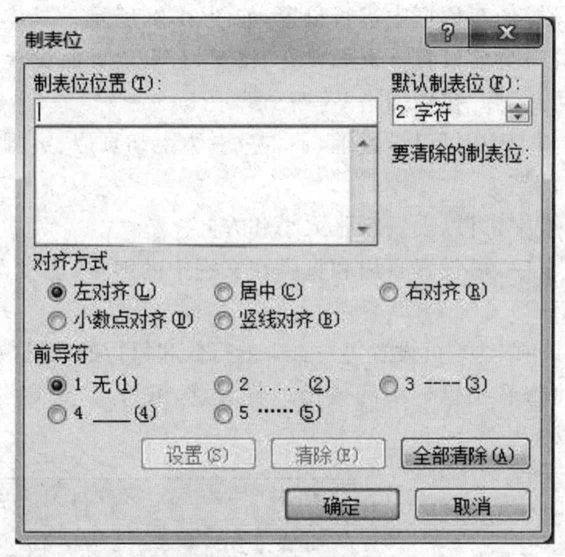

图 3.36　“制表位”对话框

3)版面设置

纸张的大小、页边距确定，可用文本区域。文本区域的宽度等于纸张的宽度减去左、右页边距，文本区的高度等于纸张的高度减去上、下页边距，如图 3.37 所示。

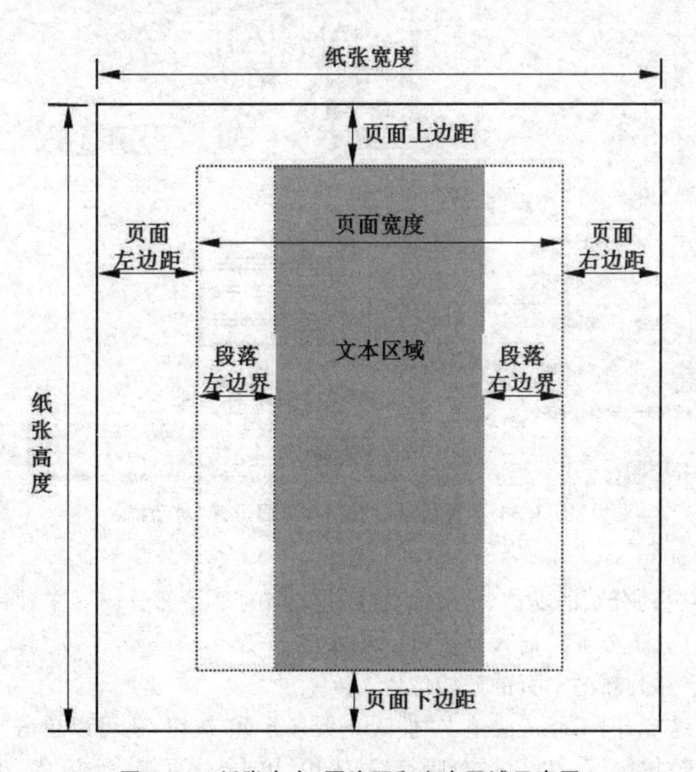

图 3.37　纸张大小、页边距和文本区域示意图

(1)页面设置

可以使用"页面布局→页面设置"分组的各项功能来设置纸张大小、页边距和纸张方向等,也可以在页面设置的对话框中进行设置,如图 3.38 所示。具体步骤如下:

①单击"页面布局→页面设置→页面设置"按钮,打开"页面设置"对话框。对话框中有"页边距""纸张""版式"和"文档网络"等四个选项卡。

②在"页边距"选项卡中,可以设置上、下、左、右边距和页眉、页脚距边界的位置,以及"应用范围"和"装订位置"。

③在"纸张"选项卡中,可以设置纸张大小和方向。

④在"版式"选项卡中,可设置页眉和页脚在文档中的编排,还可设置文本的垂直对齐方式等。

⑤在"文档网络"选项卡中,可设置每一页中的行数和每行的字符数,还可设置分栏数。

⑥设置完成后,可查看预览框中的效果。若满意,可单击"确定"按钮确认设置;若不满意,则单击"取消"按钮。

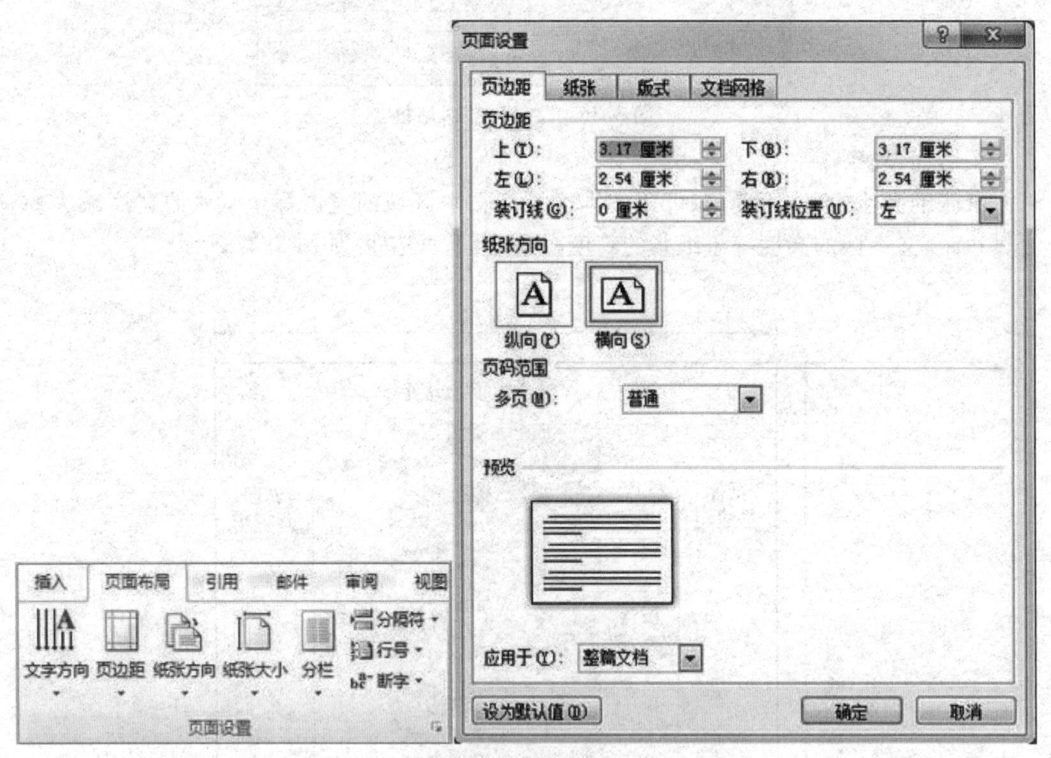

图 3.38 "页面设置"组和"页面设置"对话框

(2)插入分页符

Word 具有自动分页的功能,但有时为了让文档的某一部分内容单独形成一页,可以插入分页符进行人工分页。插入分页符的步骤是:

①将插入点移到新的一页的开始位置。

② 按组合键 Ctrl+Enter 或单击"插入→页→分页"按钮,还可以单击"页面布局→页面设置→分隔符"按钮,在打开的"分隔符"列表中,单击"分页符"命令。

③在普通视图下，人工分页符是一条水平虚线。若要删除分页符，只要把插入点移到人工分页符的水平虚线中，按 Delete 键即可。

(3)插入页码

一般较长的 Word 文档中都要求设置页码。插入页码的方式是单击“插入→页眉和页脚→页码”按钮，打开“页码”下拉菜单，如图 3.39 所示，根据所需在下拉菜单中选定页码的位置。只有在页面视图和打印预览方式下可以看到插入的页码，在其他视图下看不到页码。如果要更改页码的格式，可执行“页码”下拉菜单中的“设置页码格式”命令，打开“页码格式”对话框，如图 3.40 所示。在此对话框中设定页码格式并单击“确定”按钮返回“页码”对话框。

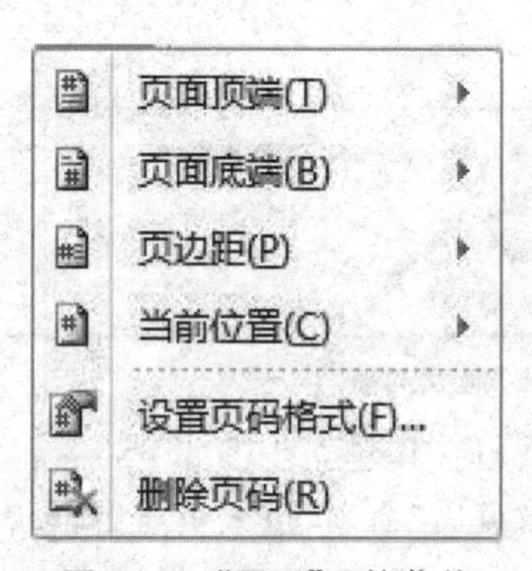

图 3.39　“页码”下拉菜单

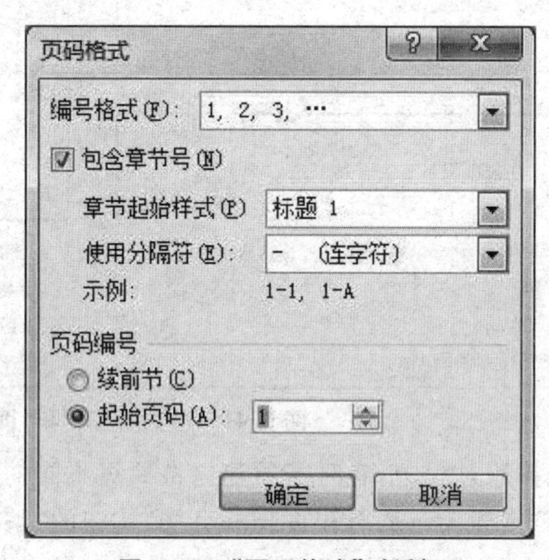

图 3.40　“页码格式”对话框

若要根据题目在页脚上设置“第 X 页 共 Y 页”格式的页码，则需选择“插入→页码→页面底端”中的 X/Y 方式，然后在“X”前后输入“第”和“页”，在“Y”前后输入“共”和“页”，例如“第 1 页/共 2 页”。

(4)页眉和页脚

页眉和页脚是打印在一页顶部和底部的注释性文字或图形。建立页眉/页脚的步骤如下：

①单击“插入→页眉和页脚→页眉”按钮，打开内置“页眉”版式列表，如图 3.41 所示(页脚步骤类似)。如果在草稿视图或大纲视图下执行此命令，则会自动切换到页面视图。

②在内置“页眉”版式列表中选择所需要的页眉版式，并键入页眉内容。当选定页眉版式后，Word 窗口中会自动添加一个名为“页眉和页脚工具”的功能区并使其处于激活状态，此时，仅能对页眉内容进行编辑操作。

③如果内置“页眉”版式列表中没有所需要的页眉版式，则可以单击内置“页眉”版式列表下方的“编辑页眉”命令，直接进入“页眉”编辑状态，输入页眉内容，并在“页眉和页脚工具”功能区中设置页眉的相关参数。

④单击“关闭页眉和页脚”按钮，完成设置并返回文档编辑区。这时，整个文档的各页都具有同一格式的页眉。

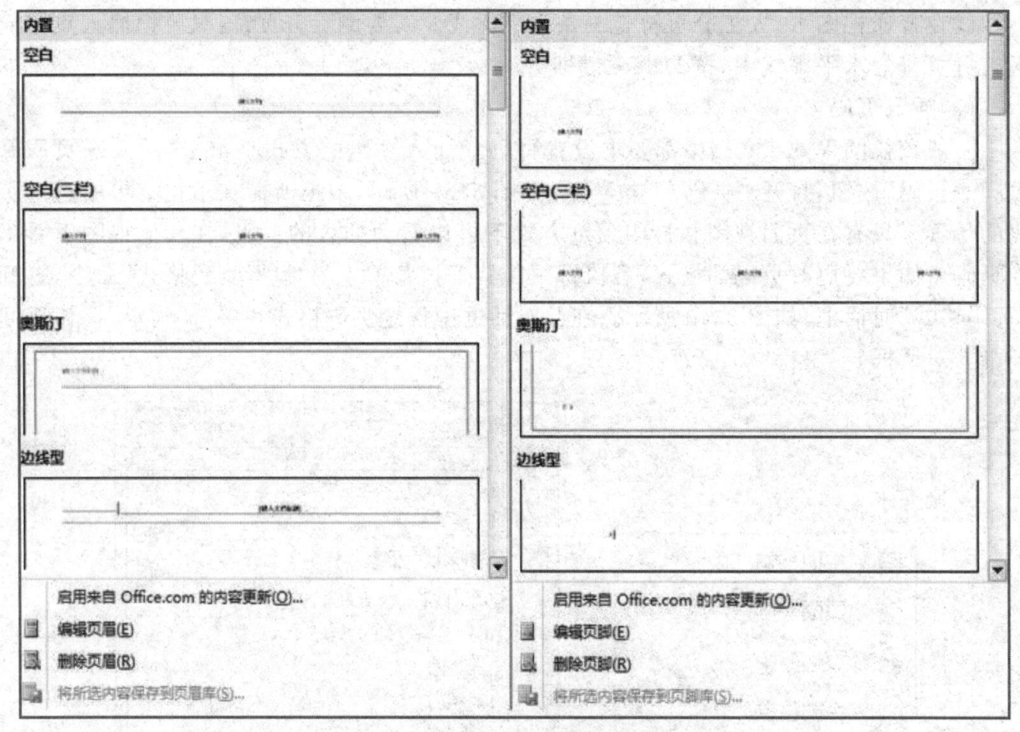

图 3.41　内置"页眉"和"页脚"版式列表

文档排版过程中,有时需要建立奇偶页不同的页眉。其建立步骤如下:

①单击"插入→页眉和页脚→页眉"按钮的"编辑页眉"命令,进入页眉编辑状态。

②选中"页眉和页脚工具"功能区的"选项"分组中的"奇偶页不同"复选框,这样就可以分别编辑奇偶页的页眉内容了。

③单击"关闭页眉和页脚"按钮,设置完毕。

执行"插入→页眉和页脚→页眉"下拉菜单中的"删除页眉"命令可以删除页眉;同样,执行"页脚"下拉菜单中的"删除页脚"命令可以删除页脚。另外,选定页眉(或页脚)并按 Delete 键,也可删除页眉(或页脚)。

提示:页码是页眉页脚的一部分,要删除页码必须进入页眉页脚编辑区,选定页码并按 Delete 键。在页眉插入信息的时候经常会在下面出现一条横线,如果这条横线影响你的视线,可以采用下述的两种方法将其去掉:第一种,选中页眉的内容后,选取"格式"选项,选取"边框和底纹",边框设置选项设为"无","应用于"处选择"段落",确定即可;第二种,当设定好页眉的文字后,鼠标移向"样式"框,在"字体选择"框左边,把样式改为"页脚""正文样式"或"清除格式",便可轻松搞定,这种方法更为简单。

(5)分栏排版

分栏可以使版面显得更为生动、活泼,增强可读性。使用"页面布局→页面设置→分栏"功能可以实现文档的分栏,具体步骤如下:

①如要对整个文档分栏,则可将插入点移到文本的任意处;如要对部分段落分栏,则应先选定这些段落。

②单击"页面布局→页面设置→分栏"按钮,打开"分栏"下拉菜单。在"分栏"菜单中,

单击所需格式的分栏按钮即可。

③若“分栏”下拉菜单中所提供的分栏格式不能满足要求，则可单击菜单中的“更多分栏”按钮，打开“分栏”对话框，如图 3.42 所示。

④选定“预设”框中的分栏格式，或在“栏数”文本框中键入分栏数，在“宽度和间距”框中设置栏宽和间距。

⑤单击“栏宽相等”复选框，则各栏宽相等，否则可以逐栏设置宽度。

⑥单击“分隔线”复选框，可以在各栏之间加一分隔线。

⑦应用范围有“整个文档”“选定文本”等，根据具体情况选定后单击“确定”按钮。

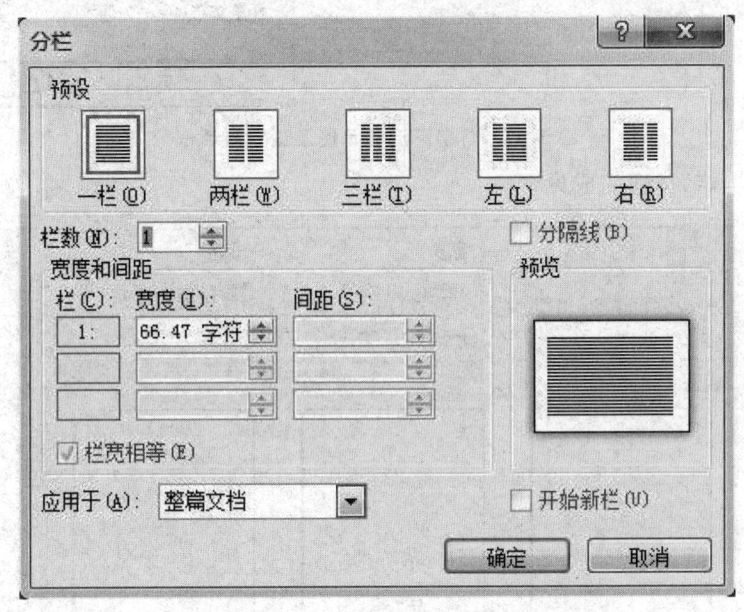

图 3.42　“分栏”对话框

(6)首字下沉

首字下沉是指将段落首行的第一个字符增大，使其占据两行或多行位置。首字下沉的具体操作如下：

①将插入点移到要设置或取消首字下沉的段落的任意处。

②单击“插入→文本→首字下沉”按钮，在打开的“首字下沉”下拉菜单中，从“无”“下沉”和“悬挂”三种首字下沉格式选项命令中选定一种。

③若需设置更多“首字下沉”格式的参数，可以单击下拉菜单中的“首字下沉选项”按钮，打开“首字下沉”对话框进行设置。

首字下沉的示例及设置对话框如图 3.43 所示。

(7)水印

“水印”是页面背景的形式之一。设置“水印”的具体步骤如下：

①单击“页面布局→页面背景→水印”按钮，在打开的“水印”列表框中，选择所需的水印即可，如图 3.44 所示。

②若列表中的水印选项不能满足要求，则可单击“水印”列表框中的“自定义水印”命令，打开“水印”对话框，进一步设置水印参数。

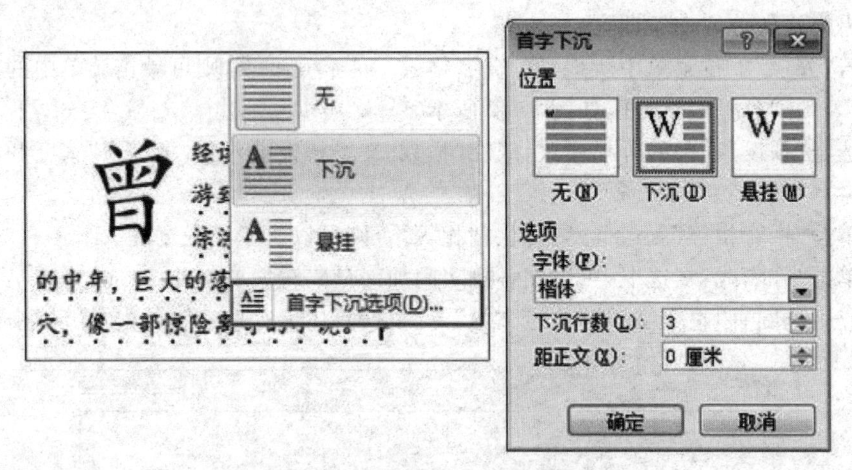

图 3.43 首字下沉的示例及设置对话框

③单击“确定”按钮完成设置。

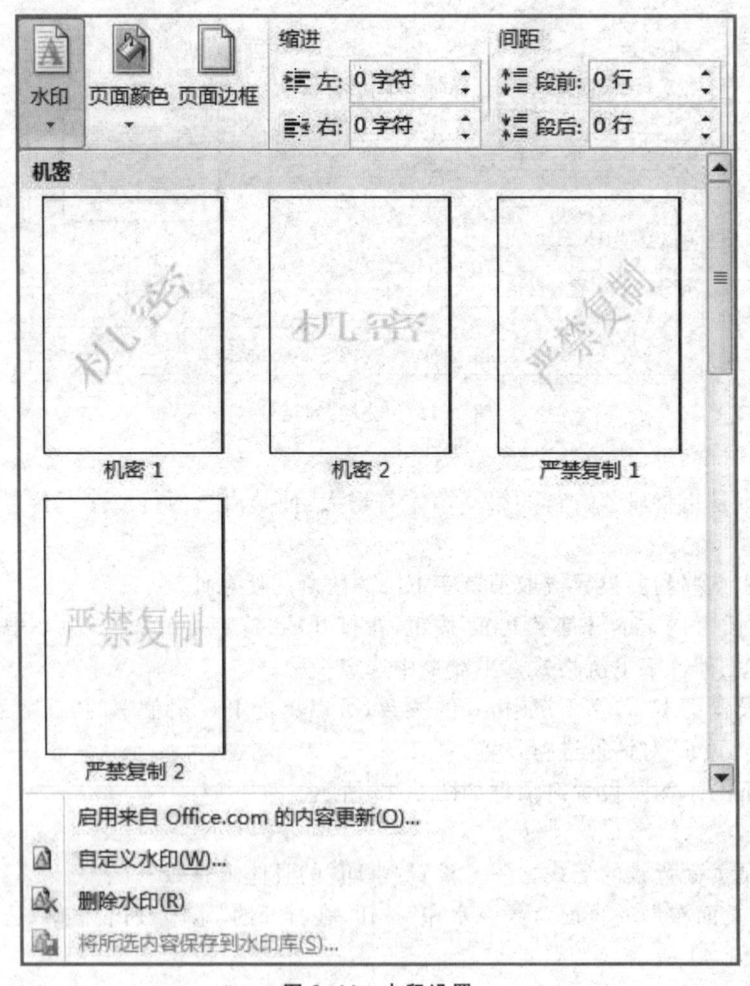

图 3.44 水印设置

4)文档的打印

文档编辑完成以后经常需要打印，Word 2010 事先设定好的打印模式为逐份按顺序打印。首先可以预览打印文档，执行“文件→打印”命令，在打开的“打印”窗口面板右侧就是打印预览内容，如图 3.45 所示，然后在打开的“打印”窗口中单击“打印”按钮，打印机就会打印该文档。

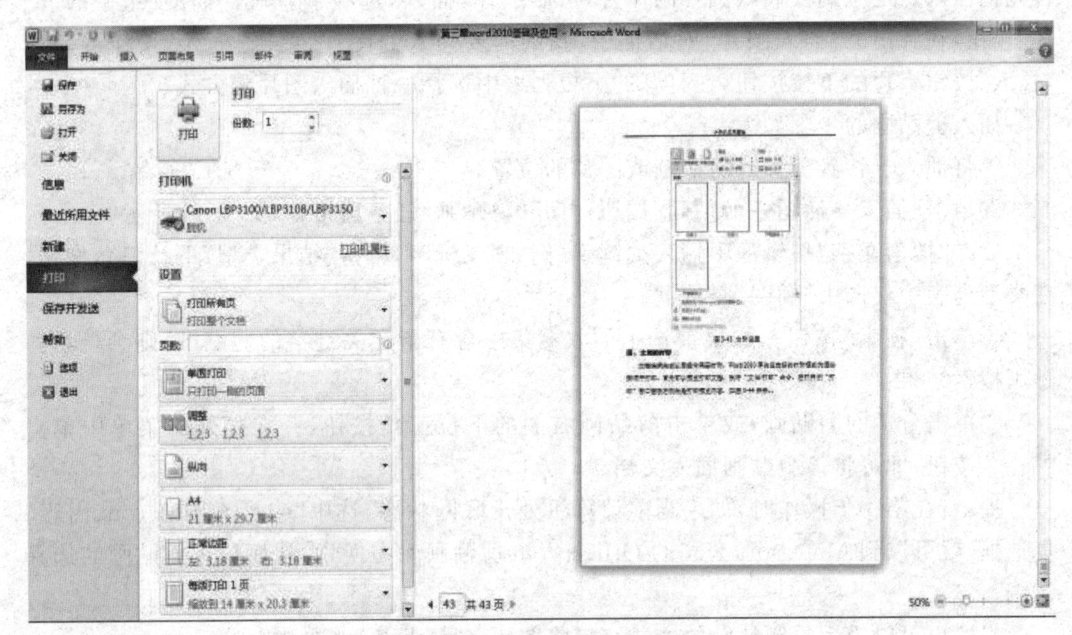

图 3.45　文档的打印与预览

如果用户的电脑连接了多台打印机，在打印 Word 2010 文档时就需要选择合适的打印机，可以单击如图 3.45 中所示的“打印机”选项按钮，在弹出的选择框里选择需要的打印机进行打印。

在 Word 2010 中打印文档时，默认情况下会打印所有页，但用户可以根据实际需要选择要打印的文档页码，单击“设置”区的打印范围下拉三角按钮，打印范围下拉列表中列出了用户可以选择的文档打印范围。选中“打印当前页面”选项可以打印光标所在的页面；如果事先选中了一部分文档，则“打印所选内容”选项会变得可用，并且会打印选中部分的文档内容。

要打印指定页码的文档，应该选中“打印自定义范围”选项，在“打印”窗口“设置”区的“页数”编辑框中输入需要打印的页码，连续页码可以使用英文半角连接符“-”，如“1-5”，不连续的页码可以使用英文半角逗号“,”分隔，如“1, 3 , 5”。页码输入完毕后单击“打印”按钮，打印机就会把用户输入的页码打印出来。

3.4　文档的图文混排

Word 2010 具有强大的图文混排功能。图文混排就是将文字与图片混合排列，文字可围绕在图片的四周、嵌入图片下面、浮于图片上方等。

3.4.1 图片和剪贴画

1)插入图片或剪贴画

用户可以插入各种格式的图片到文档,如“.bmp”“.jpg”“.png”“.gif”等格式的图片。首先把插入点定位到要插入图片的位置,然后选择“插入”选项卡,单击“插图”组中的“图片”按钮,在弹出的“插入图片”对话框中,找到需要插入的图片,单击“插入”按钮或单击“插入”按钮旁边的下拉按钮,在打开的下拉列表中选择一种插入图片的方式。

插入剪贴画的步骤如下:

①将插入点移到要插入剪贴画或图片的位置。

②单击“插入→插图→剪贴画”按钮,打开“剪贴画”任务窗格,如图 3.46 所示。

③在“搜索文字”编辑框中输入关键字(例如“飞机”),单击“结果类型”下拉三角按钮,在类型列表中仅选中“插图”复选框。

④单击“搜索”按钮。如果被选中的收藏集中含有指定关键字的剪贴画,则会显示剪贴画搜索结果。

⑤单击合适的剪贴画,或单击剪贴画右侧的下拉三角按钮,并在打开的菜单中单击“插入”按钮,即可将该剪贴画插入文档。

提示:在第④步操作时,如果当前计算机处于联网状态,选中“包括 Office.com 内容”复选框,就可以到 Microsoft 公司的 Office.com 剪贴画库中搜索,从而扩大剪贴画的选择范围。

当然也可以采用复制粘贴的方式直接将图片拷贝到 Word 文档中。

图 3.46 “剪贴画”任务窗格

用户除了可以插入电脑中的图片或剪贴画外，还可以随时截取屏幕的内容，然后作为图片插入文档，具体步骤如下：

①把插入点定位到要插入的屏幕图片的位置。

②选择“插入”选项卡，单击“插图”组中的“屏幕截图” 按钮。

③在展开的下拉面板中选择需要的屏幕窗口，即可将截取的屏幕窗口插入文档。

④如果想截取电脑屏幕上的部分区域，可以在“屏幕截图”下拉面板中选择“屏幕剪辑”选项，这时当前正在编辑的文档窗口会自行隐藏，并进入截屏状态。拖动鼠标，选取需要截取的图片区域，松开鼠标后，系统将自动重返文档编辑窗口，并将截取的图片插入文档。

2)图片格式的设置

(1)改变图片的大小和移动图片位置

改变图片大小和位置的具体步骤如下：

①单击选定的图片，图片四周会出现 9 个控制点，其中四条边上出现 4 个小方块，角上出现 4 个小圆点，如图 3.47 所示。

②将鼠标指针移到图片中的任意位置，当指针变成十字箭头时，拖动它可以移动图片到新的位置。

③将鼠标移到小方块处，此时鼠标指针会变成水平、垂直或斜对角的双向箭头，按箭头方向拖动指针可以改变图片水平、垂直或斜对角方向的大小尺寸。

图 3.47　图片编辑控制点

(2)编辑图片

编辑图片通常有两种方法，双击图片就会显示图片格式编辑的功能区，如图 3.48 所示，也可以在图片上点击鼠标右键，选择设置图片格式后，会出现如图 3.49 所示的设置图片格式对话框。

图 3.48　“图片格式”功能区

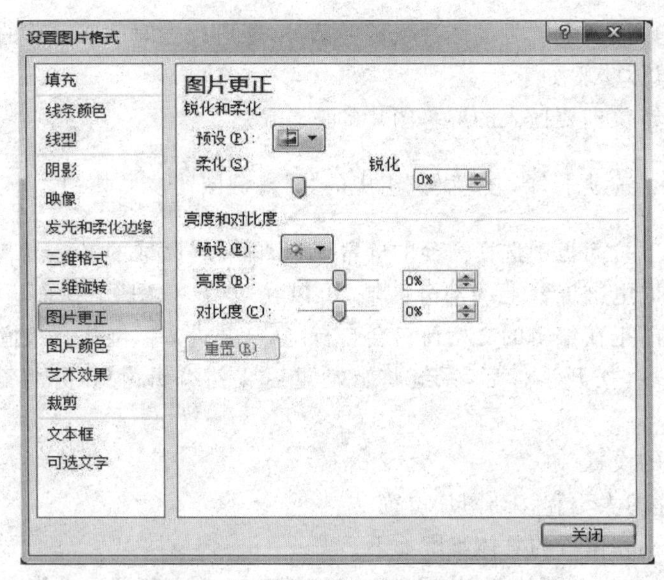

图 3.49 “设置图片格式”对话框

通过图片格式功能区或者设置图片格式对话框基本能实现对图片的各种编辑，常用功能介绍如下：

①删除图片背景：在图片功能区中单击“调整”组“删除背景”按钮，弹出“背景清除”选项卡，可以通过“标记要保留的区域”来更改保留背景的区域，也可以通过“标记要删除的区域”来更改要删除背景的区域，设置完后单击“保留更改”按钮，系统会自动将需要删除的背景删除。

②调整图片色调：当图片光线不足时，可通过调整图片的色调、亮度等操作来使其恢复正常效果。在图片功能区中单击“调整”组“颜色”按钮，在弹出的下拉列表中单击“色调”，并在区域内选择合适的“色温”图标。

③调整图片颜色饱和度：在图片功能区中单击“调整”组“颜色”按钮，在弹出的下拉列表中单击“颜色饱和度”，并在区域内选择合适的“颜色饱和度”图标。

④调整图片亮度和对比度：在图片功能区中单击“调整”组“更改”按钮，在弹出的下拉列表中单击“亮度和对比度”，并在区域内选择合适的亮度和对比度。

⑤为图片添加边框：在“设置图片格式”对话框中的“线条颜色”命令下，从“无线条”“实线”“渐变线”中选择一种；执行“设置图片格式”对话框中的“线型”命令，并在“宽度”文本框中键入边框线的宽度(单位默认为磅)，以及“复合类型”“短划线类型”“线端类型”等参数。

(3)设置文字环绕

文字环绕指图片与文本的位置关系，图片一共有 7 种文字环绕方式，分别为嵌入型、四周型、紧密型、穿越型、上下型、衬于文字下方和浮于文字上方。

在如图 3.48 所示的“排列”组中单击“自动换行”按钮，在下拉列表中选择上述环绕方式中的一种即可完成环绕方式的设置，也可以选择“其他布局选项”来设置，如图 3.50 所示。每种环绕方式里，图片跟文字的相互关系不尽相同，如果这些环绕方式不能满足需求，可以在列表里选择“其他布局选项”，从更多的环绕方式里选择。

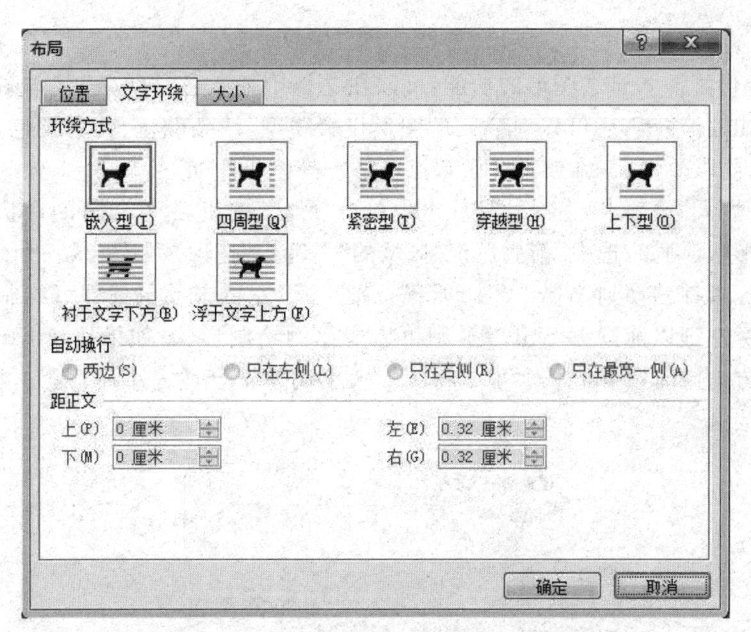

图 3.50　图片“布局”对话框中的“文字环绕”选项卡

(4)插入 SmartArt 图形

SmartArt 图形是信息和观点的视觉表示形式。可以通过从多种不同布局中进行选择来创建 SmartArt 图形，从而快速、轻松、有效地传达信息。借助 Word 2010 提供的 SmartArt 功能，用户可以在 Word 2010 文档中插入丰富多彩、表现力丰富的 SmartArt 示意图，具体步骤如下：

①打开文档窗口，切换到“插入”选项卡，在“插图”组中单击 SmartArt 按钮，弹出 “选择 SmartArt 图形”对话框，如图 3.51 所示。

②在“选择 SmartArt 图形”对话框中，单击左侧的类别名称选择合适的类别，然后在对话框右侧单击选择需要的 SmartArt 图形，并单击“确定”按钮。

③返回文档窗口，在插入的 SmartArt 图形中单击文本占位符输入合适的文字。

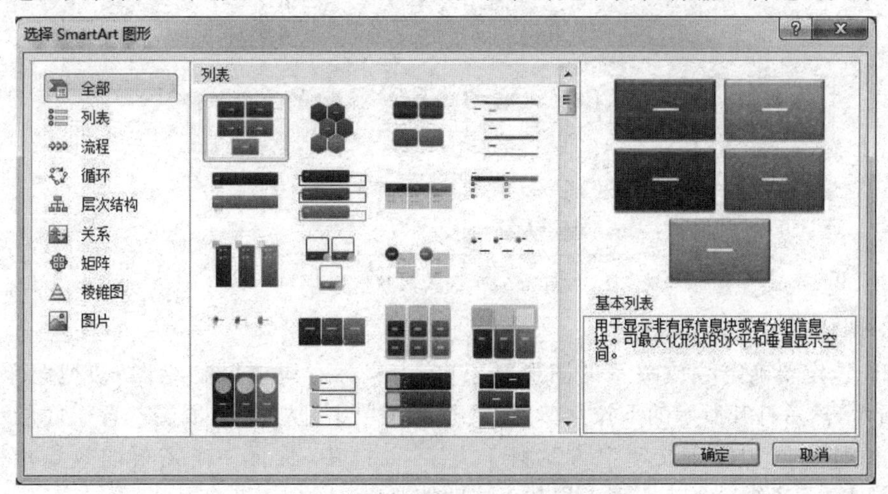

图 3.51　“选择 SmartArt 图形”对话框

(5)插入自选图形

Word 提供了插入自选图形的功能,可以在文档中插入各种线条、基本图形、箭头、流程图、星、旗帜、标注等,还可以对插入的图形设置线型、线条颜色、文字颜色、图形或文本的填充效果、阴影效果、三维效果线条端点风格。具体步骤如下:

①单击“插入”选项卡,在“插图”分组中单击“形状”按钮,并在打开的形状面板中单击需要绘制的形状(例如,选中“箭头总汇”区域的“右箭头”选项),如图 3.52 所示。

②将鼠标指针移动到 Word 2010 页面位置,按下左键拖动鼠标即可绘制椭圆形。如果在释放鼠标左键以前按下 Shift 键,则可以成比例绘制形状;如果按住 Ctrl 键,则可以在两个相反方向同时改变形状大小。将图形大小调整至合适大小后,释放鼠标左键完成自选图形的绘制。

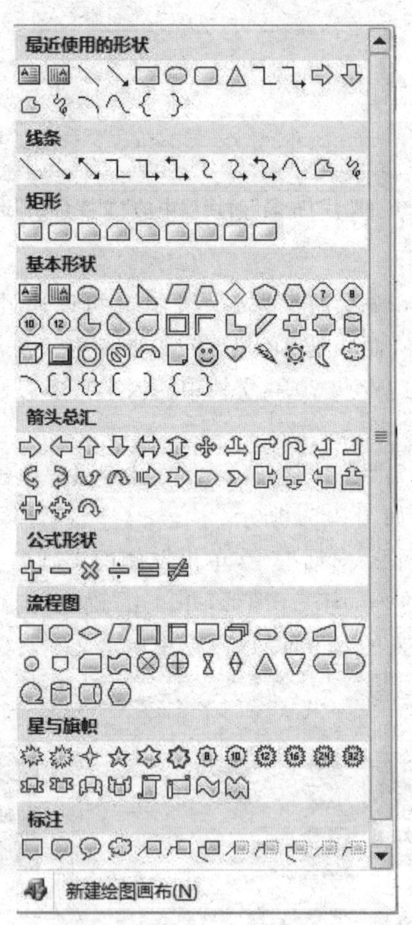

图 3.52 插入形状选择

(6)调整图形的叠放次序

首先选定要确定叠放关系的图形对象,单击鼠标右键,打开“绘图”快捷菜单,如图 3.53 所示,然后打开所示的下拉菜单,在展开的菜单中,从“置于顶层”“置于底层”“上移一层”“下移一层”“浮于文字上方”“衬于文字下方”中,选择一个需要的效果执行。图 3.54 分别展示了笑脸处于心形上层和下层的情况。

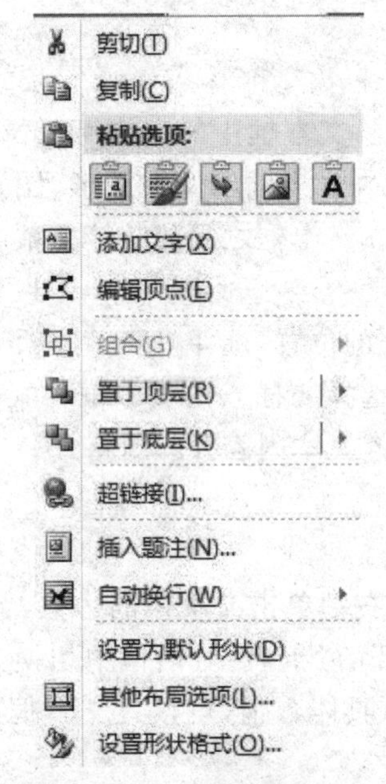

图 3.53　绘图快捷菜单

图 3.54　图形叠层示例

(7)多个图形的组合

选定要组合的所有图形对象,单击鼠标右键,打开"绘图"快捷菜单,单击"绘图"快捷菜单中的"组合"命令。如图 3.55 所示展示了组合示例,组合后的所有图形成为一个整体的图形对象,它可整体移动和旋转。

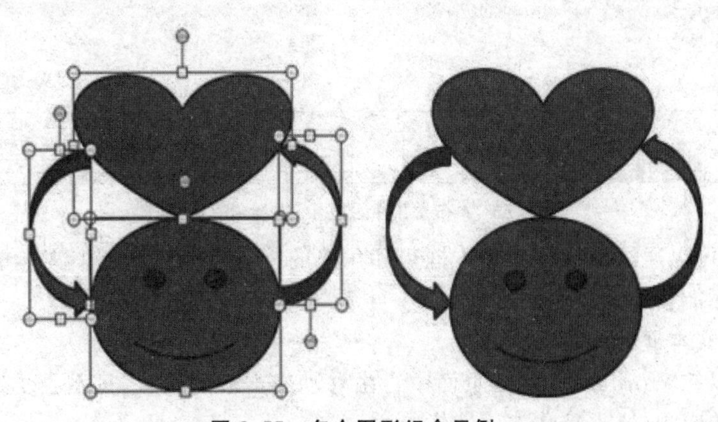

图 3.55　多个图形组合示例

3.4.2 文本框的设置

文本框是储存文本的图形框,文本框中的文本可以像普通文本一样进行各种编辑和格式设置操作,而同时对整个文本框又可以像对图形、图片等对象一样在页面上进行移动、复制、缩放等操作,并可以建立文本框之间的链接关系。

1)插入文本框

将光标定位到要插入文本框的位置,选择“插入”选项卡,单击“文本”组中的“文本框”下拉按钮,在弹出的下拉面板中选择要插入的文本框样式,此时,在文本中已经插入该样式的文本框,在文本框中可以输入文本内容并编辑格式。

2)编辑文本框

(1)调整文本框的大小

要调整文本框大小,首先要右键单击文本框的边框,在打开的快捷菜单中选择“选择其他布局选项”命令,然后在打开的“布局”对话框中切换到“大小”选项卡。在“高度”和“宽度”绝对值编辑框中分别输入具体数值,以设置文本框的大小,最后单击“确定”按钮,如图3.56所示。

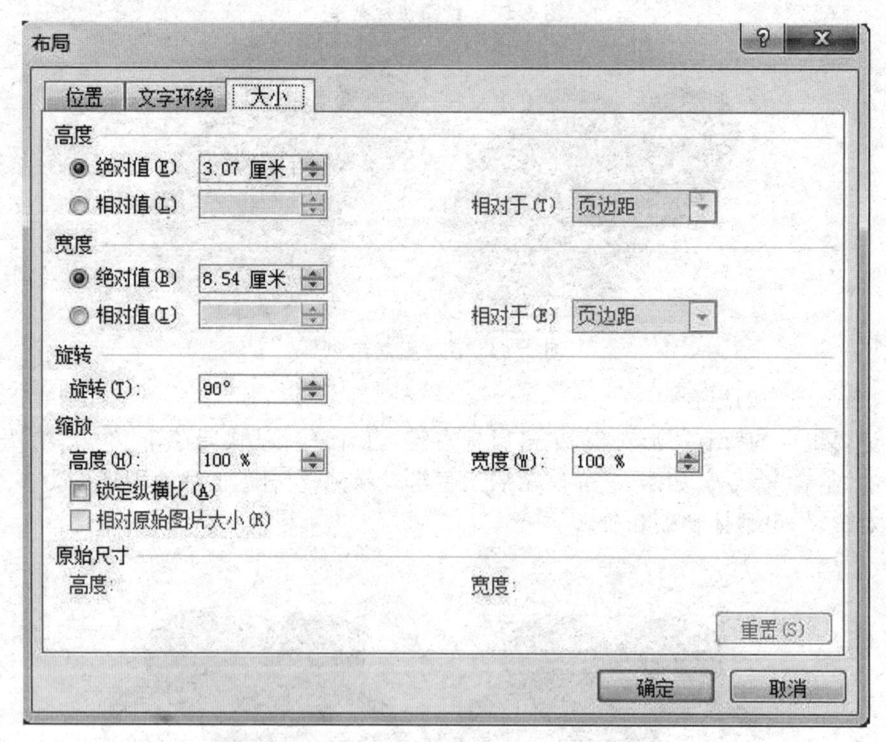

图 3.56 “布局”对话框中的“大小”选项卡

此外,也可以通过鼠标拉动文本框边和角上的控制点来达到调整文本框大小的目的,但这种方法不能精确地控制文本框大小。

(2)移动文本框的位置

用户可以在Word 2010文档页面中自由移动文本框的位置,且不会受到页边距、段落设置等因素的影响,这也是文本框的优点之一。

在 Word 2010 文档页面中移动文本框很简单，只需单击选中文本框，然后把光标指向文本框的边框（注意不要指向控制点），当光标变成四向箭头形状时按住鼠标左键拖动文本框即可移动其位置。

（3）改变文本框的文字方向

在 Word 2010 中，文本框中的默认文字方向为水平方向，即文字从左向右排列。用户可以根据实际需要将文字方向设置为从上到下的垂直方向。首先单击需要改变文字方向的文本框，然后在“绘图工具/格式”选项卡的“文本”组中单击“文字方向”命令，在打开的“文字方向”列表中选择需要的文字方向，包括“水平”“垂直”“将所有文字旋转 90°”“将所有文字旋转 270°”和“将中文字符旋转 270°”等 5 种，如图 3.57 所示。

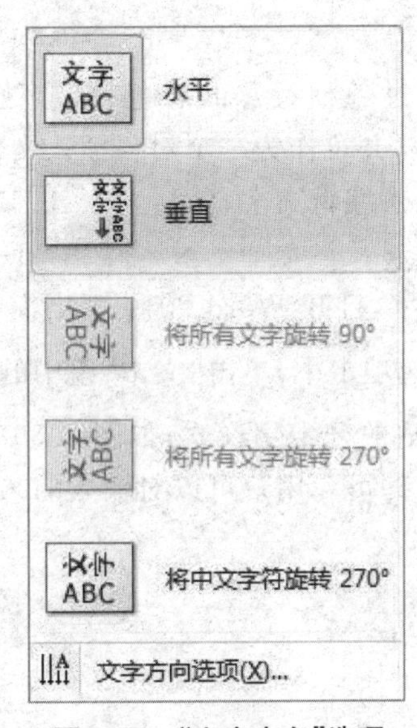

图 3.57　“文字方向”选项

（4）设置文本框边距和垂直对齐方式

默认情况下，Word 2010 文档的文本框垂直对齐方式为顶端对齐，文本框内部左右边距为 0.25 厘米，上下边距为 0.13 厘米。这种设置符合大多数用户的需求，不过用户可以根据实际需要设置文本框的边距和垂直对齐方式。首先右键单击文本框，在打开的快捷菜单中选择“设置形状格式”命令，在打开的“设置形状格式”对话框中切换到“文本框”选项卡，在“内部边距”区域设置文本框边距，然后在“垂直对齐方式”区域选择顶端对齐、中部对齐或底端对齐方式。设置完毕后单击“确定”按钮。

（5）设置文本框文字环绕方式

所谓文本框文字环绕方式就是指 Word 2010 文档文本框周围的文字以何种方式环绕文本框，默认设置为“浮于文字上方”环绕方式。用户可以根据 Word 2010 文档版式需要设置文本框文字环绕方式。要设置环绕方式，首先在“布局”对话框上单击“文字环绕”选项卡，在出现的界面中可以选择需要的环绕方式，这几种方式跟图片的文字环绕方式是一样的。

（6）设置形状格式

选中文本框会出现“文本框工具”栏，如图 3.58 所示，与文本框的操作相关的工具基本都在这里。或者在文本框上右键单击，选择“设置形状格式”，弹出“设置形状格式”对话框。这个对话框可以完成大部分文本框的格式操作，如文本框的边框样式、填充色、阴影效果、三维效果等。

图 3.58 “文本框工具”栏

3.4.3 艺术字设置

艺术字是指将一般文字经过各种特殊的着色、变形处理得到的艺术化的文字。在Word 中可以创建漂亮的艺术字，并可作为一个对象插入文档中。Word 2010 可以将艺术字作为文本框插入，用户可以任意编辑文字。

(1)插入艺术字

在 Word 2010 里插入艺术字，打开 Word 2010 文档窗口，将插入点光标移动到准备插入艺术字的位置。在“插入”选项卡中，单击“文本”组中的“艺术字”按钮，并在打开的艺术字预设样式面板中选择合适的艺术字样式，如图 3.59 所示。然后，打开艺术字的文本编辑框，直接输入艺术字文本即可。用户可以对输入的艺术字分别设置字体和字号。

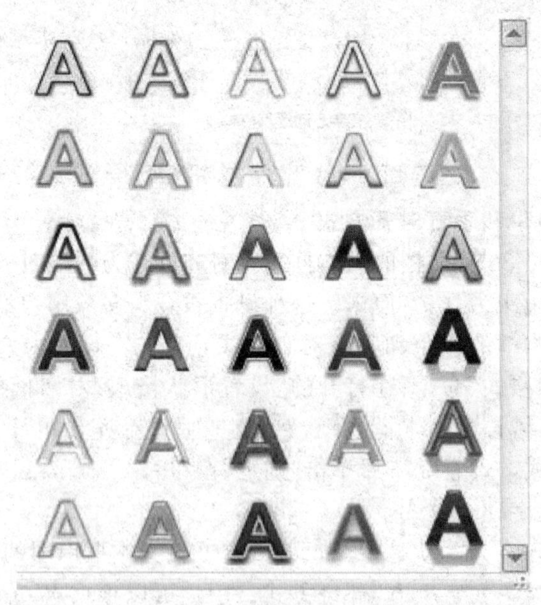

图 3.59 艺术字样式

(2)修改艺术字文字

用户在 Word 2010 中插入艺术字后，可以随时修改艺术字文字。与 Word 2003 和 Word 2007 不同的是，在 Word 2010 中修改艺术文字非常简单，不需要打开“编辑艺术字文字”对话框，只需单击艺术字即可进入编辑状态。

在修改文字的同时，用户还可以对艺术字进行字体、字号、颜色等格式的设置。选中需要设置格式的艺术字，并切换到“开始”选项卡，在“字体”组即可对艺术分别进行字体、字号、颜色等设置。

(3)设置艺术字样式

借助 Word 2010 提供的多种艺术字样式，用户可以在 Word 2010 文档中做出丰富多彩的艺术字效果，单击需要设置样式的艺术字使其处于编辑状态。在自动打开的“绘图工具→格式”选项卡中，单击“艺术字样式”组中的“文字效果”按钮；打开“文本效果”列表，单击“阴影”“映像”“发光”“棱台”“三维旋转”“转换”中的一个选项，在打开的艺术字样式列表中选择需要的样式即可。当鼠标指向某一种样式时，Word 文档中的艺术字将即时呈现实际效果。

3.4.4 公式的编辑

Word 2003 的公式编辑器需要额外进行安装，而 Word 2010 自带了多种常用的公式供用户使用，用户可以根据需要直接插入这些内置公式，以提高工作效率，操作步骤如下：

①打开 Word 2010 文档窗口，切换到“插入”选项卡。

②在“符号”分组中单击“公式”下拉三角按钮，在打开的内置公式列表中选择需要的公式，如图 3.60 所示。如果计算机处于联网状态，则可以在公式列表中单击“Office.com 中的其他公式”选项，并在打开的“来自 Office.com 的更多公式”列表中选择所需的公式。

③在图 3.60 中单击“插入新公式”选项，进入“公式工具→设计”选项卡界面，用户可以通过键盘或“公式工具→设计”选项卡的“符号”组输入公式内容，根据自己的需要创建任意公式。

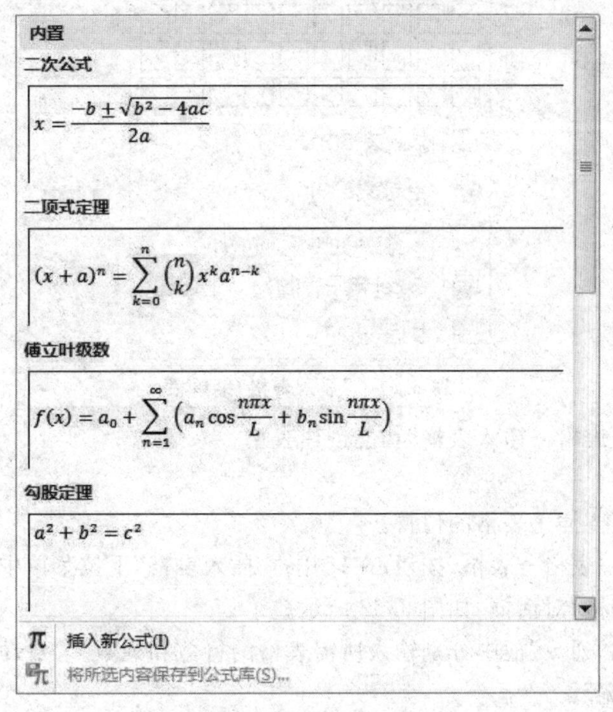

图 3.60　“公式”选项单

3.5 表格的编辑

3.5.1 表格的创建

表格的创建有多种方式，一般分为自动创建和手工创建。

1)用“插入→表格→插入表格”按钮创建表格

自动创建表格有三种方式：

(1)自动创建简单表格

具体步骤如下：

①将光标移至要插入表格的位置。

②单击“插入→表格→表格”按钮，出现“插入表格”菜单，如图 3.61 所示。

③鼠标在表格框内向右下方向拖动，选定所需的行数和列数。松开鼠标，表格自动插到当前的光标处。

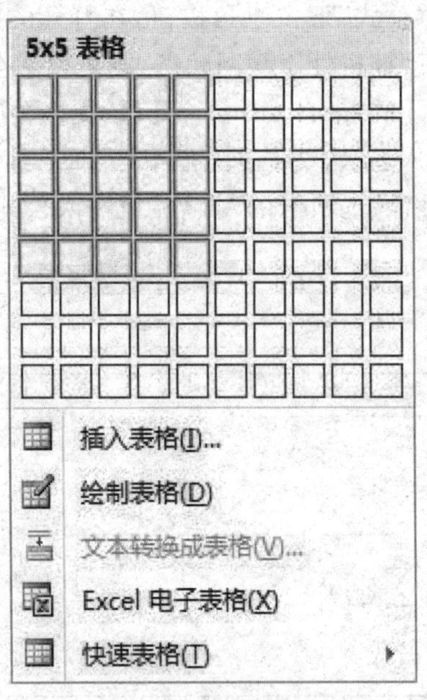

图 3.61 “插入表格”菜单栏

(2)用“插入→表格→插入表格”功能创建表格

具体步骤如下：

①将光标移至要插入表格的位置。

②单击“插入→表格→表格”按钮，在打开的“插入表格”下拉菜单中，单击“插入表格”命令，打开“插入表格”对话框，如图 3.62 所示。

③在“行数”和“列数”框中分别输入所需表格的行数和列数。“自动调整”操作中默认为单选项“固定列宽”。

④单击“确定”按钮，即可在插入点处插入一张表格。

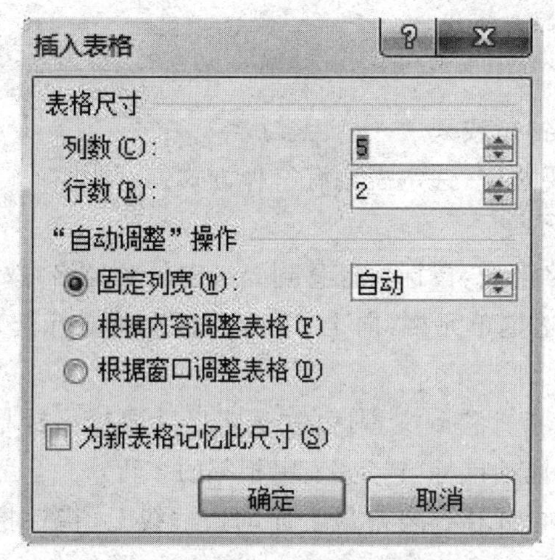

图 3.62　"插入表格"对话框

(3)用"插入→表格→文本转换为表格"功能创建表格

将文本转换为表格的具体操作步骤如下:

①选定用制表符分隔的表格文本。

②单击"插入→表格→表格"按钮,在打开的"插入表格"下拉菜单中,单击"文本转换为表格"命令,打开"将文字转换成表格"的对话框。

③在对话框中,设置"列数""分隔字符位置"。

④单击"确定"按钮,就实现了文本到表格的转换。

2)手工绘制复杂表格

Word 提供了手工绘制不规则表格的功能,可以用"插入→表格→绘制表格"功能来绘制表格。具体操作步骤如下:

①单击"插入→表格→表格"按钮,在打开的"插入表格"下拉菜单中,单击"绘制表格"命令,此时鼠标指针变成"铅笔"状,表明鼠标处在"手动制表"状态。

②将铅笔形状的鼠标指针移到要绘制表格的位置,按住鼠标左键拖动鼠标绘出表格的外框虚线,放开鼠标左键后,得到实线的表格外框。

③拖动鼠标笔形指针,在表格中绘制水平或垂直线,也可以将鼠标指针移到单元格的一角向其对角画斜线。

④可以利用"表格工具→设计→擦除"按钮,使鼠标变成橡皮形,把橡皮形鼠标指针移到要擦除线条的一端,拖动动鼠标至另一端,放开鼠标就可擦除选定的线段。

另外,还可以利用工具栏中的"线型"和"粗细"列表框选定线型和粗细,利用"边框""底纹"和"笔颜色"等按钮设置表格外围线或单元格线的颜色和类型,给单元格填充颜色,使表格变得丰富多彩。

建立空表格后,可以将插入点移到表格的单元格中输入文本。

当输入到单元格右边线时,单元格高度会自动增大,把输入的内容转到下一行。则按 Enter 键,可以另起一段;按 Tab 键将插入点移到下一个单元格内;按 Shift+Tab 组合键可将插入点移到上一个单元格;按上、下箭头键可将插入点移到上一行或下一行。

3.5.2 表格的编辑

1)用鼠标选定单元格、行或列

编辑表格之前首先要选定,选定表格有三种方式:

(1)选定表格

选定单元格或单元格区域:鼠标指针移到要选定的单元格“选定区”,当指针由“Ⅰ”变成“⇗”形状时,单击鼠标选定单元格,向上、下、左、右拖动鼠标选定相邻多个单元格即单元格区域。

选定表格的行:鼠标指针移到文本区的“选定区”,鼠标指针指向要选定的行,单击鼠标选定一行;向下或向上拖动鼠标“选定”表中相邻的多行。

选定表格的列:鼠标指针移到表格最上面的边框线上,指针指向要选定的列,当鼠标指针由“Ⅰ”变成“⇩”形状时,单击鼠标选定一列;向左或向右拖动鼠标选定表中相邻的多列。

选定不连续的单元格:按住 Ctrl 键,依次选中多个区域。

选定整个表格:单击表格左上角的移动控制点“⊞”,可以迅速选定整个表格。

(2)用键盘选定单元格、行或列

按 Ctrl+A 键可以选定插入点所在的整个表格。

如果插入点所在的下一个单元格中已输入文本,那么按 Tab 键可以选定下一单元格中的文本。

如果插入点所在的上一个单元格中已输入文本,那么按 Shift+Tab 键可以选定上一单元格中的文本。

按 Shift+End 键可以选定插入点所在的单元格。

按 Shift+↑(↓、→、→) 键可以选定包括插入点所在的单元格在内相邻的单元格。

按任意箭头键可以取消选定。

(3)用“表格工具→布局→表→选择”下拉菜单选定行、列或表格

将插入点置于所选行的任一单元格中。

选定行:单击“表格工具→布局→表→选择”下拉菜单下的“选择行”命令可选定插入点所在行。

选定列:单击“表格工具→布局→表→选择”下拉菜单下的“选择列”命令可选定插入点所在列。

选定全表:单击“表格工具→布局→表→选择”下拉菜单下的“选择表格”命令可选定全表。

2)修改行高和列宽

表格中行高和列宽的设置有三种方式:

(1)拖动鼠标修改表格的列宽

①将鼠标指针移到表格的垂直框线上,当鼠标指针变成调整列宽指针形状时,按住鼠标左键,此时出现一条上下垂直的虚线。

②向左或右拖动,同时改变左列和右列的列宽(垂直框线两端的列宽度总和不变)。

拖动鼠标到所需的新位置，放开左键即可。

(2)用菜单命令改变列宽

用“表格属性”对话框可以设置包括行高或列宽在内的许多表格的属性。这方法可以使行高和列宽的尺寸得到精确设定。其操作步骤如下：

① 选定要修改列宽的一列或数列。

② 单击“表格工具→布局→表→属性”命令，打开“表格属性”对话框，单击“列”选项卡，得到“列”选项卡窗口，如图 3.63 所示。

③单击“指定宽度”前的复选框，并在文本框中键入列宽的数值，在“列宽单位”下拉列表框中选定单位。

④ 单击“确定”按钮即可。

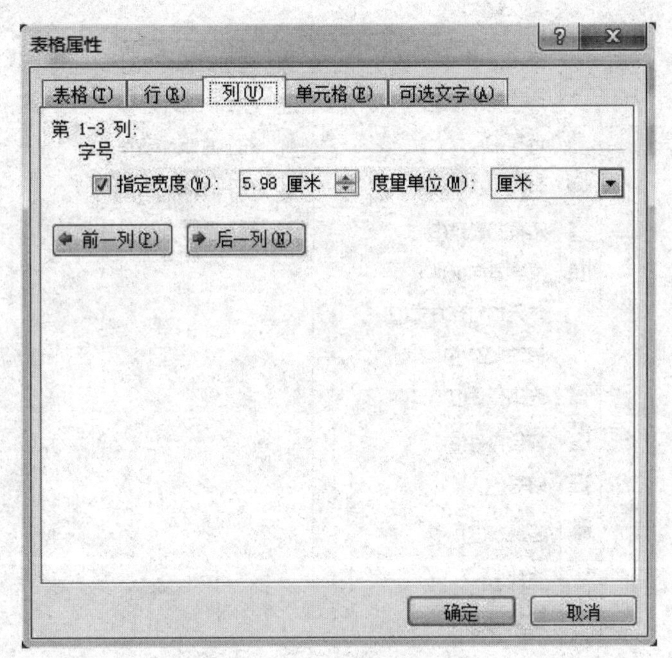

图 3.63　“表格属性”对话框

(3)用菜单命令改变行高

①选定要修改行高的一行或数行。

②单击“表格工具→布局→表格→属性”命令，打开“表格属性”对话框，单击“行”选项卡，打开“表格属性”对话框的“行”选项卡窗口。

③若选定“指定高度”前的复选框，则在文本框中键入行高的数值，并在“行高值是”下拉列表框中选定“最小值”或“固定值”。否则，行高默认为自动值。

④单击“确定”按钮即可。

3)插入或删除行/列

(1)插入行/列

插入行最快捷的方法：在表格最右边的边框外单击，按回车键，在当前行的下面插入一行；或光标定位在最后一行最右一列单元格中，按 Tab 键追加一行。此外，想插入行/列时，可选定“单元格→行/列”(选定与将要插入的行或列等同数量的行/列)，或者单击

“表格工具→布局→行和列”分组中的相关按钮，如图 3.64 所示。

①“在上方插入行”/“在下方插入行”按钮：在选定行的上方或下方插入与选定行个数相同的行。

②“在左侧插入列”/“在右侧插入列”按钮：在选定列的左侧或右侧插入与选定列个数相同的列。

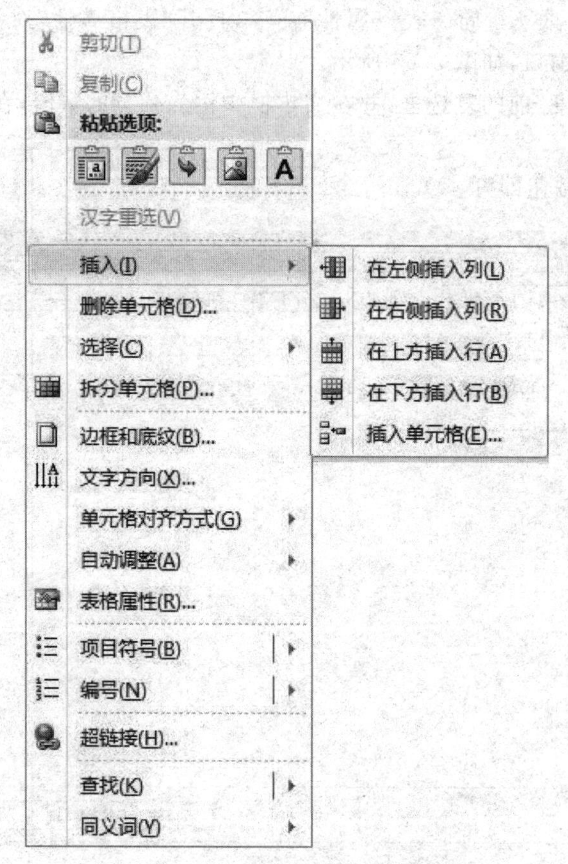

图 3.64　插入行或列或单元格菜单栏

(2)插入单元格

选定若干单元格，单击“表格工具→布局→行和列→插入单元格”按钮，打开“插入单元格”对话框，选择下列操作之一。

①活动单元格右移：在选定单元格的左侧插入数量相等的新单元格。

②活动单元格下移：在选定单元格的上方插入数量相等的新单元格。

(3)删除行/列

如果想删除表格中的某些行/列，那么只要选定要删除的行或列，单击“表格工具→布局→行和列→删除”按钮即可。

4)合并或拆分单元格

(1)合并单元格

选定 2 个或 2 个以上相邻的单元格，单击“表格工具→布局→合并→合并单元格”按钮，则选定的多个单元格合并为 1 个单元格。

(2)拆分单元格

选定要拆分的一个或多个单元格,单击“表格工具→布局→合并→拆分单元格”按钮,打开“拆分单元格”对话框,如图 3.65 所示。

在“拆分单元格”对话框键入要拆分的列数和行数。

单击“确定”按钮,则选定的所有单元格均被拆分为指定的行数和列数。

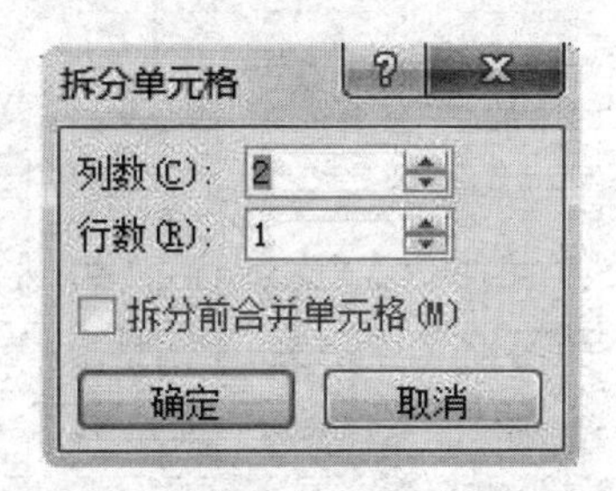

图 3.65　“拆分单元格”对话框

5)表格的拆分与合并

如果要拆分一个表格,那么先将插入点置于拆分后成为新表格第一行的任意单元格中,然后,单击“表格工具→布局→合并→拆分表格”按钮,这样就会在插入点所在行的上方插入一个空白段,把表格拆分成两张表格。

如果把插入点放在表格第一行的任意列中,用“拆分表格”按钮可以在表格头部前面加一空白段。

如果要合并两个表格,那么只要删除两表格之间的换行符即可。

6)表格标题行的重复

当一张表格超过一页时,通常希望在第二页的续表中也包括表格的标题行。设置重复标题的具体操作如下:

① 选定第一页表格中的一行或多行标题行。

② 单击“表格工具→布局→数据→重复标题行”,如图 3.66 所示。

这样,Word 会在因分页而拆开的续表中重复表格的标题行,在页面视图方式下可以查看重复的标题。

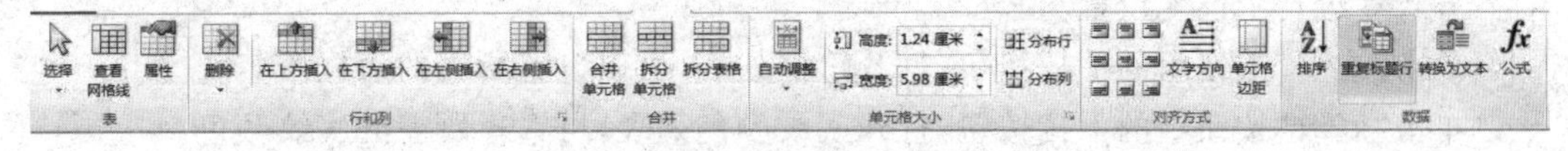

图 3.66　“表格”功能区

7)表格格式的设置

(1)表格自动套用格式

表格创建后,可以使用“表格工具→设计→表格样式”分组中内置的表格样式对表格进行排版,使表格的排版变得轻松、容易。具体操作如下:

①将插入点移到要排版的表格内。

②单击“表格工具→设计→表格样式→其他”按钮,打开“表格样式”列表框,如图 3.67 所示。

③在“表格样式”列表框中选定所需的表格样式即可。

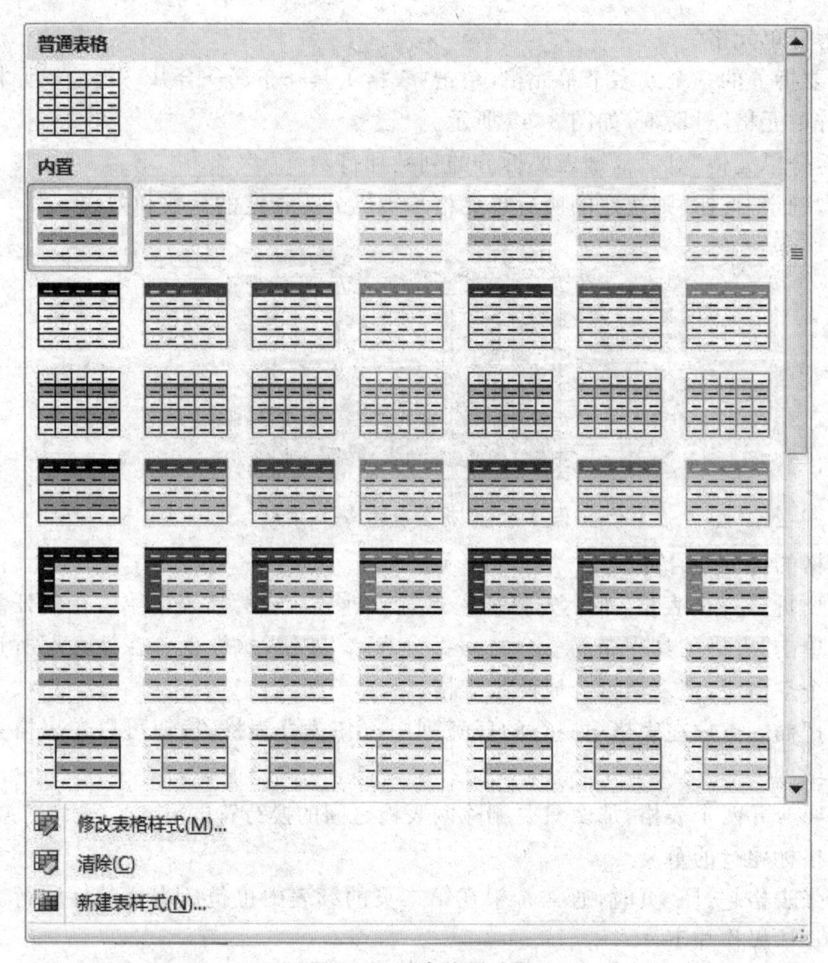

图 3.67 “表格样式”

(2)表格边框与底纹的设置

除了表格样式外,还可以使用“表格工具→设计→表格样式”分组中的“底纹”和“边框”按钮,如图 3.68 所示,对表格边框线的线型、粗细和颜色、底纹颜色、单元格中文本的对齐方式等进行个性化设置。

单击“边框”按钮组的下拉按钮,打开边框列表,可以设置所需的边框。

单击“底纹”按钮组的下拉按钮,打开底纹颜色列表,可选择所需的底纹颜色。

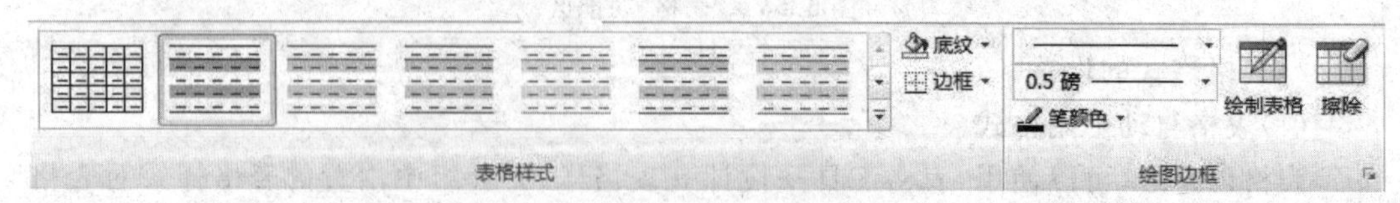

图 3.68 表格的边框与底纹设置

(3)表格在页面中的位置

设置表格在页面中的对齐方式和是否文字环绕表格的操作如下:

①将插入点移至表格任意单元格内。

②单击“表格工具→布局→表→属性”命令,打开“表格属性”对话框,单击“表格”选项

卡，打开“表格属性”对话框的“表格”选项卡窗口，如图 3.69 所示。

③在“对齐方式”组中，选择表格对齐方式；在“文字环绕”组中选择“无/环绕”。最后，单击“确认”按钮。

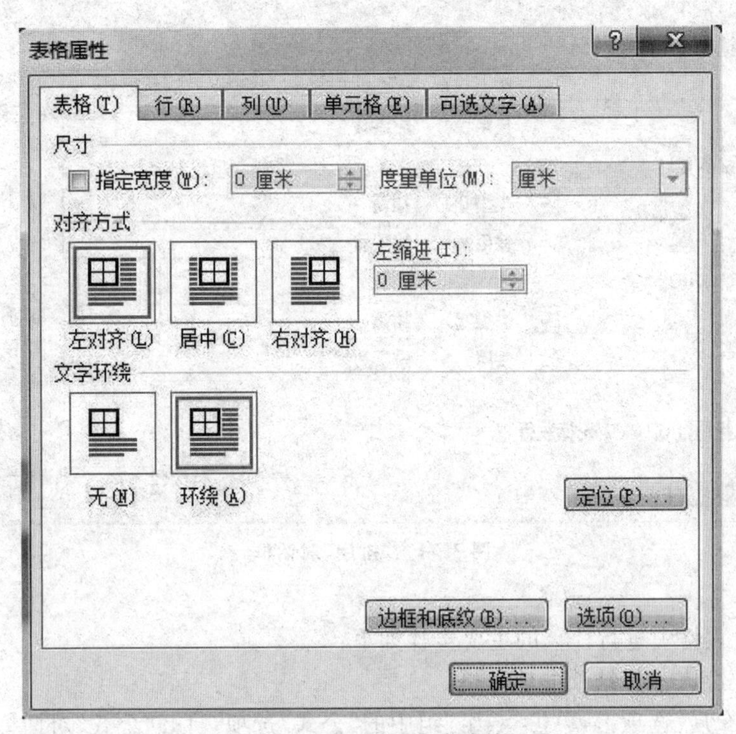

图 3.69 “表格属性”中表格的位置

(4)表格中文本格式的设置

表格中的文字同样可以用对文档文本排版的方法进行诸如字体，字号，字形，颜色和左、中、右对齐方式等设置。此外，还可以使用单击“表格工具→布局→对齐方式”分组中的对齐按钮，选择 9 种对齐方式中的一种，如图 3.70 所示。

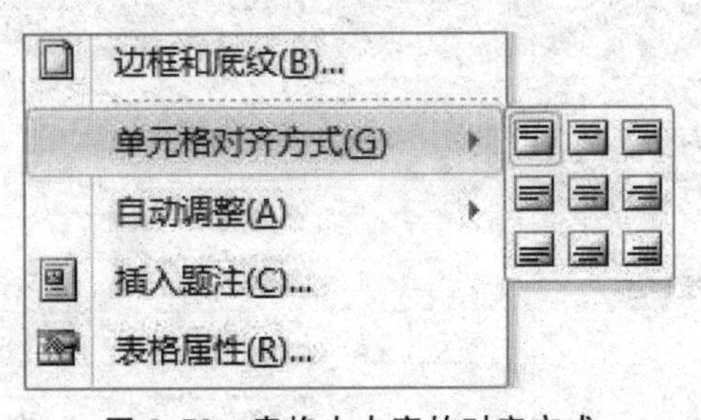

图 3.70 表格中内容的对齐方式

3.5.3 表格内数据的排序和计算

(1)排序

Word 提供了对表格数据进行自动排序的功能，可以对表格数据按数字顺序、日期顺序、拼音顺序、笔画顺序进行排序。在排序时，首先选择要排序的单元格区域，然后选择

“布局”选项卡，单击“数据”组中的“排序”按钮，弹出“排序”对话框。在对话框中，我们可以任意指定排序列，并可对表格进行多重排序，如图 3.71 所示。

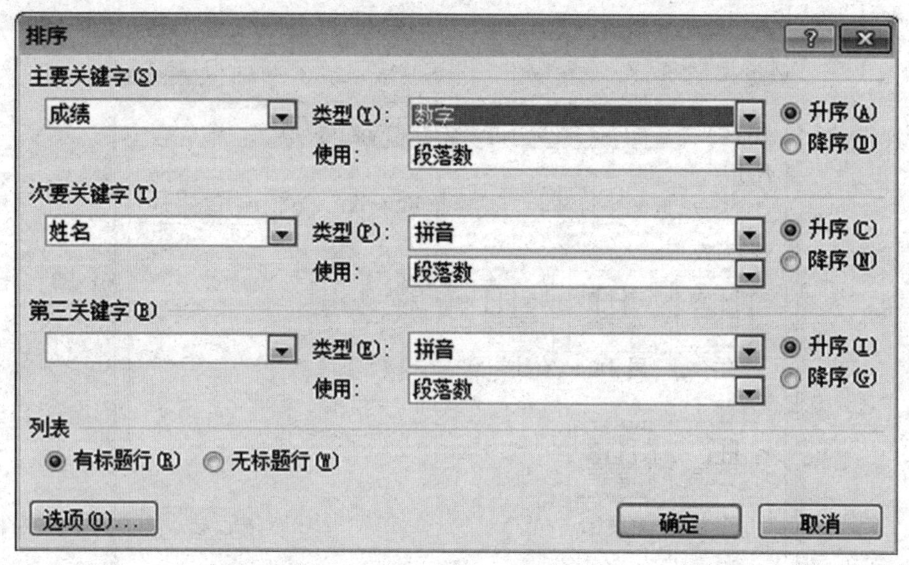

图 3.71 “排序”对话框

(2)计算

在 Word 表格中进行计算的主要步骤如下：

①单击要存入计算结果的单元格。

②选择“布局”选项卡，单击“数组”组中的“公式”选项，打开“公式”对话框。

③在“粘贴函数”下拉列表中选择所需的计算公式，如“SUM”，则在“公式”文本框内出现表示求和的公式“＝SUM()”。

④在公式中输入“＝SUM(LEFT)”可以自动求出所有单元格横向数字单元格的和，输入“＝SUM(ABOVE)”可以自动求出纵向数字单元格的和，如图 3.72 所示。

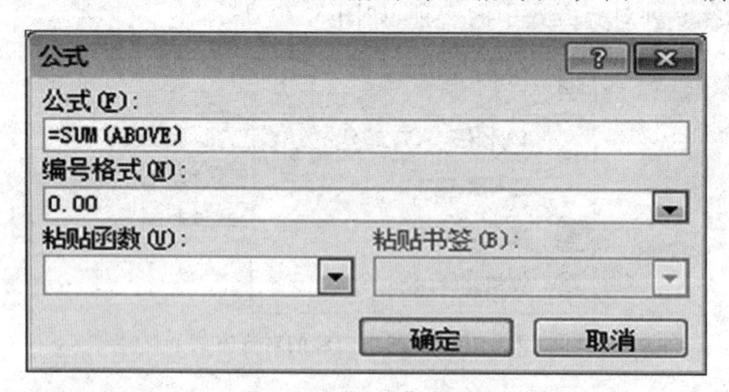

图 3.72 “公式”对话框

3.6　论文的排版

本部分主要介绍与学位、学术论文排版相关的 Word 功能。

3.6.1 样式

用 Word 编写文档的人都知道，一篇长文档一般是需要用章节来划分段落的。在 Word 中也有对应的工具来完成这项任务，那就是多级列表。多级列表是以 Word 的样式概念为基础的，要想使用多级列表，就必须从样式入手。所谓样式，简单说就是预先将想要的格式组合在一起，然后命名，就成了样式。

一个样式中会包括很多格式效果，为文本应用了一个样式后，就等于为文本设置了多种格式。通过样式设置文本格式非常快速、高效。例如，中国人的文章一般喜欢用章、节、小节来划分，如图 3.73 所示。其中，章标题使用了标题 1，节标题使用了标题 2，小节标题使用了标题 3 等，依此类推。而正文部分则以“正文”来命名样式，如图 3.74 所示。当然，各级标题的格式可以在样式里进行更改，如图 3.75 所示。使用样式的另一个好处是可以由 Word 自动生成各种目录和索引。

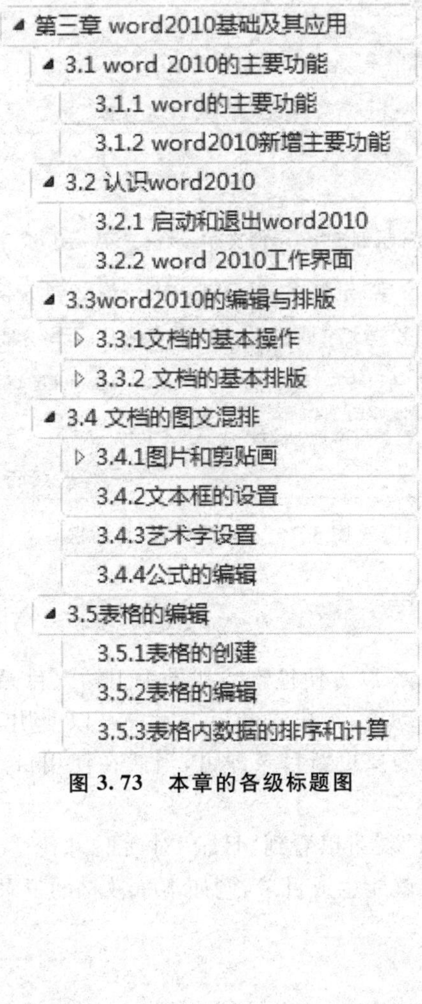

- ◢ 第三章 word2010基础及其应用
  - ◢ 3.1 word 2010的主要功能
    - 3.1.1 word的主要功能
    - 3.1.2 word2010新增主要功能
  - ◢ 3.2 认识word2010
    - 3.2.1 启动和退出word2010
    - 3.2.2 word 2010工作界面
  - ◢ 3.3word2010的编辑与排版
    - ▷ 3.3.1文档的基本操作
    - ▷ 3.3.2 文档的基本排版
  - ◢ 3.4 文档的图文混排
    - ▷ 3.4.1图片和剪贴画
    - 3.4.2文本框的设置
    - 3.4.3艺术字设置
    - 3.4.4公式的编辑
  - ◢ 3.5表格的编辑
    - 3.5.1表格的创建
    - 3.5.2表格的编辑
    - 3.5.3表格内数据的排序和计算

图 3.73　本章的各级标题图

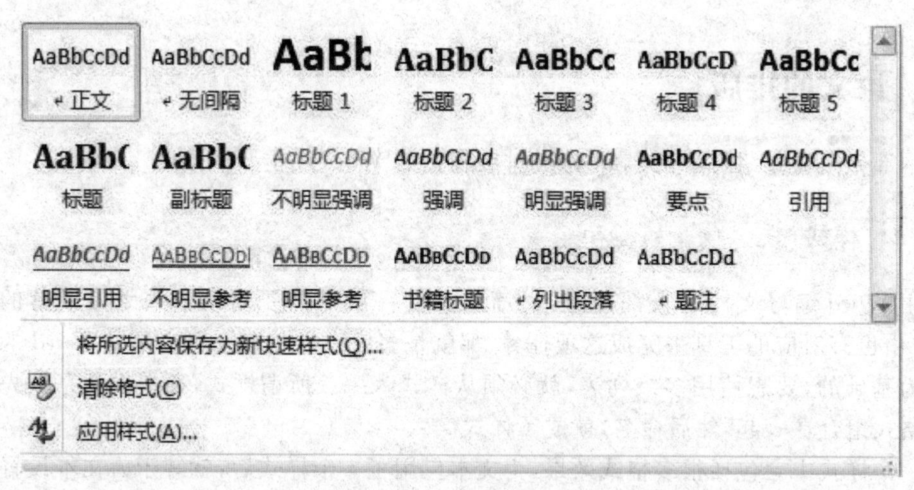

图 3.74 "样式"选项框

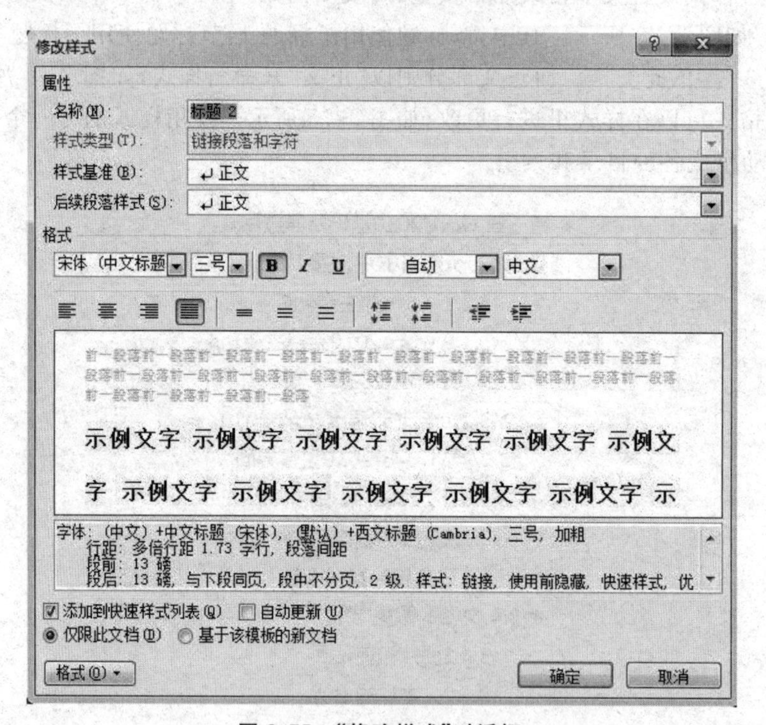

图 3.75 "修改样式"对话框

3.6.2 目录

一篇论文必须要有目录，以方便检索。如果手工输入目录，不但麻烦，而且一旦文章内容发生改变，目录又要手动更新，非常麻烦。用户可以使用 Word 自动生成目录，如果文档内容发生改变，用户只需要更新目录即可，当然在使用目录之前，必须先对论文进行样式设置。

在"引用→目录→目录"就可以看到"目录"对话框，如图 3.76 所示，选择你想要的格式和显示的级别，点击确定就能生成目录，例如本章教材的目录，如图 3.77 所示。

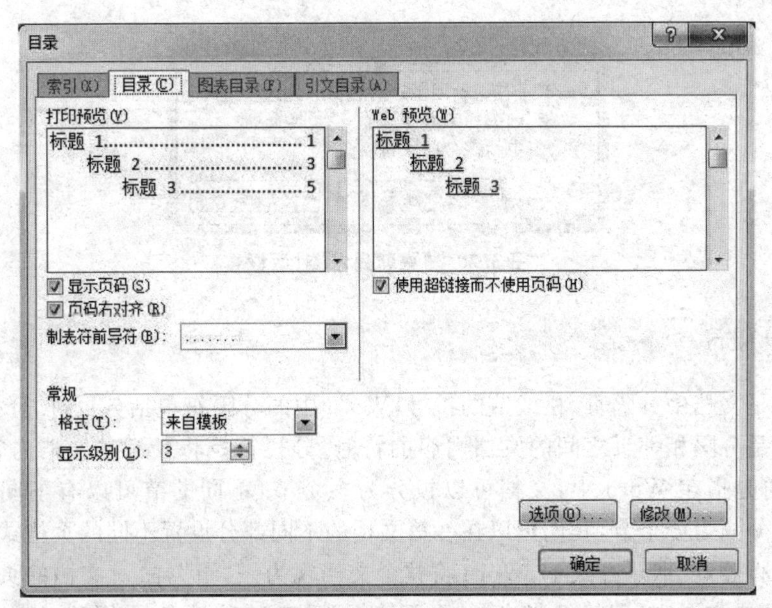

图 3.76　“目录”对话框

目录

第三章 word2010 基础及其应用........2
3.1 word 2010 的主要功能........2
3.1.1 word 的主要功能........2
3.1.2 word2010 新增主要功能........4
3.2 认识 word2010........5
3.2.1 启动和退出 word2010........5
3.2.2 word 2010 工作界面........6
3.3word2010 的编辑与排版........9
3.3.1 文档的基本操作........10
3.3.2 文档的基本排版........26
3.4 文档的图文混排........45
3.4.1 图片和剪贴画........45
3.4.2 文本框的设置........53
3.4.3 艺术字设置........55
3.4.4 公式的编辑........56
3.5 表格的编辑........57
3.5.1 表格的创建........57
3.5.2 表格的编辑........60

图 3.77　目录示例

目录生成后，文档内容还有可能发生变化，这时候就需要更新目录。右键单击目录区，在弹出的快捷菜单中选择“更新目录”项，弹出“更新目录”对话框，如图 3.78 所示。更新目录分两种情况，第一种是“只更新页码”，第二种是“更新整个目录”，前者适用于只增删了正文内容的情况，后者适用于更改了标题结构的情况。

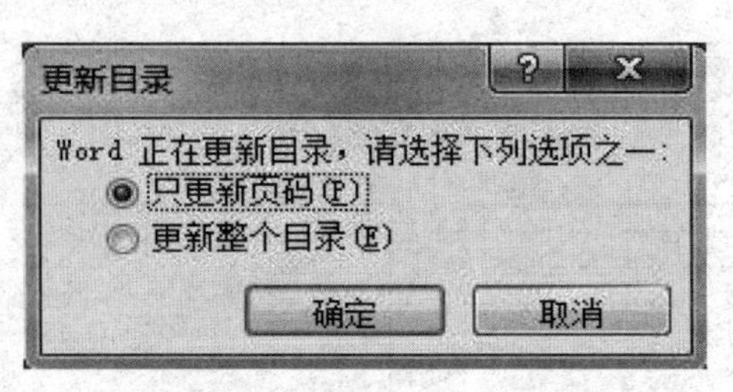

图 3.78 “更新目录”对话框

3.6.3 分隔符

分隔符是文档中分隔页、栏或节的符号，Word 中的分隔符包括分页符、分栏符和分节符。分页符是分隔相邻页之间的文档内容的符号；分栏符是将其后的文档内容从下一栏起排；分节符是指在 Word 中，文档可以被分为多个节，不同的节可以有不同的页格式。通过将文档分隔为多个节，我们可以在一篇文档的不同部分设置不同的页格式(如页面边框、页眉/页脚等)。默认方式下，Word 将整个文档视为一“节”，故对文档的页面设置，包括边距、纸型或方向、打印机纸张来源、页面边框、垂直对齐方式、页眉和页脚、分栏、页码编排、行号及脚注和尾注，是应用于整篇文档的。

若需要在一页之内或多页之间采用不同的版面布局，只需要插入“分节符”将文档分成几“节”，然后根据具体情况设置每“节”的格式即可。插入分节符的方法如下：单击“页面布局”选项卡的“页面设置”组的“分隔符”按钮，弹出分隔符列表，如图 3.79 所示，列表包括“分页符”和“分节符”两类，可根据需要插入。在论文里，“分节符”里的“连续”比较常用，它会将文章分节，但不会从分节符那里分页，如果选“下一页”，就会从插入分节符的位置开始将下面的文档强制另起一页。

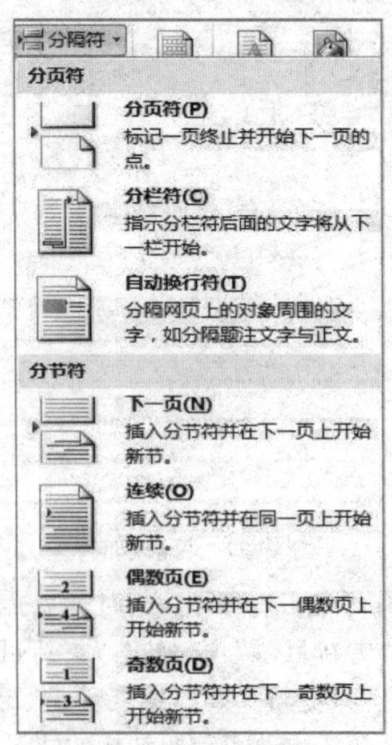

图 3.79 “分隔符”列表

3.6.4 批注与修订

(1)批注

批注是审阅者添加到独立的批注窗口中的文档注释或者注解,当审阅者只是评论文档而不直接修改文档时,需要插入批注,批注不影响文档的内容。

批注是隐藏的文字,Word 会为每个批注自动赋予不重复的编号和名称,例如在本文中插入一个批注,内容为“这个是批注的示例!”,插入批注的步骤是首先将光标移动到要插入批注的正文处,然后在“审阅”功能区的“批注”组里点击“新建批注”,并在批注文本框内输入批注的内容,如图 3.80 所示。若要删除批注,则在批注上点击右键,在菜单上点击“删除批注”按钮即可,在文本打印的时候批注内容默认不打印出来。

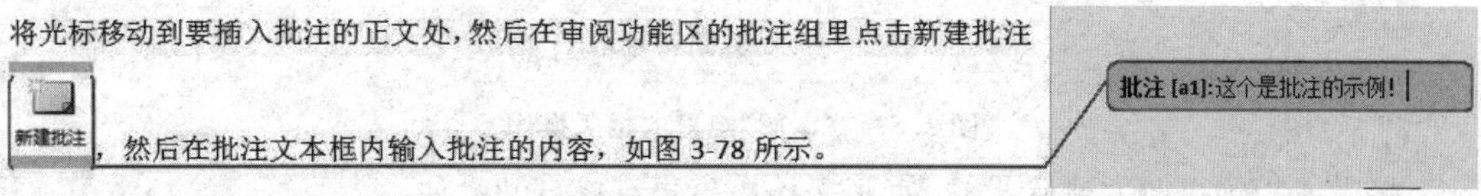

将光标移动到要插入批注的正文处，然后在审阅功能区的批注组里点击新建批注

新建批注，然后在批注文本框内输入批注的内容，如图 3-78 所示。

批注 [a1]:这个是批注的示例!

图 3.80　批注示例

(2)修订

为了防止用户不经意地分发包含修订和批注的文档,在默认情况下,Word 显示修订和批注。“显示标记的最终状态”是默认选项,如图 3.81 所示。在 Word 2010 中,可以跟踪每个插入、删除、移动、格式更改或批注操作,以便在以后审阅所有这些更改。“审阅窗格”中显示了文档中当前出现的所有更改、更改的总数及每类更改的数目。

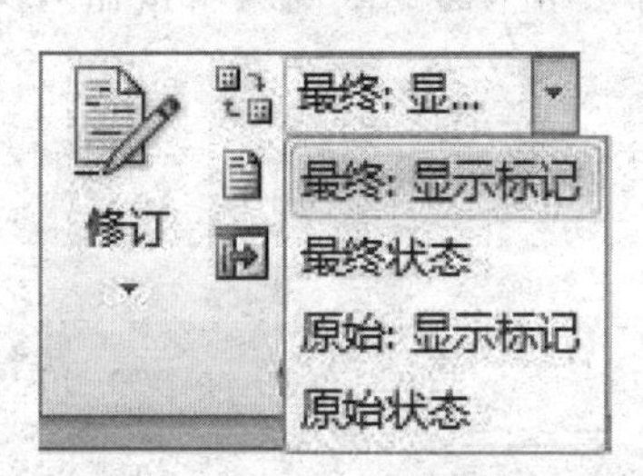

图 3.81　修订及文档显示的状态

当审阅修订和批注时,可以接受或拒绝每一项更改。在接受或拒绝文档中的所有修订和批注之前,即使是发送或显示的文档中的更改被隐藏,审阅者也能够看到。

“审阅窗格”是一个方便实用的工具,借助它可以确认已经从您的文档中删除了所有修订,使得这些修订不会显示给可能查看该文档的其他人。“审阅窗格”顶部的摘要部分显示了文档中仍然存在的可见修订和批注的确切数目。通过“审阅窗格”,还可以读取批注气泡容纳不下的长批注。

在“审阅”选项卡上的“修订”组中单击“审阅窗格”,在屏幕侧边查看摘要。若要在屏幕底部而不是侧边查看摘要,请单击“审阅窗格”旁的箭头,然后单击“水平审阅窗格”。若要查看每类更改的数目,请单击“显示详细汇总”。

按顺序审阅每一项修订和批注。在“审阅”选项卡上的“更改”组中,单击“下一条”或“上一条”,如图 3.82 所示,执行下列操作之一。

① 在“更改”组中，单击“接受”。

② 在“更改”组中，单击“拒绝”。

③ 在“批注”组中，单击“删除”。

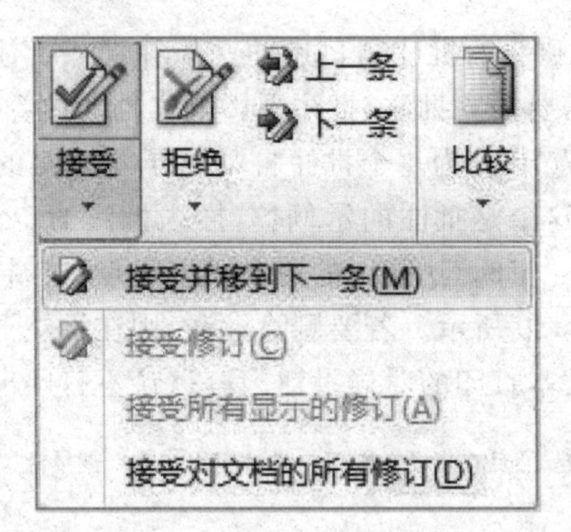

图 3.82 “审阅”组里的相关操作

接受或拒绝更改并删除批注，直到文档中不再有修订和批注。

同时接受所有更改，可以在“审阅”选项卡上的“更改”组中单击“接受”下方的箭头，然后单击“接受对文档的所有修订”。

同时拒绝所有更改，可以在“审阅”选项卡上的“更改”组中单击“拒绝”下方的箭头，然后单击“拒绝对文档的所有修订”。

同时也可以用审阅功能区中的“比较”组对修改过的两个文档进行比较或者合并，如图 3.83 所示；还可以通过“保护”组里面的限制编辑按钮对文档进行限制编辑，如图 3.84 所示。

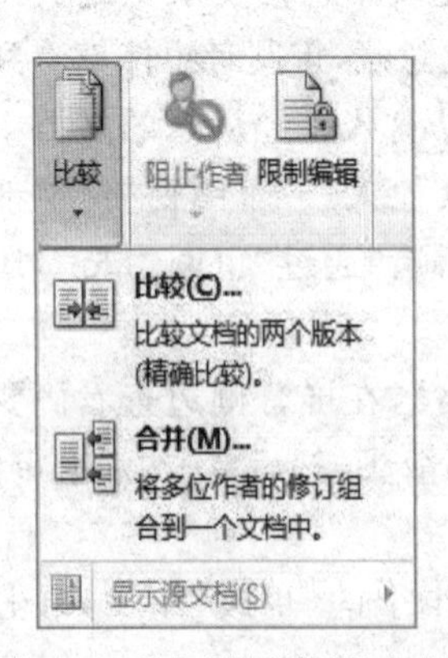

图3.83 “审阅”中的“比较”组

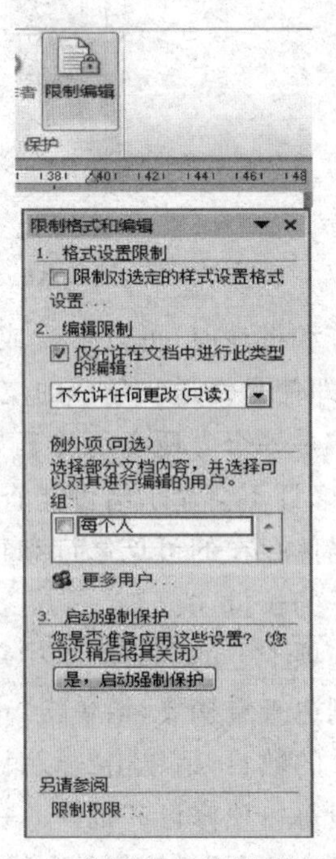

图 3.84 “审阅”中的“限制编辑”

3.6.5 字数统计

论文一般都有字数要求，不宜太多也不宜太少。想知道自己的论文共有多少字，其实很简单，Word 2010 提供了自动统计字数的功能。单击“审阅”选项卡“校对”组的“字数统计”命令，就会跳出“字数统计”对话框，如图 3.85 所示，显示当前论文总页数、字数等项目。

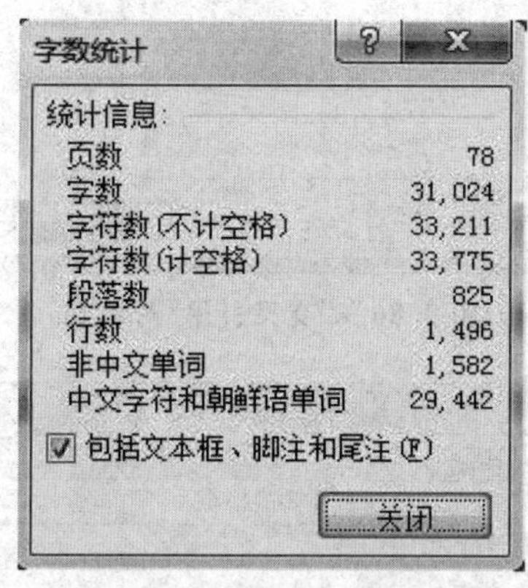

图 3.85　“字数统计”对话框

3.6.6 参考文献

参考文献是指为撰写或编辑论文和著作而引用的有关文献信息资源。

参考文献可以通过 Word 2010 的“尾注”功能来插入，这样插入的参考文献有一个好处，就是当鼠标指到正文引用处时，会提示引用的文献。操作步骤如下：

①点击“引用→脚注”中右下角的箭头，弹出“脚注和尾注”对话框。

②“位置”选择“尾注”和“文档结尾”，“编号格式”选“1,2,3,…”，单击“插入”按钮。

③这时，光标会定位到文档结尾处，用户能看到一个带虚线框的编号，即参考文献的编号，将该参考文献内容写完整。

④往后的参考文献引用，只需要直接使用“引用”选项卡中“插入尾注”命令即可，编号会自动按顺序生成，不需要调整。

⑤如果多处引用同一篇参考文献，则不能用“插入尾注”的方法，应该采用“引用”选项卡中的“交叉引用”命令，配置如图 3.86 所示。对于交叉引用的编号，需要人为添加中括号，并设置为上标形式，快捷键为 Shift＋Ctrl＋“＝”。

⑥当整篇论文完成，需要在参考文献编号上添加中括号时，可以使用“开始”选项卡中的“替换”命令将“^e”替换为“[^&]”，如图 3.87 所示。

⑦参考文献不是论文的最后部分，但尾注只能是节或者文档的结尾。解决方法是，将文档结尾参考文献中所有的编号删除，然后选中这些内容，再选择“插入”选项卡中的“书签”命令，将其添加到书签中，书签名随便取，如“参考文献内容”等。

⑧在文档中新建参考文献的页，在这一页上，选择“交叉引用”，将之前添加的书签插入，并对这些参考文献进行自动编号，如图 3.88 所示。

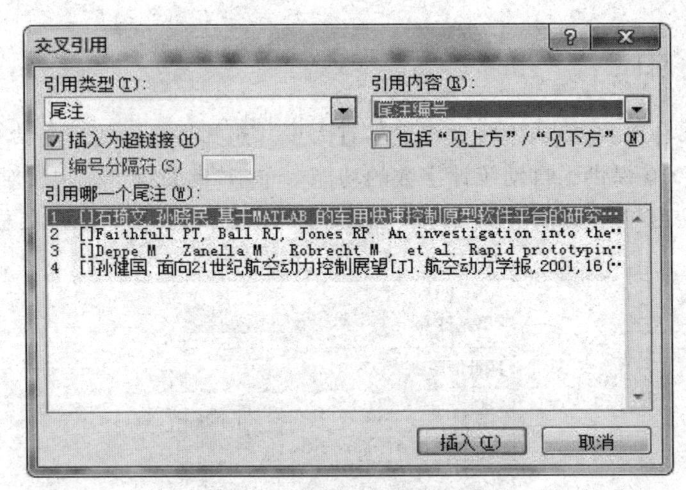

图 3.86 "交叉引用"对话框

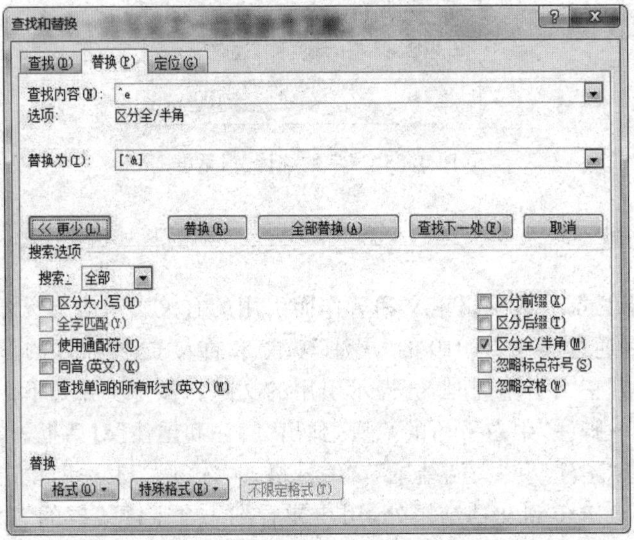

图 3.87 "替换"对话框应输入的内容

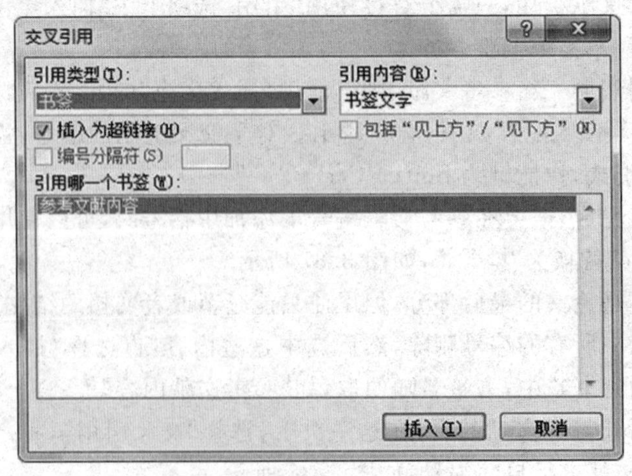

图 3.88 "交叉引用"对话框

习　题

一、选择题

1. 在 Word 的文档窗口进行最小化操作则(　　)。

A. 会将指定的文档关闭

B. 会关闭文档及其窗口

C. 文档的窗口和文档都没关闭

D. 会将指定的文档从外存中读入,并显示出来

2. 若想在屏幕上显示常用工具栏,应当使用(　　)。

A.“视图”菜单中的命令　　B.“格式”菜单中的命令

C.“插入”菜单中的命令　　D.“工具”菜单中的命令

3. 用 Word 进行编辑时,要将选定区域的内容放到剪贴板上,可单击工具栏中的(　　)。

A. 剪切或替换　B. 剪切或清除　C. 剪切或复制　D. 剪切或粘贴

4. 在 Word 中,用户同时编辑多个文档,要一次将它们全部保存应(　　)。

A. 按住 Shift 键,并选择“文件”菜单中的“全部保存”命令

B. 按住 Ctrl 键,并选择“文件”菜单中的“全部保存”命令

C. 直接选择“文件”菜单中“另存为”命令

D. 按住 Alt 键,并选择“文件”菜单中的“全部保存”命令

5. 在使用 Word 进行文字编辑时,下面叙述中错误的是(　　)。

A. Word 可将正在编辑的文档另存为一个纯文本(.txt)文件

B. 使用“文件”菜单中的“打开”命令可以打开一个已存在的 Word 文档

C. 打印预览时,打印机必须是已经开启的

D. Word 允许同时打开多个文档

6. 使图片按比例缩放应选用(　　)。

A. 拖动中间的句柄　　B. 拖动四角的句柄

C. 拖动图片边框线　　D. 拖动边框线的句柄

7. 能显示页眉和页脚的方式是(　　)。

A. 普通视图　B. 页面视图　C. 大纲视图　D. 全屏幕视图

8. 在 Word 中,如果要使图片周围环绕文字应选择(　)。

A.“绘图”工具栏中“文字环绕”列表中的“四周环绕”

B.“图片”工具栏中“文字环绕”列表中的“四周环绕”

C.“常用”工具栏中“文字环绕”列表中的“四周环绕”

D.“格式”工具栏中“文字环绕”列表中的“四周环绕”

9. 在 Word 中,对表格添加边框应执行(　　)操作。

A.“格式”菜单中的“边框和底纹”对话框中的“边框”标签项

B.“表格”菜单中的“边框和底纹”对话框中的“边框”标签项

C.“工具”菜单中的“边框和底纹”对话框中的“边框”标签项
D.“插入”菜单中的“边框和底纹”对话框中的“边框”标签项
10. 要删除单元格正确的操作是(　　)。
A. 选中要删除的单元格,按 DEL 键
B. 选中要删除的单元格,按剪切按钮
C. 选中要删除的单元格,使用 Shift+Del
D. 选中要删除的单元格,使用右键的“删除单元格”
11. 以下关于中文 Word 的特点描述正确的是(　　)。
A. 一定要通过使用“打印预览”才能看到打印出来的效果
B. 不能进行图文混排
C. 即点即输
D. 无法检查文件的英文拼写及语法错误
12. 在 Word 中,调整文本行间距应选取(　　)。
A.“格式”菜单中“字体”中的行距
B.“插入”菜单中“段落”中的行距
C.“视图”菜单中的“标尺”
D.“格式”菜单中“段落”中的行距
13. Word 的页边距可以通过(　　)设置。
A.“页面”视图下的“标尺”
B.“格式”菜单下的“段落”
C.“文件”菜单下的“页面设置”
D.“工具”菜单下的“选项”
14. 在 Word 中要使用段落插入书签应执行(　　)操作。
A.“插入”菜单中的“书签”命令　　B.“格式”菜单中的“书签”命令
C.“工具”菜单中的“书签”命令　　D.“视图”菜单中的“书签”命令
15. 下面对 Word 编辑功能的描述中错误的是(　　)。
A. Word 可以开启多个文档编辑窗口
B. Word 可以插入多种格式的系统时期、时间到插入点位置
C. Word 可以插入多种类型的图形文件
D. 使用“编辑”菜单中的“复制”命令可将已选中的对象拷贝到插入点位置
16. 在 Word 中,如果要在文档中层叠图形对象,应执行(　　)操作。
A.“绘图”工具栏中的“叠放次序”命令
B.“绘图”工具栏中的“绘图”菜单中“叠放次序”命令
C.“图片”工具栏中的“叠放次序”命令
D.“格式”工具栏中的“叠放次序”命令
17. 在 Word 中,要给图形对象设置阴影,应执行(　　)操作。
A.“格式”工具栏中的“阴影”命令　　B.“常用”工具栏中的“阴影”命令
C.“格式”工具栏中的“阴影”命令　　D.“绘图”工具栏中的“阴影”命令

18. 在word中要删除表格中的某单元格,应执行(　　)操作。

A. 选定所要删除的单元格,选择“表格”菜单中的“删除单元格”命令

B. 选定所要删除的单元格所在的列,选择“表格”菜单中的“删除行”命令

C. 选定所要删除的单元格所在的行,选择“表格”菜单中的“删除列”命令

D. 选定所要删除的单元格,选择“表格”菜单中的“单元格高度和宽度”命令

19. 在Word中,将表格数据排序应执行(　　)操作。

A.“表格”菜单中的“排序”命令　　B.“工具”菜单中的“排序”命令

C.“表格”菜单中的“公式”命令　　D.“工具”菜单中的“公式”命令

20. 若要在Word中删除表格中某单元格所在的行,则应选择“删除单元格”对话框中的(　　)。

A.“右侧单元格左移”　　B.“下方单元格上移”

C.“整行删除”　　D.“整列删除”

21. 在Word中要对某一单元格进行拆分,应执行(　　)操作。

A.“插入”菜单中的“拆分单元格”命令

B.“格式”菜单中的“拆分单元格”命令

C.“工具”菜单中的“拆分单元格”命令

D.“表格”菜单中的“拆分单元格”命令

22. 在Word 2010中对内容不足一页的文档分栏时,如果要显示两栏,那么首先应(　　)。

A. 选定全部文档　　B. 选定除文末回车符以外的全部内容

C. 将插入点置于文档中部　　D. 以上都可以

23. 在Word 2010已打开的文档中要插入另一个文档的全部内容,可单击“插入”选项卡“文本”组中(　　)按钮,在其下拉框中选择“文件中的文字”选项。

A.“文本框”　　B.“对象”　　C.“文档部件”　　D.“签名行”

24. 在Word 2010的“文件”菜单“最近所用文件”功能面板中显示有一些Word文件名,这些文件是(　　)。

A. 当前已打开的文件　　B. 最近被操作过的所有文档

C. 所有Word 2010文档　　D. 最近被操作过的Word 2010文档

25. 在Word 2010中删除一个段落标记后,前后两段文字合并为一段,此时(　　)。

A. 原段落格式不变　　B. 采用后一段格式

C. 采用前一段格式　　D. 变为默认格式

26. 在Word 2010中可以利用(　　)对话框来精确设置显示的大小。

A. 标尺　　B. 显示比例　　C. 并排查看　　D. 放大镜

27. 在Word 2010中,下面有关分页的叙述,错误的是(　　)。

A. 分页符也能打印出来　　B. 可以自动分页,也可以人工分页

C. 按Delete可以删除人工分页符　　D. 分页符标志着新一页的开始

28. 某个文档基本是纵向的,如果某一页需要横向页面,那么(　　)。

A. 不可以这样做

B. 可在该页开始处插入分节符,在该页下一页开始处插入分节符,将该页通过“页面设置”改为横向,但应用范围必须设为“本节”

C. 可将整个文档分为两个文档来处理

D. 可将整个文档分为三个文档来处理

29. 记事本不能识别 Word 文档,因为 Word(　　)。

A. 文件比较长　　B. 文件中含有特殊控制符

C. 文字中含有汉字　　D. 文件中的西文有“全角”和“半角”之分

30. 下列有关 Word 格式刷的叙述中,正确的是(　　)。

A. 格式刷只能复制字体格式

B. 格式刷可用于复制纯文本的内容

C. 格式刷只能复制段落格式

D. 格式刷同时复制字体和段落格式

二、填空题

1. Word 默认显示的工具栏是(　　)和格式工具栏。

2. 如果想在文档中加入页眉、页脚,应当使用(　　)菜单中的“页眉和页脚”命令。

3. Word 在编辑一个文档完毕后,要想知道它打印后的结果,可使用(　　)功能。

4. 单击(　　)按钮,鼠标指向(　　),然后再指向其子菜单中的“Microsoft Word”就启动了 Word。

5. 第一次启动 Word 后系统自动建立的一个空白文档名为(　　)。

6. 在 Word 中向前滚动一页,可按下(　　)键完成。

7. 选定内容后,单击“剪切”按钮,则选定部分被删除并送到(　　)上。

8. 将文档分左右两个版面的功能叫作(　　),将段落的第一字放大突出显示的是(　　)功能。

9. 在 Word 中执行(　　)菜单下的插入表格命令,可建立一个规则的表格。

10. 在表格中将一列数字相加,可使用自动求和按钮,其他类型的计算可使用表格菜单下的(　　)命令。

11. 每段首行首字距页左边界的距离被称为(　　),而从第二行开始,相对于第一行左侧的偏移量被称为(　　)。

12. 当执行了错误操作后,可以单击(　　)按钮撤销当前操作,还可以从(　　)列表中执行多次撤销或恢复撤销的操作。

13. Word 表格由若干行和若干列组成,行和列交叉的地方被称为(　　)。

14. Word 2010 保存文档的缺省扩展名是(　　)。

15. Word 2010 中的链接与嵌入是通过(　　)技术实现的。

三、判断题(对的打“√”,错误的打“×”)

1. Word 中不能插入剪贴画。　(　　)

2. 插入艺术字既能设置字体,又能设置字号。　(　　)

3. Word 中被剪掉的图片可以恢复。　(　　)

4. 页边距可以通过标尺设置。　(　　)

5. 如果需要对文本格式化，则必须先选择需要被格式化的文本，然后再对其进行操作。　(　　)

6. 页眉与页脚一经插入，就不能修改了。　(　　)

7. 对当前文档的分栏最多可分为三栏。　(　　)

8. 使用 Delete 键删除的图片，可以粘贴回来。　(　　)

9. 在 Word 中可以使用在最后一行的行末按下 Tab 键的方式在表格末添加一行。　(　　)

10. 在普通视图中，需打开“插入”菜单，单击“脚注”或“尾注”，打开一个专门的注释内容编辑区，才能查看和编辑注释内容。　(　　)

第4章　Excel 2010 基础及其应用

Excel 2010 电子表格软件是 Office 2010 中另一个常用的办公软件，用于数据处理，它对由行和列构成的二维表格中的数据进行管理，能对数据进行运算、分析、输出结果，并能制作出图文并茂的工作表格。Excel 2010 广泛地应用于金融、财税、行政、个人事务等领域。

4.1　Excel 2010 的基本操作

4.1.1　Excel 2010 的启动与退出

启动 Excel 2010 的方法很简单，这里给用户提供两种方式。

第一种方法是双击桌面的“Excel 2010”图标。第二种方法是单击“开始”菜单，然后单击“所有程序”，单击“Microsoft Office”选择“Microsft Office Excel 2010”。

使用 Excel 2010 结束后，需要退出工作表。Excel 2010 的退出也十分方便，只需在 Excel 2010 窗口中切换到“文件”选项卡，单击窗口左侧窗格中最下方的“退出”命令即可退出。

4.1.2　Excel 2010 的窗口组成

Excel 2010 的窗口组成与 Excel 2003 相比有了明显的改变，Excel 2010 的工作界面更加友好，更贴近于 Windows 7 操作系统。Excel 2010 的工作界面由菜单栏、标题栏、快速访问工具栏、功能区、编辑栏、工作表格区、滚动条和状态栏等元素组成，如图 4.1 所示。

(1)菜单栏

菜单栏由“文件”“开始”“插入”“页面布局”等选项卡组成，如图 4.1 所示。单击选项卡，在功能区会出现与此选项卡对应的功能。例如，单击 “文件”选项卡，可以打开“文件”功能界面。在该界面中，用户可以使用其中的新建、打开、保存、打印、共享以及发布工作簿等命令。

(2)快速访问工具栏

Excel 2010 的快速访问工具栏中包含最常用操作的快捷按钮，方便用户使用。单击快速访问工具栏中的按钮，可以执行相应的功能。

单击快速访问工具栏右侧的下拉箭头，弹出如图 4.2 所示的下拉菜单，用户只需勾选其中的项目，此项就可以出现在快速访问工具栏中。

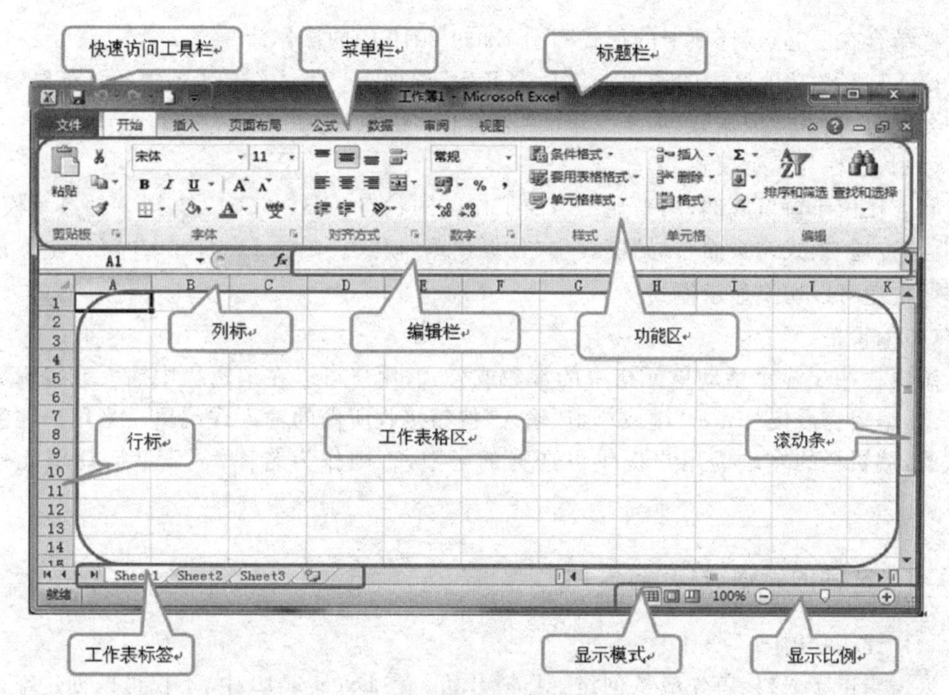

图 4.1　菜单栏

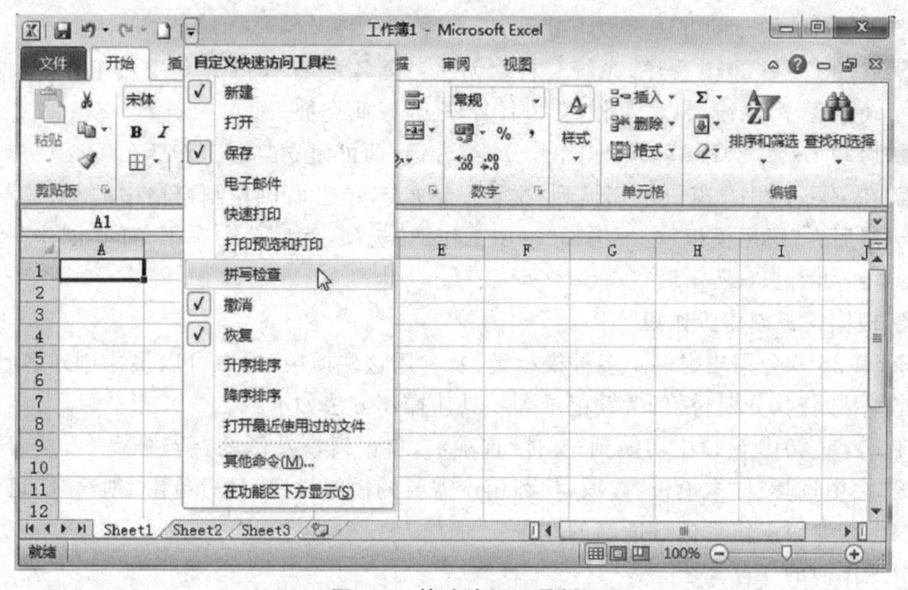

图 4.2　快速访问工具栏

(3)标题栏

标题栏位于窗口的最上方,用于显示当前正在运行的文件的文件名等信息。如果是刚打开的新工作簿文件,用户所看到的文件名是"工作簿 1",这是 Excel 2010 默认建立的文件名。单击标题栏右端的按钮 - □ X,可以最小化、最大化或关闭窗口。

(4)功能区

功能区是 Excel 2010 工作界面中添加的新元素,它将 Excel 2003 版本中的菜单栏与工具栏结合在一起，以选项卡的形式列出 Excel 2010 中的操作命令。

Excel 2010 功能区中的选项卡包括："开始"选项卡、"插入"选项卡、"页面布局"选项卡、"公式"选项卡、"数据"选项卡、"审阅"选项卡、"视图"选项卡。

(5)状态栏与显示模式

状态栏位于窗口底部，用来显示当前工作区的状态。Excel 2010 支持 3 种显示模式，分别为"普通"模式、"页面布局"模式与"分页预览"模式。单击 Excel 2010 窗口左下角的按钮可以切换显示模式。

(6)编辑栏

编辑栏用于显示活动单元格中的常数或公式，用户可以在编辑栏中输入或编辑数据及公式，编辑完后按"Enter"键或单击"输入"按钮接收所做的输入或编辑。当用户在编辑公式时，编辑栏的左端为用户提供可选择的函数，否则作为名称框，显示活动单元格的地址。

4.1.3 文件的新建、打开与保存

1)创建工作簿

要编辑电子表格，首先应从创建工作簿开始。在 Excel 2010 中，不仅可以创建空白工作簿，还可以根据模板创建带有格式的工作簿。工作簿的默认扩展名为".xlsx"。

建立空白工作簿的方法有以下几种：

- 启动 Excel 2010 程序，系统会自动创建一个名为"工作簿 1"的空白工作簿；再次启动该程序，系统会以"工作簿 2"命名，之后以此类推。
- 启动 Excel 2010 后，按下 Ctrl＋N 组合键，即可建立空白工作簿。
- 在 Excel 2010 窗口中切换到"文件"选项卡，单击窗口左侧窗格中的"新建"命令，然后在"可用模板"栏中选择"空白工作簿"选项，然后单击右下角的"创建"按钮即可，如图 4.5 所示。
- 根据模板创建工作簿。

Excel 2010 为用户提供了多种模板类型，利用这些模板，用户可以快速创建各种类型的工作簿，如贷款分期付款、考勤记录等。具体操作方法如下：

在 Excel 2010 窗口中切换到"文件"选项卡，单击窗口左侧的"新建"命令，然后在"可用模板"栏中选择"样本模板"选项，找到用户需要的模板样式，最后单击"创建"即可，用户可以根据需要对工作簿进行适当的改进。

2)工作簿的保存

在工作簿中输入数据或对数据进行编辑后，需要对其进行保存，以便今后查看和使用。

(1)保存新建或已有的工作簿

要保存新建的工作簿，首先需要单击快速访问工具栏中的保存按钮，在弹出的"另存为"对话框中设置工作簿的保存路径、文件名及保存类型，然后再单击"保存"按钮即可。

除了上述方法外，用户还可以通过以下方式保存工作簿。

①切换到"文件"选项卡，然后单击左侧窗格中的"保存"命令。

②按下 Ctrl＋S 或 Shift＋F12 组合键都可以保存工作簿。

若要保存已有的工作簿，直接单击“保存”命令即可，此时不会弹出“另存为”对话框，系统会直接覆盖保存到原有的工作簿中。

(2)工作簿另存为

如不想覆盖保存到原有的工作簿或要将原有的工作簿备份，可以选择将修改的工作簿另存，以生成另一个工作簿。

工作簿另存的操作方法为：在 Excel 2010 窗口中切换到“文件”选项卡，单击窗口左侧窗格中的“另存为”命令，在弹出的“另存为”对话框中设置工作簿的保存路径、文件名及保存类型，然后再单击“保存”按钮即可。另外，在现有的工作簿中，按下 F12 键也可以执行“另存为”命令。

3)关闭工作簿

对工作簿进行了各种编辑并保存后，如果确定不再对其做任何操作就可将其关闭。关闭的方法有以下几种：

①在 Excel 2010 窗口中切换到“文件”选项卡，单击窗口左侧窗格中最下方的“退出”命令即可退出。

②在要关闭的工作簿中，单击左上角的控制菜单图标，在弹出的窗口控制菜单中单击“关闭”命令。

③在要关闭的工作簿中，单击右上角的“关闭”按钮。

若关闭工作簿时没有保存，在进行关闭操作时会提示保存，用户可根据实际情况确定是否需要保存操作的内容。

4)打开工作簿

若要对电脑中已有的工作簿进行编辑或查看，必须要先将其打开。一般情况下，直接双击已有工作簿的图标就可将其打开。此外还可以通过“打开”命令将其打开，操作方法如下：

先在 Excel 2010 窗口中切换到“文件”选项卡，单击窗口左侧窗格中的“打开”命令，在弹出的“打开”对话框中找到具体路径并将其选中，然后单击“打开”按钮即可。

4.1.4 工作表的基本操作

在 Excel 2010 的使用过程中，用户必须了解工作表的基本操作，如新建、复制、移动、删除等，本小节将做详细的介绍。

1)切换和选择工作表

工作表是显示在工作簿窗口中的表格，是一个平面二维表。一个工作表最多可由 65536 行和 256 列构成。行的编号从 1 到 65536，列的编号依次用字母 A，B …Z，AA，AB…IV表示。工作表标签显示了系统默认的前三个工作表名：Sheet1、Sheet2、Sheet3。其中白色的工作表标签表示活动工作表，如图 4.3 所示。

要编辑某张工作表，先要切换到该工作表页面，切换到的工作表叫活动工作表。如果要在工作表间进行切换，即激活相应的工作表，使其成为活动工作表，则应单击相应的工作表标签。

图 4.3　工作表

若要选择一张工作表，只要用鼠标单击其标签即可。若要选择多张工作表，可按如下方法操作：

①选择多张连续的工作表：选中要选择的第一张工作表，然后按住“Shift”键，再单击要选择的多张工作表中的最后一张，即可选中二张工作表之间的所有工作表。

②选择全部工作表，使用鼠标右键单击任意一张工作表标签，在弹出的快捷菜单中选择“选定全部工作表”命令。

2)添加和删除工作表

在默认的情况下，Excel 2010 的工作簿中有 3 张工作表，用户可以根据自己的需要进行添加或删除。

(1)添加工作表

添加工作表也叫新建工作表，用户可以按照如下 3 种方法进行添加：

①使用鼠标右键单击任意一个工作表标签，在弹出的快捷菜单中选择“插入”命令，系统会弹出“插入”对话框，在此对话框中选择“工作表”选项，然后单击“确定”按钮即可，如图 4.4 所示。

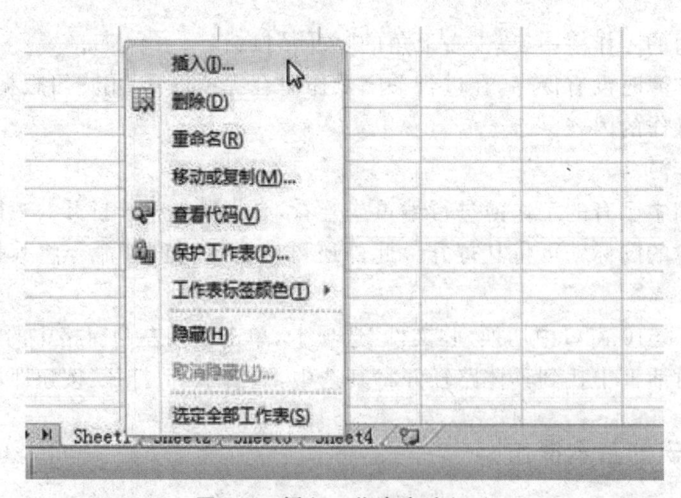

图 4.4　插入工作表方法(一)

②单击工作表标签右侧的“插入工作表”按钮，即可插入新的工作表，如图 4.5 所示。

图 4.5　插入工作表方法(二)

③在“开始”选项卡的“单元格”组中，单击“插入”按钮下方的下拉按钮，选择“插入工作表”选项，如图 4.6 所示。

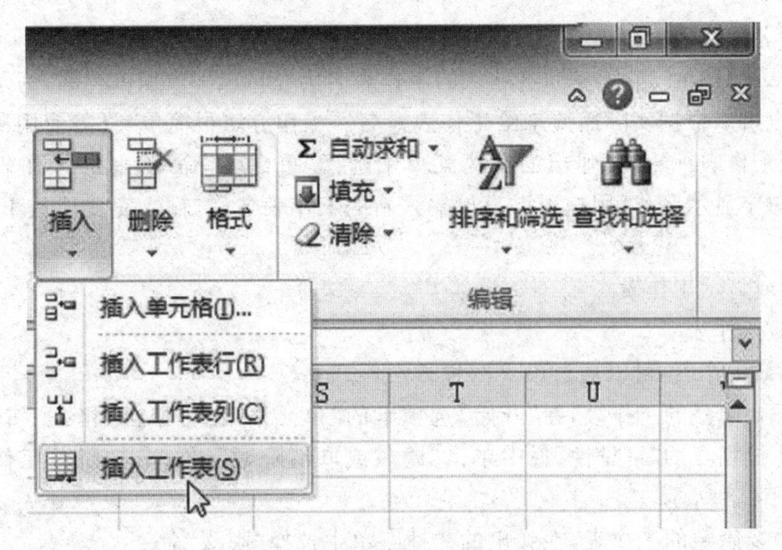

图 4.6　插入工作表方法(三)

(2)删除工作表

如果工作簿中有多余的工作表,可以将其删除。删除工作表的方法有以下两种:

①使用鼠标右键单击任意一个工作表标签,在弹出的快捷菜单中选择“删除”命令。

②选中要删除的工作表,在“开始”选项卡的“单元格”组中,单击“删除”按钮下方的下拉按钮,选择“删除工作表”选项。

3)移动和复制工作表

Excel 2010 中可以进行移动与复制工作表的操作,具体方法如下:

使用鼠标右键单击任意一个工作表标签,在弹出的快捷菜单中选择“移动或复制”命令,系统会弹出“移动或复制工作表”对话框,在此对话框的“将选择工作表移至工作簿”下拉菜单中选择目标工作簿,在“下列选定工作表之前”列表框中选择工作表中的目标工作簿中的位置即可移动工作表。如果要复制工作表,需要将“建立副本”复选框选中,然后单击“确定”按钮即可复制,如图 4.7 所示。

移动或复制工作表
将选定工作表移至
工作簿(T):
工作簿1
下列选定工作表之前(B):
Sheet5
Sheet1
Sheet2
Sheet3
Sheet4
(移至最后)
建立副本(C)
确定　取消

图 4.7　“移动和复制工作表”

4)重命名工作表

在 Excel 2010 中,工作表标签默认的工作表名为“Sheet1”“Sheet2”等,为了便于查询和管理,用户可以根据实际需要来给工作表命名。操作方法很简单,只需使用鼠标右键单击任意一个工作表标签,在弹出的快捷菜单中选择“重命名”命令,此时工作表标签被激活,以黑底白字显示名称,用户可以直接输入新的工作表名称,输入完成后按下“Enter”键即可。

5)隐藏或显示工作表

(1)隐藏工作表

若要隐藏工作表,可以通过以下两种方法:

- 选中要隐藏的工作表,在“开始”选项卡的“单元格”组中单击“格式”按钮,在弹出的下拉列表的“可见性”栏中单击“隐藏或取消隐藏”,再单击“隐藏工作表”选项,如图 4.8 所示。
- 选中要隐藏的工作表,在弹出的快捷菜单中选择“隐藏”命令。

图 4.8 “隐藏工作表”

(2)显示工作表

若要将隐藏的工作表显示出来,可以参照第一种隐藏方法进行操作。选中要隐藏的工作表,在“开始”选项卡的“单元格”组中单击“格式”按钮,在弹出的下拉列表的“可见性”栏中单击“隐藏或取消隐藏”,再单击“取消隐藏工作表”选项。

6)保护工作表

为了防止工作表中的重要数据被他人修改,可以设置保护工作表,具体操作如下:

选中要保护的工作表,在"开始"选项卡的"信息"命令,在中间窗格中选择"保护工作簿",在弹出的下拉列表中选择"保护当前工作表"选项,弹出"保护工作表"对话框,如图 4.9 所示,在"取消工作表保护时使用的密码"文本框中输入密码,然后单击"确定"按钮。此时会弹出"确认密码"对话框,再次输入密码,单击"确定"按钮即可。

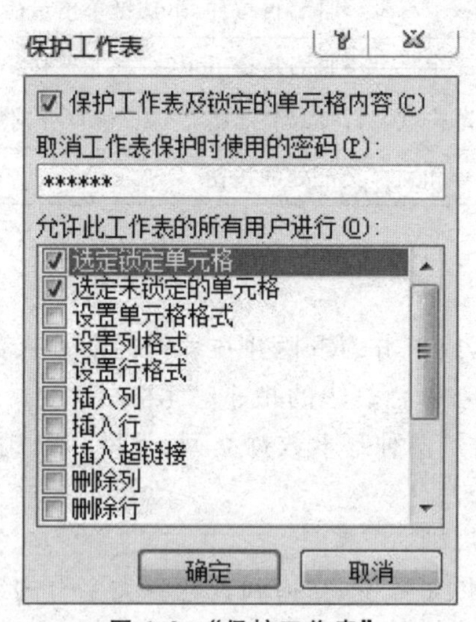

图 4.9 "保护工作表"

4.2 工作表的创建与格式化

4.2.1 数据输入与编辑

数据输入和编辑是用户操作过程中遇到的很实际的问题。针对不同规律的数据,采用不同的输入方法,不仅能减少数据输入的工作量,还能保障输入数据的正确性。

1)选择单元格

在单元格中输入数据前,必须先选中单元格,单元格的选择可以是一个,也可以是多个,用户可以根据选择单元格的个数通过表 4.1 所示的方式来进行选择:

表 4.1 单元格选择项目的方法

选择项目	方 法
一个单元格	单击要激活的单元格
	在名称框中输入单元格地址,按 Enter 键
	使用键盘上的光标移动键
矩形区域	对区域角上的单元格按下鼠标左键,然后沿对角线方向拖动鼠标
	单击区域角上的单元格,然后按住 Shift 键,再单击对角线方向的末单元格

续 表

选择项目	方 法
多个不相邻单元格	先选第一个单元格(或矩形区域),再按住 Ctrl 键并单击其他单元格
一行/一列	鼠标单击行号/列标
相邻行/列	在行号/列标上拖动鼠标从第一行/列到最后一行/列
	单击第一个行号/列标,再按住 Shift 键单击最后一行/列的行号/列标
	单击第一个行号/列标,再按 Shift 键和光标移动键
不相邻的行/列	用鼠标单击某一行号/列标,按住 Ctrl 键再分别单击其他的行号/列标
全部单元格	单击行号和列标交汇处的按钮

2)输入数据

在工作表中的步骤是:

选中单元格,键入数据,或单击编辑栏并在编辑栏上输入数据,按"Enter"键(激活下方的相邻单元格)或"Tab"键(激活右边的相邻单元格)。

Excel 2010 工作表包含了两种基本数据类型:常量和公式。用户录入的数据要符合一定的规则。

(1)输入文本(字符)的规则

Excel 中输入的文本可以是数字、空格和其他各类字符的组合。输入文本时,文本在单元格中默认的对齐方式为左对齐。用户可以通过格式操作命令改变对齐方式。

如果要在单元格内中换行(俗称硬回车),可以按"Alt+Enter"键(若仅按"Enter"键将激活相邻单元格)。

如果输入的数据是一串由数字构成的编号,且第一个数字为 0,这时应把编号当文本进行输入,输入时,在 0 的前面加上英文的单引号"'",如要输入编号 00001,则键入:' 00001。否则系统将会识别成纯数字并自动将其转化为 1。

用户在单元格中输入超过 11 位的数字时,Excel 会自动使用科学计数法来显示数字,如在单元格中输入并显示一个身份证号码 339005197502120672,按下"Enter"键后显示为"339005E+17"。若要在单元格内输入完整的 18 位身份证号码,可以选中单元格,然后在"开始"选项卡的"数字"组中选择"数字格式"下的"文本"即可。或者直接在单元格中键入'339005197502120672。

(2)输入数字的规则

Excel 中键入的数字为数字常量,允许出现字符:"0~9""+""-""( )"",""/ ""$""%""."“E""e"。

用户在输入正数时可以忽略正号(+),对于负数则可用"-"或"( )"。如-100,可输入(100)。例如:"34.666""$98""99%""(569)"等都是合法的数字常量。

用户在 Excel 中的单元格内输入分数 1/3 时,如直接在编辑栏里输入 1/3,系统自动以日期格式显示为:"1 月 3 日",为了区分日期与分数,输入的分数前应冠以 0(零)和空格,如键入"0 1/3"表示三分之一,0 和分数之间要加一个空格。

数字在单元格中默认的对齐方式为右对齐。用户可以通过格式操作命令改变默认方式。

(3)输入日期和时间的规则

通常，在 Excel 中输入日期采用的格式为：年－月－日、年/月/日；输入时间采用的格式为：时：分：秒。例如，要输入 2012 年 6 月 1 日，可以使用格式：2012-6-1 或 2012/6/1。要输入下午 3 点 45 分，可以使用格式：15:45 或 3:45 pm 或 3:45 p(5 与 p 之间要加一个空格)。

Excel 2010 将日期和时间当作数字进行处理。Excel 中有多种时间或日期的显示方式，并且默认的对齐方式为右对齐，用户可以通过格式操作命令改变对齐方式和它们的显示方式。

用户可以在同一单元格中键入日期和时间，这时要用空格做分隔。如："12-6-1 13:45"。

时间和日期可以进行运算。时间相减将得到时间差；时间相加得到总时间。日期也可以进行加减，相减得到相差的天数；当日期加上或减去一个整数，将得到另一日期。例如，A1 单元格数据为"12:30"，A2 单元格数据为"2:00"，如果在 A3 单元格输入公式：＝A1－A2，则 A3 单元格的显示为"10:30"。

(4)填充数据

对于经常在 Excel 中输入数据的用户来说，经常会输入一些相同或者有规律的内容，为了节省时间、减少错误，可以使用填充柄。

①填充相同的数据使用方法：选定源单元格，将鼠标指针移到填充柄上，变成实心的十字(＋)形状时，拖动鼠标到目标单元格。

如图 4.10 所示的使用填充柄填充此张报名表中，班级、课程和班级对于所有学员来说都是相同的，就不必一个一个输入，直接用填充柄填充即可。只需在 D3 单元格输入"1032"，然后选定此单元格，将鼠标指针移到单元格右下角上，变成实心的十字(＋)形状时，拖动鼠标到目标单元格即可完成。

	A	B	C	D	E	F
1	2010年下半年非毕业班期末报名表					
2	序号	学号	姓名	卷号	课程	班级
3	1	10242304001	李青红	1032	可视化编程（VB）	10春计算机科学与技术本
4	2	10242304002	侯冰	1032	可视化编程（VB）	10春计算机科学与技术本
5	3	10242304003	李青红	1032	可视化编程（VB）	10春计算机科学与技术本
6	4	10242304004	侯冰	1032	可视化编程（VB）	10春计算机科学与技术本
7	5	10242304005	吴国华	1032	可视化编程（VB）	10春计算机科学与技术本
8	6	10242304006	张跃平	1032	可视化编程（VB）	10春计算机科学与技术本
9	7	10242304007	李丽	1032	可视化编程（VB）	10春计算机科学与技术本
10	8	10242304008	汪琦	1032	可视化编程（VB）	10春计算机科学与技术本
11	9	10242304009	吕颂华	1032	可视化编程（VB）	10春计算机科学与技术本
12	10	10242304010	柳亚芬	1032	可视化编程（VB）	10春计算机科学与技术本
13	11	10242304011	韩飞	1032	可视化编程（VB）	10春计算机科学与技术本
14	12	10242304012	王建	1032	可视化编程（VB）	10春计算机科学与技术本
15	13	10242304013	沈高飞	1032	可视化编程（VB）	10春计算机科学与技术本

图 4.10　使用填充柄填充

②复制以 1 为步长的数据。使用方法：选定源单元格，将鼠标指针移到填充柄上，变成实心的十字(＋)形状时，按住“Ctrl”键，并拖动鼠标到目标单元格。

如图 4.10 所示，要输入学生的学号，其中第一位学生的学号已在 B3 单元格中输入，学号为“10242304001”，现在要在 B3 至 B15 分别填上“10242304001”至“10242304013”，则可以使用如下操作：选定 B3 单元格，将鼠标指针移到单元格右下角，变成实心的十字状时，按住 Ctrl 键，在 B 列中往下拖动鼠标指针至 B15，松开鼠标，松开 Ctrl 键。

③填充等差数列或等比数列。

填充等差数列的步骤是：在连续两个单元格里输入初值和第二个值，然后选定这两个单元格，最后拖动填充柄到需要数据的填充区域。

填充等差数列或等比数列都可以采用以下步骤：

a. 在第一个单元格里输入初值。

b. 用鼠标右键拖动填充柄到需要填充数据的单元格中，这时会弹出一个快捷菜单，在快捷菜单中选择“序列”命令，会出现如图 4.11 所示的对话框。

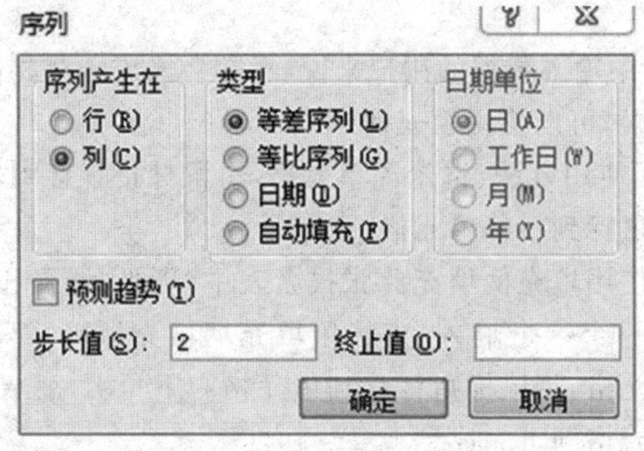

图 4.11 “序列”命令

c. 在对话框中选择等差序列或等比序列，输入步长，单击“确定”按钮，完成填充操作。

(5)填充其他序列

事实上，利用填充柄不仅可以复制文本，填充等差、等比数列，还可以填充星期、日期等序列，方法是：在输入第一个单元格后，采用鼠标右键拖动填充柄，如填充可以填充星期“Monday”至“Sunday”。

3)修改、插入和删除数据

(1)修改数据

修改已输入的数据可以采用如下方法：

方法①：选择单元格，用鼠标单击编辑栏的编辑区，在编辑区中进行修改操作。

方法②：双击要修改的单元格，这时在单元格中会出现插入点，然后进行插入、删除等操作。

若用户在选择了该单元后，直接键入数据或按 Delete 键，则会删除原有的数据。如果用户在键入数据确认以前，又想恢复原来的数据，可以用鼠标单击编辑栏中的取消“×”按钮，也可以按 Esc 键。如果按了 Delete 键，又想恢复原来的数据，则可以使用“撤销”命令。

(2)插入数据

Excel 中的插入有单元格、行或列的插入。

①单元格插入。用户可以插入一个或多个单元格,如果不是插入整行、整列,则新插入的单元格总是位于所选单元格的上方或左侧。插入单元格的步骤如下:

a. 选择一个或多个单元格。

b. 单击“插入”菜单下的“单元格”命令项;或右击选中的单元格,在快捷菜单中选择“插入”命令项。这时会弹出一个“插入”对话框,如图 4.12 所示。

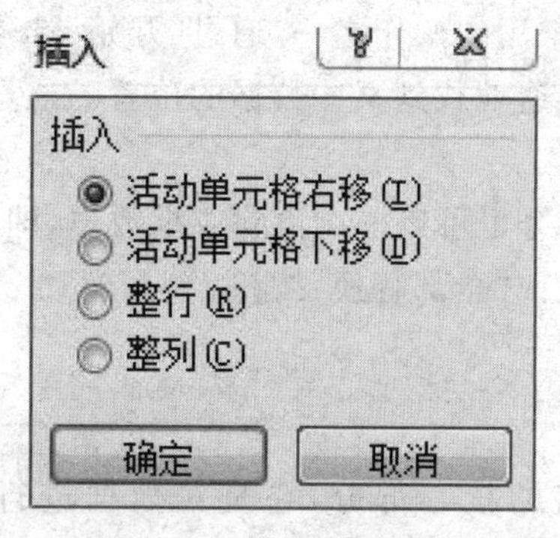

图 4.12　“插入”对话框

c. 用户可以在该对话框中选择如下插入方式之一:

- 活动单元格右移:插入与选定单元格数量相同的单元格,并插在选定的单元格左侧。
- 活动单元格下移:插入与选定单元格数量相同的单元格,并插在选定的单元格上方。

d. 用户选择其中一项后,单击“确定”按钮。

②整行(列)插入。

- 整行插入:插入的行数与选定单元格的行数相同,且插在选定的单元格上方。
- 整列插入:插入的列数与选定单元格的列数相同,且插在选定的单元格左侧。

(3)移动和复制

①移动。移动分为单元格中部分数据的移动、工作表中数据的移动。

a. 单元格中部分数据的移动。要移动单元格中的部分数据,应先选择这些数据,然后使用“剪切”和“粘贴”命令。其中选择部分数据的方法为:双击包含要移动内容的单元格,在单元格中选定要移动的部分字符;或者单击包含要移动内容的单元格,在编辑栏中选定要移动的部分字符。

b. 工作表中数据移动。工作表中数据移动是指移动一个或多个单元格中的数据,操作时可以使用剪贴板命令,也可以使用鼠标拖动。使用鼠标拖动的操作步骤为:

- 选择需要移动数据的单元格(一个或多个成矩形区域的单元格)。
- 将鼠标指针移到选中的单元格区域的边框,当鼠标指针变成“＋”形状时,拖动鼠标到需要数据的位置。移动后,新位置上单元格原有的数据消失,并被移过来的数据所覆盖。如果在移动的同时按住“Shift”键,则选择的这些单元格将插在新位置的左侧或上方。

②复制。复制操作与移动操作类似。

a. 单元格中部分数据的复制。操作与移动数据基本一致，只要将“剪切”命令改为“复制”命令就可以了。

b. 工作表中数据复制。工作表中数据复制可以使用剪贴板命令，也可以使用鼠标拖动的方法。使用鼠标拖动的操作步骤与移动操作类似，只是在拖动时，应同时按住 Ctrl 键。复制后，新位置上单元格原有的数据消失，被复制过来的数据所覆盖。

(4)查找与替换

查找和替换是编辑中最常用的操作之一，通过“开始”选项卡中的“查找和选择”命令，通过“查找”命令，用户可以快速地找到某些数据的位置。通过“替换”命令，用户可以统一修改一些数据。

另外，Excel 中的替换命令也可以一次清除成批数据，即“替换值”中不输入任何字符或数据，直接单击“替换”按钮或“全部替换”按钮。

4.2.2 公式与函数的使用

公式与函数是电子表格的核心部分，它是对数据进行计算、分析等操作的工具。Excel 2010 提供了许多类型的函数。在公式中利用函数可以进行简单或复杂的计算或数据处理。

1)公式的使用方法

(1)使用公式计算数据

Excel 中的公式是以等号开头的式子，语法为“＝表达式”。

其中的表达式是操作数和运算符的集合。操作数可以是常量、单元格或区域引用、标志、名称或工作表函数。若在输入表达式时需要加入函数，可以在编辑栏左端的“函数”下拉列表框选择函数。

例如，在如图 4.13 所示的工作表中，要在 G3 单元格中，计算出“李青红”同学的总分，则可先单击 G3 单元格，再输入公式“＝D3＋E3＋F3”，按“Enter”键。其中 D3、E3 和 F3 分别表示使用 D3、E3 和 F3 单元格中的数据“78”“45”和“72”。同时，“G4:G15”单元格会自动完成“总成绩”的计算。

	A	B	C	D	E	F	G
1	10春计算机科学与技术本成绩单						
2	序号	学号	姓名	数据库	可视化编程（VB）	计算机体系结构	总成绩
3	1	10242304001	李青红	78	45	65	=D3+E3+F3
4	2	10242304002	侯冰	45	67	56	
5	3	10242304003	李青红	65	78	78	
6	4	10242304005	侯冰	43	56	89	
7	5	10242304006	吴国华	34	76	78	
8	6	10242304007	张跃平	65	54	65	
9	7	10242304009	李丽	78	32	45	
10	8	10242304010	汪琦	56	65	45	
11	9	10242304012	吕颂华	87	78	67	
12	10	10242304013	柳亚芬	35	90	76	
13	11	10242304015	韩飞	76	65	56	
14	12	10242304016	王建	67	45	87	
15	13	10242304018	沈高飞	61	65	98	

图 4.13 工作表

(2)运算符

Excel 中运算符有 4 类:它们是算术运算符、比较运算符、文本运算符和引用运算符。

①算术运算符。运算符有:负号(－)、百分数(%)、乘幂(^)、乘(*)和除(/)、加(＋)和减(－)。

运算优先级:按顺序由高到低。如公式:"＝5/5%",表示$\frac{5}{5\%}$,值为 100;

②文本运算符。Excel 的文本运算符只有一个,就是"&"。

"&"的作用是将两个文本值连接起来产生一个连续的文本值,如公式"＝"用户好"& "中国"",值为"用户好中国";又如单元格 A1 储存着"中国",单元格 A2 储存着"浙江"(均不包括引号),则公式"＝A1&A2",值为"中国浙江"。

③比较运算符。比较运算符有:等于(＝)、小于(＜)、大于(＞)、小于等于(＜＝)、大于等于(＞＝)、不等于(＜＞)。

使用比较运算符可以比较两个值。比较的结果是一个逻辑值:"TRUE"或"FALSE"。"TRUE"表示条件成立,"FALSE"表示比较的条件不成立。

例如,公式"＝10＞＝45",表示判断"10"是否大于或等于"5",其结果显然是不成立的,故其值为"FALSE";

④引用运算符。在介绍引用运算符前,先介绍单元格的引用方法。

在 Excel 公式中经常要引用各单元格的内容,引用的作用是标识工作表上的单元格或单元格区域,并指明公式中所使用的数据位置。通过引用,用户可以在公式中使用工作表中不同部分的数据,或者在多个公式中使用同一单元格的数值。用户还可以引用同一工作簿中其他工作表中的数据。在 Excel 中,对单元格的引用分为相对引用、绝对引用和混合引用 3 种。

a. 相对引用。相对引用就是前面提到过的引用方法,即把 A 列 5 行的单元格表示成"A5",但事实上,相对引用是相对于包含公式的单元格的相对位置。

例如,在如图 4.14 所示的 D1 单元格输入公式"＝A1＋B1＋C1"复制到 D2 单元格时,D2 单元格的公式变为"＝A2＋B2＋C2",由此可见,D2 单元格中的公式发生了变化,其引用指向了与当前公式位置相对应的单元格。

D2　fx　=A2+B2+C2

	A	B	C	D
1	45	5	10	60
2	125	15	30	170
3				

图 4.14　相对引用实例

b. 绝对引用。如果在复制公式时不希望 Excel 调整引用,那么可以使用绝对引用。使用绝对引用的方法是:在行号和列标前各加上一个美元符号($),如 A1 单元格可以表示成"$A$1",这样,在复制包含该单元的公式时,对该单元的引用将保持不变。

例如,在将如图 4.15 所示的 D1 单元格输入公式"＝A1＋B1＋C1",复制到 D2 单元格时,D2 单元格的公式仍为"＝A1＋B1＋C1",结果仍旧为 60。由此可见,D2 单元格中的公式没有变化。

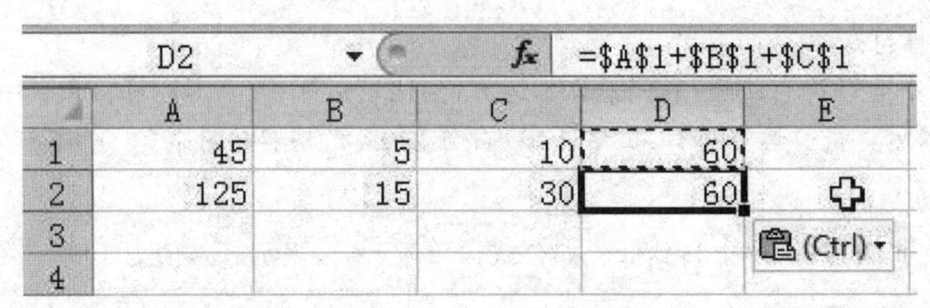

图 4.15　绝对引用实例

c. 混合引用。用户还可以根据需要只对行进行绝对引用或只对列进行绝对引用，即只在行号前加“＄”或只在列标前加“＄”。

例如，在单元格 B2 中输入公式“＝＄A2＊5”，当该公式复制到 B3 时，B3 中的公式成为“＝＄A3＊5”，若将该公式复制到 C2 时，C2 中的公式还是“＝＄A2＊5”。可见复制时，由于列标使用了绝对引用，所以不会发生变化，而行号采用相对引用，故行号会随着目标单元格行号的不同而改变。

⑤其他运算符。Excel 中，引用运算符有冒号(:)、逗号(,)、空格和感叹号(!)，使用引用运算符可以将单元格区域合并进行计算。

冒号(:)是区域运算符，以左右两个引用的单元格为对角的矩形区域内所有单元格进行引用。例如，“A1:C3”表示 A1、A2、A3、B1、B2、B3、C1、C2 和 C3 共 9 个单元格，公式“＝SUM(A1:C3)”，表示对这 9 个单元格的数值求和。

逗号(,)是联合运算符，它将多个引用合并为一个引用，如公式“＝SUM(B2:C3,B5:C7)”，表示对“B2:C3”和“B5:C7”共 10 个单元格的数值进行求和。

空格是交叉运算符，它取引用区域的公共部分(又称为交)。如“＝SUM(A2:B4，A4:B6)”等价于“＝SUM(A4:B4)”，即为区域“A2:B4”和区域“A4:B6”的公共部分。

另外还有三维引用运算符“!”，利用它可以引用另一张工作表中的数据，其表示形式为“工作表名！单元格引用区域”。

(3)选择性粘贴

选择性粘贴用于将“剪贴板”上的内容按指定的格式，如批注、数值、格式等粘贴或链接到当前工作表中。选择性粘贴是一个很强大的工具。

在 Excel 2010 中，选择性粘贴分类更加细致。在进行复制后，右键弹出的快捷菜单中可以看到粘贴选项有粘贴、值、公式、转置、格式和粘贴链接 6 个选项，如果需要的粘贴方式不在其中，可以选项下方的选择性粘贴，在右侧弹出的菜单中进行选择，系统提供的粘贴方式有三类——粘贴、粘贴数值和其他粘贴选项，如图 4.16 所示。下面介绍常用的几个选项：

①公式：当复制公式时，单元格引用将根据所用引用类型而变化。如要使单元格引用保证不变，应使用绝对引用。

②值：将单元格中的公式转换成计算后的结果，并不覆盖原有的格式；仅粘贴来源数据的数值，不粘贴来源数据的格式。

③格式：复制格式到目标单元格。但不能粘贴单元格的有效性。

④转置：复制区域的顶行数据将显示于粘贴区域的最左列，而复制区域的最左列将显

图 4.16　“选择性粘贴”

示于粘贴区域的顶行。

Excel 2010 的选择性粘贴还有些新功能，如“图片”。如图 4.17 所示，选择“A1:D1”单元格，只需选择“选择性粘贴”中“其他粘贴选项”中的图片，就可以将刚刚复制的内容保存为图片。

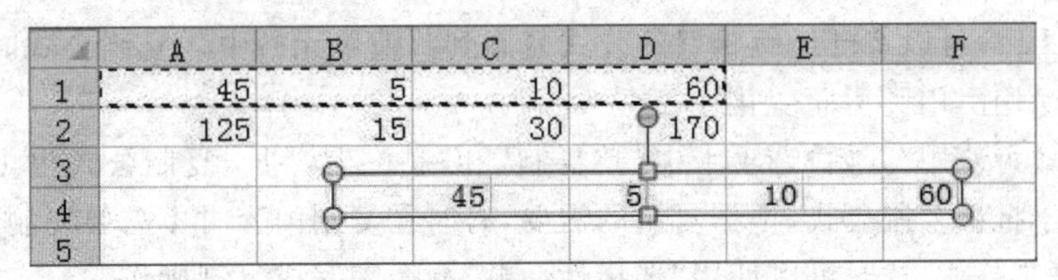

图 4.17　“选择性粘贴”图片功能

2)公式的输入和编辑

Excel 公式必须以等号(=)开始。

(1)输入公式

在 Excel 中输入公式时首先应选中要输入公式的单元格，然后在其中输入“=”，接着根据需要输入表达式，最后按回车键确定输入的内容。

例如在单元格 D3 中输入公式“=10+5 * 2 ”，输入完成按下回车键，在该单元格中即可显示该公式的运算结果。

(2)显示公式

输入公式后，系统将自动计算其结果并在单元格中显示出来。如果需要将公式显示在单元格中，可以通过下列方法：单击“公式”选项卡中的“公式审核”组的“显示公式”按钮，如图 4.18 所示。

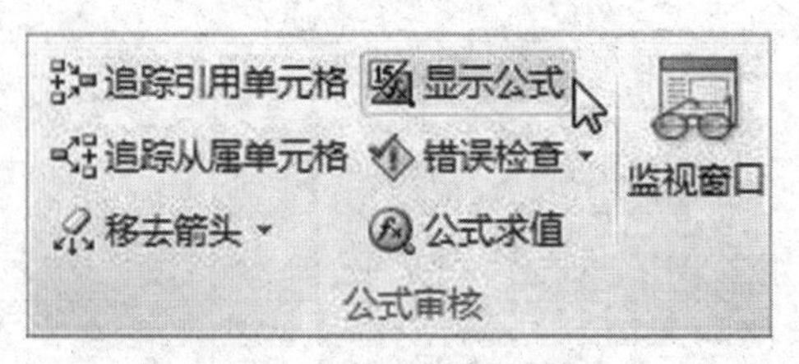

图 4.18 “显示公式”

(3)修改公式

在计算的过程中若发现某公式有错误,或者发现情况发生改变,就需要对公式进行修改。具体的操作步骤如下:

①选定包含要修改公式的单元格,这时在编辑栏中将显示该公式;

②在编辑栏中对公式进行修改;

③修改完毕按回车键即可。

修改公式时也可在含有公式的单元格上双击,然后直接在单元格区域中对公式进行修改。

(4)移动公式

如果需要移动公式到其他的单元格中,具体的操作步骤如下:

①选定包含公式的单元格,这时单元格的周围会出现一个黑色的边框。

②要移动该单元格中的公式,可将鼠标放在单元格边框上,当鼠标指针变为四向箭头时按下鼠标左键,拖动鼠标指针到目标单元格。

③释放鼠标左键,公式移动完毕。

移动公式后,公式中的单元格引用不会发生变化。

(5)复制公式

在 Excel 中,可以将已经编辑好的公式复制到其他单元格中。复制公式时,单元格引用将会根据所用引用类型而变化。

复制公式可使用“开始”选项卡中的“复制”和“粘贴”按钮。复制公式也可以使用“填充柄”,相当于批量复制公式,根据复制的需要,有时在复制内容时不需要复制单元格的格式,或只想复制公式,这时可以使用“选择性粘贴”命令来完成复制操作。

(6)公式的错误和审核

在公式的使用中,用户会遇到各种各样的问题,在此针对各类问题产生的错误进行总结。

● Excel 常见错误

Excel 在使用过程中会遇到各种各样的错误,表 4.2 列出了 Excel 常见错误:

表 4.2 Excel 常见错误

错误值	产生的原因
#####!	公式计算的结果太长,单元格容纳不下
#DIV/O	除数为零。当公式被空单元格除时也会出现这个错误
#N/A	公式中无可用的数值或者缺少函数参数

续　表

错误值	产生的原因
#NAME?	公式中引用了一个无法识别的名称。删除一个公式正在使用的名称或者在使用文本时有不相称的引用时，也会产生这种错误
#NULL!	使用了不正确的区域运算或者不正确的单元格引用
#NUM!	在需要数字参数的函数中使用了不能接受的参数，或者公式计算结果的数字因太大或太小而无法表示
#RFF!	公式中引用了一个无效的单元格。如果单元格从工作表中被删除就会出现这个错误
#VALUE!	公式中含有一个错误类型的参数或者操作数

● 错误检查

Excel 使用特定的规则来检查公式中的错误。这些规则虽然不能保证工作表中没有错误，但对发现错误却非常有帮助。错误检查规则可以单独打开或关闭。

在 Excel 中可以使用两种方法检查错误：一是像使用拼写检查器那样一次检查一个错误；二是检查当前工作表中的所有错误。一旦发现错误，在单元格的左上角会显示一个三角。这两种方法检查到错误后都会显示相同的选项。

当单击包含错误的单元格时，在单元格旁边就会出现一个错误提示按钮，单击该按钮会打开一个菜单，显示错误检查的相关命令。使用这些命令可以查看错误的信息、相关帮助、显示计算步骤、忽略错误、转到编辑栏中编辑公式，以及设置错误检查选项等。

①处理循环引用。如果公式引用自己所在的单元格，则不论是直接引用还是间接引用，都称为“循环引用”。例如在 A1 单元格中输入的公式“=A1+2”，就是一个循环引用。完成公式输入后按回车键确认时，Excel 会弹出一个警告对话框，提示产生了循环引用，如图 4.19 所示。

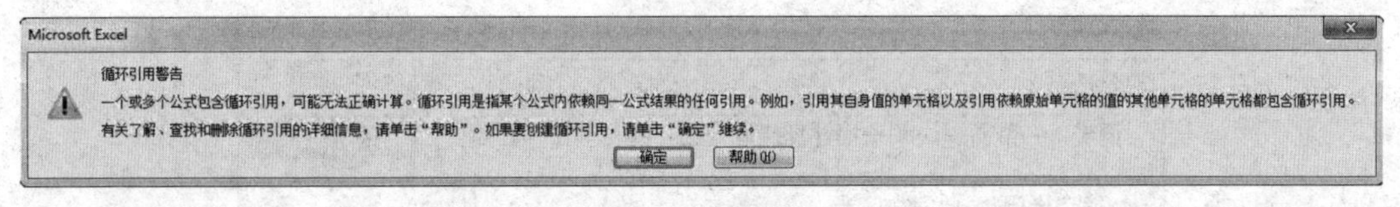

图 4.19　警告对话框

②审核公式。使用 Excel 中提供的多种公式审核功能，可以追踪引用单元格和从属单元格，可以使用监视窗口监视公式及其结果。主要方式为：追踪引用单元格、追踪从属单元格和使用监视窗口。

3)函数的使用

函数是 Excel 提供的内部工具，Excel 2010 将具有特定功能的一组公式组合在一起以形成函数。与直接使用公式进行计算相比较，使用函数进行计算的速度更快，同时减少了错误的发生。

(1)函数简介

函数的一般结构是：函数名(参数 1，参数 2，…)。

其中，函数名是函数的名称，每个函数名是唯一标识一个函数的。参数就是函数的输入值,用来计算所需的数据。参数可以是常量、单元格引用、数组、逻辑值或者是其他的函数。

按照参数的数量和使用区分,函数可以分为无参数型和有参数型。无参数型如返回当前日期和时间的NOW()函数,不需要参数。大多数函数至少有一个参数,有的甚至有八九个之多。这些参数又可以分为必要参数和可选参数。

函数要求的参数必须出现在括号内,否则会产生错误信息。可选参数则依据公式的需要而定。

(2)函数的使用方法

要在工作表中使用函数必须先输入函数。函数的输入有两种常用方法:

- 手工输入。
- 使用函数向导输入。

图 4.20 “函数库”

Excel 2010 的函数在“公式”选项卡的“函数库”中,这与 Excel 2003 及以前版本有很多的不同,如图 4.20 所示。其主要由插入函数、自动求和、最近使用的函数和一些常用的函数组成。

插入函数:单击“插入函数”按钮,弹出如图 4.21 所示的菜单,此菜单同 Excel 2003 菜单相似,在此可以找到 Excel 2010 的所有函数。

插入函数
搜索函数(S):
请输入一条简短说明来描述您想做什么,然后单击“转到”
转到(G)
或选择类别(C): 常用函数
选择函数(N):
SUM
AVERAGE
IF
HYPERLINK
COUNT
MAX
SIN
SUM(number1,number2,...)
计算单元格区域中所有数值的和
有关该函数的帮助
确定
取消

图 4.21 “插入函数”

自动求和功能：Σ 自动求和 · 在“公式”选项卡的“函数库”组中。自动求和功能不仅具备快速求和功能，对于一些常用的函数计算，例如求和、求平均值、求最大值等，都可利用“自动求和”按钮来快速操作。下面以求最大值为例来进行讲解。

要求分别在如图 4.22 所示的成绩单中分别求出数据库、可视化编程（VB）和计算机体系结构三门课程的最高分，分别填在“G17”“G18”和“G19”单元格中，操作方法如下：选择 G17 单元格，然后单击“自动求和”按钮，在下拉菜单中选择“最大值”选项，然后用鼠标选择求和区域“D3：D13”，按下“Enter”键即可求出最大值。其他两门课程最大值求法完全相同。

	A	B	C	D	E	F	G
1	10春计算机科学与技术本成绩单						
2	序号	学号	姓名	数据库	可视化编程（VB）	计算机体系结构	总成绩
3	1	10242304001	李青红	78	45	65	123
4	2	10242304002	侯冰	45	67	56	112
5	3	10242304003	李青红	65	78	78	143
6	4	10242304005	侯冰	43	56	89	99
7	5	10242304006	吴国华	34	76	78	110
8	6	10242304007	张跃平	65	54	65	119
9	7	10242304009	李丽	78	32	45	110
10	8	10242304010	汪琦	56	65	45	121
11	9	10242304012	吕颂华	87	78	67	165
12	10	10242304013	柳亚芬	35	90	76	125
13	11	10242304015	韩飞	76	65	56	141
14	12	10242304016	王建	67	45	87	112
15	13	10242304018	沈高飞	61	65	98	126
16							
17					数据库最高分		=MAX(E3:E15)
18					可视化编程（VB）最高分		MAX(number1,
19					计算机体系结构最高分		

图 4.22　“函数库”组

(3)常用的函数介绍

为了帮助用户掌握使用函数的方法，下面将列出常用函数的应用方法。

①求和函数 SUM

格式：＝SUM(number1，number2，…)

功能：返回参数所对应的数值之和。

例如：要求出三门成绩的总分，输入公式的具体操作步骤是：

单击 G3 单元格；输入：“＝SUM(D3：F3)”。按 Enter 键，如图 4.23 所示。利用填充柄填充本列其他单元格。

②求平均值函数

格式：＝AVERAGE(number1，number2，…)

功能：返回参数所对应数值的算术平均数。

说明：该函数只对参数中的数值求平均数，如区域引用中包含了非数值的数据，则 AVERAGE 不把它包含在内。

例如：要求出三门成绩的平均值，输入公式的具体操作步骤是：

单击 H3 单元格；输入：“＝AVERAGE(D3：F3)”。按 Enter 键，如图 4.24 所示。再

	A	B	C	D	E	F	G
1	10春计算机科学与技术本成绩单						
2	序号	学号	姓名	数据库	VB	计算机体系	总分
3	1	10242304001	李青红	78	45	65	=SUM(D3:F3)
4	2	10242304002	侯冰	45	67	56	
5	3	10242304003	李青红	65	78	78	
6	4	10242304005	侯冰	43	56	89	
7	5	10242304006	吴国华	34	76	78	
8	6	10242304007	张跃平	65	54	65	
9	7	10242304009	李丽	78	32	45	
10	8	10242304010	汪琦	56	65	45	
11	9	10242304012	吕颂华	87	78	67	
12	10	10242304013	柳亚芬	35	90	76	
13	11	10242304015	韩飞	76	65	56	
14	12	10242304016	王建	67	45	87	
15	13	10242304018	沈高飞	61	65	98	

图 4.23 求和函数

利用填充柄填充本列其他单元格。

③求最大值函数 MAX 和求最小值函数 MIN

格式:＝MAX(number1,number2,…)和＝MIN(number1,number2,…)

功能:用于求参数表中对应数字的最大值或最小值。

10春计算机科学与技术本成绩单							
序号	学号	姓名	数据库	VB	计算机体系	总分	平均分
1	10242304001	李青红	78	45	65	188	=AVERAGE(D3:F3)
2	10242304002	侯冰	45	67	56	168	
3	10242304003	李青红	65	78	78	221	
4	10242304005	侯冰	43	56	89	188	
5	10242304006	吴国华	34	76	78	188	
6	10242304007	张跃平	65	54	65	184	
7	10242304009	李丽	78	32	45	155	
8	10242304010	汪琦	56	65	45	166	
9	10242304012	吕颂华	87	78	67	232	
10	10242304013	柳亚芬	35	90	76	201	
11	10242304015	韩飞	76	65	56	197	
12	10242304016	王建	67	45	87	199	
13	10242304018	沈高飞	61	65	98	224	

图 4.24 平均值函数

④取整函数 INT

格式:＝INT(number)

功能:返回一个小于 number 的最大整数。

例如:要求对图 4.24 中的平均值取整,输入公式的具体操作步骤是——单击 H3 单元格,输入:"＝INT(H3)"。按 Enter 键,如图 4.25 所示。

⑤四舍五入函数 ROUND

格式:＝ROUND(number,num_digits)

功能:返回数字 number 按指定位数 Num_digits 舍入后的数字。

如果"num_digits＞0",则舍入到指定的小数位;如果"num_digits＝0",则舍入到整数。如果"num_digits＜0",则在小数点左侧(整数部分)进行舍入。

	A	B	C	D	E	F	G	H	I
1	10春计算机科学与技术本成绩单								
2	序号	学号	姓名	数据库	VB	计算机体系	总分	平均值	平均值取整
3	1	10242304001	李青红	78	45	65	188	62.666667	=INT(H3)
4	2	10242304002	侯冰	45	67	56	168	56	
5	3	10242304003	李青红	65	78	78	221	73.666667	
6	4	10242304005	侯冰	43	56	89	188	62.666667	
7	5	10242304006	吴国华	34	76	78	188	62.666667	
8	6	10242304007	张跃平	65	54	65	184	61.333333	
9	7	10242304009	李丽	78	32	45	155	51.666667	
10	8	10242304010	汪琦	56	65	45	166	55.333333	
11	9	10242304012	吕颂华	87	78	67	232	77.333333	
12	10	10242304013	柳亚芬	35	90	76	201	67	
13	11	10242304015	韩飞	76	65	56	197	65.666667	
14	12	10242304016	王建	67	45	87	199	66.333333	
15	13	10242304018	沈高飞	61	65	98	224	74.666667	
16									
17			数据库最高分	87					
18			数据库最低分	34					

图 4.25　取整函数

四舍五入函数 ROUND 的操作方式与取整函数 INT 相似，只是要写入小数位，这里不过多介绍。

⑥根据条件计数函数 COUNTIF

格式：=COUNTIF(range,criteria)

功能：统计给定区域内满足特定条件的单元格的数目。

其中：range 为需要统计的单元格区域，criteria 为条件，其形式可以为数字、表达式或文本。如条件可以表示为：100、"100"、">=60"、"计算机"等。

例如要在 D19 单元格中求出成绩单中数据库及格的人数(">=60")，输入公式的具体操作步骤是：单击 D19 单元格；输入："=COUNTIF(D3:D15,">=60")"。按 Enter 键，如图 4.26 所示。

	A	B	C	D	E	F	G	H	I
1	10春计算机科学与技术本成绩单								
2	序号	学号	姓名	数据库	VB	计算机体系	总分	平均值	平均值取整
3	1	10242304001	李青红	78	45	65	188	62.666667	62
4	2	10242304002	侯冰	45	67	56	168	56	56
5	3	10242304003	李青红	65	78	78	221	73.666667	73
6	4	10242304005	侯冰	43	56	89	188	62.666667	62
7	5	10242304006	吴国华	34	76	78	188	62.666667	62
8	6	10242304007	张跃平	65	54	65	184	61.333333	61
9	7	10242304009	李丽	78	32	45	155	51.666667	51
10	8	10242304010	汪琦	56	65	45	166	55.333333	55
11	9	10242304012	吕颂华	87	78	67	232	77.333333	77
12	10	10242304013	柳亚芬	35	90	76	201	67	67
13	11	10242304015	韩飞	76	65	56	197	65.666667	65
14	12	10242304016	王建	67	45	87	199	66.333333	66
15	13	10242304018	沈高飞	61	65	98	224	74.666667	74
16									
17			数据库最高分	87					
18			数据库最低分	34					
19			数据库及格人数	8					

图 4.26　根据条件计数函数

⑦条件函数 IF

格式：＝IF(logical_test，value_if_true，value_if_false)

功能：根据条件 logical_test 的真假值，返回不同的结果。若 logical_test 的值为真，则返回 value_if_true，否则，返回 value_if_false。

用户可以使用函数 IF 对数值和公式进行条件检测。

例如在图中增加“总评”，总评标准为：当平均值大于等于 90 时为“优”，若大于等于 60 且小于 90 时为“合格”，若小于 60 为“不合格”。

操作方法是：在 I2 中输入总评公式 “"＝IF(H3＞＝90 "，"优"，IF(H3＞＝60，"合格"，"不合格"))”。按 Enter 键，如图 4.27 所示。

I3　=IF(H3>=90, "优",IF(H3>=60, "合格","不合格"))

	A	B	C	D	E	F	G	H	I
1	10春计算机科学与技术本成绩单								
2	序号	学号	姓名	数据库	VB	计算机体系	总分	平均值	总评
3	1	10242304001	李青红	78	45	65	188	62.666667	合格
4	2	10242304002	侯冰	45	67	56	168	56	不合格
5	3	10242304003	李青红	65	78	78	221	73.666667	合格
6	4	10242304005	侯冰	43	56	89	188	62.666667	合格
7	5	10242304006	吴国华	34	76	78	188	62.666667	合格
8	6	10242304007	张跃平	65	54	65	184	61.333333	合格
9	7	10242304009	李丽	78	32	45	155	51.666667	不合格
10	8	10242304010	汪琦	56	65	45	166	55.333333	不合格
11	9	10242304012	吕颂华	87	78	67	232	77.333333	合格
12	10	10242304013	柳亚芬	35	90	76	201	67	合格
13	11	10242304015	韩飞	76	65	56	197	65.666667	合格
14	12	10242304016	王建	67	45	87	199	66.333333	合格
15	13	10242304018	沈高飞	61	65	98	224	74.666667	合格

图 4.27　条件函数

该例中使用了 IF 的嵌套，函数 IF 最多可以嵌套 7 层。

⑧排序 RANK 函数

格式：＝RANK(number，ref，order)

功能：返回一个数字在数字列表中的排位。

其中 Number 为需要找到排位的数字，Ref 为数字列表数组或对数字列表的引用(Ref 中的非数值型参数将被忽略)，Order 为一个数字，指明排位的方式。

返回一个数字在数字列表中的排位。

例如：要给如图 4.28 所示的成绩单的每一名学员的成绩排位，输入公式的具体操作步骤是——单击 H3 单元格，输入“＝RANK(G3，G3：G15，0)”。按 Enter 键，如图 4.28 所示。

此函数的公式使用与前面的函数使用不同，此公式采用了绝对引用，这是因为当用户完成 H3 单元格操作，其他的单元格需要使用填充柄，如果不使用绝对引用，Ref 的范围将变为“G4：G16”，而排序的 Ref 应固定为 “G3：G15”，所以必须采用绝对引用。

	A	B	C	D	E	F	G	H
1	10春计算机科学与技术本成绩单							
2	序号	学号	姓名	数据库	VB	计算机体系	总分	名次
3	1	10242304001	李青红	78	45	65	188	7
4	2	10242304002	侯冰	45	67	56	168	11
5	3	10242304003	李青红	65	78	78	221	3
6	4	10242304005	侯冰	43	56	89	188	7
7	5	10242304006	吴国华	34	76	78	188	7
8	6	10242304007	张跃平	65	54	65	184	10
9	7	10242304009	李丽	78	32	45	155	13
10	8	10242304010	汪琦	56	65	45	166	12
11	9	10242304012	吕颂华	87	78	67	232	1
12	10	10242304013	柳亚芬	35	90	76	201	4
13	11	10242304015	韩飞	76	65	56	197	6
14	12	10242304016	王建	67	45	87	199	5
15	13	10242304018	沈高飞	61	65	98	224	2

图 4.28　排序 RANK 函数

4.2.3　数据的格式化

前面已经介绍了在 Excel 2010 中工作簿的建立、工作表中基本数据的录入和公式的使用。

(1)设置行高和列宽

在编辑表格数据时,若输入的内容超过单元格的范围,就需要调整单元格的行高或列宽。调整列宽或行高有如下几种方法:

方法①:鼠标拖动列标(或行号)右侧(下方)边界处。

方法②:使用“开始”选项卡的“单元格”组的“格式”下拉菜单项的“列”→“列宽”(或“行”→“行高”)命令项,在弹出的对话框中进行精确设置,如图 4.29 所示为设置行高的对话框。

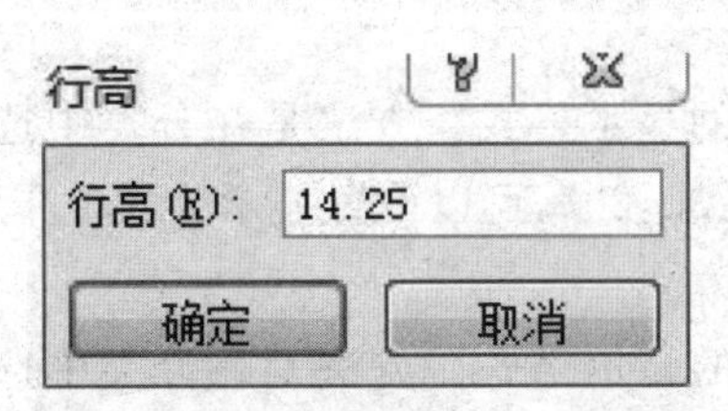

图 4.29　“格式”→“行”→“行高”

方法③:要使列宽与单元格内容宽度相适合(或行高与内容高度相适合),可以双击列标(或行号)右(下)边界;或使用“单元格”组中的“格式”菜单中的“自动调整行高”(或“自动调整列宽”)命令项。

(2)设置数据格式

用户可以使用如图 4.30 所示的“设置单元格格式”对话框来设置单元格的数据格式、对齐格式、字体格式、边框、图案等项目。设置单元格的数据格式、对齐格式、字体格式、边框等项目前,必须先选择要设置格式的单元格区域。其中字体格式、边框、图案的设置与 Word 中的字体、边框与底纹的设置基本相似,本章不做介绍。

打开“设置单元格格式”对话框的方法比较简单,只要单击“开始”选项卡的“数字”组的“功能扩展”按钮(右下角),就可弹出“设置单元格格式”。或用鼠标右键单击选中的区域,在快捷菜单中选择“设置单元格格式”命令。

单元格默认的数据格式是“常规”格式,但在输入日期等数据后,Excel 自动会更改其格式。“常规”格式包含任何特定的数字格式。

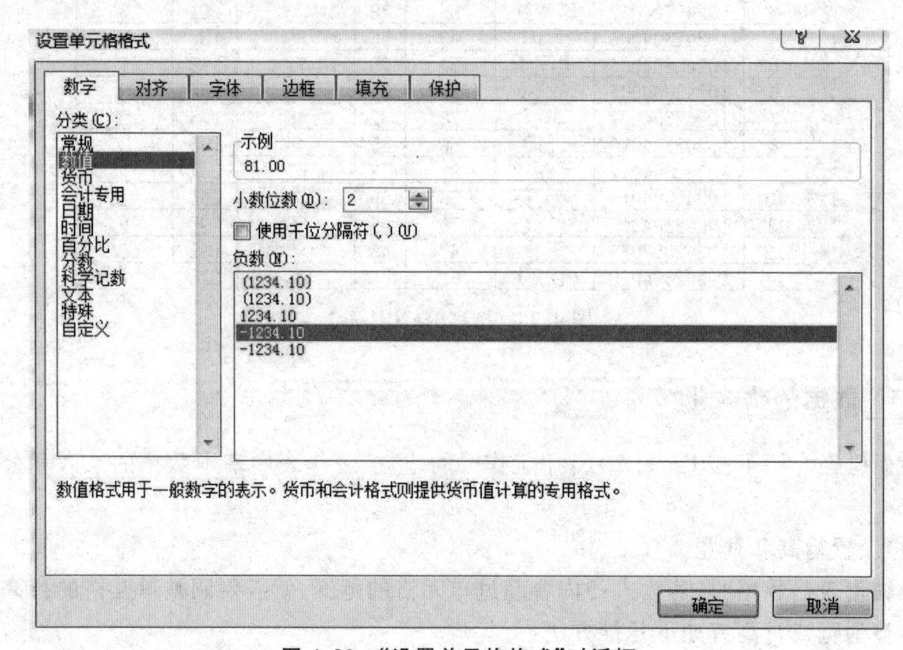

图 4.30 “设置单元格格式”对话框

①设置日期格式

用户可以设置各种日期的显示格式。方法是在分类中选择“日期”后,再在右侧选择项的类型中设置显示类型。

②设置时间格式

用户可以设置各种时间的显示格式。方法是在分类中选择“时间”后,再在类型中设置显示类型。例如,输入“10:30:20”,可以设置显示为:“上午 10 时 30 分 20 秒”。

③设置分数格式

用户可以设置各种分数的显示格式。方法是在分类中选择“分数”后,再在类型中设置显示类型。

④设置对齐方式

设置对齐方式是在“单元格格式”对话框的“对齐”选项卡中进行的,如图 4.31 所示。

“对齐”选项卡可以设置文本对齐、文本控制和方向,文本对齐方式又分为垂直对齐和水平对齐。水平对齐方式有:“常规”“靠左”“居中”“靠右”“填充”“两端对齐”“跨列居中”和“分散对齐”;垂直对齐方式有:“靠上”“居中”“靠下”“两端对齐”和“分散对齐”。

⑤设置条件格式

采用条件格式标记单元格可以突出显示公式的结果或某些单元格的值。用户可以对满足一定条件的单元格设置字形、颜色、边框、底纹等格式。

设置条件格式步骤为:

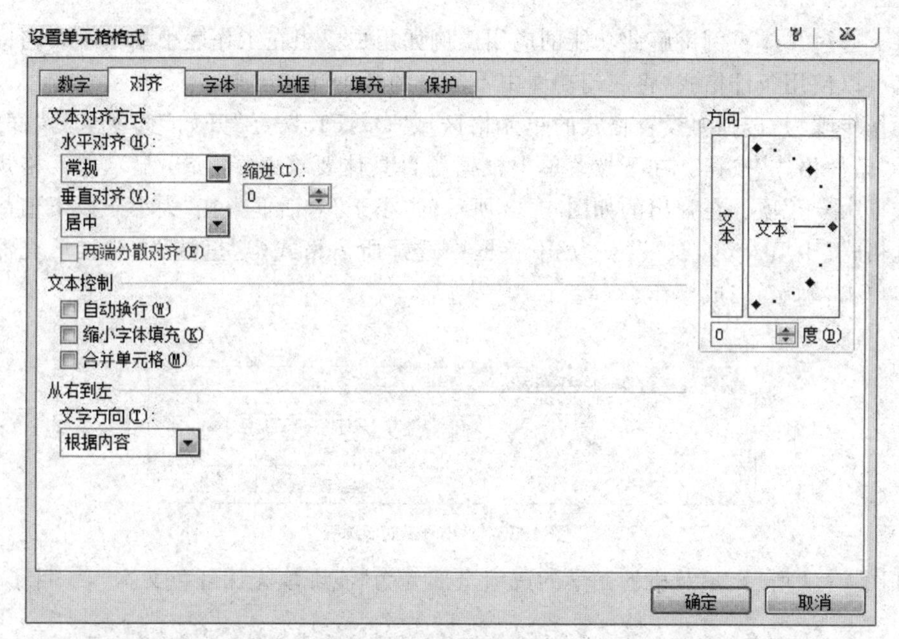

图 4.31　“对齐”选项

a. 选择要设置格式的单元格区域;在“开始”选项卡的“样式”组中选择“条件格式”按钮。

b. 在打开的“条件格式”菜单中确定具体条件,设置格式(利用“格式”按钮,打开含有字体、字形等格式的对话框),如图 4.32 所示。

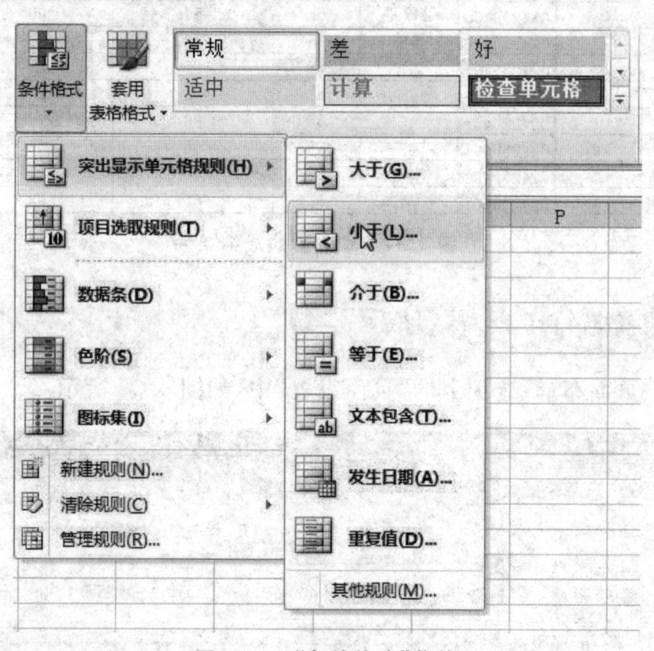

图 4.32　“条件格式”菜单

c. 如果用户还要添加其他条件,单击“添加”按钮,然后重复第 2 步。

d. 单击“确定”按钮。

以下通过具体事例讲解此功能的应用。例如用户要想在工作表中找出不及格同学的成绩就可以使用条件格式,将三门功课中不及格的学生筛选出来。

操作步骤为:选择要设置格式的单元格区域“D3:F15”;在“开始”选项卡的“样式”组中选择“条件格式”按钮。在下拉菜单中根据题目具体要求选择“突出显示单元格规则”,然后选择“小于”项。在弹出的如图 4.33 所示的“小于”对话框中在“为小于以下值的单元格设置格式”中填入 60,在“设置为”下拉框中选择所需格式(这里选择:浅红填充深红色文本),单击“确定”完成操作。

图 4.33 “小于”对话框

如图 4.34 所示,不及格的同学的成绩全部变为“浅红填充深红色文本”,一目了然。

	A	B	C	D	E	F
1	10春计算机科学与技术本成绩单					
2	序号	学号	姓名	数据库	可视化编程(VB)	计算机体系结构
3	1	10242304001	李青红	78	45	65
4	2	10242304002	侯冰	45	67	56
5	3	10242304003	李青红	65	78	78
6	4	10242304005	侯冰	43	56	89
7	5	10242304006	吴国华	34	76	78
8	6	10242304007	张跃平	65	54	65
9	7	10242304009	李丽	78	32	45
10	8	10242304010	汪琦	56	65	45
11	9	10242304012	吕颂华	87	78	67
12	10	10242304013	柳亚芬	35	90	76
13	11	10242304015	韩飞	76	65	56
14	12	10242304016	王建	67	45	87
15	13	10242304018	沈高飞	61	65	98

图 4.34 修改后的成绩单

4.2.4 页面设置与打印

页面设置在“页面布局”选项卡的“页面设置”中,如图 4.35 所示。

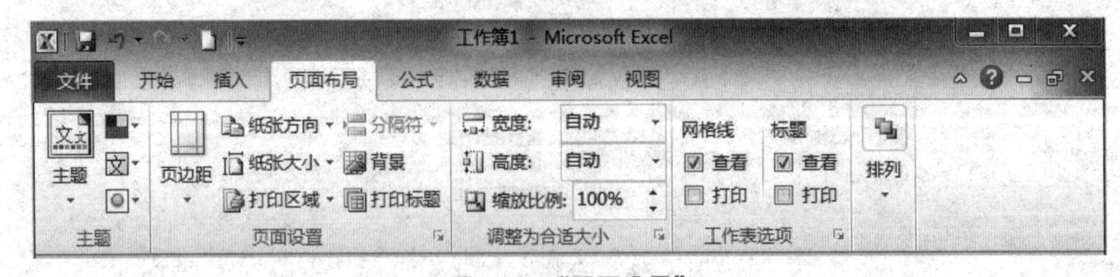

图 4.35 “页面设置”

1)设置页边距

(1)“页面设置”组

选择要打印的一个或多个工作表。单击“页面布局”选项卡，在“页面设置”组中单击“页边距”。

执行下列操作之一：

①要使用预定义边距，可单击“普通”“宽”或“窄”。

②要使用先前使用的自定义边距设置，可单击“上次的自定义设置”。

③要指定自定义页边距，可单击“自定义边距”，然后在“上”“下”“左”和“右”框中输入所需边距大小。

④要设置页眉或页脚边距，可单击“自定义边距”，然后在“页眉”或“页脚”框中输入新的边距大小。

⑤要使页面水平或垂直居中，可单击“自定义边距”，然后在“居中方式”下选中“水平”或“垂直”复选框。

⑥要查看新边距对打印的工作表有何影响，可单击“页面设置”对话框中“边距”选项卡上的“打印预览”。

⑦要在打印预览中调整边距，可单击“显示边距”，然后拖动任意一条边上以及页面顶部的黑色边距控点。

(2)设置纸张方向

选择要更改其页面方向的一个或多个工作表，选择“页面布局”选项卡，在“页面设置”组中单击“纸张方向”，然后执行下列操作之一：

①要将打印页面设置为纵向，可单击“纵向”。

②要将打印页面设置为横向，可单击“横向”。

(3)设置纸张大小

选择要设置其纸张大小的一个或多个工作表。在“页面布局”选项卡上的“页面设置”组中，单击“纸张大小”。

执行下列操作之一：

①要使用预定义纸张大小，可单击“信纸”“明信片”等。

②要使用自定义纸张大小，可单击“其他纸张大小”，当出现“页面设置”对话框的“页面”选项卡时，在“纸张大小”框中选择所需的纸张大小。

(4)设置打印区域

在工作表中，选择要打印的单元格区域。在“页面布局”选项卡上的“页面设置”组中，单击“打印区域”，然后单击“设置打印区域”。

(5)设置打印标题

选择要打印的一个或多个工作表。在“页面布局”选项卡的“工作表选项”组中，选中“标题”下的“打印”复选框。

(6)在每一页上打印行或列标签

选择要打印的一个或多个工作表。单击“页面布局”选项卡，在“页面设置”组中单击“打印标题”。在“页面设置”对话框中的“工作表”选项卡上，执行以下操作：

①在“顶端标题行”框中，键入包含列标签的行的引用。

②在“左端标题列”框中，键入包含行标签的列的引用。

③要打印网格线，可在“打印”下选中“网格线”复选框。

④要打印行号列标，可在“打印”下选中“行号列标”复选框。

⑤要设置打印顺序，可在“打印顺序”下单击“先列后行”或“先行后列”。

(7)设置页眉和页脚

单击要添加的页眉或页脚，或者包含要更改的页眉或页脚的工作表。单击“插入”选项卡，在“文本”组中单击“页眉和页脚”。执行下列操作之一：

①要添加页眉或页脚，可单击工作表页面顶部或底部的左侧、中间或右侧的页眉或页脚文本框，然后键入所需的文本。

②要更改页眉或页脚，可单击工作表页面顶部或底部的包含页眉或页脚文本的页眉或页脚文本框，然后选择需要更改的文本并键入所需的文本。

③若要预定义页眉或页脚，可在“设计”选项卡上的“页眉和页脚”组中单击“页眉”或“页脚”，然后单击所需的页眉或页脚。

④若要在页眉或页脚中插入特定元素，可在“设计”选项卡上的“页眉和页脚元素”组中单击所需的元素，例如页码、页数、当前日期、当前时间等。

⑤若要关闭页眉或页脚，可单击工作表中的任何位置，或按“Esc”键。

⑥若要返回普通视图，可在“视图”选项卡上的“工作簿视图”组中单击“普通”，或者单击状态栏上的“普通”。

(8)设置分页符

在“视图”选项卡的“工作簿视图”组中，单击“分页预览”。在出现的对话框中，单击“确定”。执行下列操作之一：

①要移动分页符，可将其拖至新的位置。移动自动分页符会将其变为手动分页符。

②要插入垂直或水平分页符，可在要插入分页符的位置下面或右边选中一行或一列，单击鼠标右键，然后单击快捷菜单上的“插入分页符”。

③要删除手动分页符，可将其拖至分页预览区域之外。

④要删除所有手动分页符，可右键单击工作表上的任一单元格，然后单击快捷菜单上的“重设所有分页符”。

⑤若要在完成分页符操作后返回普通视图，可在“视图”选项卡的“工作簿视图”组中单击“普通”。

(9)其他设置

在“页面设置”对话框的“页面”选项卡上，还可以设置以下选项：

①要缩放打印工作表，可在“缩放比例”框中输入所需的百分比，或者选中“调整为”，然后输入页宽和页高的值。

②要指定工作表的打印质量，可在“打印质量”列表中选择所需的打印质量，例如“600点/英寸”。

③要指定工作表开始打印时的页码，可在“起始页码”框中输入页码。

2)打印设置

表格制作完成后需要将其输出，可以通过如下方法进行。

(1)打印部分内容

在工作表中选择要打印的单元格区域，然后在“页面布局”选项卡的“页面设置”组中单击“打印区域”，再单击“设置打印区域”。

若要向打印区域中添加更多的单元格，可在工作表中选择新的单元格区域，然后在“页面布局”选项卡的“页面设置”组中单击“打印区域”，再单击“设置打印区域”。然后单击“打印”，或者按“Ctrl＋P”。在“打印内容”之下选中“活动工作表”，然后单击“确定”。

(2)打印工作表

选择要打印的一个或多个工作表。然后单击“打印”，或者按“Ctrl＋P”。

当出现“打印内容”对话框时，在“打印内容”之下选中“活动工作表”。

如果已经在工作表中定义了打印区域，则应选中“忽略打印区域”复选框。

(3)打印整个工作簿

单击工作簿中的任一工作表。然后单击“打印”，或者按“Ctrl＋P”。在“打印内容”之下选中“整个工作簿”，单击“确定”按钮。

(4)打印 Excel 表格

单击表格中的一个单元格来激活表格，然后单击“打印”，或者按“Ctrl＋P”。

在“打印内容”下选择“表”，单击“确定”按钮。

4.2.5 格式的复制、删除与套用

Excel 提供了格式的复制、删除与套用功能。

1)格式的复制

Excel 提供了一种专门用于复制格式的工具——格式刷，它可在单元格之间传递格式信息。使用“格式刷”功能可以将 Excel 工作表中选中区域的格式快速复制到其他区域，用户既可以将被选中区域的格式复制到连续的目标区域，也可以将被选中区域的格式复制到不连续的多个目标区域。下面分别介绍其操作方法。

打开 Excel 工作表窗口，选中含有格式的单元格区域，然后在“开始”功能区的“剪贴板”分组中单击“格式刷”按钮。当鼠标指针呈现出一个加粗的“＋”号和小刷子的组合形状时，单击并拖动鼠标选择目标区域。松开鼠标后，格式将被复制到选中的目标区域。

仍旧以学生成绩表为例进行说明。要想序号 2～13 的学生的相关信息的格式都和序号 1 的学生相同，只需选中“A3:G3”，然后单击“开始”选项卡的“剪切板”组中的“格式刷”按钮，再单击区域“A4:G15”，这样区域“A4:G15”单元格的格式与区域“A3:G3”单元格的格式就完全相同了。图 4.36 和图 4.37，为复制前、后的对比图。

若要使用格式刷将格式复制到不连续的目标区域，操作方法基本相同，选中含有格式的单元格区域，然后在“开始”功能区的“剪贴板”分组中双击“格式刷”按钮。当鼠标指针呈现出一个加粗的“＋”号和小刷子的组合形状时，分别单击并拖动鼠标选择不连续的目标区域。完成复制后，按键盘上的“Esc”键或再次单击“格式刷”按钮即可取消格式刷。

2)格式的清除和删除

这里首先要区分清除和删除的概念。清除是指清除单元格中的信息，这些信息可以是格式、内容或批注，但并不删除单元格。而删除则将内容连同单元格这个矩形格子一起

	A	B	C	D	E	F	G
1	10春计算机科学与技术本成绩单						
2	序号	学号	姓名	数据库	VB	计算机体系	总分
3	1	10242304001	李青红	78	45	65	188
4	2	10242304002	侯冰	45	67	56	168
5	3	10242304003	李青红	65	78	78	221
6	4	10242304005	侯冰	43	56	89	188
7	5	10242304006	吴国华	34	76	78	188
8	6	10242304007	张跃平	65	54	65	184
9	7	10242304009	李丽	78	32	45	155
10	8	10242304010	汪琦	56	65	45	166
11	9	10242304012	吕颂华	87	78	67	232
12	10	10242304013	柳亚芬	35	90	76	201
13	11	10242304015	韩飞	76	65	56	197
14	12	10242304016	王建	67	45	87	199
15	13	10242304018	沈高飞	61	65	98	224

图 4.36　用格式刷复制前

	A	B	C	D	E	F	G
1	10春计算机科学与技术本成绩单						
2	序号	学号	姓名	数据库	VB	计算机体系	总分
3	1	10242304001	李青红	78	45	65	188
4	2	10242304002	侯冰	45	67	56	168
5	3	10242304003	李青红	65	78	78	221
6	4	10242304005	侯冰	43	56	89	188
7	5	10242304006	吴国华	34	76	78	188
8	6	10242304007	张跃平	65	54	65	184
9	7	10242304009	李丽	78	32	45	155
10	8	10242304010	汪琦	56	65	45	166
11	9	10242304012	吕颂华	87	78	67	232
12	10	10242304013	柳亚芬	35	90	76	201
13	11	10242304015	韩飞	76	65	56	197
14	12	10242304016	王建	67	45	87	199
15	13	10242304018	沈高飞	61	65	98	224

图 4.37　用格式刷复制后

删除。在 Excel 中的删除操作有单元格删除、行或列的删除、工作表的删除。

(1)格式的清除

Excel 中清除单元格中信息的操作步骤为：

① 选择要清除信息的单元格，使用“编辑”菜单的“清除”子菜单。

②在子菜单中，根据需要选择“全部”“格式”“内容”和“批注”之一。

其中子菜单中的选项含义为：

a. 全部：从选定的单元格中清除所有内容和格式，包括批注和超级链接。

b. 格式：只删除所选单元格的单元格格式，如字体、颜色、底纹等，不删除内容和批注。

c. 内容：删除所选单元格的内容，即删除数据和公式，不影响单元格格式，也不删除批注。

d. 批注：只删除附加到所选单元格中的批注。

如果用户仅需要清除单元格中的数据(内容),可以选中单元格后,按 Delete 键。

(2)单元格删除

用户可以删除一个或多个单元格,如果不是删除整行、整列,则删除单元格后,右侧单元格左移或下方单元格上移。删除单元格的步骤如下:

①选择一个或多个单元格,使用“编辑”菜单的“删除”命令项,或用快捷菜单的“删除”命令项。这时会弹出一个“删除”对话框,如图 4.38 所示。

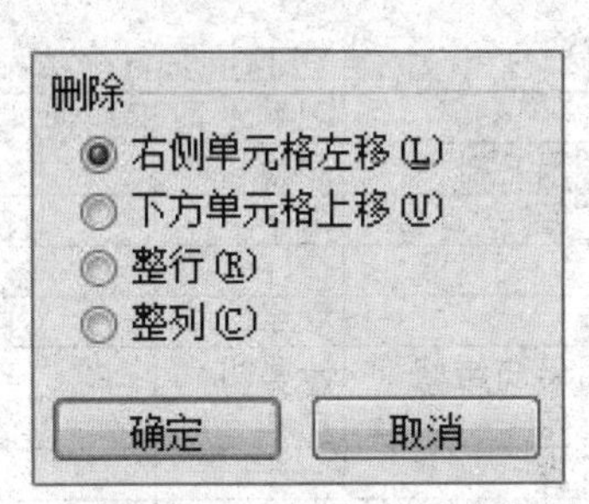

图 4.38　“删除”对话框

②用户在对话框中选择选项后,用鼠标单击“确定”按钮。

(3)整行(列)删除

与插入相同,整行或整列的删除可以通过单元格删除的方法进行。也可采用如下步骤:

先选择要删除的若干行(列),再使用“编辑”菜单的“删除”命令项,或在快捷菜单中选择“删除”命令项。这时,下方的行(右侧的列)向上(向左)移动。

3)自动套用格式

对一个单元格区域或数据透视表报表,可以使用 Excel 提供的内部组合格式,这种格式称为自动套用格式。它类似于 Word 表格中的自动套用格式。

设置方法为:选择单元格区域;在“开始”选项卡的“样式”组中选择“套用表格格式”下拉菜单,再选择具体的样式即可。Excel 2010 提供的样式更多、更加实用。

4.3　数据管理与分析

4.3.1　数据透视表及数据透视图

Excel 2010 提供了一种简单、形象、实用的数据分析工具——数据透视表及数据透视图。使用它可以生动、全面地对数据清单重新组织和统计数据。

1)创建数据透视表

数据透视表是一种对大量数据快速汇总和建立交叉列表的交互式表格。它不仅可以转换行和列以查看源数据的不同汇总结果,也可以显示不同页面以筛选数据,还可以根据需要显示区域中的细节数据。

(1)数据透视表

在 Excel 2010 工作表中创建数据透视表大致可分为两步:第一步是选择数据来源;第

二步是设置数据透视表的布局。

选择单元格区域中的一个单元格并确保单元格区域具有列标题，或者将插入点放在一个 Excel 表格中。在“插入”选项卡的“表”组中单击“数据透视表”，然后根据弹出的对话框进行设置，再根据“数据透视表窗格”弹出的具体内容选择具体需要项。

如图 4.39 所示，要为“某书店部分销售情况表”创建数据透视表，具体操作为：

	A	B	C	D	E	F
1	某书店部分销售图书情况表					
2	图书编号	图书名称	图书类别	图书数量	图书单价	图书折扣
3	HB02001	计算机应用基础	计算机	300	29.6	0.8
4	HB02002	现代通信原理	电子	150	33	0.8
5	HB02003	会计学	会计	200	28.5	0.85
6	HB02004	神探柯兰	文学	250	33.6	0.75
7	HB02005	计算机组装与维修	计算机	50	29.6	0.75
8	HB02006	射雕英雄传	文学	75	34	0.8
9	HB02007	会计学原理	会计	15	22.6	0.85
10	HB02008	嵌入式系统	电子	25	35.8	0.8
11	HB02009	高等数学	数学	180	29.8	0.75
12	HB02010	线性代数	数学	155	33.2	0.75

图 4.39　某书店部分销售情况表

①选中图表区域“A2:F13”，在“插入”选项卡的“表”组中单击“数据透视表”。

弹出如图 4.40 所示的“创建数据透视表”对话框后，在“选择一个表或区域”中选择一个区域，前面已经选择“A2:F13”，在“选择放置数据透视表位置”中选择一个位置，这里选择 A14 单元格。

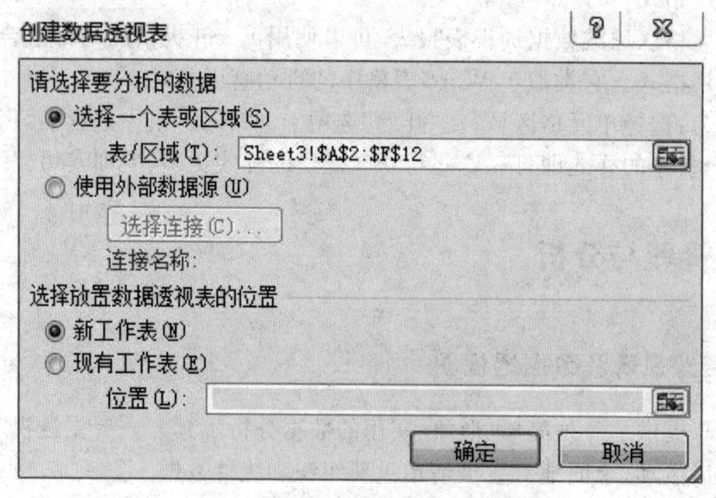

图 4.40　“创建数据透视表”对话框

②系统自动在当前工作表中创建一个空白数据透视表，并打开“数据透视表窗格”。在“数据透视表字段列表”中勾选相应的项，如图 4.41 所示，即可创建出如图 4.42 所示的数据透视表。

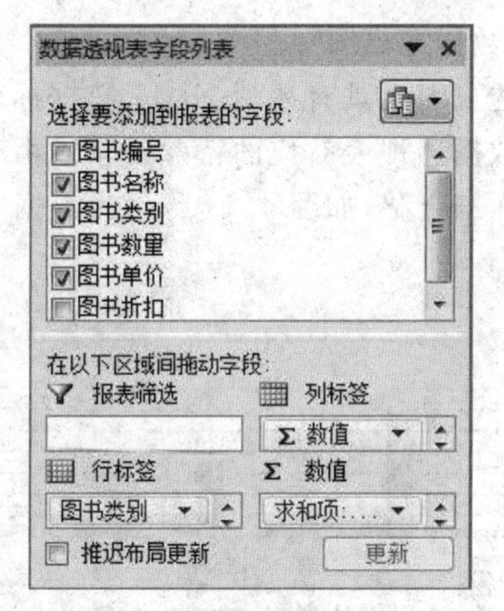

图 4.41　“数据透视表字段列表”

14	行标签	求和项:图书数量	求和项:图书单价
15	⊟电子	175	68.8
16	嵌入式系统	25	35.8
17	现代通信原理	150	33
18	⊟会计	215	51.1
19	会计学	200	28.5
20	会计学原理	15	22.6
21	⊟计算机	350	59.2
22	计算机应用基础	300	29.6
23	计算机组装与维修	50	29.6
24	⊟数学	335	63
25	高等数学	180	29.8
26	线性代数	155	33.2
27	⊟文学	325	67.6
28	射雕英雄传	75	34
29	神探柯兰	250	33.6
30	总计	1400	309.7

图 4.42　数据透视表

(2)设置数据透视表选项

单击数据透视表,在“选项”选项卡中单击“数据透视表”,然后单击“选项”。当出现“数据透视表选项”对话框时,在“名称”框中更改数据透视表的名称。

选择“布局和格式”选项卡,然后对各种选项进行设置。在“数据透视表选项”对话框中选择“汇总和筛选”,然后对相关选项进行设置。

如果需要,还可以选择在“数据透视表”对话框中选择“显示”“打印”和“数据”选项卡,然后对相关选项进行设置。

①数据透视图

数据透视图以图形的形式表示数据透视表中的数据。如同在数据透视表中那样,可以更改数据透视图的布局和数据。数据透视图通常有一个使用相应布局的相关联的数据透视表。两个报表中的字段相互对应。如果更改了某一报表的某个字段位置,则另一报表中的相应字段位置也会改变。

创建数据透视图的具体方法如下:选择单元格区域中的一个单元格并确保单元格区域具有列标题,或者将插入点放在一个 Excel 表格中。单击“插入”选项卡,在“表”组中单击“数据透视表”，然后单击“数据透视图”。

与标准图表一样，数据透视图也具有系列、分类、数据标记和坐标轴等元素。除此之外，数据透视图还有一些与数据透视表对应的特殊元素。由于数据透视图与数据透视表的操作基本一致，这里不做详细介绍，如图 4.43 所示为根据“某书店部分销售情况表”创建的数据透视图。

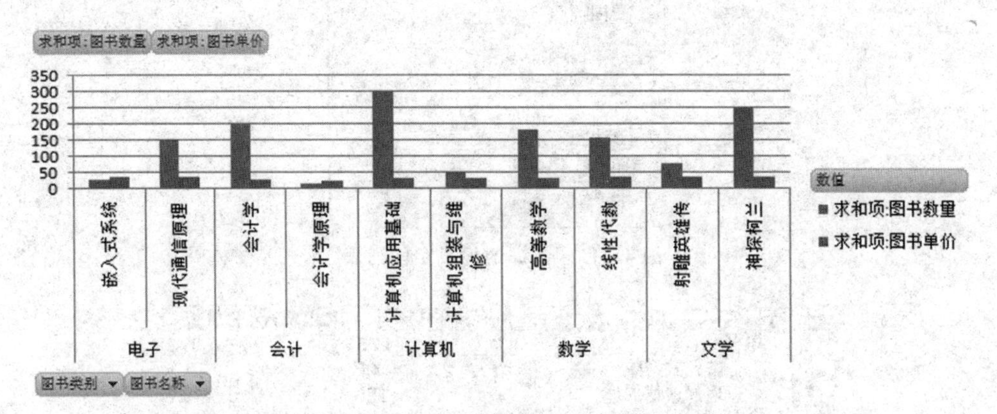

图 4.43　根据“某书店部分销售情况表”创建的数据透视图

2)切片器

切片器是 Excel 2010 中的新增功能，它提供了一种可视性极强的筛选方法来筛选数据透视表中的数据。一旦插入切片器，即可使用按钮对数据进行快速分段和筛选，以仅显示所需数据。切片器可以与数据透视表链接，或者与其他数据链接，让数据分析与呈现更加可视化、使用更方便和更美观。下面以数据透视表为例简单讲解切片器的使用。

要想使用切片器必须先创建数据透视表，这里以上节创建的数据透视表为例进行讲解。

(1)单击“插入”选项卡，在“筛选器”组中单击“切片器”。

(2)弹出“插入切片器”对话框，如图 4.44 所示。在其中勾选需要切片的项，单击“确定”按钮。

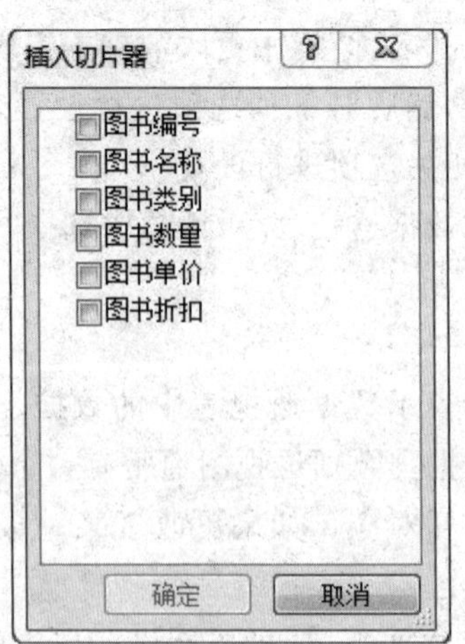

图 4.44　“插入切片器”对话框

(3)返回工作表,即可为所选字段创建切片器。插入切片器后的效果如图 4.45 所示。

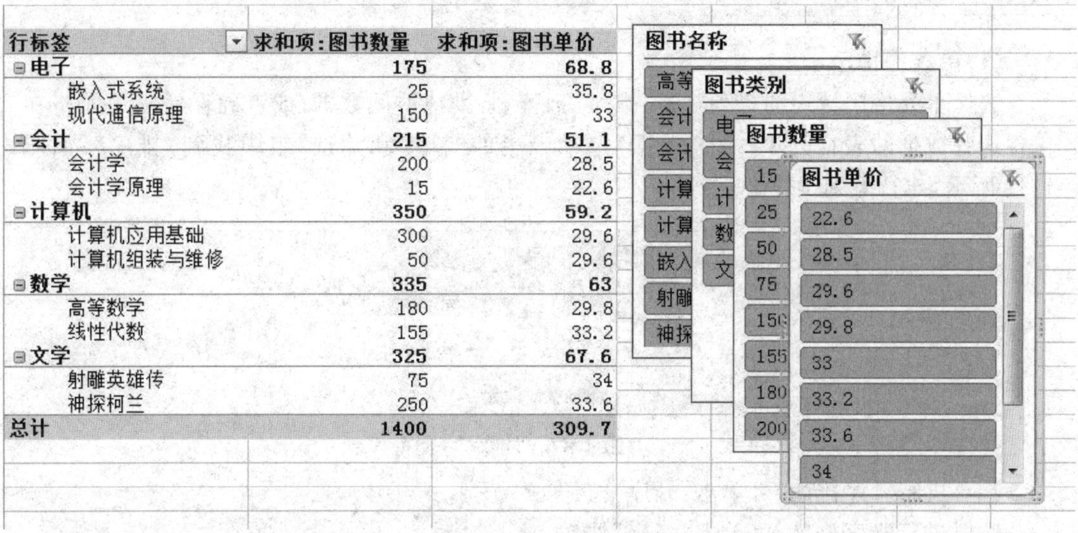

行标签	求和项:图书数量	求和项:图书单价
⊟电子	175	68.8
嵌入式系统	25	35.8
现代通信原理	150	33
⊟会计	215	51.1
会计学	200	28.5
会计学原理	15	22.6
⊟计算机	350	59.2
计算机应用基础	300	29.6
计算机组装与维修	50	29.6
⊟数学	335	63
高等数学	180	29.8
线性代数	155	33.2
⊟文学	325	67.6
射雕英雄传	75	34
神探柯兰	250	33.6
总计	1400	309.7

图 4.45　插入切片器后的效果

(4)这时用户就可以利用切片器进行快速的多重筛选,从而快速地进行数据查看、分析。分别单击各个切片,相应的数据会实时展现。如图 4.46 所示的为单击图书类别总的电子所筛选出的内容,十分直观。

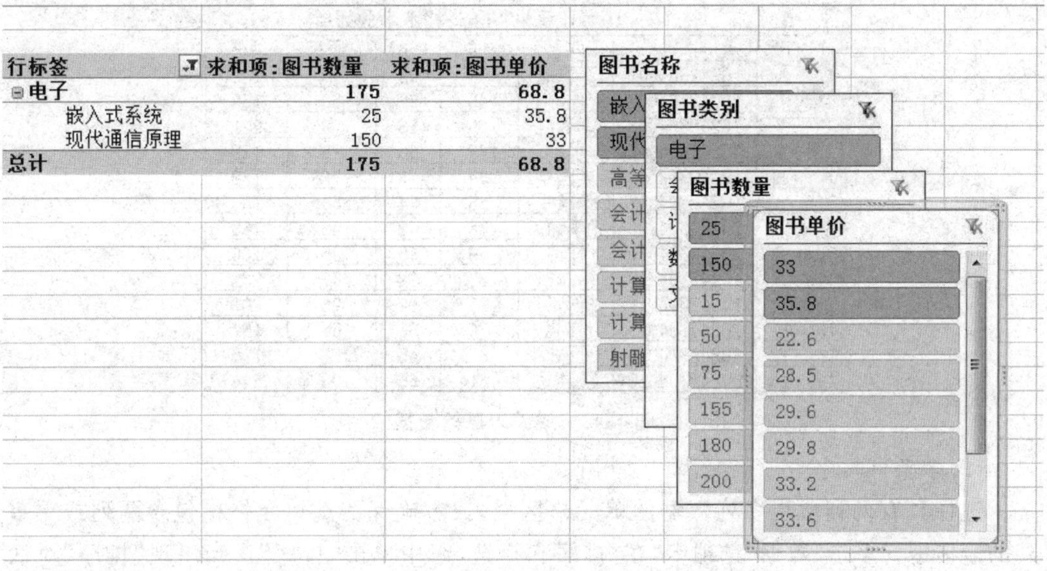

行标签	求和项:图书数量	求和项:图书单价
⊟电子	175	68.8
嵌入式系统	25	35.8
现代通信原理	150	33
总计	175	68.8

图 4.46　多重筛选结果

插入的切片器是默认的样式,没有特色。用户可以在“切片器选项”快速设置切片器的格式。

对某个切片器进行选择,右上角的删除按钮就会变成红色,单击该删除按钮,即可清除该切片器的筛选。只是看上面的内容也许并不能感受到切片器的好处,实际操作一下,用户一定会认为切片器十分实用。

4.3.2 数据排序

(1)单条件排序

选择单元格区域中的一列字母、数字、数值、日期或时间数据，或者确保活动单元格在包含这些数据的表格列中。在“数据”选项卡上的“排序和筛选”组中找到“排序”，如图4.47所示，执行下列操作之一：

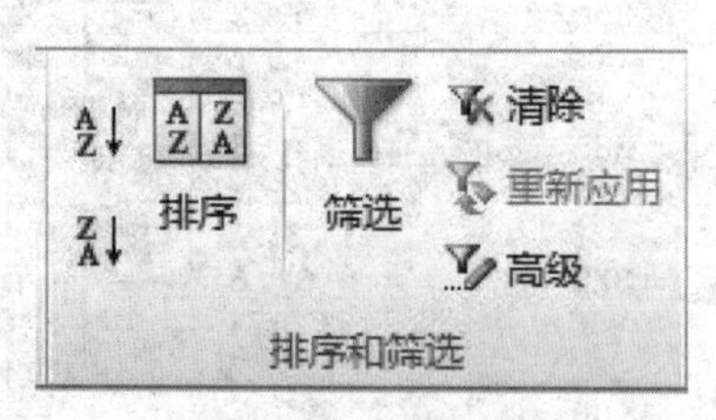

图4.47 “排序”

①要进行升序排序，可单击“升序”按钮 。

②要进行降序排序，可单击“降序”按钮 。

如图4.48所示，对此成绩表中的总成绩按照降序进行排列。操作如下：

首先，选中要排序的区域G3:G15，然后，在“数据”选项卡上的“排序和筛选”组中单击“降序”按钮，即出现如图4.49所示的按总分成绩降序行排列成绩单。

	A	B	C	D	E	F	G
1	10春计算机科学与技术本成绩单						
2	序号	学号	姓名	数据库	(VB)	c语言	总分
3	1	10242304001	李青红	78	45	65	188
4	2	10242304002	侯冰	45	67	56	168
5	3	10242304003	李青红	65	78	78	221
6	4	10242304005	侯冰	43	56	89	188
7	5	10242304006	吴国华	34	76	78	188
8	6	10242304007	张跃平	65	54	65	184
9	7	10242304009	李丽	78	32	45	155
10	8	10242304010	汪琦	56	65	45	166
11	9	10242304012	吕颂华	87	78	67	232
12	10	10242304013	柳亚芬	35	90	76	201
13	11	10242304015	韩飞	76	65	56	197
14	12	10242304016	王建	67	45	87	199
15	13	10242304018	沈高飞	61	65	98	224

图4.48 成绩表原始数据

(2)多条件排序

选择具有两列或更多列数据的单元格区域，或者确保活动单元格在包含两列或更多列的表格中。单击“数据”选项卡，在“排序和筛选”组中单击“排序”。当出现“排序”对话框时，在“列”下的“排序依据”框中，选择要排序的第一列作为主要关键字。

在“排序依据”下选择排序类型。执行下列操作之一：

①要按文本、数字或日期和时间进行排序，可选择“数值”。

②要按格式进行排序，可选择“单元格颜色”“字体颜色”或“单元格图标”。

在“次序”下选择排序方式。执行下列操作之一：

①对于文本值、数值、日期或时间值，选择“升序”或“降序”。

	A	B	C	D	E	F	G
1	10春计算机科学与技术本成绩单						
2	序号	学号	姓名	数据库	(VB)	c语言	总分
3	9	10242304012	吕颂华	87	78	67	232
4	13	10242304018	沈高飞	61	65	98	224
5	3	10242304003	李青红	65	78	78	221
6	10	10242304013	柳亚芬	35	90	76	201
7	12	10242304016	王建	67	45	87	199
8	11	10242304015	韩飞	76	65	56	197
9	1	10242304001	李青红	78	45	65	188
10	4	10242304005	侯冰	43	56	89	188
11	5	10242304006	吴国华	34	76	78	188
12	6	10242304007	张跃平	65	54	65	184
13	2	10242304002	侯冰	45	67	56	168
14	8	10242304010	汪琦	56	65	45	166
15	7	10242304009	李丽	78	32	45	155

图 4.49　按照降序排列效果图

②要基于自定义序列进行排序，可选择“自定义序列”。

如图 4.64 所示，此成绩表按照总分降序排列。其中成绩相同的三名学员是按照李青红、侯冰和吴国华进行排序。现在要对其进行多条件排序。主关键字仍然选择“总分”降序排列，次关键字选择“姓名”升序排列，如图 4.50 所示。排序结果如图 4.51 所示，“李青红”“侯冰”和“吴国华”三人的顺序发生了变化，现在是按照姓名第一个字的字母顺序排列(L、H、W)。

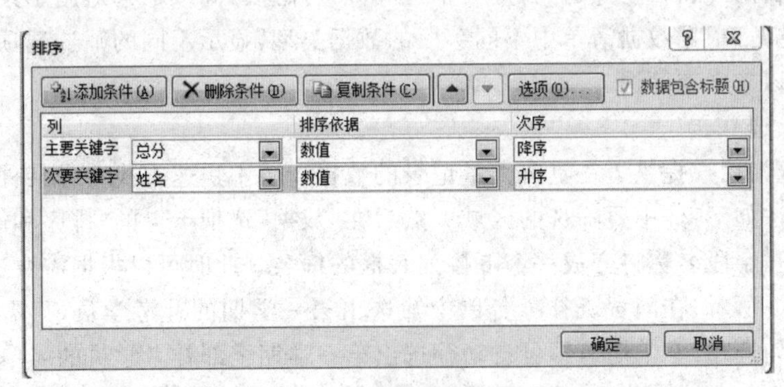

图 4.50　按照多条件排序进行排列

	A	B	C	D	E	F	G
1	10春计算机科学与技术本成绩单						
2	序号	学号	姓名	数据库	(VB)	c语言	总分
3	9	10242304012	吕颂华	87	78	67	232
4	13	10242304018	沈高飞	61	65	98	224
5	3	10242304003	李青红	65	78	78	221
6	10	10242304013	柳亚芬	35	90	76	201
7	12	10242304016	王建	67	45	87	199
8	11	10242304015	韩飞	76	65	56	197
9	4	10242304005	侯冰	43	56	89	188
10	1	10242304001	李青红	78	45	65	188
11	5	10242304006	吴国华	34	76	78	188
12	6	10242304007	张跃平	65	54	65	184
13	2	10242304002	侯冰	45	67	56	168
14	8	10242304010	汪琦	56	65	45	166
15	7	10242304009	李丽	78	32	45	155

图 4.51　按照多条件排序效果图

若要添加作为排序依据的另一列，可单击“添加条件”，然后重复以上步骤。若要复制作为排序依据的列，可选择该条目，然后单击“复制条件”。若要删除作为排序依据的列，可选择该条目，然后单击“删除条件”。若要更改列的排序顺序，可选择一个条目，然后单击“向上”或“向下”箭头来更改顺序。列表中位置较高的条目在列表中位置较低的条目之前排序。

(3)自定义序列排序

选择单元格区域中的一列数据，或者确保活动单元格在表格的列中。在“数据”选项卡上的“排序和筛选”组中单击“排序”。当显示“排序”对话框时，在“列”下的“排序依据”框中，选择按自定义序列排序的列。在“次序”下，选择“自定义序列”，在“自定义序列”对话框中，选择所需的序列。

自定义排序的方法与多条件排序方法类似，用户只需按照自己的需求操作即可，这里不再赘述。

4.3.3 数据筛选

数据清单创建完成后，对它进行的操作通常是从中查找和分析具备特定条件的记录，而筛选就是一种用于查找数据清单中数据的快速方法。经过筛选后的数据清单只显示包含指定条件的数据行，以供用户浏览、分析。

筛选有三种方法：自动筛选、自定义筛选和高级筛选。高级筛选适用于条件比较复杂的筛选。筛选时，根据数据清单中不同字段的数据类型，显示不同的筛选选项。如字段为文本型，则可以按文本筛选。

1)自动筛选

自动筛选为用户提供了在具有大量记录的数据清单中快速查找符合某种条件记录的功能，操作方法如下：选中要筛选的区域。然后在“数据”选项卡上的“排序和筛选”组中单击“筛选”按钮，字段名称将变成一个下拉列表框的框名。此时可以根据需要进行筛选。

如图 4.52 所示，在国贸班补考名单中筛选出第一学期的补考学员，只需单击“学期”字段，在其中勾选“第一学期”，即可自动筛选出第一学期全部补考学员的名单。

	A	B	C	D	E	F
1	国贸班补考名单					
2	学期	姓名	学号	课程名称	补考成	任课老
3	第一学期	陈俊叶	10317101	东南亚国家概况	78	李峰
4	第一学期	冯玉海	10316108	东南亚国家概况	56	李峰
5	第一学期	陈海燕	10316103	东南亚国家概况	72	李峰
6	第一学期	葛双娥	10312210	经济学基础	61	梁焱
7	第一学期	蒋林生	10312217	经济学基础	50	梁焱
8	第一学期	梁裕	10312224	经济学基础	60	梁焱
9	第一学期	黄奕豪	10314108	商务英语阅读	12	张亮
10	第一学期	庞晓辞	10314120	商务英语阅读	12	张亮
11	第二学期	梁裕	10312224	国际贸易理论与政策	12	王丽达
12	第二学期	阮继莹	10312234	国际贸易理论与政策	54	王丽达
13	第二学期	周泓	10321154	管理学基础	67	刘玉峰
14	第二学期	黄大勇	10321208	管理学基础	56	刘玉峰
15	第二学期	石丽	10321230	管理学基础	54	刘玉峰
16	第二学期	曹蓉	10321101	会计学基础	60	林蕊
17	第二学期	巫夏斯	10319647	会计学基础	62	林蕊
18	第二学期	韦中文	10314132	管理学理论与实务	19	陈艳立
19	第二学期	银丽君	10314138	管理学理论与实务	56	陈艳立

图 4.52 自动筛选第一学期全部补考的名单

2)自定义筛选

用 Excel 2010 自带的筛选条件,可以快速完成对数据清单的筛选操作。当自带的筛选条件无法满足需要时,也可以根据需要自定义筛选条件。

如想在国贸班补考名单中找出补考成绩为 50～60 的学员,显然自动筛选无法完成。这时,通过自定义筛选即可完成,操作方法如下:

(1)在自动筛选的基础上,单击“补考成绩”字段,在弹出的菜单中选择“数字筛选”,再选择“自定义筛选”。

(2)弹出“自定义自动筛选方式”对话框,按如图 4.53 所示的填入具体要求,单击“确定”按钮。

图 4.53 “自定义自动筛选方式”对话框

如图 4.54 所示即为自定义筛选出的结果。如果要求两个条件都必须为“True”,则选择“与”;如果要求两个条件中的任意一个或者两个都可以为“True”,则选择“或”。

	A	B	C	D	E	F
1	国贸班补考名单					
2	学期	姓名	学号	课程名称	补考成绩	任课老师
4	第一学期	冯玉海	10316108	东南亚国家概况	56	李峰
7	第一学期	蒋林生	10312217	经济学基础	50	梁焱
9	第二学期	阮继莹	10312234	国际贸易理论与政策	54	王丽达
11	第二学期	黄大勇	10321208	管理学基础	56	刘玉峰
12	第二学期	曹蓉	10321101	会计学基础	60	林蕊
15	第二学期	银丽君	10314138	管理学理论与实务	56	陈艳立

图 4.54 自定义筛选结果

3)高级筛选

利用 Excel 的高级筛选功能,不仅能同时筛选出两个或两个以上约束条件的数据,还可通过已经设置的条件来对工作表中的数据进行筛选。

使用高级筛选功能,必须先建立一个条件区域,用来指定筛选的数据所需满足的条件。条件区域的第一行是所有作为筛选条件的字段名,这些字段名与数据清单中的字段名必须完全一样。

如图 4.55 所示,筛选出第一学期《经济学基础》补考不及格的名单。

(1)在工作簿中建立约束条件,然后选中该单元格区域,如图 4.55 所示。

	A	B	C	D	E	F
1	国贸班补考名单					
2	学期	姓名	学号	课程名称	补考成绩	任课老师
3	第一学期	陈俊叶	10317101	东南亚国家概况	78	李峰
4	第一学期	冯玉海	10316108	东南亚国家概况	56	李峰
5	第一学期	陈海燕	10316103	东南亚国家概况	72	李峰
6	第一学期	葛双娥	10312210	经济学基础	61	梁焱
7	第一学期	蒋林生	10312217	经济学基础	50	梁焱
8	第二学期	梁裕	10312224	国际贸易理论与政策	12	王丽达
9	第二学期	阮继莹	10312234	国际贸易理论与政策	54	王丽达
10	第二学期	周泓	10321154	管理学基础	67	刘玉峰
11	第二学期	黄大勇	10321208	管理学基础	56	刘玉峰
12	第二学期	曹蓉	10321101	会计学基础	60	林蕊
13	第二学期	巫夏斯	10319647	会计学基础	62	林蕊
14	第二学期	韦中文	10314132	管理学理论与实务	19	陈艳立
15	第二学期	银丽君	10314138	管理学理论与实务	56	陈艳立
16						
17						
18			学期	课程名称	补考成绩	
19			第一学期	经济学基础	<60	

图 4.55 选中单元格区域

(2)单击“排序和筛选”组中的“高级”按钮。

(3)弹出“高级筛选”对话框，在“列表区域”中输入“A2:F15”，在“条件区域”中输入“C18:E19”，完成后单击“确定”按钮，如图 4.56 所示。

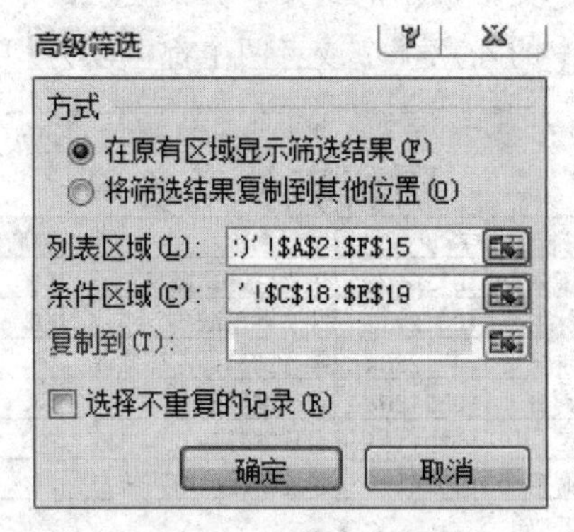

图 4.56 设置“条件区域”

返回工作表，可看见只显示了按照条件筛选后的结果，如图 4.57 所示。

	A	B	C	D	E	F
1	国贸班补考名单					
2	学期	姓名	学号	课程名称	补考成绩	任课老师
7	第一学期	蒋林生	10312217	经济学基础	50	梁焱
16						
17						
18			学期	课程名称	补考成绩	
19			第一学期	经济学基础	<60	

图 4.57 设置“条件区域”

4.3.4 分类汇总

分类汇总是指根据指定的条件对数据进行分类，并计算各分类数据的分类汇总值。汇总包括两部分：对一个复杂的数据库进行数据分类和对不同类型的数据进行汇总。使用 Excel 2010 版提供的分类汇总功能，可以使用户更方便地对数据进行分类汇总。

分类汇总的前提是将数据按分类字段进行排序，再进行分类汇总。

分类汇总的操作如下：

①单击数据清单的任一单元格，将数据按分类字段进行排序。

②单击“数据”选项组中的“分级显示”选项卡中的“分类汇总”按钮，在“分类汇总”对话框中选择：

- 分类字段：选排序所依据的字段。
- 汇总方式：选用于分类汇总的函数方式。
- 选定汇总项：选要进行汇总计算的字段。

③单击“确定”按钮。

仍以如图 4.58 所示的国贸班补考名单为例介绍分类汇总的具体操作方法。

	A	B	C	D	E	F
1	国贸班补考名单					
2	学期	姓名	学号	课程名称	补考成绩	任课老师
3	第一学期	陈俊叶	10317101	东南亚国家概况	78	李峰
4	第一学期	冯玉海	10316108	东南亚国家概况	56	李峰
5	第一学期	陈海燕	10316103	东南亚国家概况	72	李峰
6	第一学期	葛双娥	10312210	经济学基础	61	梁焱
7	第一学期	蒋林生	10312217	经济学基础	50	梁焱
8	第一学期	梁裕	10312224	经济学基础	60	梁焱
9	第一学期	黄奕豪	10314108	商务英语阅读	12	张亮
10	第一学期	庞晓辞	10314120	商务英语阅读	12	张亮
11	第二学期	梁裕	10312224	国际贸易理论与政策	12	王丽达
12	第二学期	阮继莹	10312234	国际贸易理论与政策	54	王丽达
13	第二学期	周泓	10321154	管理学基础	67	刘玉峰
14	第二学期	黄大勇	10321208	管理学基础	56	刘玉峰
15	第二学期	石丽	10321230	管理学基础	54	刘玉峰
16	第二学期	曹蓉	10321101	会计学基础	60	林蕊
17	第二学期	巫夏斯	10319647	会计学基础	62	林蕊
18	第二学期	韦中文	10314132	管理学理论与实务	19	陈艳立
19	第二学期	银丽君	10314138	管理学理论与实务	56	陈艳立

图 4.58　国贸班补考名单

(1)简单的分类汇总

选中数据区域中的任意单元格，单击“数据”选项组总的“分级显示”选项卡中的“分类汇总”按钮，在“分类汇总”对话框中勾选需要汇总的项，具体如图 4.59 所示，单击“确定”按钮。返回工作表，可以看到对数据进行分类汇总的结果，如图 4.60 所示。

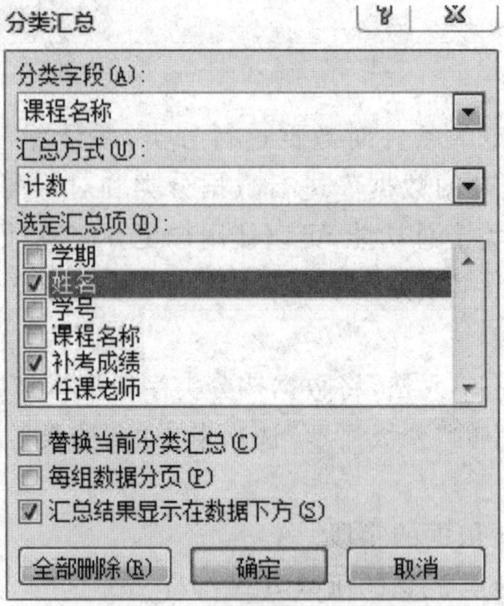

分类汇总

分类字段(A):

课程名称

汇总方式(U):

计数

选定汇总项(D):

学期
姓名
学号
课程名称
补考成绩
任课老师

替换当前分类汇总(C)

每组数据分页(P)

汇总结果显示在数据下方(S)

全部删除(R) 确定 取消

图 4.59 “分类汇总”对话框

	A	B	C	D	E	F
1	国贸班补考名单					
2	学期	姓名	学号	课程名称	补考成绩	任课老师
3	第一学期	陈俊叶	10317101	东南亚国家概况	78	李峰
4	第一学期	冯玉海	10316108	东南亚国家概况	56	李峰
5	第一学期	陈海燕	10316103	东南亚国家概况	72	李峰
6		3		**东南亚国家概况 计数**	3	
7	第一学期	葛双娥	10312210	经济学基础	61	梁焱
8	第一学期	蒋林生	10312217	经济学基础	50	梁焱
9	第一学期	梁裕	10312224	经济学基础	60	梁焱
10		3		**经济学基础 计数**	3	
11	第一学期	黄奕豪	10314108	商务英语阅读	12	张亮
12	第一学期	庞晓辞	10314120	商务英语阅读	12	张亮
13		2		**商务英语阅读 计数**	2	
14	第二学期	梁裕	10312224	国际贸易理论与政策	12	王丽达
15	第二学期	阮继莹	10312234	国际贸易理论与政策	54	王丽达
16		2		**国际贸易理论与政策 计数**	2	
17	第二学期	周泓	10321154	管理学基础	67	刘玉峰
18	第二学期	黄大勇	10321208	管理学基础	56	刘玉峰
19	第二学期	石丽	10321230	管理学基础	54	刘玉峰
20		3		**管理学基础 计数**	3	
21	第二学期	曹蓉	10321101	会计学基础	60	林蕊
22	第二学期	巫夏斯	10319647	会计学基础	62	林蕊
23		2		**会计学基础 计数**	2	
24	第二学期	韦中文	10314132	管理学理论与实务	19	陈艳立
25	第二学期	银丽君	10314138	管理学理论与实务	56	陈艳立
26		2		**管理学理论与实务 计数**	2	
27		17		**总计数**	17	

图 4.60 分类汇总后效果图

(2)多级分类汇总

如分类汇总后的结果仍不能满足用户的需要,则可以对汇总的结果进行再次分类汇总。一次分类汇总称为简单分类汇总,再次分类汇总称为多级分类汇总。

要想在前面分类汇总的基础之上再次分类汇总,可以按如下方式操作:

在已经完成的简单分类汇总基础之上,选中数据区域中的任意单元格,单击“数据”选项组中的“分级显示”选项卡中的“分类汇总”按钮,在“分类汇总”对话框中勾选需要汇总的项,将汇总方式改为“最大值”,勾选“替换当前分类汇总”,其他项保持不变,单击“确定”

按钮，即可看到分类汇总的结果发生了改变，如图 4.61 所示。

	A	B	C	D	E	F
1	国贸班补考名单					
2	学期	姓名	学号	课程名称	补考成绩	任课老师
3	第一学期	陈俊叶	10317101	东南亚国家概况	78	李峰
4	第一学期	冯玉海	10316108	东南亚国家概况	56	李峰
5	第一学期	陈海燕	10316103	东南亚国家概况	72	李峰
6		0	**东南亚国家概况 最大值**	0	72	
7	第一学期	葛双娥	10312210	经济学基础	61	梁焱
8	第一学期	蒋林生	10312217	经济学基础	50	梁焱
9	第一学期	梁裕	10312224	经济学基础	60	梁焱
10		0	**经济学基础 最大值**	0	0	
11	第一学期	黄奕豪	10314108	商务英语阅读	12	张亮
12	第一学期	庞晓辞	10314120	商务英语阅读	12	张亮
13		0	**商务英语阅读 最大值**	0	12	
14	第二学期	梁裕	10312224	国际贸易理论与政策	12	王丽达
15	第二学期	阮继莹	10312234	国际贸易理论与政策	54	王丽达
16		0	**国际贸易理论与政策 最大值**	0	54	
17	第二学期	周泓	10321154	管理学基础	67	刘玉峰
18	第二学期	黄大勇	10321208	管理学基础	56	刘玉峰
19	第二学期	石丽	10321230	管理学基础	54	刘玉峰
20		0	**管理学基础 最大值**	0	67	
21	第二学期	曹蓉	10321101	会计学基础	60	林蕊
22	第二学期	巫夏斯	10319647	会计学基础	62	林蕊
23		0	**会计学基础 最大值**	0	60	
24	第二学期	韦中文	10314132	管理学理论与实务	19	陈艳立
25	第二学期	银丽君	10314138	管理学理论与实务	56	陈艳立
26		0	**管理学理论与实务 最大值**	0	0	
27		0	**总计最大值**	0	72	

图 4.61　多级分类汇总(一)

对数据进行分类汇总后，在工作表左侧将出现一个分级显示栏，通过分级显示栏中的分级显示符号可分级查看表格数据。单击分级显示栏中的分级显示数字 1、2 和 3，可显示分类汇总和总计的汇总；单击"显示"按钮或"隐藏"按钮，可显示或隐藏明细。

如图 4.62 所示为上图单击 2 后显示的汇总表。

	A	B	C	D	E	F
1	国贸班补考名单					
2	学期	姓名	学号	课程名称	补考成绩	任课老师
6		3	**东南亚国家概况 计数**	3	3	
10		3	**经济学基础 计数**	3	3	
13		2	**商务英语阅读 计数**	2	2	
16		2	**国际贸易理论与政策 计数**	2	2	
20		3	**管理学基础 计数**	3	3	
23		2	**会计学基础 计数**	2	2	
26		2	**管理学理论与实务 计数**	2	2	
27		17	**总计数**	17	17	

图 4.62　多级分类汇总(二)

(3) 清除分类数据

如想清除分类数据，将其恢复到原来的状态，则需要删除分类数据。操作方法如下：

选中数据区域中的任意单元格，单击"数据"选项组中的"分级显示"选项卡中的"分类汇总"按钮，在"分类汇总"对话框中左下角单击"全部删除"按钮，单击"确定"按钮。

4.4 数据的图表化

为了能更加直观地表达工作表中的数据，可将数据以图表的形式表示。通过图表可以清楚地了解各个数据的大小以及数据的变化情况，方便对数据进行对比和分析。Excel 2010 自带各种各样的图表，如柱形图、折线图、饼图、条形图、面积图、散点图等，各种图表各有优点，适用于不同的场合。Excel 2010 还增加了迷你图功能，通过该功能可以快速查看数值系列中的趋势，如图 4.63 所示。

在 Excel 2010 中有两种类型的图表，一种是嵌入式图表，另一种是图表工作表。嵌入式图表就是将图表看作一个图形对象，并作为工作表的一部分进行保存；图表工作表是工作簿中具有特定工作表名称的独立工作表。在需要独立于工作表数据查看或编辑大而复杂的图表或节省工作表上的屏幕空间时，就可以使用图表工作表。

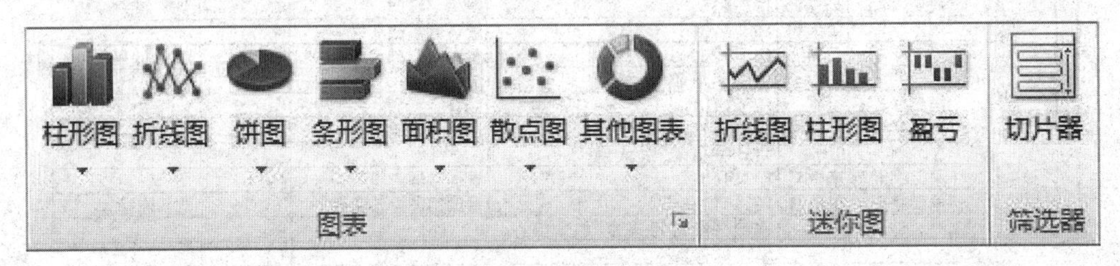

图 4.63 迷你图功能

4.4.1 创建图表

用户可以利用工作表中的数据来创建图表，由于图表有较好的视觉效果，使用图表可以直观地查看数据的差异并可以预测趋势。创建图表前可以通过如图 4.64 所示的了解图表各个部分的名称。

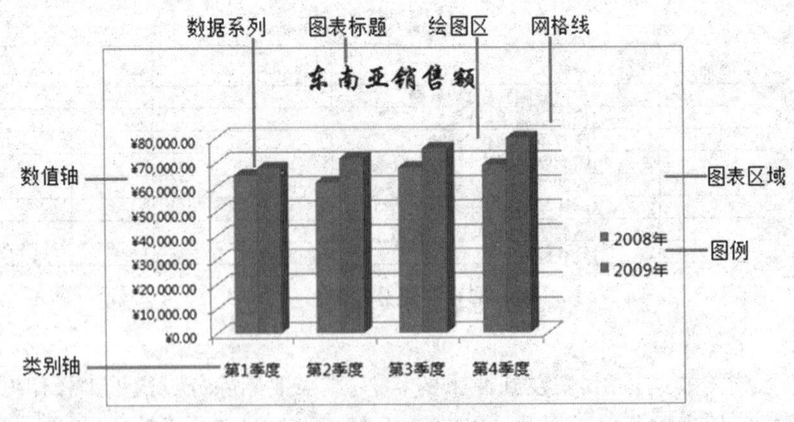

图 4.64 创建图表

“图表”功能在 Excel 2010 的“插入”选项卡中。在创建图表前，必须先在工作表中为图表输入数据，然后再选择数据并使用“图表向导”，逐步完成选择图表类型和其他选项的设置。具体操作步骤如下：

①选择数据区域，包括标题部分。

②选择“插入”选项卡中的“图表”组，或单击“图表”组右下方的快捷项弹出“插入图标”对话框。

③用户选择图表类型(Excel 中提供了多种不同类型的图表，如柱形图、折线图等，而且每一类图还有几种不同的子图类型，如柱形图就有 19 种不同的类型)中的一种，单击“确定”按钮。

下面以建立某书店部分销售图书情况表的饼图为例，具体讲解创建图表的过程。

打开要操作的工作簿，选择用来创建图表的单元格区域，选择“插入”选项卡中的“图表”组，单击“饼图”按钮，在弹出的下拉列表中选择需要的图像样式(本实例选择“三维饼图”)，选择样式后，系统会根据选择的数据区域在当前工作表中生成对应的图表，如图 4.65 所示。

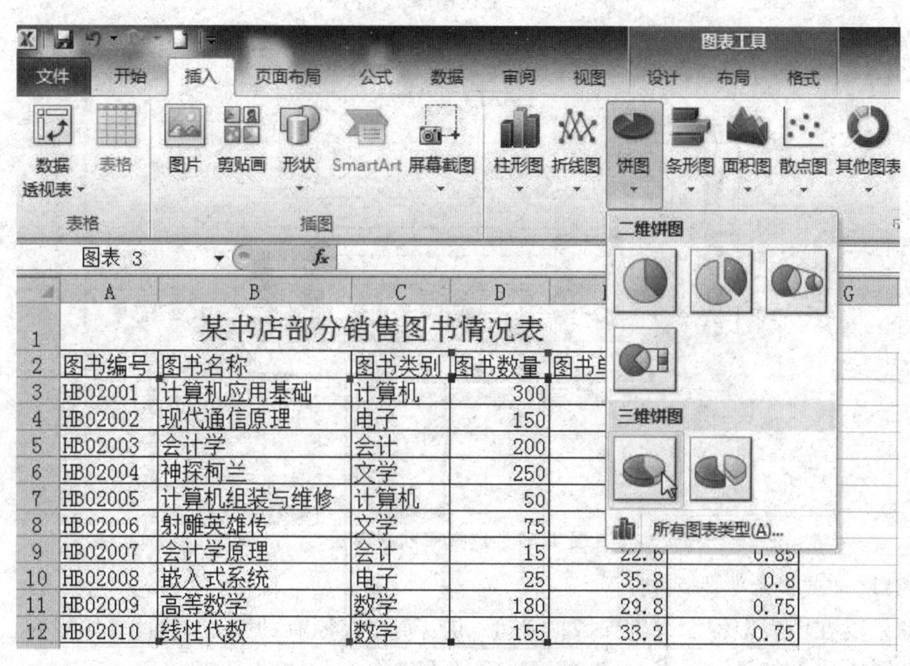

图 4.65　创建“三维饼图”图表

4.4.2　图表的编辑

如果已经创建好的图表不符合用户要求，可以对其进行编辑，例如，更改图表类型、调整图表位置、在图表中添加和删除数据系列、设置图表的图案、改变图表的字体、改变数值坐标轴的刻度和设置图表中数字的格式等。单击图表就可以看到“图表工具”选项卡。

根据 Excel 2010 最新的“图表工具”组，将其分为三个部分：设计、布局和格式。

(1)更改图表类型

若图表的类型无法确切地展现工作表数据所包含的信息，如使用“饼图”就无法表现数据的走势等，需要更改图表类型。

以上述的“某书店部分销售图书情况表的饼图”为例继续讲解，现在想要将其变为“柱形图”,操作方法为:选中已经建立好的“某书店部分销售图书情况表的饼图”,出现“图标工具”选项卡,选择其中的“设计”组,在其中单击“更改图表类型”按钮,如图 4.66 所示,出现“更改图表类型”对话框,在其中找到需要的样式即可。本实例选择簇状柱形图,如图 4.67 所示。

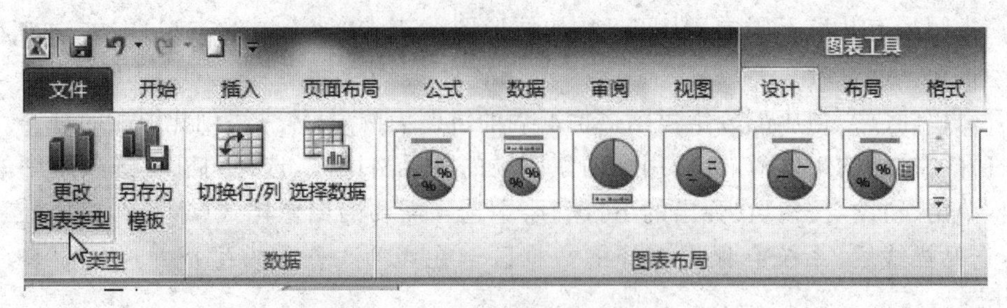

图 4.66 “更改图表类型”按钮

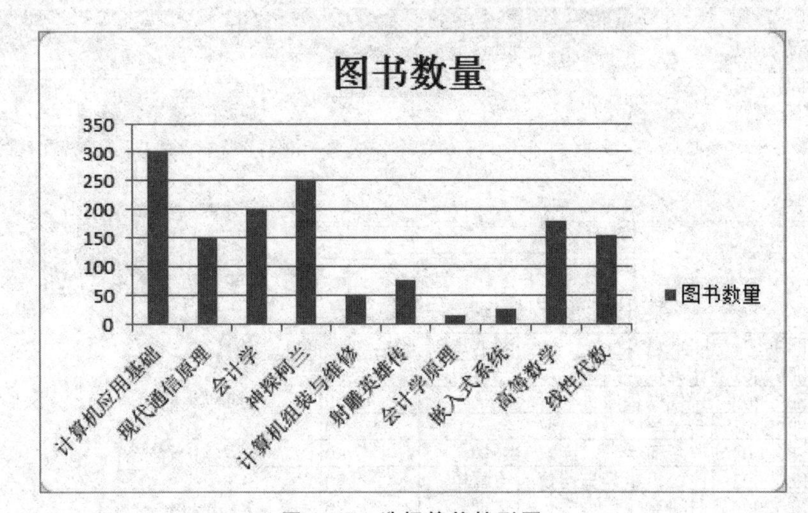

图 4.67 选择簇状柱形图

(2)增加或删除数据系列

如果要在图表中增加或删除数据系列,可以直接在原有的图表上操作,如想在已经建立好的图表中增加显示图书价格,可以进行如下操作:

选中已经建立好的“图书价格”图表,出现“图标工具”选项卡后,选择其中的“设计”组,在其中单击“选择数据”按钮。

出现“选择数据源”对话框,如图 4.68 所示,单击其中的图例项中的“添加”按钮。

弹出“编辑数据系列”对话框,如图 4.69 所示。在其中的系列名称中填入名称:图书单价。在系列值中单击选择区域范围,单击“确定”按钮。回到“选择数据源”对话框,再次单击“确定”按钮,即可看到原来的图表上面已经有了新的一列,如图 4.70 所示。

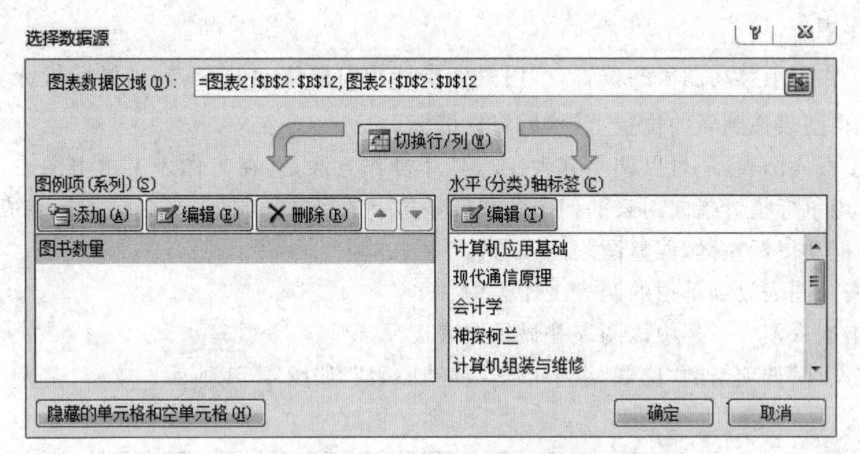

图 4.68　“选择数据源”对话框

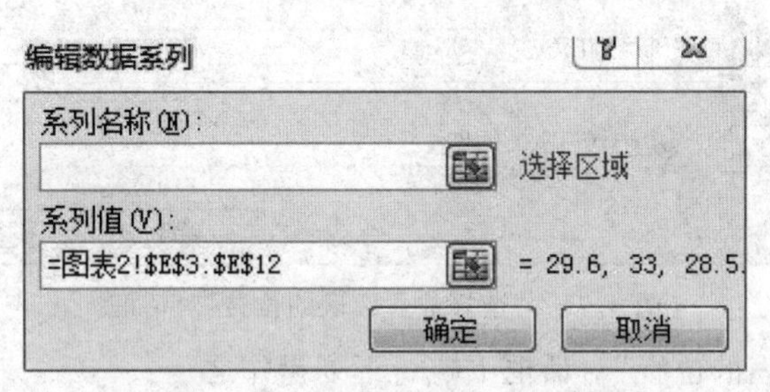

图 4.69　“编辑数据系列”对话框

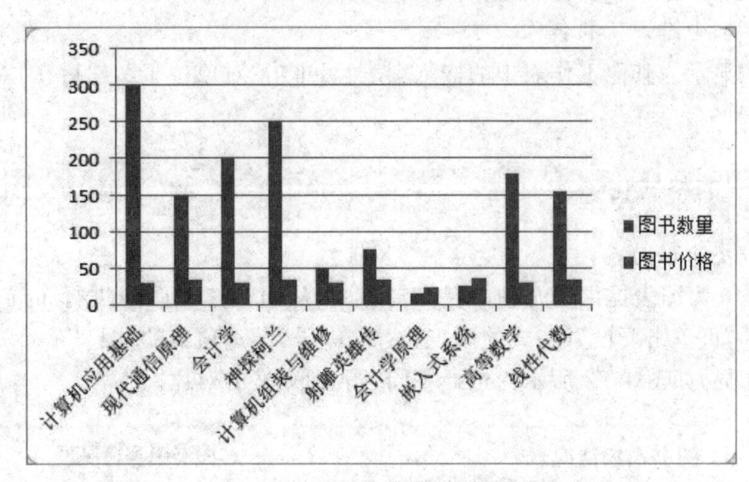

图 4.70　增加数据系列后效果图

(3)交换行列数据

单击其中包含要以不同方式绘制的数据的图表，此时，将显示图表工具，其中包含“设计”“布局”和“格式”选项卡。

在“设计”选项卡上的“数据”组中，单击“切换行/列”。

(4)调整图表的位置和大小

既可以将图表作为嵌入图表放在现在的工作表上，也可以将图表放在一个单独的图表工作表中。对于嵌入图表，可以在所在工作表上移动其位置，也可以将其移动到单独的图表工作表中。

在工作表上移动图表的位置，可用鼠标指针指向要移动的图表，当鼠标指针变成形状时，将图表拖到新的位置上，然后释放鼠标。

对于嵌入图表，还可以调整其大小。具体操作方法是：在工作表上单击图表，以选定它；然后用鼠标指针指向图表的四个角或四条边上的尺寸控制柄，当鼠标指针变成双箭头形状时，拖动鼠标左键，调整图表的大小。

将嵌入图表放到单独的图表工作表中。

单击嵌入图表以选中该图表并显示图表工具。

在“设计”选项卡的“位置”组中单击“移动图表”，如图 4.71 所示。

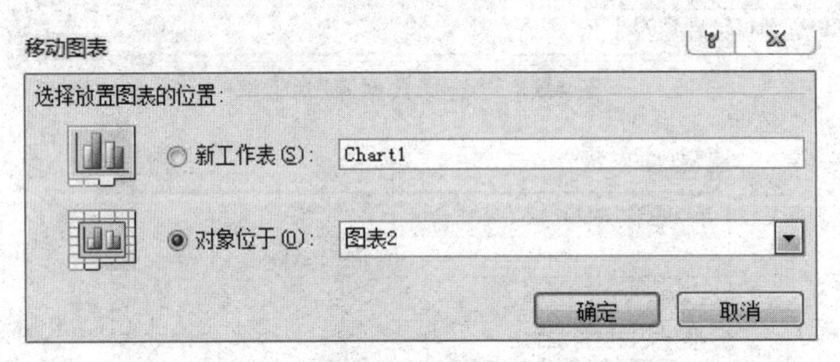

图 4.71 “选择放置图表的位置”对话框

在“选择放置图表的位置”对话框下执行下列操作之一：

要将图表显示在图表工作表中，可单击“新工作表”。如果要替换图表的名称，则可以在“新工作表”框中键入新的名称。

要将图表显示为其他工作表中的嵌入图表，可单击“对象位于”，然后在“对象位于”框中单击工作表。

4.4.3 图表的格式化

1）对图表快速布局

Excel 2010 为图表提供了几种内置布局方式，从而快速对图表进行布局。要选择预定义图表布局，可单击要设置格式的图表，然后在“设计”选项卡的“图表布局”组中单击要使用的图表布局，如图 4.72 所示为选择不同“图表布局”的对比。

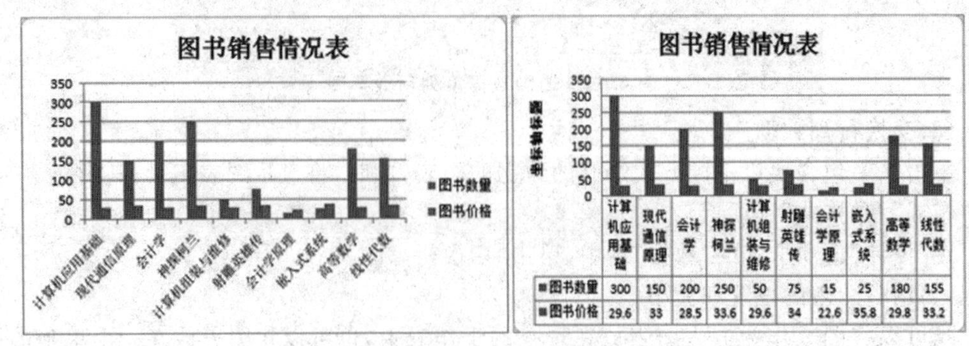

图 4.72 对比图

2)快速设置图片样式

Excel 2010 为图表提供了几种内置样式,从而快速对图表样式进行设置。要选择预定义图表样式,可单击要设置格式的图表,在“设计”选项卡的“图表样式”组中,单击要使用的图表样式。如图 4.73 所示为选择不同“图表样式”对比。

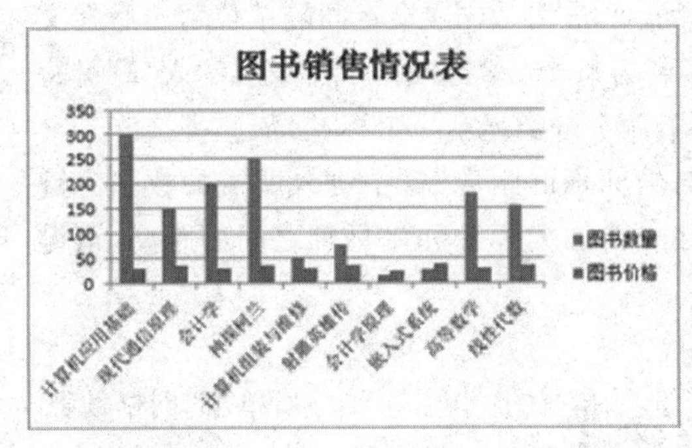

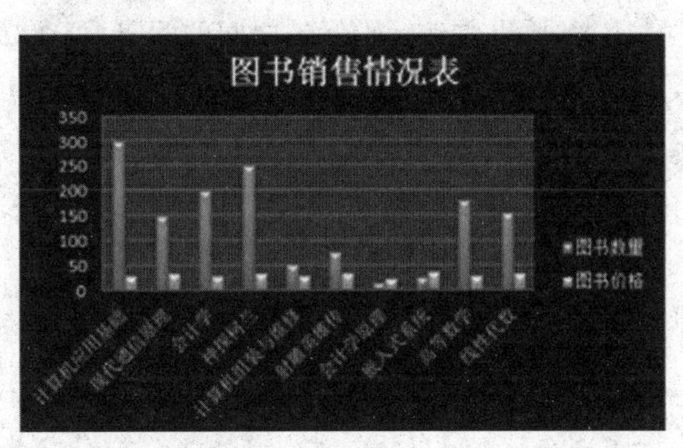

图 4.73　“图表样式”对比

3)设置图表元素格式

要为选择的任意图表元素设置格式,可在“当前所选内容”组中单击“设置所选内容格式”,然后在弹出的对话框中选择需要的格式选项。

要为所选图表元素的形状设置格式,可在“形状样式”组中单击需要的样式,或者单击“形状填充”“形状轮廓”或“形状效果”,然后选择需要的格式选项。

若要通过使用“艺术字”为所选图表元素中的文本设置格式,可在“艺术字样式”组中单击需要的样式,或者单击“文本填充”“文本轮廓”或“文本效果”,然后选择需要的格式选项。

(1)设置图表坐标轴选项

①显示或隐藏坐标轴。

单击要显示或隐藏其坐标轴的图表。

在“布局”选项卡上的“坐标轴”组中,单击“坐标轴”。

执行下列操作之一:

a. 要显示坐标轴,可单击要显示的坐标轴的类型,然后单击所需的选项。

b. 要隐藏坐标轴,可单击要隐藏的坐标轴的类型,然后单击“无”。

②调整轴刻度线和标签。

在图表中,单击要调整其刻度线和标签的坐标轴,或从图表元素列表中选择坐标轴。在“格式”选项卡上的“当前所选内容”组中,单击“设置所选内容格式”。

在“设置坐标轴格式”对话框中单击“坐标轴选项”,然后执行下列一项或多项操作:

a. 要更改主要刻度线的显示,可在“主要刻度线类型”框中,单击所需的刻度线位置。

b. 要更改次要刻度线的显示,可在“次要刻度线类型”下拉列表框中,单击所需的刻度线的位置。

c. 要更改标签的位置,可在“轴标签”框中,单击所需的选项。

d. 要隐藏刻度线或刻度线标签,可在下拉式列表框中选择“无”。

(2)更改标签或刻度线之间的分类数

在图表中,单击要更改的水平(分类)轴,或执行下列操作从图表元素列表中选择坐标轴。在“格式”选项卡上的“当前所选内容”组中,单击“设置所选内容格式”。在“设置坐标轴格式”对话框中单击“坐标轴选项”,然后执行下列一项或两项操作:

- 要更改坐标轴标签之间的间隔,可在“标签间隔”下单击“指定间隔单位”,然后在文本框中键入所需的数字。例如,键入“1”可为每个分类显示一个标签,键入“2”可每隔一个分类显示一个标签,键入“3”可每隔两个分类显示一个标签,依此类推。
- 要更改坐标轴标签的位置,请在“标签与坐标轴的距离”框中键入所需的数字。键入较小的数字可使标签靠近坐标轴。如果要加大标签和坐标轴之间的距离,请键入较大的数字。

(3)显示或隐藏网格线

单击向其中添加网格线的图表。在“布局”选项卡上的“坐标轴”组中,单击“网格线”。

执行下列操作之一:

①要向图表中添加横网格线,可指向“主要横网格线”,然后单击所需的选项。如果图表有次要水平轴,还可以单击“次要网格线”。

②要向图表中添加纵网格线,可指向“主要纵网格线”,然后单击所需的选项。如果图表有次要垂直轴,还可以单击“次要网格线”。

③要将竖网格线添加到三维图表中,可指向“竖网格线”,然后单击所需选项。此选项仅在所选图表是真正的三维图表(如三维柱形图)时才可用。

④要隐藏图表网格线,可指向“主要横网格线”“主要纵网格线”或“竖网格线”(三维图表上),然后单击“无”。如果图表有次要坐标轴,还可以单击“次要横网格线”或“次要纵网格线”,然后单击“无”。

(4)添加趋势线

趋势线就是用图形的方式显示数据的预测趋势并可用于预测分析的线,也叫作回归分析。利用趋势线可以在图表中扩展趋势线,根据实际数据预测未来数据。打开“图表工具”的“布局”选项卡,在“分析”组中可以为图表添加趋势线。

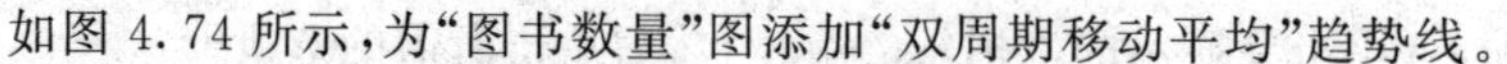

如图 4.74 所示,为“图书数量”图添加“双周期移动平均”趋势线。

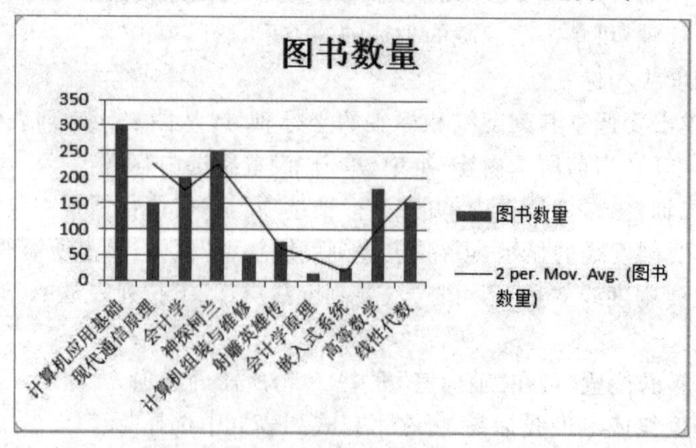

图 4.74　添加“双周期移动平均”趋势线

(5)使用迷你图显示数据趋势

迷你图是 Excel 2010 的一个新增功能，它是绘制在单元格中的一个微型图表，用迷你图可以直观地反映数据系列的变化趋势。与图表不同的是，当打印工作表时，单元格中的迷你图会与数据一起进行打印。创建迷你图后还可以根据需要对迷你图进行自定义，如高亮显示最大值和最小值、调整迷你图颜色等。在 Excel 2010 中创建迷你图非常简单，下面用一个例子来说明。

①创建迷你图

Excel 2010 中目前提供了三种形式的迷你图，即“折线图”“柱形图”和“盈亏图”。

图 4.75 为某书店部分销售图书情况表，对于这些数据，很难直接看出数据的变化趋势，而使用迷你图就可以非常直观地反映出各种图书的销售走势情况。步骤如下：

	A	B	C	D	E
1	某书店部分销售图书情况表				
2		一月	二月	三月	四月
3	计算机基础	45	65	70	78
4	微积分	56	45	59	40
5	大学英语1	86	70	63	60
6	线性代数	69	52	49	45
7	大学语文	56	36	56	69

图 4.75　某书店部分销售图书情况表

a. 选择“B3:E3”区域，在功能区中选择“插入”选项卡，在“迷你图”组中单击“折线图”按钮。

b. 在弹出的“创建迷你图”对话框中，在“数据范围”右侧的文本框中输入数据所在的区域“B3:E3”。也可以单击右侧的按钮用鼠标对数据区域进行选择。由于在第一步中已选择了“B3:E3”区域，“位置范围”已由 Excel 自动输入了，这里不需要重复操作。

c. 选择迷你图存放的位置(F3 单元格)，如图 4.76 所示。单击“确定”按钮，此时会在 F3 单元格中创建一组折线迷你图。

	A	B	C	D	E	F
1	某书店部分销售图书情况表					
2		一月	二月	三月	四月	迷你图
3	计算机基础	45	65	70	78	
4	微积分	56	45	59	40	
5	大学英语1	86	70	63	60	
6	线性代数	69	52	49	45	
7	大学语文	56	36	56	69	

图 4.76　选择迷你用户图存放的位置

除此之外还可以在某个区域中创建迷你图后，用拖到填充柄的方法将迷你图填充到其他单元格，就像填充公式一样。

②编辑迷你图

创建迷你图后，功能区中将显示“迷你图工具”，通过该选项卡可以对迷你图进行相应的编辑或美化。

例如，选择“设计”选项卡，在“样式”组中单击“显示”中的高点、低点、负点、首点、尾点和标记，选择某种颜色作为最大值标记颜色，或可以选择一种样式直接美化迷你图。

4.5 本章小结

通过本章学习，我们熟悉了 Excel 2010 的工作界面、基本操作、编辑及使用工作表的基本方法，掌握了利用 Excel 2010 进行公式、函数、排序、筛选、条件格式、分类汇总等功能对表格进行分析，并能够创建图表及透视图。能够运用各种方法进行表格制作和数据处理。

习 题

一、填空题

1. 在 Excel 2010 中，按下 Delete 键将清除被选区域中所有单元格的(　　)。

A. 内容　　B. 格式　　C. 批注　　D. 所有信息

2. 在具有常规格式的单元格中输入数值后，其显示方式是(　　)。

A. 左对齐　　B. 右对齐　　C. 居中　　D. 随机

3. 在 Excel 2010 的“单元格格式”对话框中，不存在的选项卡是(　　)。

A.“货币”选项卡　　B.“数字”选项卡

C.“对齐”选项卡　　D.“字体”选项卡

4. 对电子工作表所选择的区域不能够进行操作的是(　　)。

A. 调整行高尺寸　　B. 调整列宽尺寸

C. 修改条件格式　　D. 保存文档

5. 假定一个单元格的地址为＄D＄25，则此地址的表示方式是(　　)。

A. 相对地址　　B. 绝对地址　　C. 混合地址　　D. 三维地址

6. 假定单元格 D3 中保存的公式为＝B3＋C3，若把它复制到 E4 中，则 E4 中保存的公式为(　　)。

A. ＝B3＋C3　　B. ＝C3＋D3　　C. ＝B4＋C4　　D. ＝C4＋D4

7. 在 Excel 2010 中，对数据表进行排序时，在“排序”对话框中能够制定的排序关键字个数限制为(　　)。

A. 1 个　　B. 2 个　　C. 3 个　　D. 任意个

8. 在 Excel 2010 的高级筛选中，条件区域中同一行的条件是(　　)。

A. 或的关系　　B. 与的关系

C. 非的关系　　D. 异或的关系

9. 在 Excel 2010 中，“页眉/页脚”的设置属于(　　)。

A.“单元格格式”对话框　　B.“打印”对话框

C.“插入函数”对话框　　D.“页面设置”对话框

10. 在 Excel 2010 的“开始”选项卡的“剪贴板”组中，不包含的按钮是（　　）。

A. 剪切　　B. 粘贴　　C. 字体　　D. 复制

二、填空题

1. Excel 2010 是一个通用的________软件。

2. 在 Excel 2010 中，编辑栏由名称框、编辑框和________三部分组成。

3. Excel 2010 默认保存工作簿的格式扩展为________。

4. 工作表内的长方形空白，用于输入文字、公式的位置称为（单元格）。

5. 在 Excel 2010 中，对于上下相邻两个含有数值的单元格用拖个法向下作自动填充，默认的填充规则是________。

6. 在 Excel 2010 工作表的单元格 D6 中有公式“＝＄B＄2＋C6”，将 D6 单元格的公式复制到 C7 单元格内，则 C7 单元格的公式为________。

7. 在 Excel 2010 中，在同一工作表内复制单元格的数据可按________键拖个至目标位置。

8. 在 Excel 2010 的工作表中，若要对一个区域中的各行数据求平均值，应使用________函数。

9. 在 Excel 2010 中，对单元格的引用有________、绝对引用和混合引用。

10. 在 Excel 2010 中，如果要将工作表冻结便于查看，可以用________功能区的“冻结窗格”来实现。

三、判断题

1. 在 Excel 2010 中，可以更改工作表的名称和位置。（　　）

2. 在 Excel 中只能清除单元格中的内容，不能清除单元格中的格式。（　　）

3. 在 Excel 2010 中，使用筛选功能只显示符合设定条件的数据而隐藏其他数据。（　　）

4. Excel 工作表的数量可根据工作需要适当增加或减少，并可以进行重命名、设置标签颜色等相应的操作。（　　）

5. Excel 2010 可以通过 Excel 选项自定义功能区和自定义快速访问工具栏。（　　）

6. Excel 2010 的“开始”→“保存并发送”，只能更改文件类型保存，不能将工作薄保存到 web 或共享发布。（　　）

7. 要将最近使用的工作薄固定到列表，可打开“最近所用文件”，点想固定的工作薄右边对应的按钮即可。（　　）

8. 在 Excel 2010 中，除在“视图”功能可以进行显示比例调整外，还可以在工作薄右下角的状态栏拖动缩放滑块进行快速设置。（　　）

9. 在 Excel 2010 中，只能设置表格的边框，不能设置单元格边框。（　　）

10. 在 Excel 2010 中，套用表格格式后可在“表格样式选项”中选取“汇总行”显示出汇总行，但不能在汇总行中进行数据类别的选择和显示。（　　）

11. Excel 2010 中不能进行超链接设置。（　　）

12. Excel 2010 中只能用“套用表格格式”设置表格样式，不能设置单个单元格样式。（　　）

13. 在 Excel 2010 中，除可创建空白工作簿外，还可以下载多种 office. com 中的模板。 （ ）

14. 在 Excel 2010 中，只要应用了一种表格格式，就不能对表格格式进行更改和清除。 （ ）

15. 运用“条件格式”中的“项目选取规划”，可自动显示学生成绩中某列前 10 名内单元格的格式。 （ ）

第 5 章　PowerPoint 2010 基础及其应用

5.1　PowerPoint 2010 概述

PowerPoint 2010 是一个制作演示文稿的软件，是 Microsoft Office 2010 的办公软件之一。演示文稿中可以添加声音、图形、图像、动画、视频等多媒体对象，以图文并茂、形象生动的形式放映出来。利用 PowerPoint 2010 不但可以创建演示文稿，还可以制作广告宣传和产品演示的电子版幻灯片。

5.1.1　PowerPoint 2010 的窗口

启动 PowerPoint 2010 的方法有多种，这里只介绍操作系统为 Windows 7 时的一种打开方法。

单击“开始”按钮，在打开的开始菜单中单击“所有程序”，在“所有程序”的菜单中单击 Microsoft Office，在 Microsoft Office 中单击 Microsoft PowerPoint 2010，启动后其界面如图 5.1 所示。

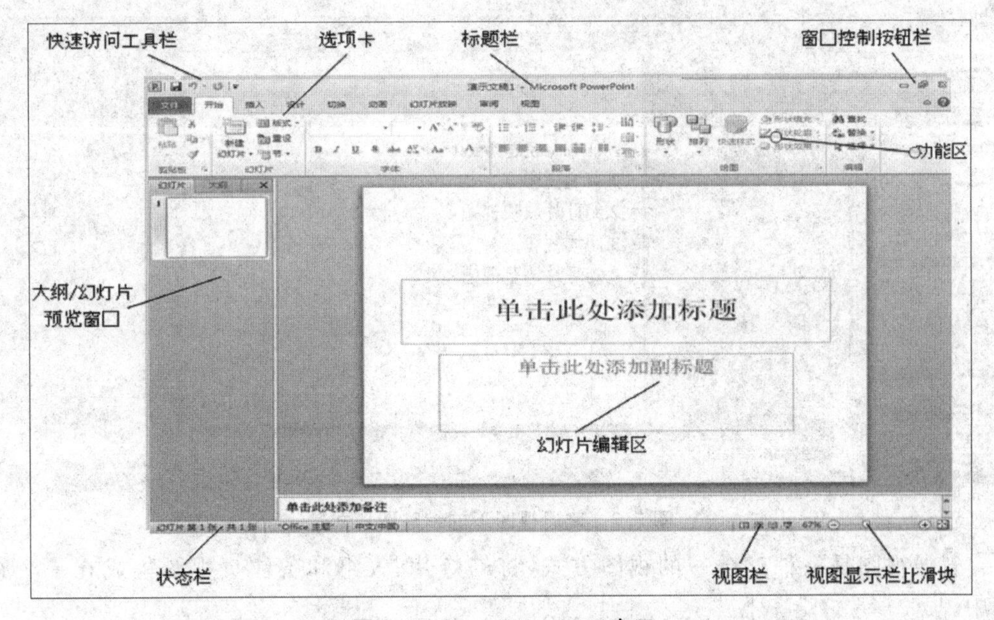

图 5.1　PowerPoint 2010 窗口

PowerPoint 2010 工作窗口主要包括标题栏、选项卡、功能区、演示文稿预览界面、演示文稿主编辑界面等。其主要功能如下：

标题栏——用来显示当前制作或使用的演示文稿的标题。

快速访问工具栏——默认位置在 Office 按钮右边，可以设置在功能区下面。栏中放置一些最常用的命令，例如“新建文件”“保存”“撤销”“打印”等，可以增加、删除快速访问工具栏中的命令项。

选项卡——包括“文件”“开始”“插入”“设计”“转换”“动画”“幻灯片放映”“审阅”和“视图”，每一个选项卡都代表 PowerPoint 2010 最常使用的功能。

功能区——单击任意一个选项卡时，在功能区将显示其功能组，组中又有若干个按钮或者下拉按钮，下拉按钮可以打开下拉列表框，供用户选用其功能。

5.1.2 PowerPoint 2010 的视图方式

PowerPoint 2010 为用户提供了多种不同的视图方式，每种视图都将用户的处理焦点集中在演示文稿的某个要素上。

(1)普通视图

当启动 PowerPoint 2010 并创建一个新演示文稿时，通常会直接进入普通视图，可以在其中输入、编辑和格式化文字、管理幻灯片及输入备注信息。如果要从其他视图方式切换到普通视图中，可以单击“视图”选项卡“演示文稿视图”组的“普通视图”按钮，如图 5.2 所示。

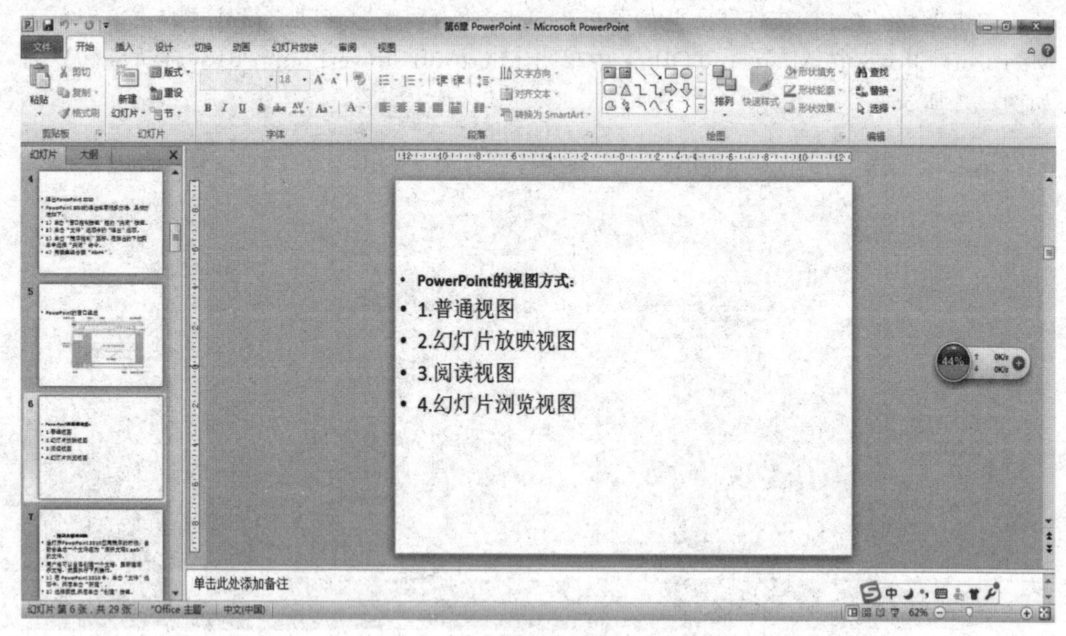

图 5.2 普通视图下的缩略图模式

普通视图是一种三合一的视图方式，将幻灯片、大纲和备注页视图集成在一个视图中。

在普通视图的左窗格中，有“大纲”选项卡和“幻灯片”选项卡。单击“大纲”选项卡，可以方便地输入演示文稿要介绍的一系列主题，这样更易于把握整个演示文稿的设计思路；单击“幻灯片”选项卡，系统将以缩略图的形式显示演示文稿的幻灯片，这样易于展示演示文稿的总体效果，普通视图下的大纲模式如图 5.3 所示。

用户还可以拖动窗格之间的分隔条，调整窗格的大小。

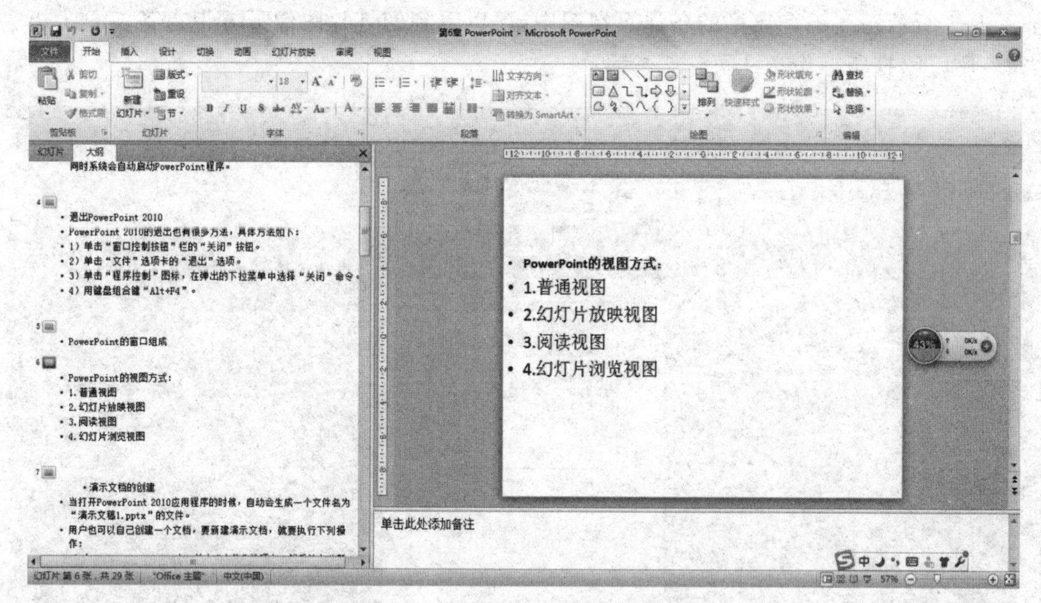

图 5.3　普通视图下的大纲模式

(2)幻灯片浏览视图

单击“视图”选项卡的“演示文稿视图”组中的“幻灯片浏览”按钮，即可切换到幻灯片浏览视图。

在幻灯片浏览视图中，能够看到整个演示文稿的外观。在该视图中，可以对演示文稿进行编辑，包括改变幻灯片的背景设计、调整幻灯片的顺序、添加和删除幻灯片、复制幻灯片等，如图 5.4 所示。

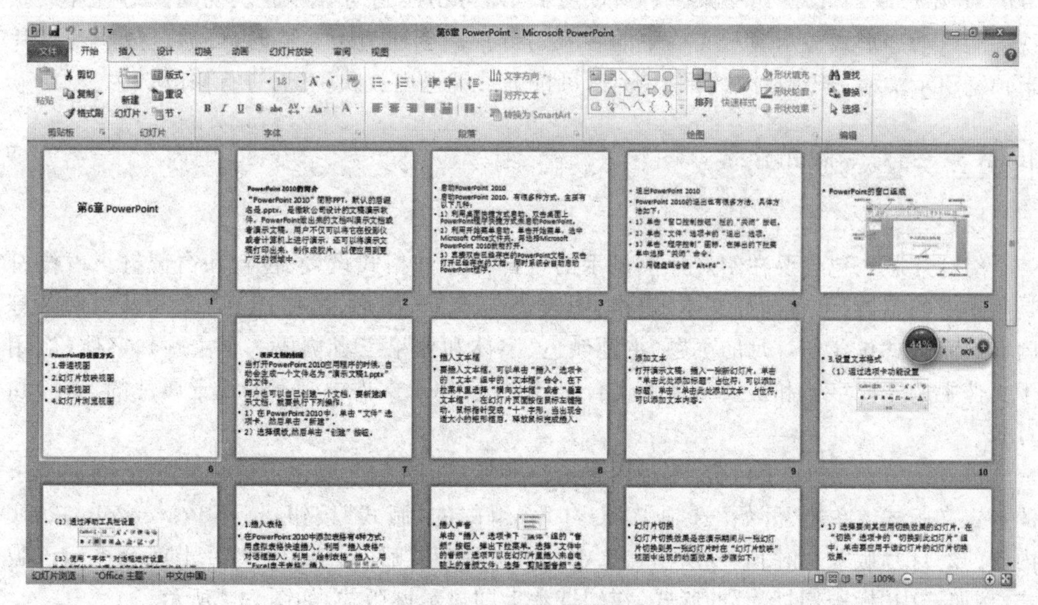

图 5.4　幻灯片浏览视图

(3)备注页视图

单击“视图”选项卡的“演示文稿视图”组中的“备注页”按钮,即可切换到备注页视图,如图 5.5 所示。在一个典型的备注页视图中,可以看到幻灯片图像下方带有备注页方框。当然,还可以打印一份备注页作为参考。

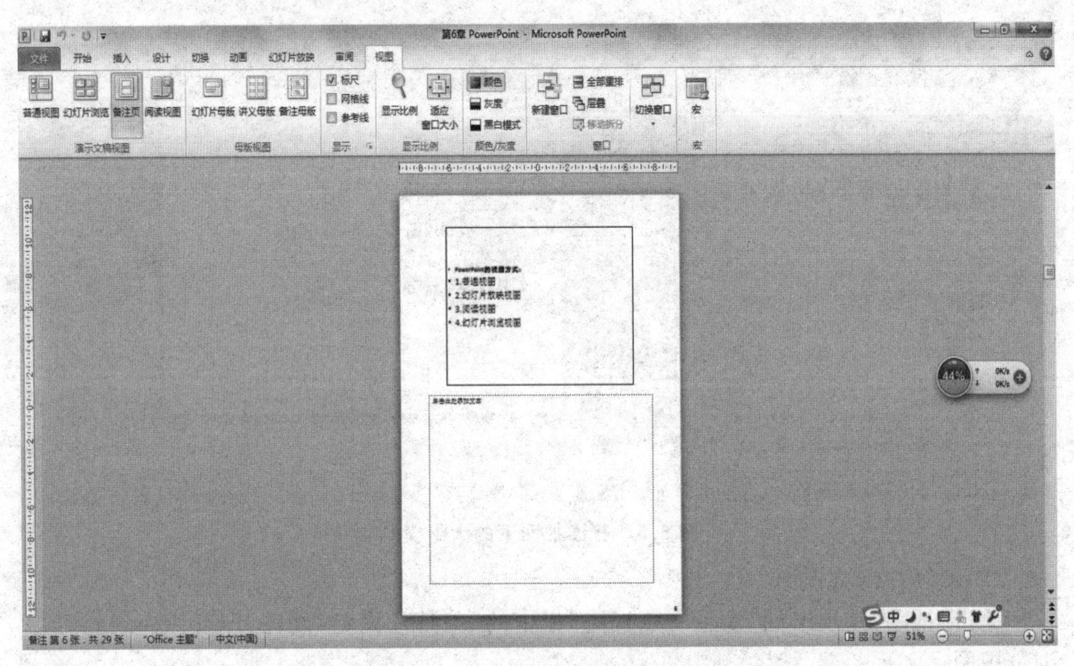

图 5.5 “备注页”视图

(4)幻灯片放映视图

按 F5 键,或者单击“视图切换区”的“幻灯片放映”按钮,或者选择“幻灯片放映”选项卡的“开始放映幻灯片”组中某一种放映方式,即可切换到幻灯片放映视图。幻灯片放映视图能以动态形式显示演示文稿中的各张幻灯片。创建演示文稿时,可通过放映幻灯片来预览演示文稿;若对放映效果不满意,可按 Esc 键退出放映,然后进行修改。

5.1.3 幻灯片版式介绍

(1)基本概念

幻灯片版式包含要在幻灯片上显示的全部内容的格式设置、位置和占位符。占位符是版式中的容器,可容纳如文本、表格、图表、SmartArt 图形、影片、声音、图片及剪切画等内容。而版式包含幻灯片的主题(主题颜色、字体和效果三者构成一个主题)、字体(应用于文件中的主要字体和次要字体的集合)、效果(应用于文件中元素的视觉属性的集合)和背景。

PowerPoint 2010 中包含 11 种内置幻灯片版式,除此之外也可以创建满足特定需求的自定义版式。单击“开始”选项卡“幻灯片”组中的“版式”按钮,打开 PowerPoint 2010 内置的幻灯片版式,如图 5.6 所示。选中其中一种版式后,新建的幻灯片上就会显示该版式,例如选中“标题幻灯片”的版式,在幻灯片上即显示该版式,如图 5.7 所示。

图 5.6　PowerPoint 2010 的版式

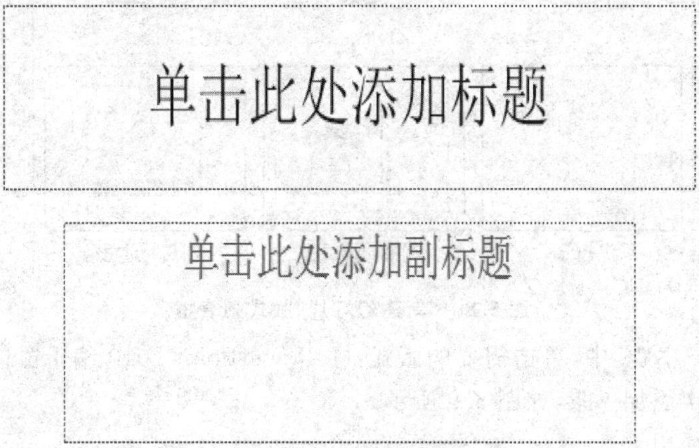

单击此处添加标题

单击此处添加副标题

图 5.7　标题幻灯片版式

(2)创建演示文稿

创建演示文稿的操作方法有多种。实际上,只要启动 PowerPoint 2010,就会自动创建一个空白的演示文稿,在这个空白演示文稿的基础上,可根据需要添加多张不同版式的幻灯片。这是比较简单的一种创建演示文稿的方法,另外还可通过“新建”命令,打开“可用的模板和主题”来创建演示文稿。

使用“新建”命令的操作步骤如下:

①单击“文件”选项卡的“新建”命令,在新建对话框中,单击可用的模板和主题中的“空白演示文稿”后,在右窗口中单击“创建”按钮,在 PowerPoint 2010 编辑窗口中就会显

示一张空白幻灯片。

②在空白演示文稿中添加幻灯片，可以单击“开始”选项卡中的“幻灯片”组中的“新建幻灯片”按钮，打开“新建幻灯片”下拉列表框，如图 5.8 所示。

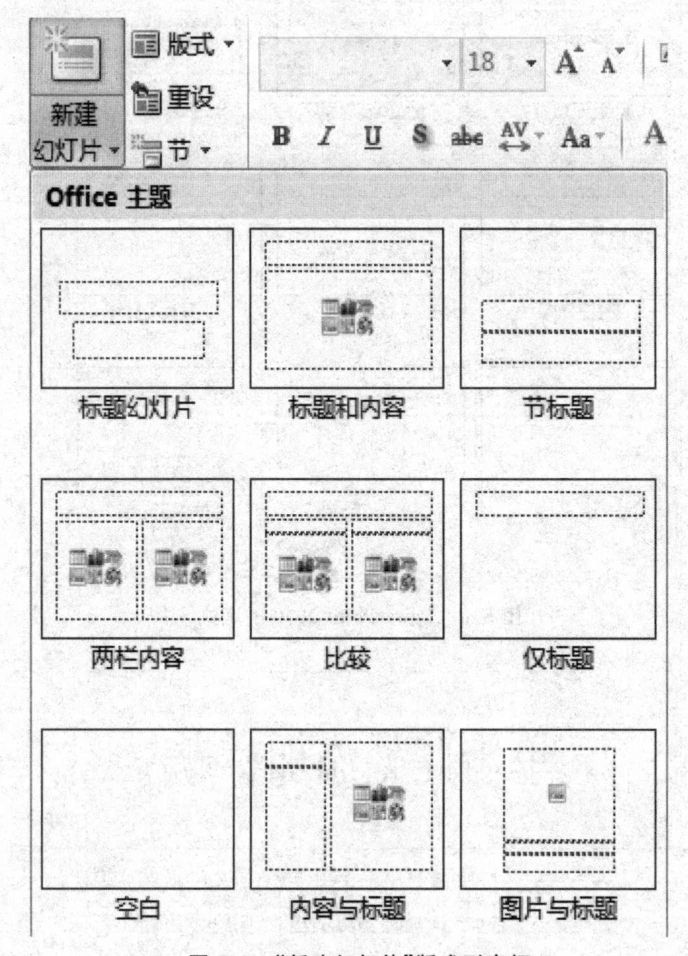

图 5.8 “新建幻灯片”版式列表框

③在“Office 主题”中，单击需要的版式，在 PowerPoint 2010 编辑窗口就会添加一张幻灯片，单击一次添加一张，如图 5.9 所示。

(3)模板的使用

模板是指已经设计好的演示文稿，是由专业人员设计出来供用户使用的。模板中包含了预先定义好的页面结构，包括标题格式、配色方案、背景颜色等元素，用户可以根据自己的需要，往模板中添加标题、正文等内容，既快捷又规范。

使用模板创建演示文稿的操作步骤如下：

①单击“文件”选项卡的“新建”命令，打开“可用的模板和主题”对话框，如图 5.10 所示。

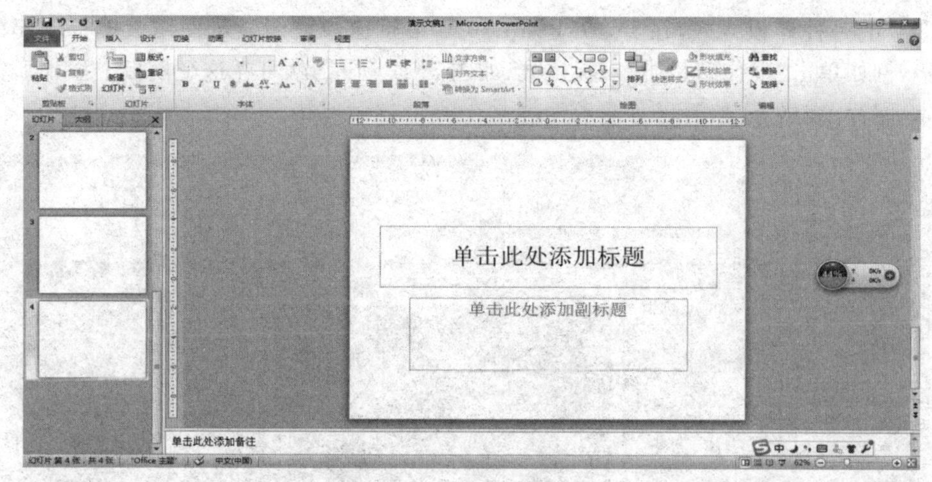

图 5.9　添加多张幻灯片

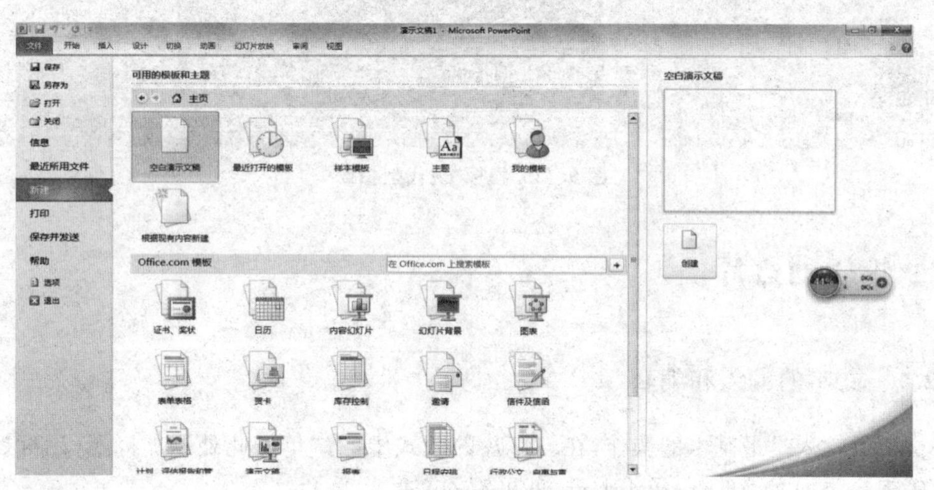

图 5.10　“新建演示文稿”对话框

②在这个对话框中，双击“样本模板”选项，打开“样本模板”窗口，如图 5.11 所示。

图 5.11　“可用的模板和主题”对话框

③单击一种模板样式，在 PowerPoint 2010 编辑窗口就会显示使用该模板创建的演示文稿，例如单击“现代型相册”模板样式，如图 5.12 所示，就可在这个模板上添加所需要的文本、图片、表格等，然后保存演示文稿。

图 5.12　模板“现代型相册”

5.2　编辑幻灯片

5.2.1　文字的输入和编辑

文字的输入是最基本的操作，在幻灯片的版式中，有“单击此处添加标题(副标题/文本)”等需要添加文字的框，单击此框，就可输入文字。

如图 5.13 所示显示的是一张选择了“标题和内容幻灯片”版式的幻灯片，在它上面输入文字的操作步骤为：

①单击标题框，这时标题框周围的虚线消失，同时在文本框的中间出现一个插入光标，如图 5.14 所示。

单击此处添加标题

• 单击此处添加文本

图 5.13　“标题和内容幻灯片”版式

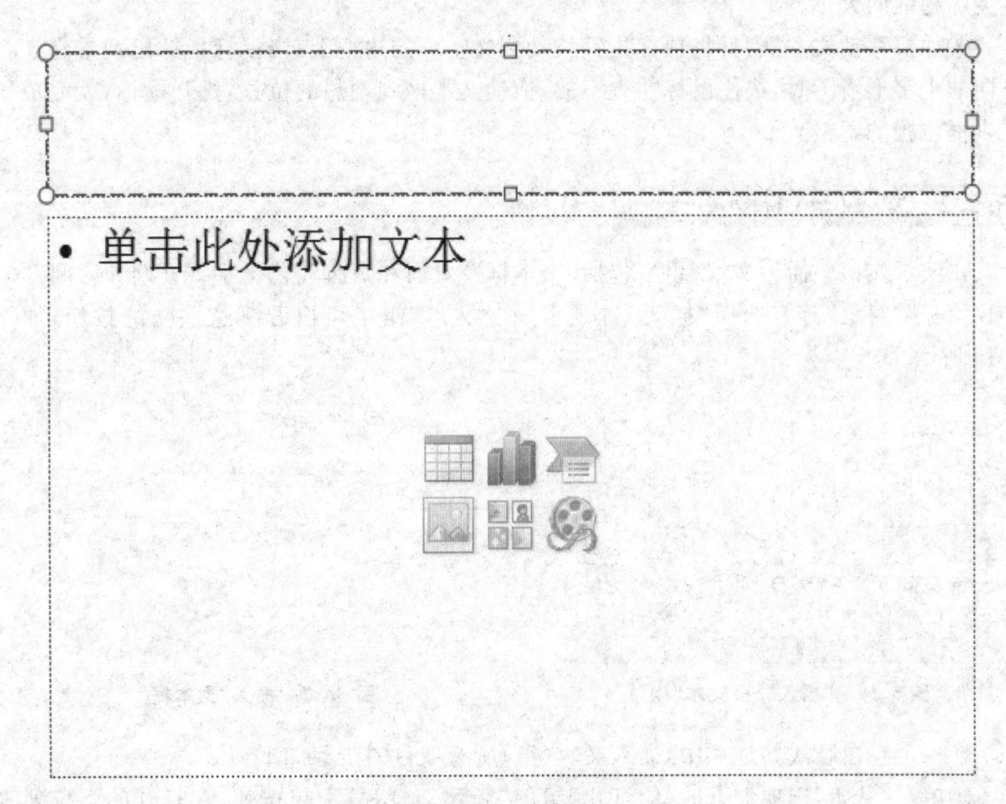

图 5.14　单击标题框

②在标题框中输入“我的第一张演示文稿”，并在内容框中插入剪切画，如图 5.15 所示。

图 5.15　插入文字的幻灯片

③输入文字后，可以对字体、字号、颜色等进行修改，方法与 Word 2010 相同。

④修改文字后可以调整标题框的大小。单击要调整大小的标题框内文字，该框出现 8 个控制点，将鼠标指针移动到任意一个控制点上，按住鼠标左键，上下左右拖动，就可以改变标题框的大小。

⑤如要移动文本框，就将鼠标指针移动到文本框的边框上，当鼠标指针出现带有 4 个方向的十字形箭头时，按住鼠标左键不放，拖动文本框到理想的位置，松开鼠标，就完成了文本框位置的调整。

5.2.2 文本(组)的插入

在演示文稿中插入文本(组)，包括“文本框”“页眉和页脚”“艺术字”“日期和时间”“幻灯片编号”“对象”等。选择“插入”选项卡，在“文本”组中可以看到这些功能按钮，如图 5.16 所示。

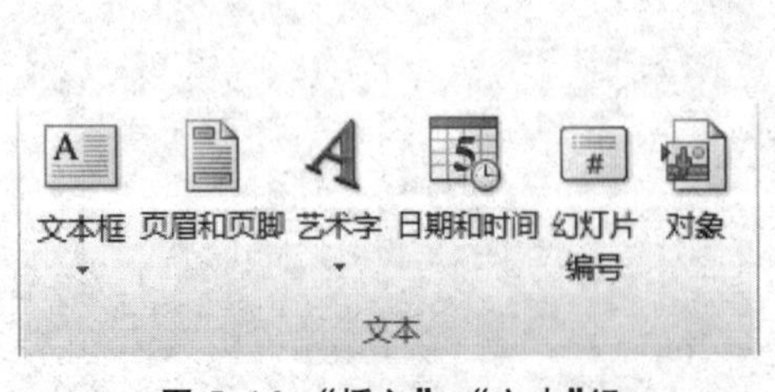

图 5.16　“插入”→“文本”组

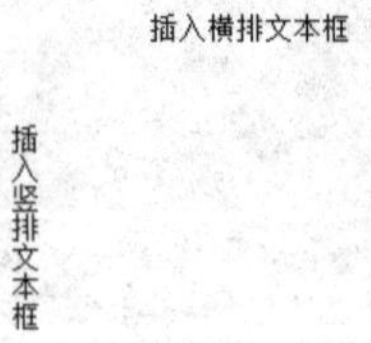

图 5.17　插入“文本框”

在一个空白版式幻灯片中，插入文本(组)所有项目的步骤如下：

①单击“开始”选项卡下的“幻灯片”组的“新建幻灯片”下拉按钮，在打开的下拉列表

框中选择“空白”幻灯片版式。在演示文稿中插入一张空白版式的幻灯片。

②选定空白版式的幻灯片，单击“插入”选项卡下的“文本”组的“文本框”下拉按钮，选择下拉列表框中的“横排文本框”，这时鼠标指针呈十字形，鼠标在空白幻灯片中拖动拉出横排文本框，在文本框中输入“插入横排文本框”。插入“竖排文本框”的操作与横排一样，结果如图 5.17 所示。

③单击“插入”选项卡下“文本”组的“页眉和页脚”按钮，或单击“日期和时间”按钮，都能打开一个“页眉和页脚”对话框，如图 5.18 所示。

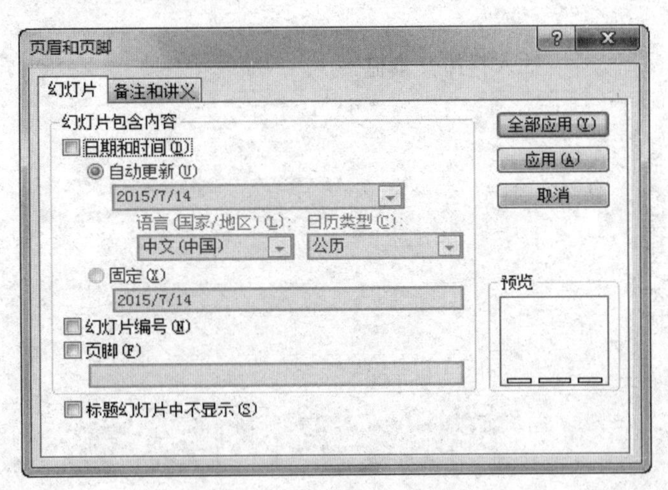

图 5.18　“页眉和页脚”对话框

④在“页眉和页脚”对话框中的“幻灯片”标签下，可以设置日期和时间（自动更新时间或固定）、幻灯片编号、页脚。

⑤选择了时间、幻灯片编号和输入了页脚内容后，根据需要单击“全部应用”或“应用”，两个按钮的区别在于此设置是应用于演示文稿中的所有幻灯片还是所选定的幻灯片，如图 5.19 所示。

插入横排文本框

插入竖排文本框

2015/7/14　　我的第一张演示文稿　　4

图 5.19　设置日期和时间、页脚、幻灯片编号

⑥选定幻灯片，单击“插入”选项卡下“文本”组的“艺术字”下拉按钮，打开下拉列表框，选择“填充—白色，轮廓—强调文字颜色 1”艺术字样式，在幻灯片中会出现一个显示框。

⑦单击显示框，输入文字“艺术字的魅力”，效果如图 5.20 所示。

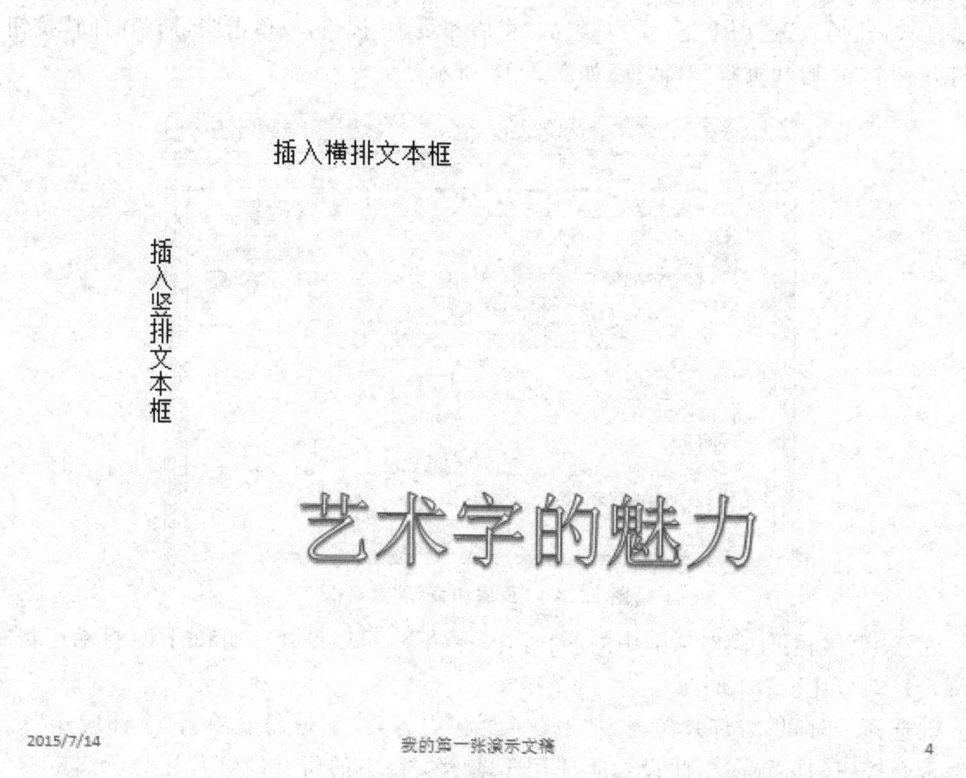

图 5.20　插入艺术字的效果

5.2.3 特效文字的设置

“艺术字”是 PowerPoint 2010 中有较大改变的一项功能，它不仅可以使字形更加漂亮，而且对插入的艺术字也能处理得更加到位。当选定插入的艺术字后，在“格式”选项卡下就会显示“插入图形”“形状样式”“艺术字样式”“排列”“大小”的组，如图 5.21 所示。通过这些组中的各种功能按钮，可以编辑各种艺术字。

图 5.21　“格式”选项卡功能区

设置特效字的操作步骤为：

①选定需要设置特效的文字。

②单击“格式”选项卡中“形状样式”组的“形状效果”按钮，选择其中的特效，如“映像”特效，那么选定的文字就会显示特殊效果。

③以上只是对文本框设置特效，还可以到“格式”选项卡下“艺术字样式”组中选择一种样式，设置特效艺术字，如图 5.22 所示。

图 5.22　特效文字效果

5.3　插入插图（组）及其他

PowerPoint 2010 的插入包括图片、剪贴画、相册、形状、SmartArt 图表、图形，媒体剪辑则包括影片和声音。

5.3.1　插入插图

(1)图片(组)的插入

插入图片、剪贴画、形状、SmartArt 图表的方法跟 Word 和 Excel 中介绍的方法大同小异，选定幻灯片后，单击“插入”选项卡下“插图”组的“图片”“剪辑画”“形状”“SmartArt”按钮，选择其中的样式，在幻灯片上调试后的效果如图 5.23 所示。

通过 PowerPoint 2010 可以使图片显示不同的艺术效果，使其看起来更像素描、绘图或者油画。新增效果包括铅笔素描、线条图、粉笔素描、水彩海绵、马赛克气泡、玻璃、水泥、蜡笔平滑、塑封、发光边缘、影印和画图笔画，如图 5.24 所示。

图 5.23 "插入"→"插图"

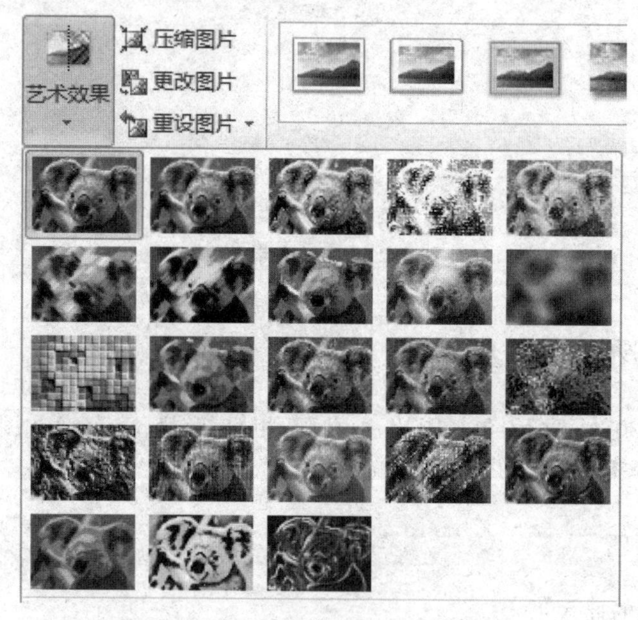

图 5.24 图片各种艺术效果

(2)插入图表

在幻灯片中插入图表的目的是更直观地显示数据及对比等信息。在演示文稿中用图表来预测、分析数据,也能增强说服力。

插入图表的操作步骤如下:

①打开演示文稿,单击"开始"选项卡下"幻灯片"组的"新建幻灯片"下拉按钮,打开下拉列表框,选择"标题和内容"版式。

②输入标题"学生成绩汇总表",如图 5.25 所示。

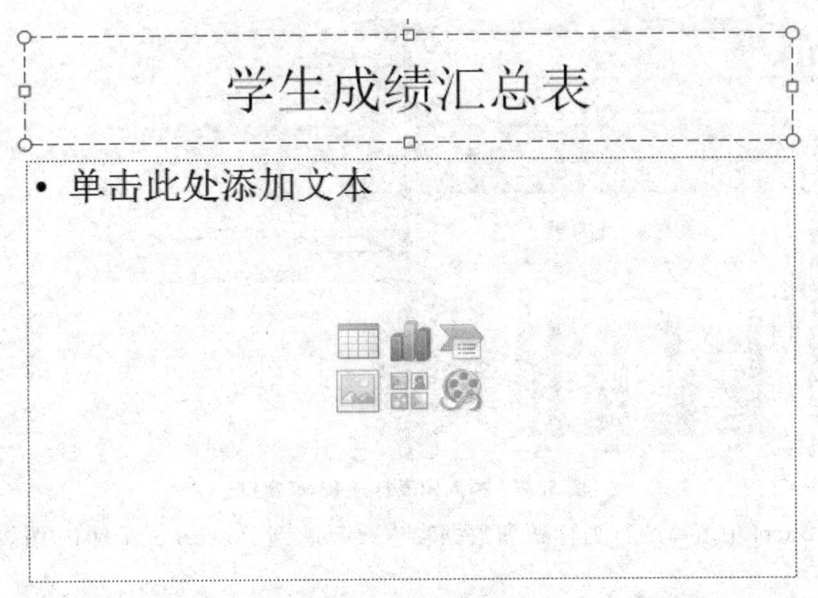

图 5.25　插入图表幻灯片

③单击“单击此处添加文本”框中的“插入图表”按钮，选择“插入图表”对话框中的“三维簇状柱形图”图表样式，如图 5.26 所示。

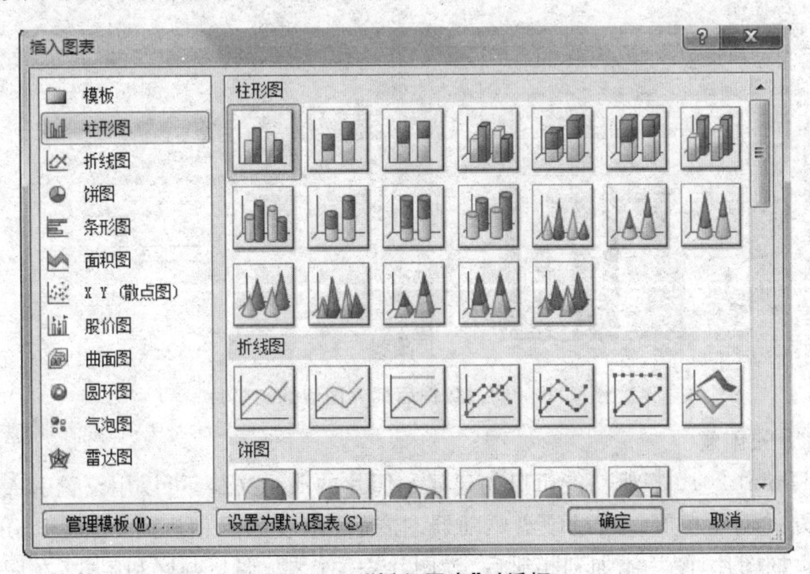

图 5.26　“插入图表”对话框

④选定图表样式后，单击“确定”按钮，PowerPoint 2010 会自动启动 Excel，左边是演示文稿的图表幻灯片，右边是 Excel 工作表的窗口，如图 5.27 所示。

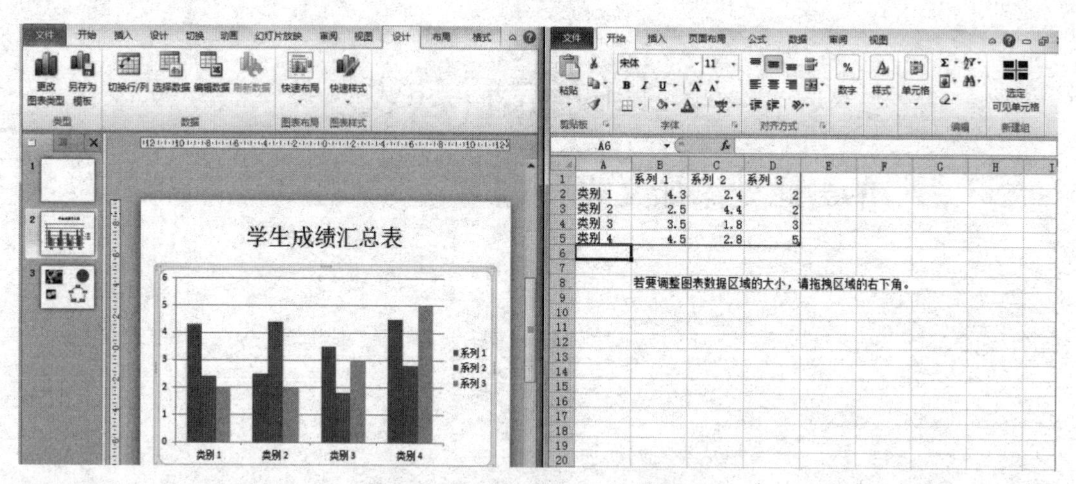

图 5.27 插入图表打开 Excel 窗口

⑤在 Excel 中填写的行列标题和数据会直接反映到 PowerPoint 2010 图表中，如图 5.28 所示。

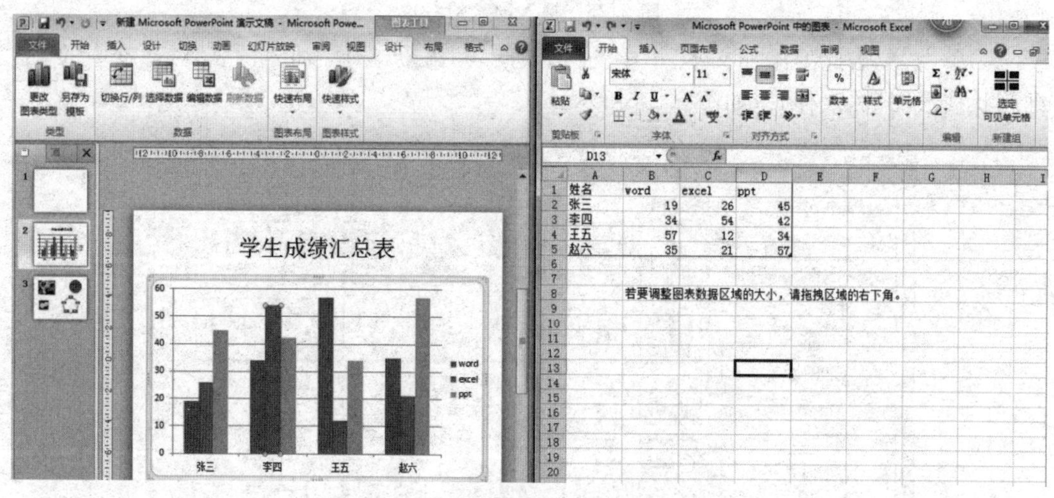

图 5.28 输入数据后插入图表的幻灯片

(3)相册的创建

PowerPoint 2010 相册功能可以创建显示照片的演示文稿，可以用设置引人注目的幻灯片转换方式创建相册。通过硬盘驱动器、扫描仪或者数码相机向 PowerPoint 2010 演示文稿中添加图片，图片添加到相册后，为图片添加标题，调整顺序和版式，在图片周围添加相框，还可以应用主题进一步自定义相册的外观。

创建相册的操作步骤如下：

①在空白演示文稿下，单击“插入”选项卡下“插图”组的“相册”下拉按钮，选择下拉对话框中的“新建相册”命令，打开“相册”对话框，如图 5.29 所示。

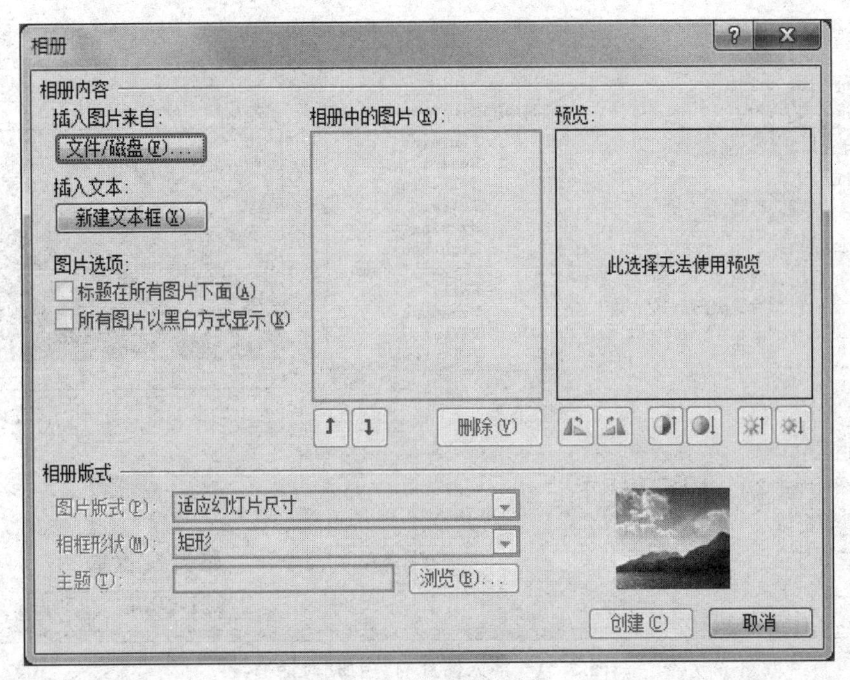

图 5.29　“相册”对话框

②在“相册”对话框中，单击“文件→磁盘”按钮，选定磁盘上的图片文件，这里以选用系统图片为例。按住 Ctrl 键，用鼠标单击要选用的多张图片，如图 5.30 所示。单击“插入”按钮，将图片插入相册中，如图 5.31 所示。

图 5.30　“相册”对话框

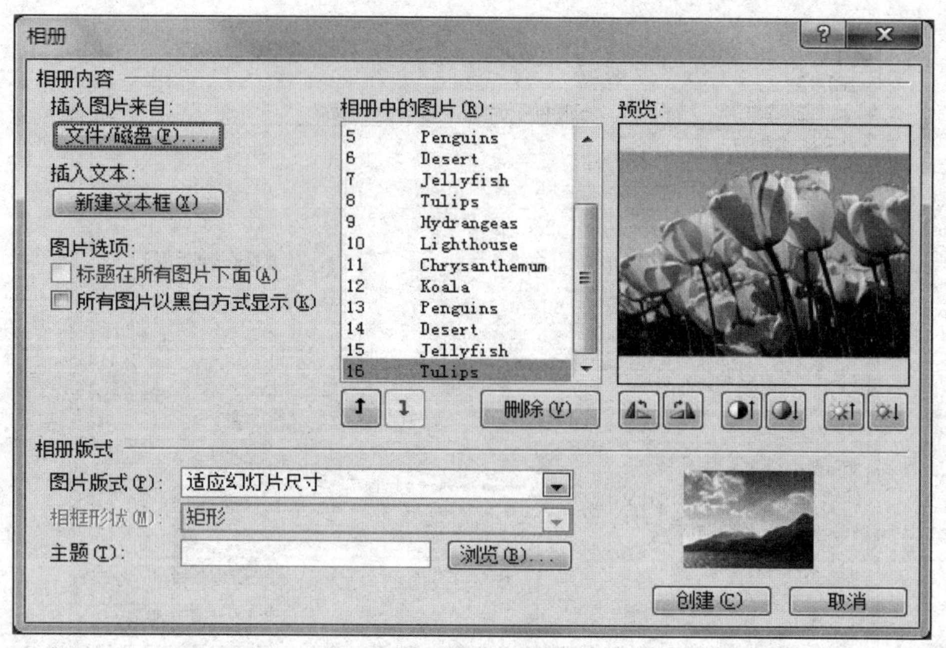

图 5.31　插入图片的“相册”对话框

③单击“相册”对话框中的“创建”按钮,一个相册就创建完成了,如图 5.32 所示。

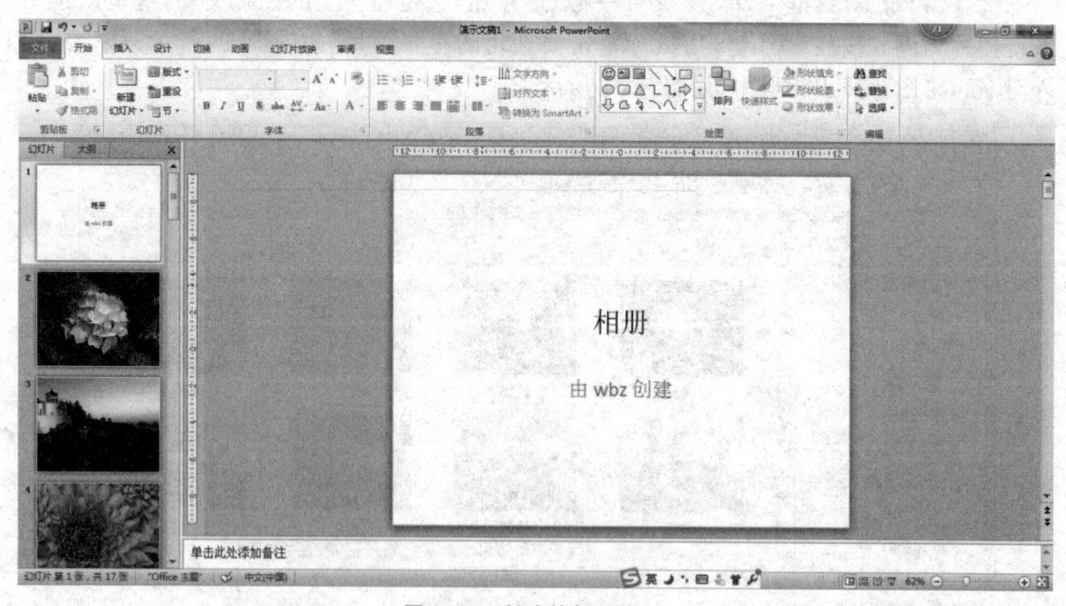

图 5.32　创建的相册窗口

④如果要对创建好的相册进行编辑,需要单击“插入”选项卡中“插图”组中的“相册”下拉按钮,选择下拉对话框中的“编辑相册”命令,打开“相册”对话框。

⑤在“相册”对话框中的“相册版式”中,选择图片版式(4 张图片)、相框形状(矩形),单击“更新”按钮,编辑效果如图 5.33 所示。

图 5.33　编辑相册幻灯片

5.3.2　插入视频、音频

用户可以将事先准备好的视频或者音频添加到演示文稿中，以丰富演示文稿的内容。

(1)插入视频

插入视频的步骤如下：

①单击“插入”选项卡下“媒体”组的“视频”下拉按钮，打开下拉对话框。这个对话框有三个选项，即“文件中的视频”“来自网站的视频”和“剪贴画视频”。

②选择其中的“文件中的视频”项，则打开事先存放在计算机系统中的视频，一般是 WMV 格式的文件，可以选择其中的一个插入幻灯片。选择一个视频后，单击“确定”按钮，会在幻灯片上显示黑色框，当放映时即播放视频。如果要选择“来自网站的视频”或者“剪贴画视频”，其操作方式也类似。

③插入视频文件后，当选定插入的视频时，会显示视频工具“格式”和“播放”两个选项卡，其下有多个功能，可以利用“标牌框架”，用一张图片来替代视频的黑框，如图 5.34 所示。

④可以剪裁视频，其操作步骤为，在“视频工具”下“播放”选项卡的“编辑”组中单击“剪裁视频”。在“剪裁视频”对话框中，可执行下列一项或多项操作：

a. 若要剪裁视频的开头，请单击起点(如图 5.35 最左侧的标记所示)。看到双向箭头时根据需要将箭头拖动到视频的新起点位置即可。

b. 若要剪裁视频的末尾，请单击终点(如图 5.35 最右侧的标记所示)。看到双向箭头时根据需要将箭头拖动到视频的结束位置即可。

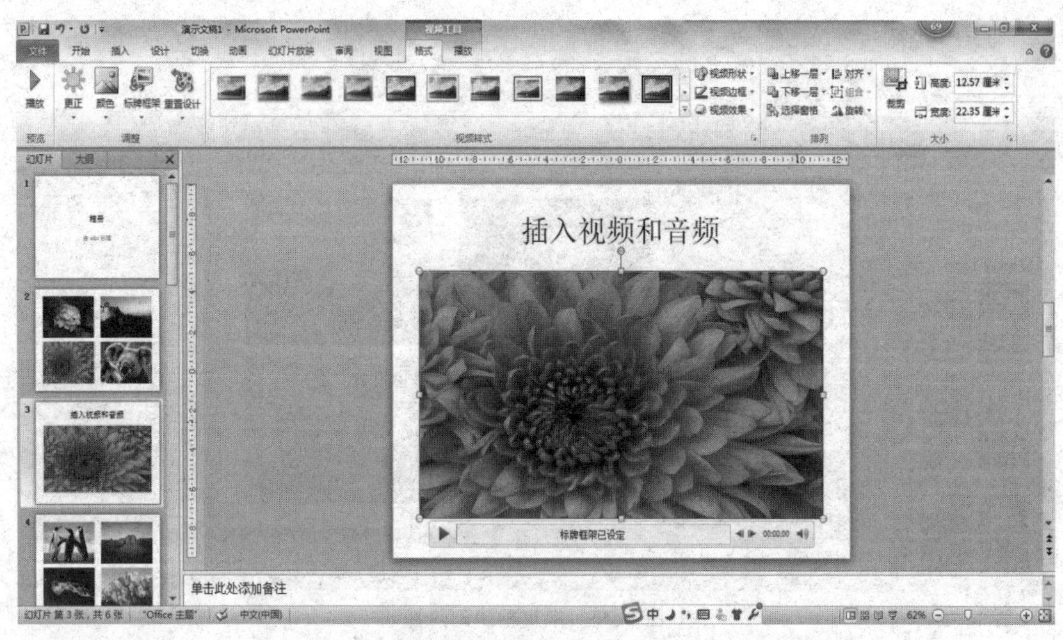

图 5.34　插入视频的幻灯片

图 5.35　“剪裁视频”窗口

(2)插入音频

插入音频的操作步骤如下：

①打开演示文稿，选定需要插入声音的幻灯片。

②单击“插入”选项卡下“媒体”组的“音频”按钮，打开插入音频菜单，这里有“文件中

的音频”“剪贴画音频”和“录制音频”三个选项，如图 5.36 所示。

③选择“文件中的音频”项，即可将音频文件插入选中的幻灯片。

④在幻灯片中会显示一个小喇叭图标和播放显示条，单击这个小喇叭，即可播放声音。

⑤当选中插入的音频后，会显示音频工具的两个选项，“格式”和“播放”，可根据需要进行编辑。例如，插入的这个音频文件只能在一张幻灯片中播放，转到第二张时声音就没有了。要让声音连续播放，就要选定这个小喇叭，单击音频工作“播放”中的“音频选项”组的开始项，选中“跨幻灯片播放”，如图 5.37 所示，这样就能连续播放了。

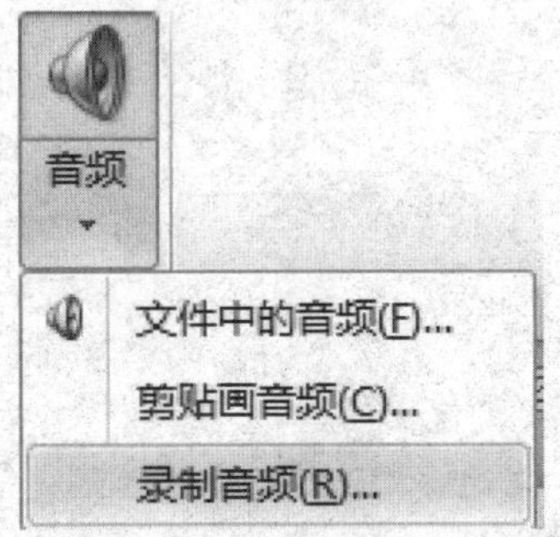

图 5.36　“录制音频”窗口

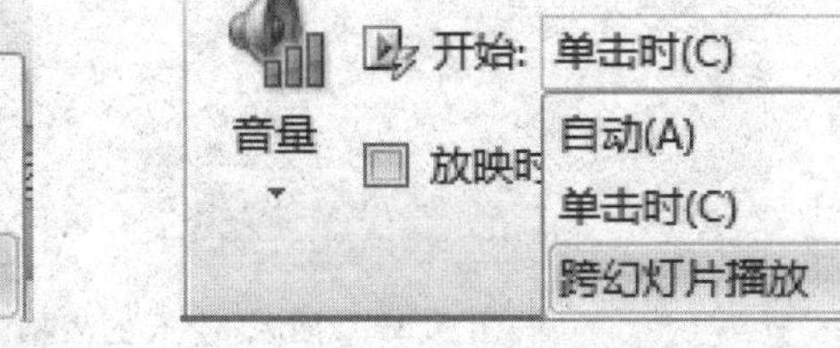

图 5.37　“跨幻灯片播放”选项

⑥对“音频选项”进行编辑，如图 5.38 所示。

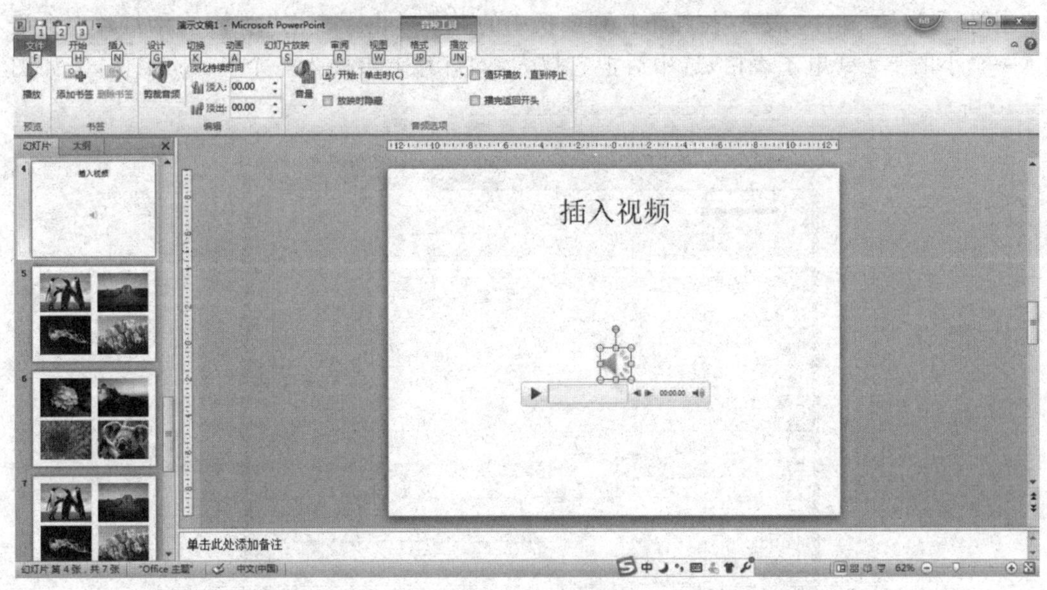

图 5.38　播放音频选项

5.3.3　插入表格和链接

(1)插入表格

在幻灯片中插入表格，可以先选定“插入”菜单，然后单击“表格”图标，打开“表格”下拉菜单。当拖动鼠标在小格子上划过时，演示文稿中就会出现正在设计的表格的雏形，如

图 5.39 所示，这里选择插入一个 6×6 的表格。

这个表格的样式是可以修改的。选定插入的表格时，在标题栏上会显示“表格工具”的“设计”和“布局”两个选项卡，利用这些功能，可以对表格中的文字，表格线条的粗细和颜色，表格行、列的删除或添加等进行操作。操作的过程与 Word 中的表格操作类似，此处不再赘述。

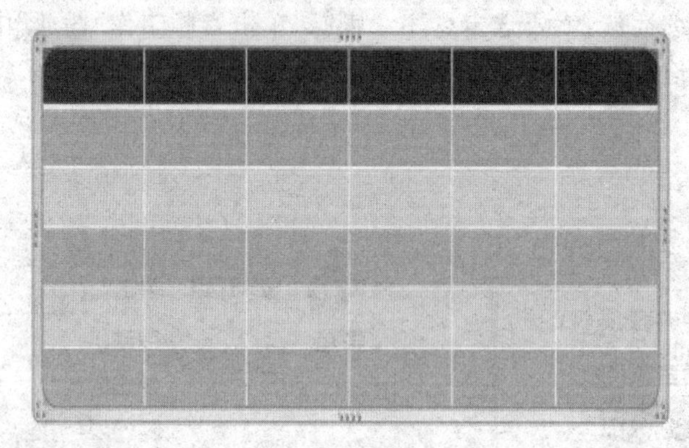

图 5.39 插入 6×6 的表格

(2)插入 Excel 工作表

前面我们学习了 Excel 2010，在 PowerPoint 2010 中可以插入 Excel 2010 工作表格。单击“插入”选项卡下“表格”按钮下拉列表框中的“Excel 电子表格”命令，在幻灯片上会显示一个小的 Excel 电子表格，选中后把它拉大，幻灯片上会插入一个 Excel 工作区，如图 5.40 所示。

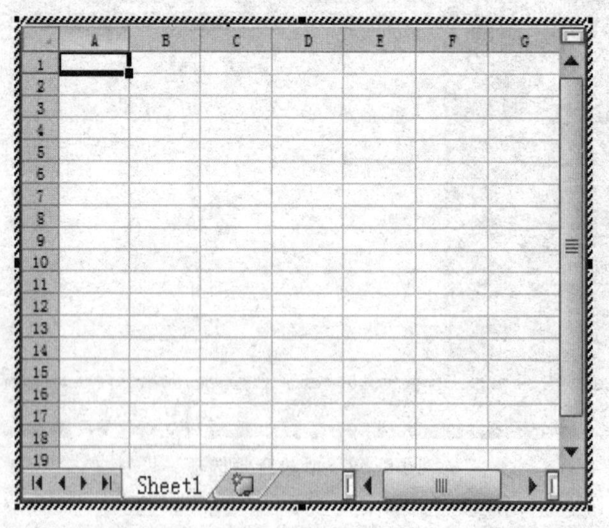

图 5.40 在演示文稿中插入 Excel 工作表

在这个编辑区(默认情况下这个区域比较小)中，用户可以像操作 Excel 一样进行数据排序、计算等工作，操作之后只需要在旁边空白的位置单击一下鼠标左键，一个美观的表格就完成了。表格的样式和颜色以及删除、添加等操作与 Excel 2010 相同。

(3)复制 Excel 工作表

在插入 Excel 工作表的基础上，还可以对 Excel 表格进行复制操作，添加到演示文稿的其他幻灯片中。例如，在 Excel 中选中一个带有格式、颜色和不同列宽的表格，进行复制操作后，打开 PowerPoint 2010，单击“粘贴”按钮，这时幻灯片上会显示一个一样的表格，如图 5.41 所示。

10春计算机科学与技术本成绩单

序号	学号	姓名	卷号	课程	成绩	班级
1	10242304001	李青红	1032	可视化编程（VB）	首考	10春计算机科学与技术本
2	10242304002	侯冰	1032	可视化编程（VB）	首考	10春计算机科学与技术本
3	10242304003	李青红	1032	可视化编程（VB）	首考	10春计算机科学与技术本
4	10242304005	侯冰	1032	可视化编程（VB）	首考	10春计算机科学与技术本
5	10242304006	吴国华	1032	可视化编程（VB）	首考	10春计算机科学与技术本
6	10242304007	[illegible]	1032	可视化编程（VB）	首考	10春计算机科学与技术本
7	10242304009	李田	1032	可视化编程（VB）	首考	10春计算机科学与技术本
8	10242304010	[illegible]	1032	可视化编程（VB）	首考	10春计算机科学与技术本
9	10242304012	[illegible]	1032	可视化编程（VB）	首考	10春计算机科学与技术本
10	10242304013	[illegible]	1032	可视化编程（VB）	首考	10春计算机科学与技术本
11	10242304015	[illegible]	1032	可视化编程（VB）	首考	10春计算机科学与技术本
12	10242304016	[illegible]	1032	可视化编程（VB）	首考	10春计算机科学与技术本
13	10242304018	[illegible]	1032	可视化编程（VB）	首考	10春计算机科学与技术本

图 5.41　复制、粘贴的 Excel 工作表

提示：不要把过大的表格直接从 Excel 中复制到 PowerPoint 中，如果复制的表格超过 25 行，就无法看清楚表格里的内容，也不好处理。

(4)建立超链接

超链接有两种形式，一是在演示文稿幻灯片之间的互相链接，二是链接到演示文稿以外的网页、文件上。这种超链接会使演示文稿的内容组织更加灵活，大大增强幻灯片的表现力和播放效果。

在演示文稿中建立超链接的操作步骤如下：

①选定演示文稿中的一个对象，这个对象可以是文字、图标或图片等。单击“插入”选项卡中 “链接”组的“超链接”按钮，打开“插入超链接”对话框，如图 5.42 所示。

②在这个对话框中选定下列其中一项：

a. 现有文件或网页，即链接到已有的文件或网页。

b. 本文档中的位置，即链接到现在所打开的 PowerPoint 2010 的幻灯片上。

c. 新建文档，即链接到新建立的文档。

d. 电子邮件，即链接到电子邮件中。

提示：如果要链接到本演示文稿，就选择“本文档中的位置”，这时会显示本演示文稿每个幻灯片的编号供选择。

如果要链接到网页，就要在“地址”栏中输入具体网址，也可以单击右上角的“屏幕提示”按钮，根据打开的屏幕提示设置超链接。

③选择超链接后，单击“确定”按钮，然后在超链接的对象下面添加一条横线，以便提示。在幻灯片放映时，鼠标移到超链接对象时，会出现一个“手型”，以提醒此处有超链接。

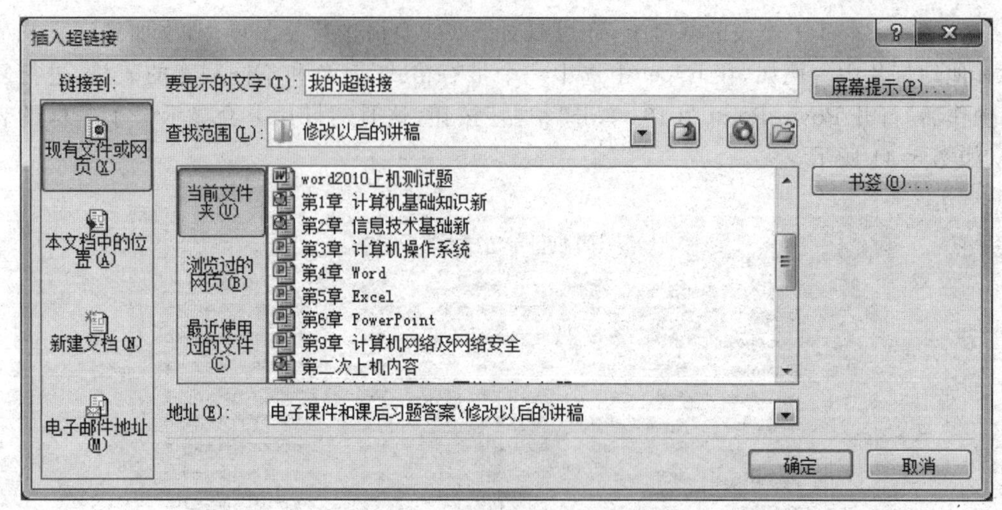

图 5.42 “插入超链接”对话框

5.4 幻灯片“设计”

一个演示文稿大多由多张幻灯片组成,要让每一张幻灯片都能吸引人,就要对其进行设计。这里的设计是指针对页面、幻灯片主题和幻灯片背景的设计,其功能区如图 5.43 所示。

图 5.43 “设计”选项卡功能区

5.4.1 方向设置

在 PowerPoint 2010 中单击“设计”选项卡下“页面设置”组的“页面设置”按钮,打开“页面设置”对话框。在这个对话框中有“幻灯片大小”和“方向”两个选择。单击“幻灯片大小”按钮,打开下拉列表框,在下拉列表框中有多项幻灯片大小尺寸可以选择,如图 5.44 所示。

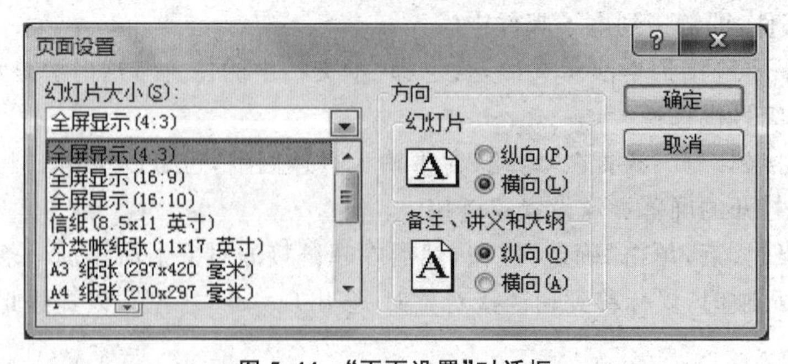

图 5.44 “页面设置”对话框

单击“幻灯片方向”按钮，打开下拉列表框，其中只有一种选择，默认的幻灯片为横向，单击“纵向”后，演示文稿的幻灯片就成为纵向显示了。

5.4.2 主题设计

主题是一组统一的设计元素（使用颜色、字体和图形设置文档的外观），PowerPoint 2010 内置了多种多样的主题模板，可以随时对整个演示文稿的主题进行设置。

“设计”选项卡的“主题”组中展示了一部分主题模板，单击“主题”下拉按钮后，即打开所有主题模板列表框，如图 5.45 所示。选择其中一种主题模板后，演示文稿的所有幻灯片就会变为所选的那种主题模板。

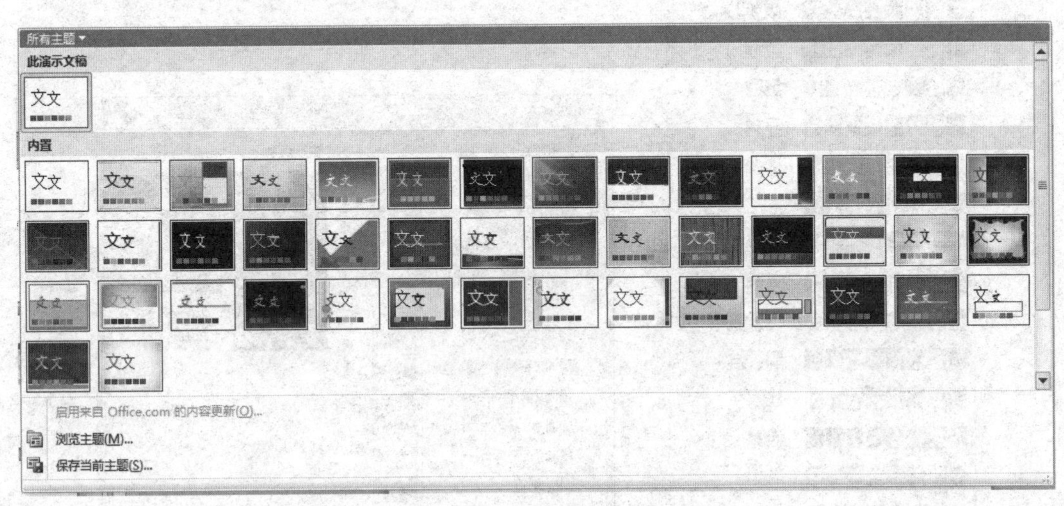

图 5.45 所有主题样式列表框

(1)调整主题颜色

选择一种主题后，可以对其颜色进行调整。单击“主题”组的“颜色”按钮，打开颜色样式下拉列表框，其中展示了各种色板和名称，如图 5.46 所示。鼠标指针移动到哪个颜色板上，幻灯片中主题的颜色就会变成那个颜色。如果这些颜色还不能满足用户的要求，还可以单击“颜色”下拉列表框的“新建主题颜色”选项，打开新建主题颜色列表框，如图 5.47 所示。根据需要新建主题颜色后，在名称框输入“自定义 1”名称，单击“保存”按钮，新建主题颜色就会保存在“自定义”中，可以随时调用。

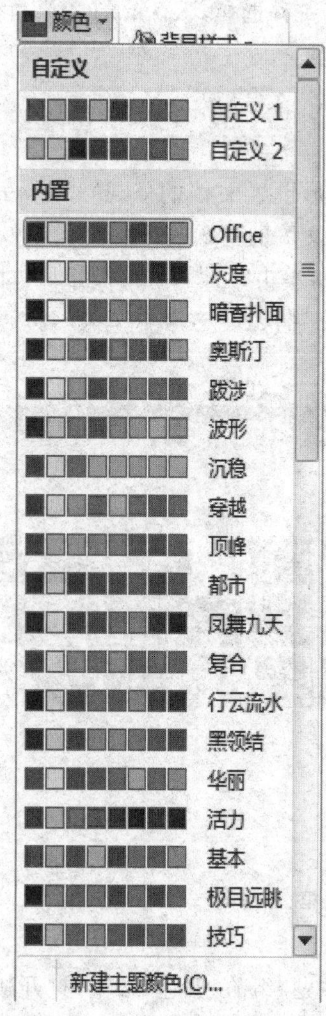

图 5.46 主题颜色样式

图 5.47 “新建主题颜色”对话框

(2)调整主题字体

主题模板的字体样式同样可以调整。单击“主题”组的“字体”按钮,打开内置字体样式下拉列表框,其中展示了各种字体和名称,如图 5.48 所示。鼠标指针移动到哪个字体,演示文稿的幻灯片就会变成这种字体。

如果这些字体都不能满足用户的要求,可以单击“字体”下拉列表框的“新建主题字体”选项,打开新建主题字体列表框,如图 5.49 所示。根据需要新建主题字体后,在名称框中输入“自定义 1”名称,单击“保存”按钮,新建主题字体就会保存在“自定义”中,可以随时调用。

(3)调整主题效果

效果是指主题模板中每个对象的样式(颜色、阴影等)。单击“主题”组的“效果”按钮,打开内置效果下拉列表框,其中展示了各种效果样式和名称,如图 5.50 所示。单击其中一个效果后,演示文稿的幻灯片就会显示该效果。

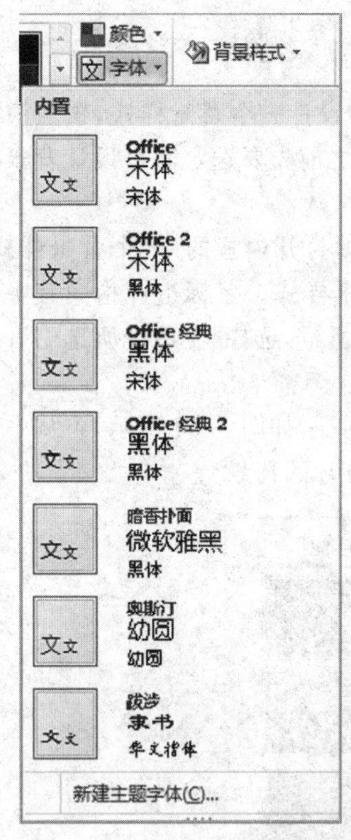

图 5.48　主题字体样式

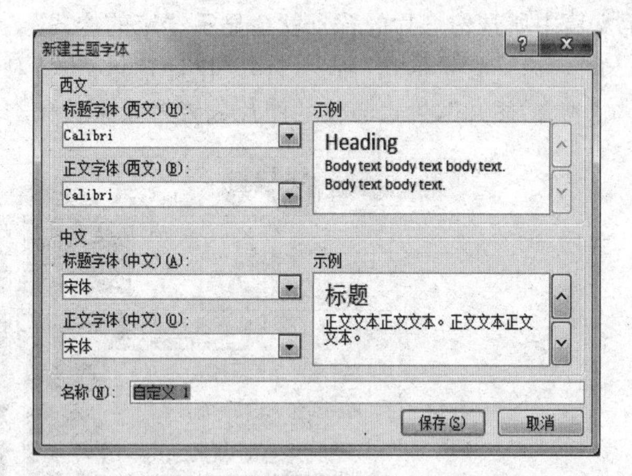

图 5.49　“新建主题字体”对话框

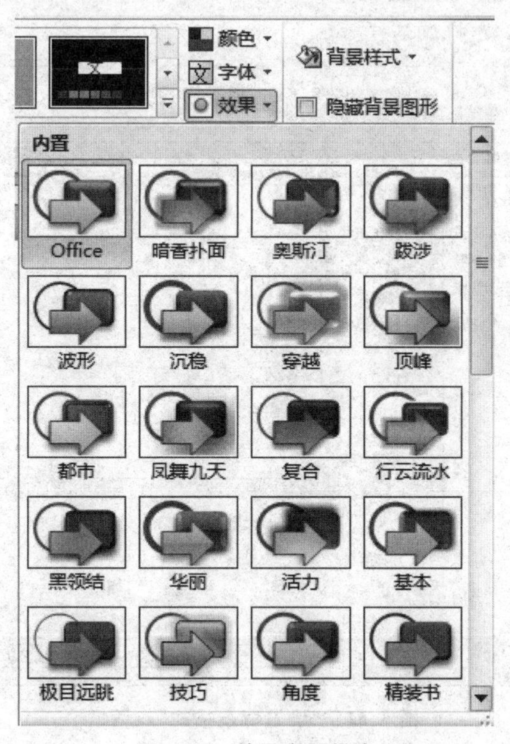

图 5.50　效果主题样式

5.4.3 背景设计

在 PowerPoint 2010 中，设计演示文稿背景可以是指设计一个背景样式，覆盖演示文稿的所有幻灯片，也可以只用于一张幻灯片，所以在设计之前先要选定需要设计背景样式的幻灯片。

单击“设计”选项卡下“背景”组“背景样式”下拉按钮，打开内置的 12 个背景样式，单击其中一种，演示文稿的所有幻灯片就会显示选定的背景样式。鼠标指针指向其中一种背景样式，单击鼠标右键，打开一个选项菜单，如图 5.51 所示，选择“应用于所选幻灯片”，演示文稿中所选幻灯片的背景就会显示选定的样式。

单击“设计背景格式”命令，打开“设计背景格式”对话框，如图 5.52 所示，可从中选择“填充”或者“图片”，挑选心仪的图片或者背景来美化幻灯片的背景。

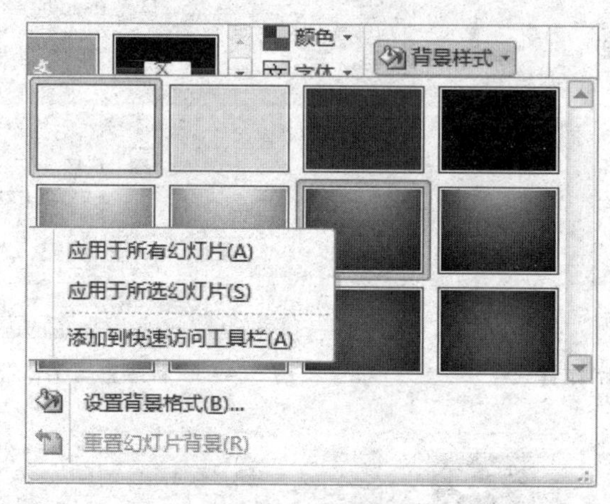

图 5.51　背景格式

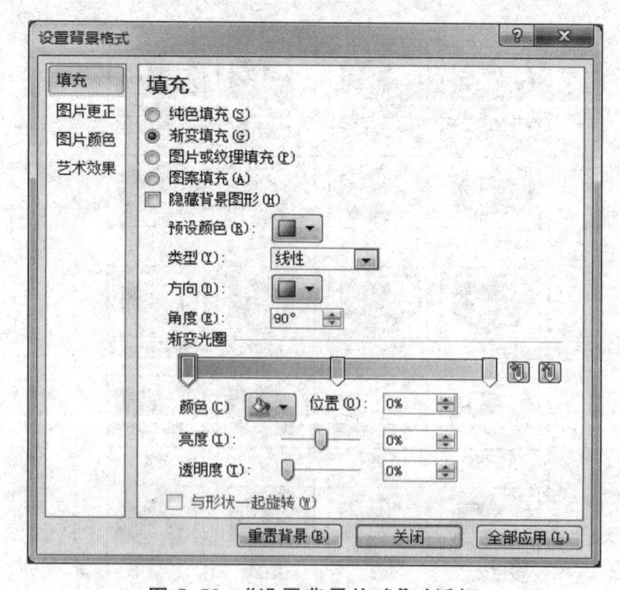

图 5.52　“设置背景格式”对话框

5.4.4 多个对象对齐设置

存在多个图形时,想靠鼠标或者目测去精准对齐往往很难。在 PowerPoint 2010 中,可以采用以下操作轻松实现。

(1)选定想要对齐的多个图形,如图 5.53 所示。

(2)单击绘图工具“格式”选项卡下“排列”组的“对齐”按钮,打开下拉列表框,如图 5.54 所示。

(3)在显示的下拉列表框中选择一种对齐方式即可实现对齐。“左右居中”对齐方式如图 5.55 所示,此外还可以选择横向或者竖向平均分布多个图形。

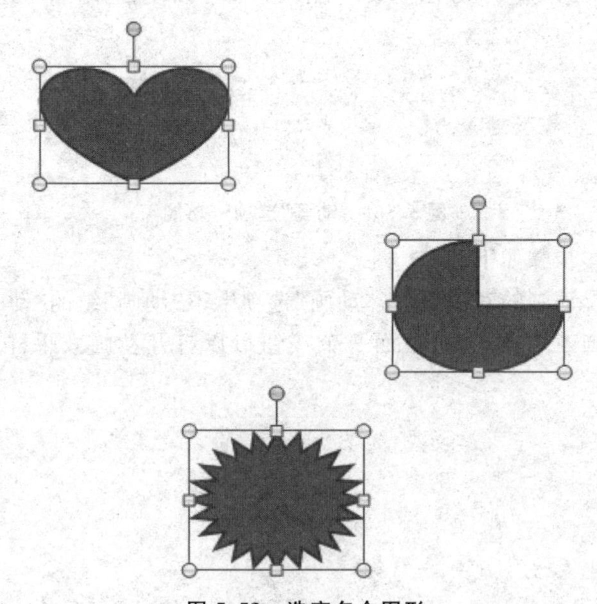

图 5.53　选定多个图形

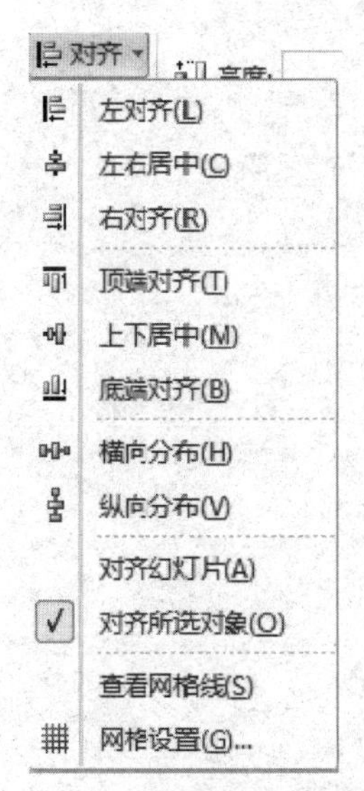

图 5.54　对齐方式列表框

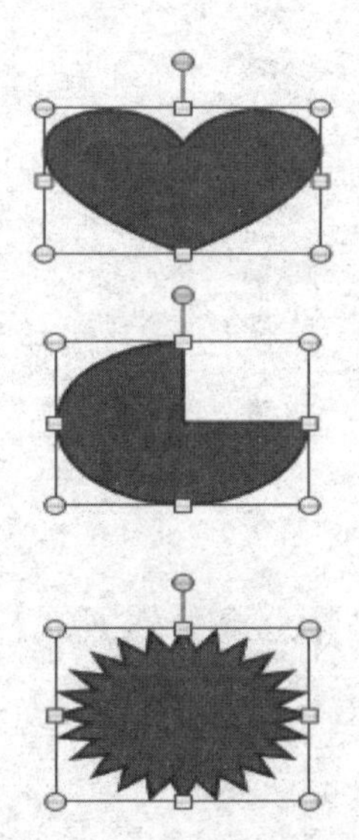

图 5.55　左右居中对齐

5.4.5 动画方案设计

制作演示文稿的目的是将一张张经过精心设计的幻灯片，在计算机上以动态形式演示出来，所以设置演示动画是非常重要的操作。PowerPoint 2010 的动画展现能力跟用户的想象力和创造力是成正比的，放在演示文稿上的任何对象(包括文字、图片、图形、图表)都可以“活灵活现”地得到展示。

(1)创建演示动画

动画是在演示中常用的表现手段，PowerPoint 2010 的“动画”选项卡下有“预览”“动画”“高级动画”和“计时”选项，如图 5.56 所示，不仅可以设置“动画”，还可以利用“高级动画”选项创建“动画”。

图 5.56 “动画”选项卡功能

设置动画的操作步骤如下：

①选定需要设置动画的对象，单击“动画”选项卡下“动画”组的“动画”按钮，前两个是向上或向下翻动动画效果样式，最下面一个按钮可以打开动画效果样式列表，如图 5.57 所示。

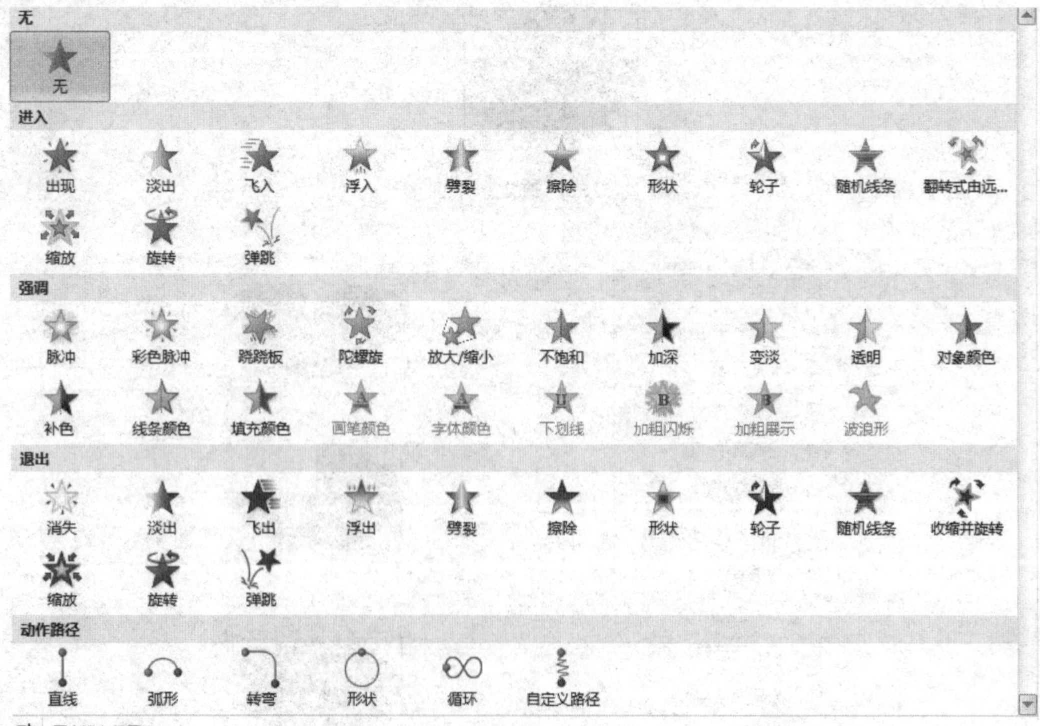

图 5.57 动画样式列表

②单击选定一种效果后，在对象的左上角有个数字，这个数字就是动画效果的出场顺序，如图 5.58 所示。

图 5.58　设计“动画”结果

③要设置动画效果，还要利用效果选项，以第一个图设置“轮子”动画样式为例，选中第一个图后，单击“动画”组的“效果选项”，即打开“轮子”动画的“效果选项”，如图 5.59 所示。

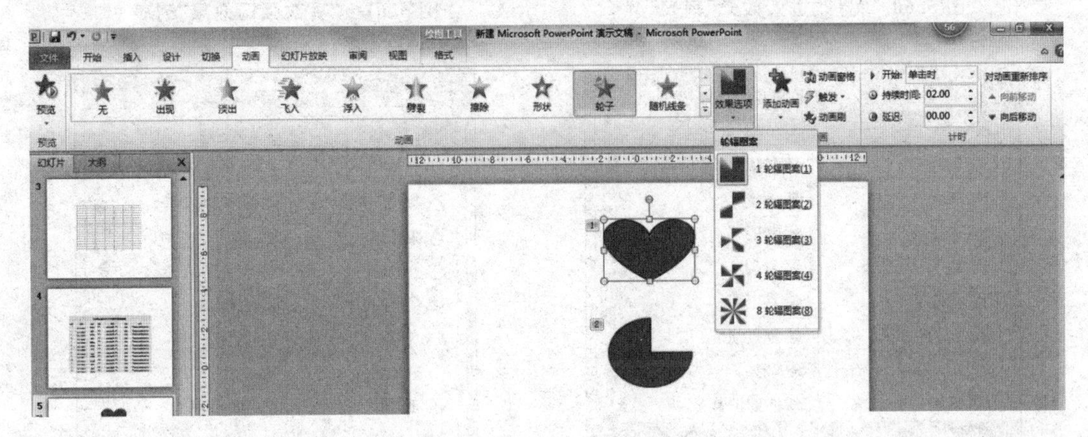

图 5.59　“动画效果”选项

大部分“动画”有“动画效果”，但也存在没有的情况。

若要删除动画效果，选中对象，打开动画样式，选择“无”，即可删除。

除设置动画效果以外，还可以利用“高级动画”的功能，进一步编辑动画效果。这一部分比较简单，大家可以根据提示自主学习。

(2)添加动画效果

对于每一个独立的动画对象（无论是文字还是图片），都可以进一步设置进入、强调、退出、动作路径四种动画效果。

当单击“动画”选项卡，打开动画效果样式列表后，可以看到列表的下面有四个选项，分别为“更多进入效果”“更多强调效果”“更多退出效果”和“其他动作路径”。

这些选项，如图5.60至图5.63所示，效果比较多，可以根据个人的喜好，更改进入、强调等效果。

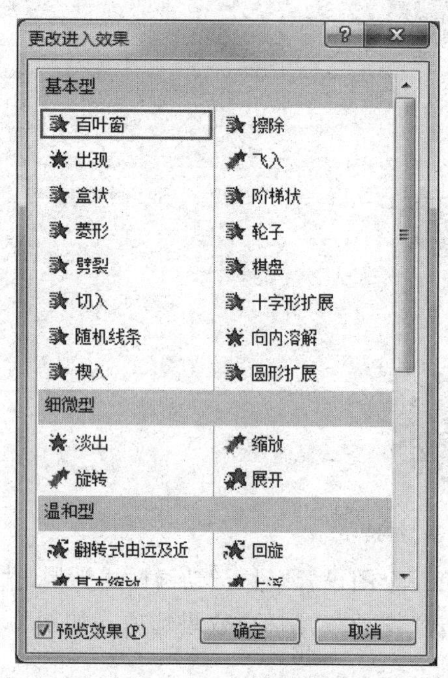

图5.60 “更改进入效果”列表

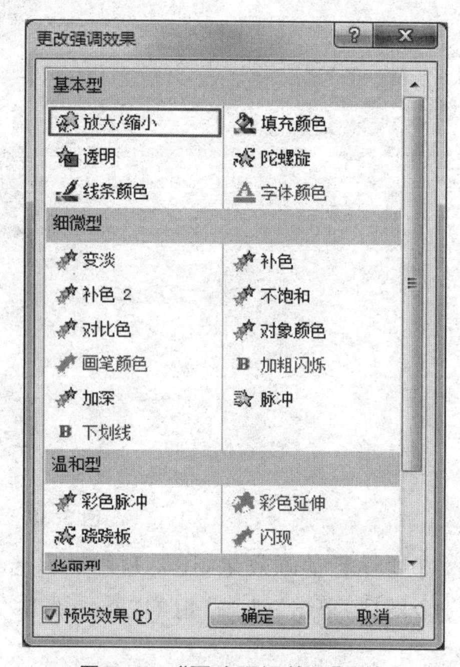

图5.61 “更改强调效果”列表

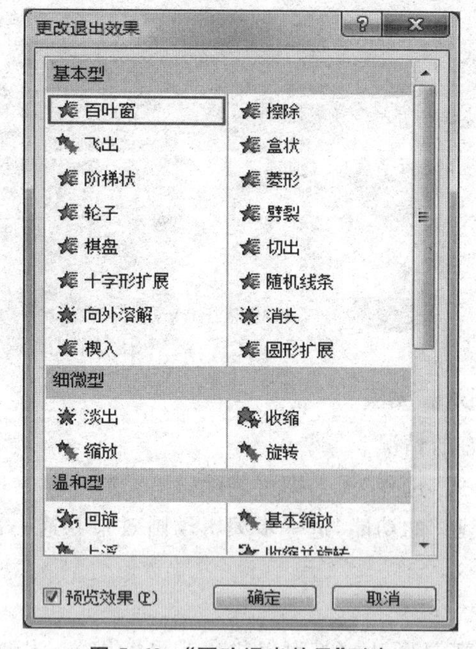

图5.62 “更改退出效果”列表

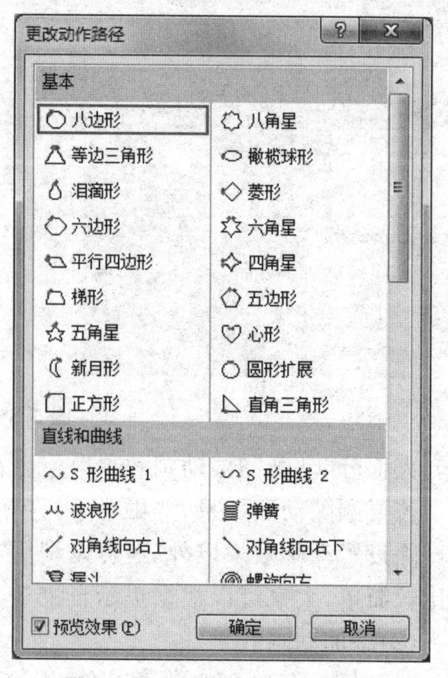

图5.63 “更改动作路径”列表

5.5　放映幻灯片

PowerPoint 2010 提供了多种幻灯片放映方式，单击“幻灯片放映”选项卡，会显示“幻灯片放映”各组的功能项，如图 5.64 所示。

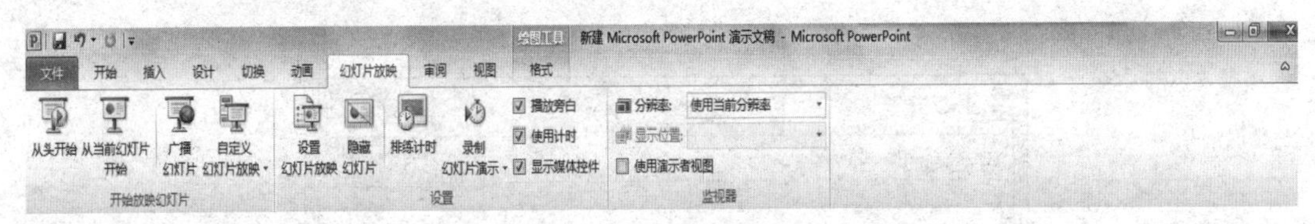

图 5.64　“幻灯片放映”选项卡

5.5.1　开始放映幻灯片

“开始放映幻灯片”组中提供了四种放映形式。

(1)从头开始：无论选定哪张幻灯片，单击“从头开始”都会从演示文稿第一张幻灯片开始播放。

(2)从当前幻灯片开始：从选定的幻灯片开始播放。

(3)广播幻灯片：单击此按钮后将打开“广播幻灯片”对话框，如图 5.65 所示。在这个对话框中需要单击“启动广播”，表示同意下列条款后，方可在 Web 浏览器中观看远程幻灯片。前提条件是必须打开 IE 浏览器。

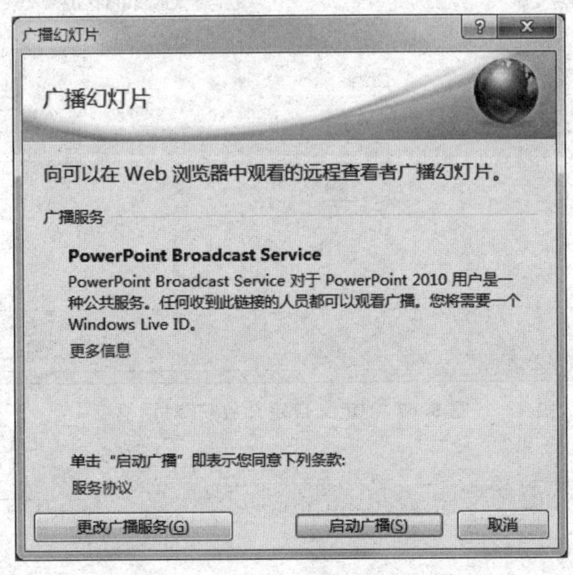

图 5.65　“广播幻灯片”对话框

(4)自定义幻灯片放映：可以从演示文稿中抽取几张幻灯片出来播放，并且可以改变其放映顺序。

自定义幻灯片放映的操作步骤为：

①单击“自定义幻灯片放映”的下拉按钮，打开“自定义放映”对话框，如图 5.66 所示。

②单击“新建”按钮，打开“定义自定义放映”对话框，如图 5.67 所示。

③利用“添加”和“删除”按钮，定义自定义放映的幻灯片。

④在“幻灯片放映名称”文本框中输入名称后，单击“确定”按钮，回到“自定义放映”对话框，再单击“放映”即可。

此时在“自定义幻灯片放映”的下拉列表框中会显示在“自定义幻灯片放映名称”中输入的名称。

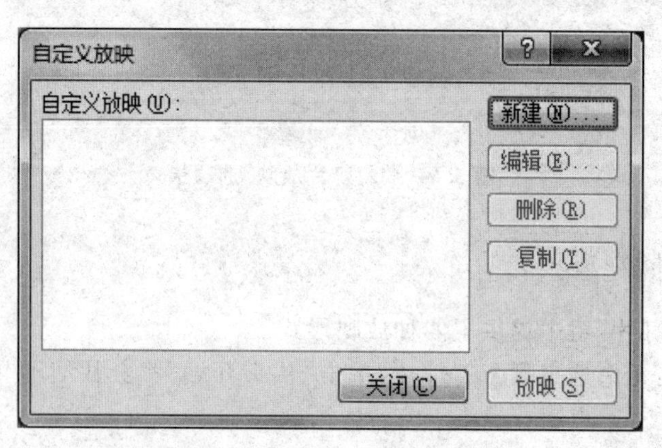

图 5.66 “自定义放映”对话框

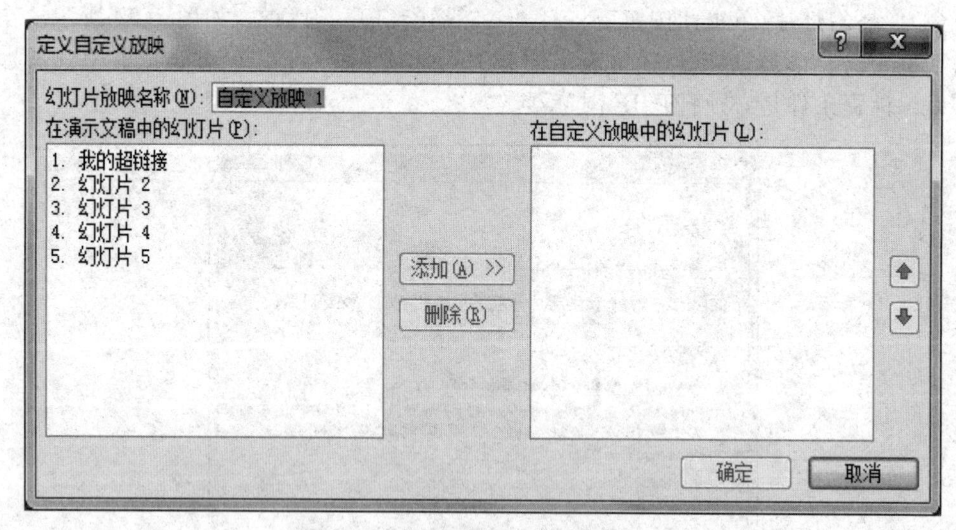

图 5.67 “定义自定义放映”对话框

5.5.2 设置幻灯片放映

(1)设置放映方式

制作好幻灯片要放映出来，才能观看制作的效果。单击“设置幻灯片放映”选项，打开该选项的对话框，如图 5.68 所示。此对话框分为“放映类型”“放映选项”“放映幻灯片”和“换片方式”。有的一看就能理解，例如放映方式和换片方式，根据提示选择就可以了。

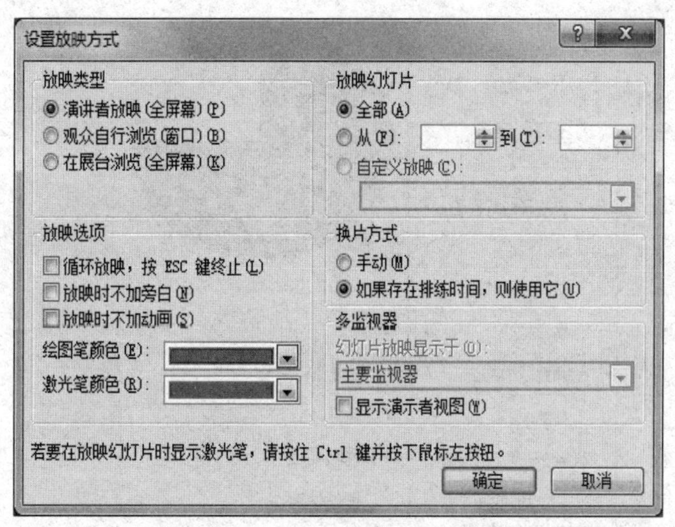

图 5.68 "设置放映方式"对话框

放映类型有三种可选。

"演讲者放映(全屏幕)"：此项一般为默认项，表示演讲者可以控制播放的演示文稿。例如演讲者可以暂停演示文稿，控制每张幻灯片的演示时间，等等。

"观众自行浏览(窗口)"：此项是指演示文稿在一个提供命令的窗口中播放，使用窗口菜单栏上的命令选择幻灯片放映，也可以打开其他程序。

"在展台浏览(全屏幕)"：此项可自动运行演示文稿，如果在展览会上或者其他地点无人管理放映的幻灯片，可以将演示文稿设置为这种类型，以便循环播放。运行播放时大多数的菜单和命令都不能用。

(2)放映选项中的绘图笔

绘图笔是在播放幻灯片时，用鼠标光标代替笔在幻灯片上涂画的一个工具。关闭放映后，绘图笔所涂画的痕迹可以选择保存或者不保存在幻灯片上。

使用的过程是，在"设置放映方式"对话框中，设置"绘图笔颜色"和"激光笔颜色"。在幻灯片放映时，单击鼠标右键，打开快捷菜单，如图 5.69 所示，选择"指针选项"的绘图笔指针项，即可在放映演示文稿中按下鼠标左键使用绘图笔。若要在放映幻灯片时显示激光笔，请按住 Ctrl 键并按下鼠标左键方可使用。

(3)排练计时

排练计时是指在放映时，用户安排每张幻灯片需要放映多长时间，共放映多长时间。其操作步骤为单击"排练计时"选项，在放映幻灯片的左上角显示录制时间框，如图 5.70 所示，单击幻灯片就跳转到下一个幻灯片，时间又从零开始，框后面的时间是总用时。

(4)录制幻灯片演示

与排练计时相比，这个功能就多了旁白、动画等放映时间的录制。这个功能有两个选项，一是从头开始录制，二是从当前幻灯片开始录制。单击其中任何一个，都会显示一个如图 5.71 所示的"录制幻灯片"演示选择框，用户根据需要选择后单击"开始录制"按钮，幻灯片左上角就会显示录制排练时间框。

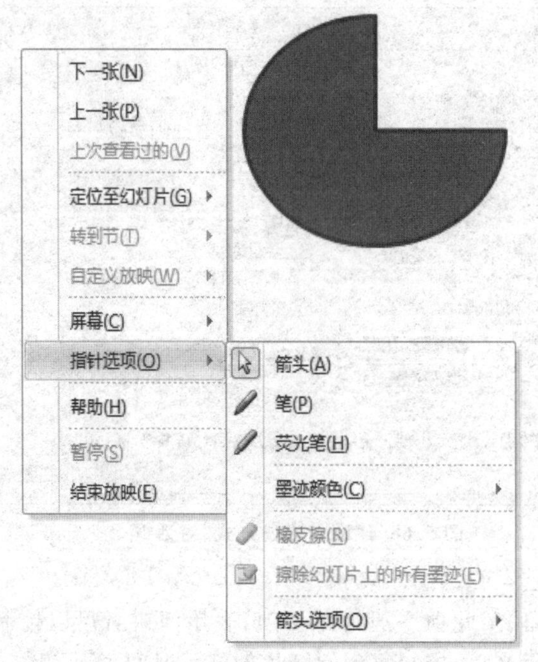

图 5.69　绘图笔指针选项

图 5.70　录制排练计时

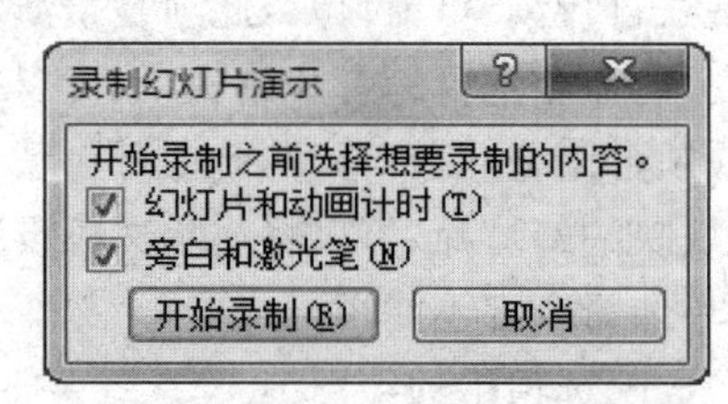

图 5.71　“录制幻灯片演示”选择框

5.5.3 切换幻灯片放映效果

切换是指从上一张幻灯片切换到下一张幻灯片。这个切换包括切换的效果、声音和速度等。

其操作步骤如下：

(1)单击“切换”选项卡下“切换到此幻灯片”组的下拉按钮，即打开切换效果列表框，如图 5.72 所示。

(2)当鼠标单击其中一种切换选项时，幻灯片就会自动演示单击选定的效果。

(3)单击“效果选项”按钮，打开“效果选项”下拉列表框，如图 5.73 所示，选中其中一种，即在原来选项的基础上，增加了多项效果。

(4)声音是指在幻灯片切换时设置声音。单击“声音”按钮，打开声音选项列表，如图 5.74 所示，单击其中一种声音选项，单击“全部应用”按钮，即可在切换幻灯片时，发出所选的声音。

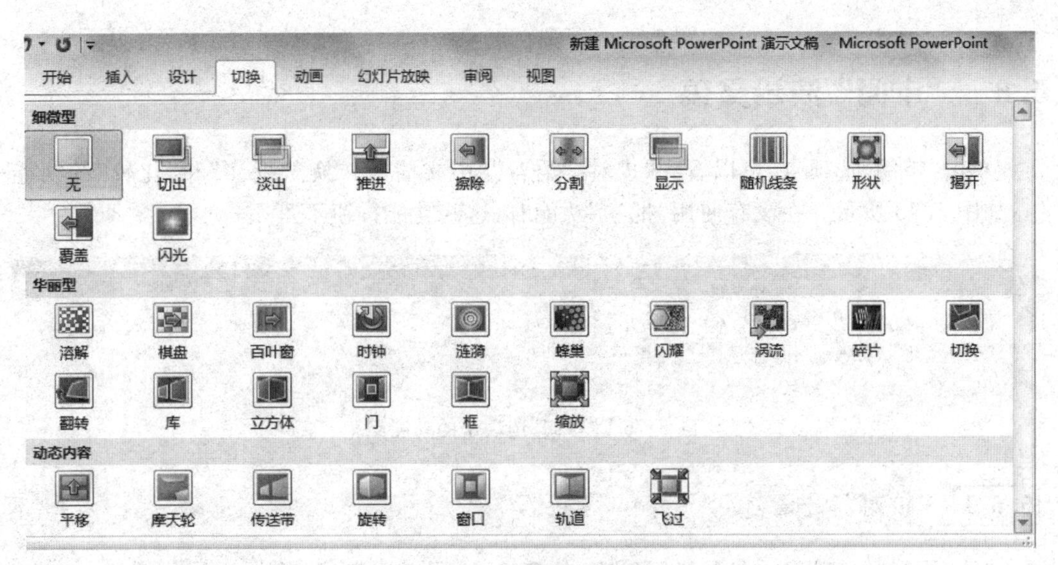

图 5.72　切换效果列表框

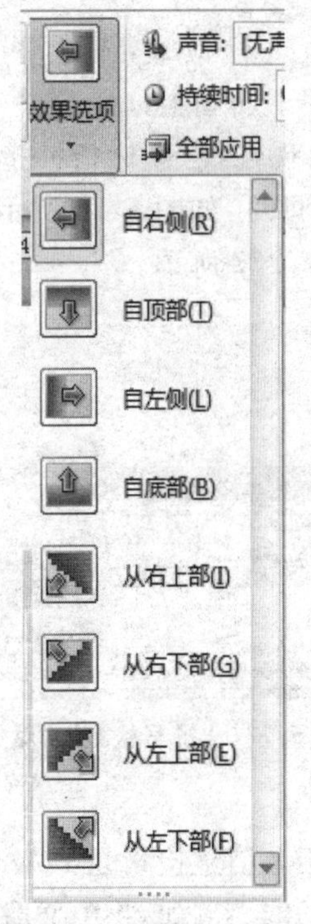

图 5.73　切换效果选项

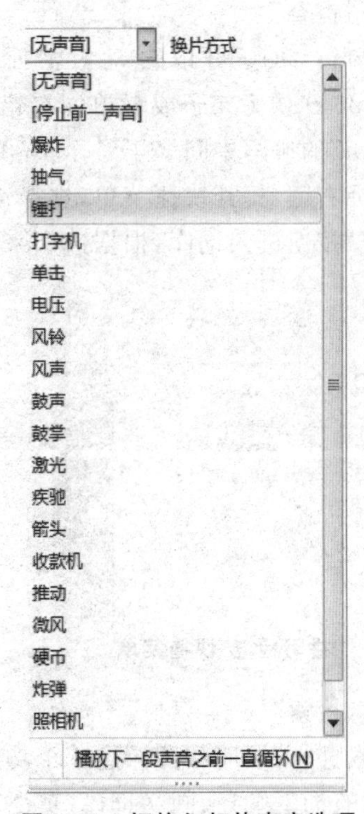

图 5.74　切换幻灯片声音选项

(5)持续时间是指切换幻灯片的间隔时间。可以根据需要进行设置,然后单击“全部应用”按钮。

(6)换片方式有两种,即“单击鼠标时”和“设置自动换片时间”。默认的是“单击鼠标时”,如果要自动放映,就在“设置自动换片时间”上设置切换幻灯片的时间间隔。

5.6 “审阅”演示文稿

单击“审阅”选项卡，可以看到“校对”“语言”“中文简繁转换”“批注”和“比较”等功能组，如图 5.75 所示。在没有使用“批注”功能时，这些功能按钮不可用。

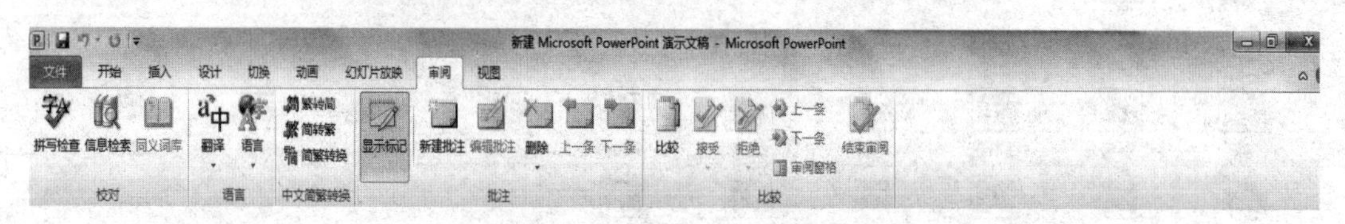

图 5.75 “审阅”选项卡的功能组

5.6.1 “校对”和“语言”

“校对”和“语言”组中包括拼写检查、信息检索、同义词库、翻译和语言功能。

(1)“拼写检查”

PowerPoint 2010 可以自动对演示文稿中的拼写进行检查，不论中英文。如果 PowerPoint 2010 认为句子或者单词有错，会自动在文字下面画上红色的波浪线。例如，“PowerpPoint”的拼写中间多了一个 p，单词下面就会出现红线，鼠标指针指向拼错的单词。单击鼠标右键，打开快捷菜单，选择正确拼写的单词即可，如图 5.76 所示。还可以单击“拼写检查”按钮进入词库，根据选项来更改拼写，如图 5.77 所示。

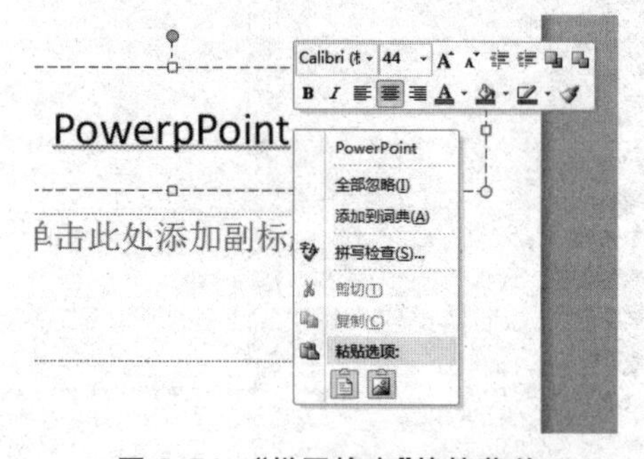

图 5.76 “拼写检查”快捷菜单

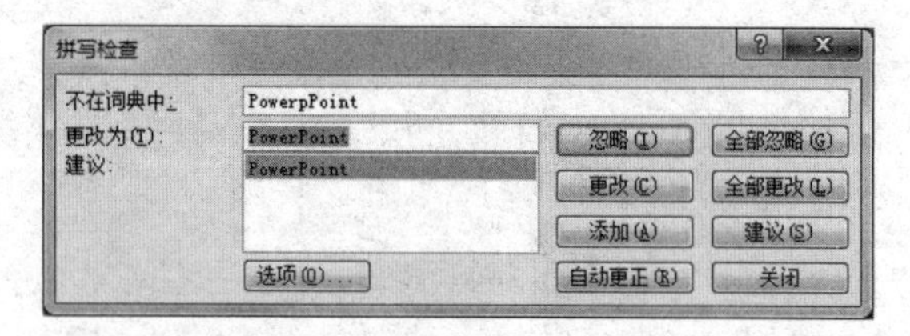

图 5.77 “拼写检查”对话框

(2)“信息检索”

信息检索、同义词库和翻译这三个功能可以联合使用。信息检索是 PowerPoint 2010 的内置词典，有词汇翻译、同义词库(英语)、英语助手等功能。例如，将中文“祖国”翻译成英文，如图 5.78 所示；将英文“word”翻译成中文，如图 5.79 所示。

图 5.78　使用信息检索功能

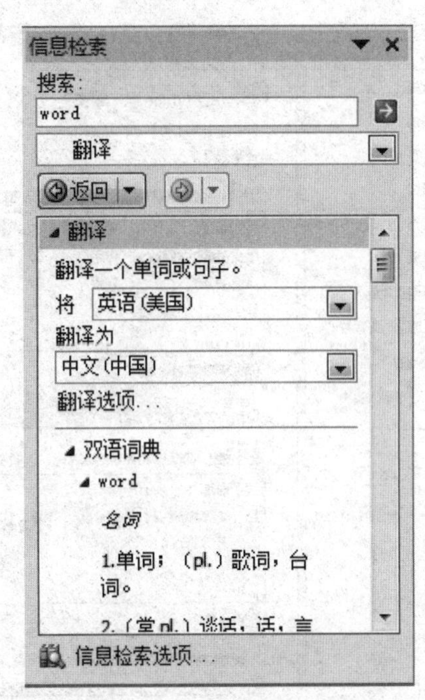

图 5.79　英文翻译为中文

(3)"语言"

这个功能有两个选项,即"设置校对语言"和"语言首选项",单击这两项,会分别打开如图 5.80 和图 5.81 所示的对话框,根据需要选择即可。

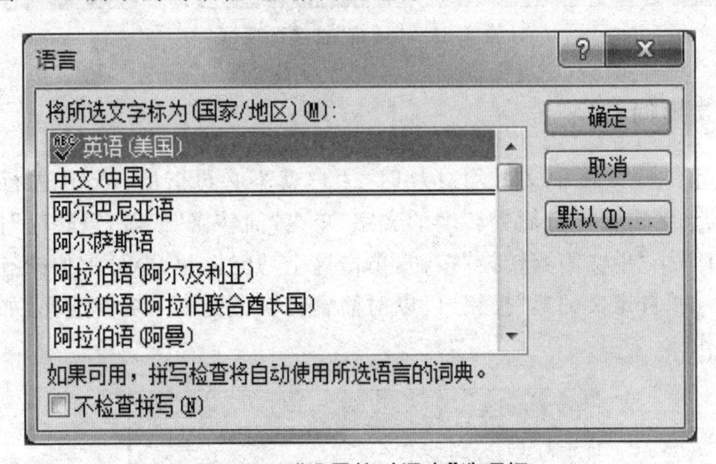

图 5.80　"设置校对语言"选项框

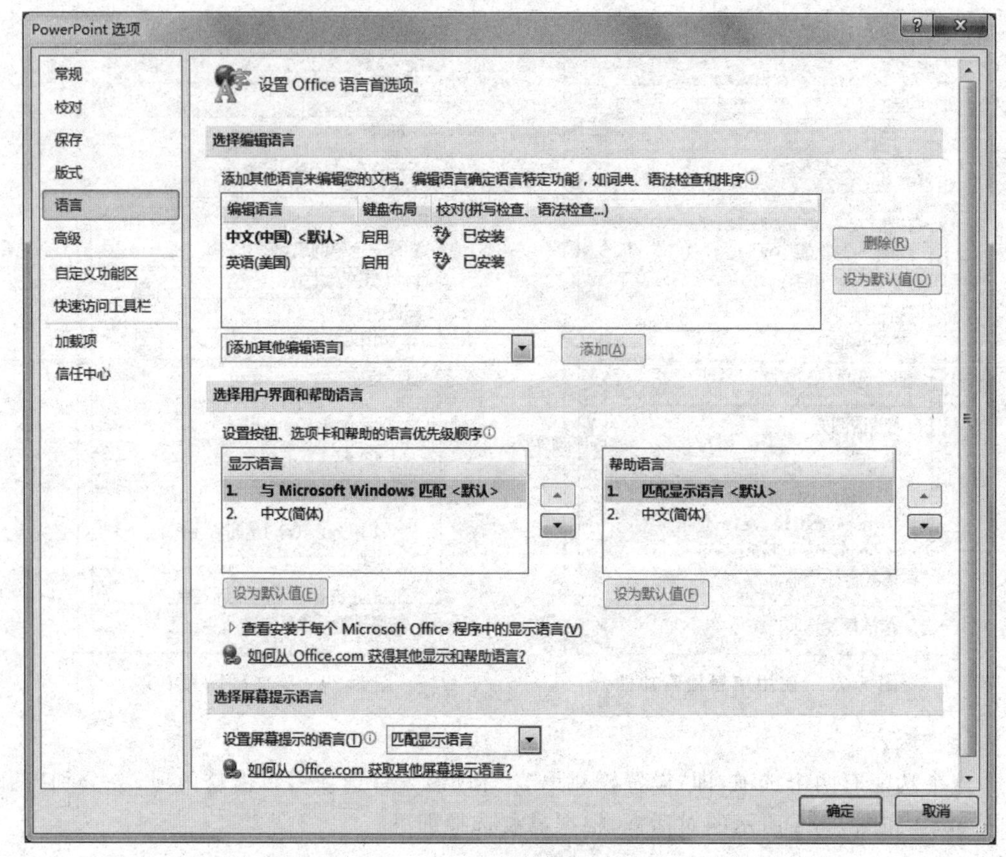

图 5.81 “语言”首选选项框

5.6.2 “中文繁简转换”

当需要使用一些繁体中文的幻灯片时，用户就不必再借助 Word 进行简繁转换了。其操作方式是：选定需要进行简繁转换的文字，单击“简转繁”或者“繁转简”按钮。

此外，还有一个“中文简繁转换”按钮，单击这个功能按钮，会显示如图 5.82 所示的选项框，单击其中的“自定义词典”按钮，可以对简繁转换做更多的功能选择，如添加、导入或导出等相关操作。

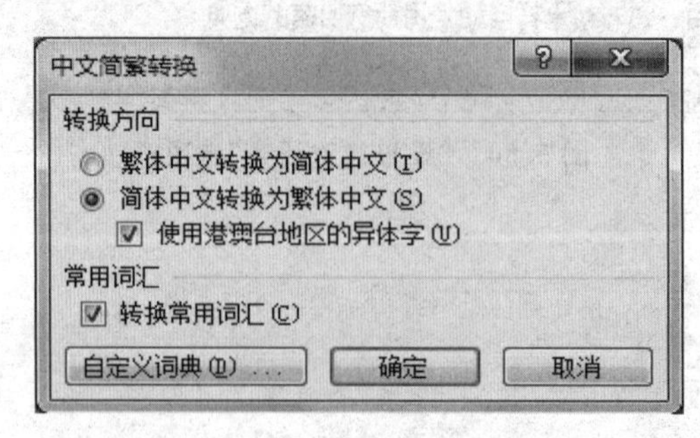

图 5.82 “中文简繁转换”选项框

5.6.3 添加批注

批注是一个比较简单实用的功能，可附加到幻灯片上的某个字母或者词语上，也可以附加到整个幻灯片上。其目的是向读者提示或者与撰写者进行沟通。在放映幻灯片时，批注并不会显示出来。

使用批注的操作方法很简单，选定添加批注的对象（如果不选定具体的对象，批注默认添加到本幻灯片的左上角，批注的编号自动编为“w1，w2，w3…”），单击“新建批注”或者“编辑批注”按钮，即可添加或编辑一个批注，如图 5.83 和图 5.84 所示。

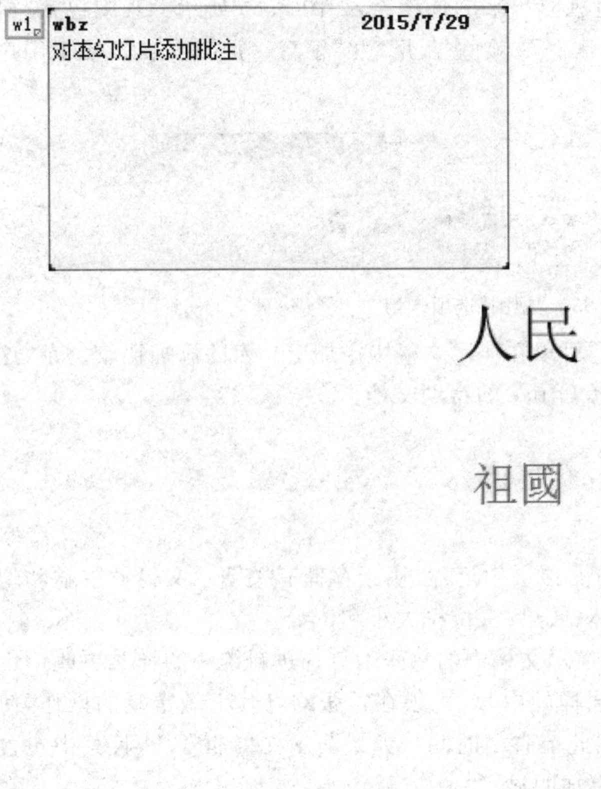

w1 wbz 2015/7/29
对本幻灯片添加批注

人民

祖國

图 5.83　为幻灯片添加批注

祖國 w3

图 5.84　为文字添加批注

选定批注，单击“编辑批注”按钮，即可对批注进行编辑修改。

选定批注，打开“删除”按钮菜单，有三种删除批注的方式：

(1)删除，即删除选定的标注。

(2)删除当前幻灯片的所有标记，即删除本幻灯片中所有的标注。

(3)删除此演示文稿的所有标记，即删除这个演示文稿中的所有标注。

5.7 应用“视图”工具

在 PowerPoint 2010 中，“视图”是独立出来的选项卡，如图 5.85 所示。其中包括“演示文稿视图”“母版视图”“显示”“显示比例”“颜色/灰度”和“窗口”等功能选项，便于用户快速找到各种编辑视图。

图 5.85 “视图”选项卡组

视图组中最后一个是“宏”，通过它可以在演示文稿中添加宏。宏的添加比较复杂，这里就不介绍了，有兴趣的读者可以参考 Office 的帮助文档。

5.7.1 “母版视图”

(1)母版的基本概念

幻灯片母版是幻灯片层次结构中的顶层幻灯片，用于存储有关演示文稿的主题和幻灯片版式的信息，包括背景、颜色、字体、效果、占位符大小和位置。

幻灯片母版的主要优点是可以对演示文稿中的每张幻灯片进行统一的样式更改。也就是说，如果要在多张幻灯片上添加同样的内容，无须在每张幻灯片上做重复的操作，使用幻灯片母版，就可以一次性操作，因此节省了时间。如果演示文稿非常长，且其中包含大量的幻灯片，幻灯片母版的优势就更加明显了。

由于幻灯片母版会影响整个演示文稿的外观，因此在创建和编辑幻灯片母版或相应版式时，最好在“幻灯片母版”视图下操作。

一般的做法是在构建各张幻灯片之前创建好幻灯片母版，而不是在构建了幻灯片之后再创建母版。先创建幻灯片母版，则添加到演示文稿中的所有幻灯片都会统一使用该幻灯片母版和相关联的版式。需要修改时，也务必在幻灯片母版上进行。

(2)创建或自定义幻灯片母版

创建或自定义幻灯片母版的操作步骤如下：

①打开一个空白演示文稿，然后在“视图”选项卡下的“母版视图”组中，单击“幻灯片母版”，打开创建和编辑幻灯片母版或相应版式的窗口，如图 5.86 所示。最上面第一个是“幻灯片母版”视图中的幻灯片版式，其他的是与幻灯片母版相关联的幻灯片版式。

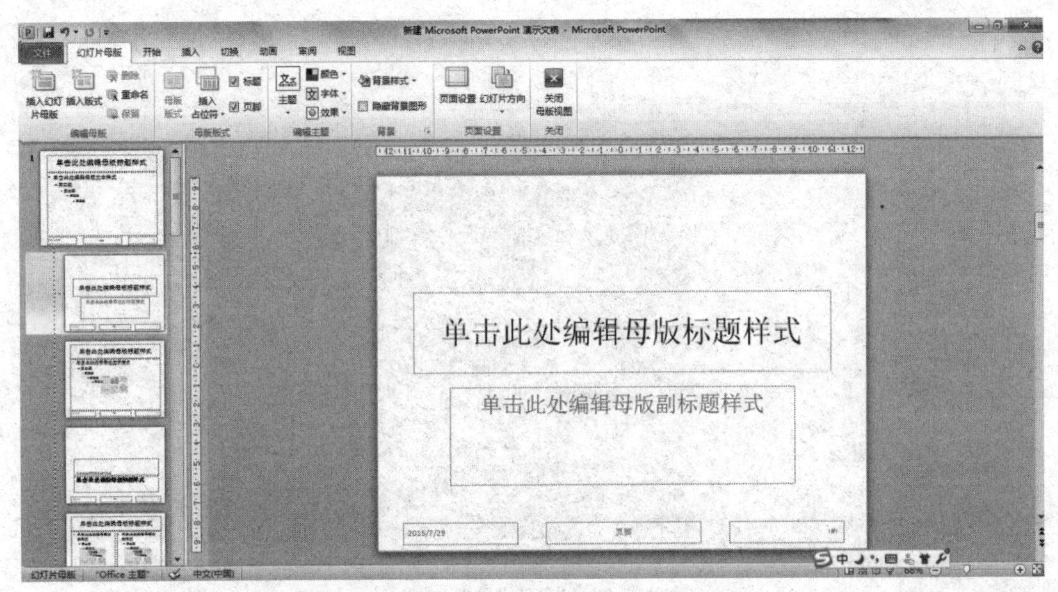

图 5.86　“幻灯片母版”视图窗口

②整个演示文稿由一种主题模板演示，则单击“编辑主题”组中的“主题”按钮，打开主题样式，如图 5.87 所示。这里以选择“茅草”主题为例，如图 5.88 所示，在“幻灯片母版”选项卡下“关闭”组中，单击“关闭母版视图”。下面再添加幻灯片，都是使用这个母版样式，看起来如设置了主题一样。

图 5.87　“母版”主题样式

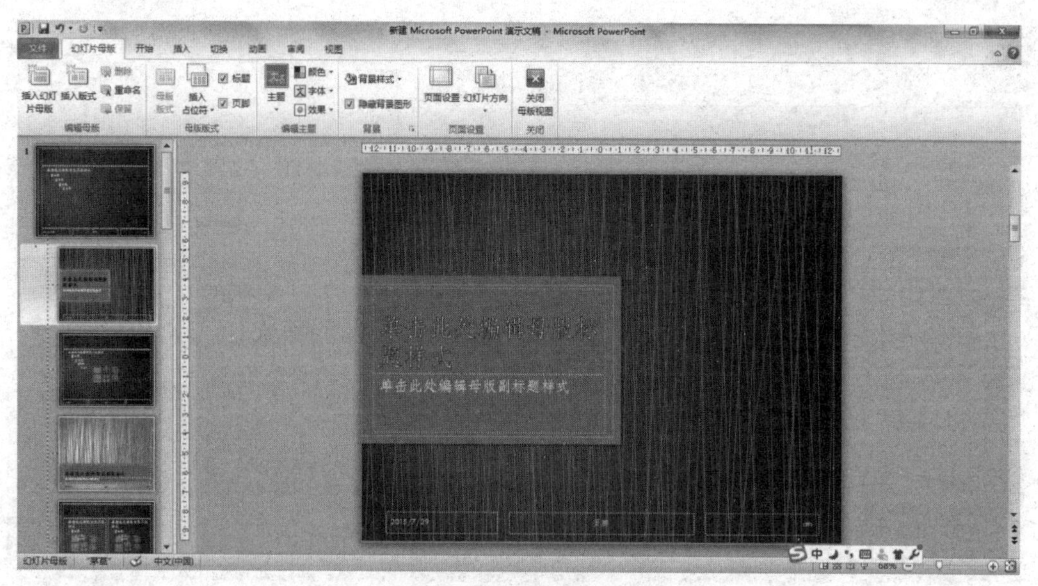

图 5.88 “茅草”母版主题

③若要自定义幻灯片母版，须在“幻灯片母版”窗口中，选中第一个母版，单击“插入”选项卡，根据需要插入相应的颜色、背景和效果等，如图 5.89 所示。

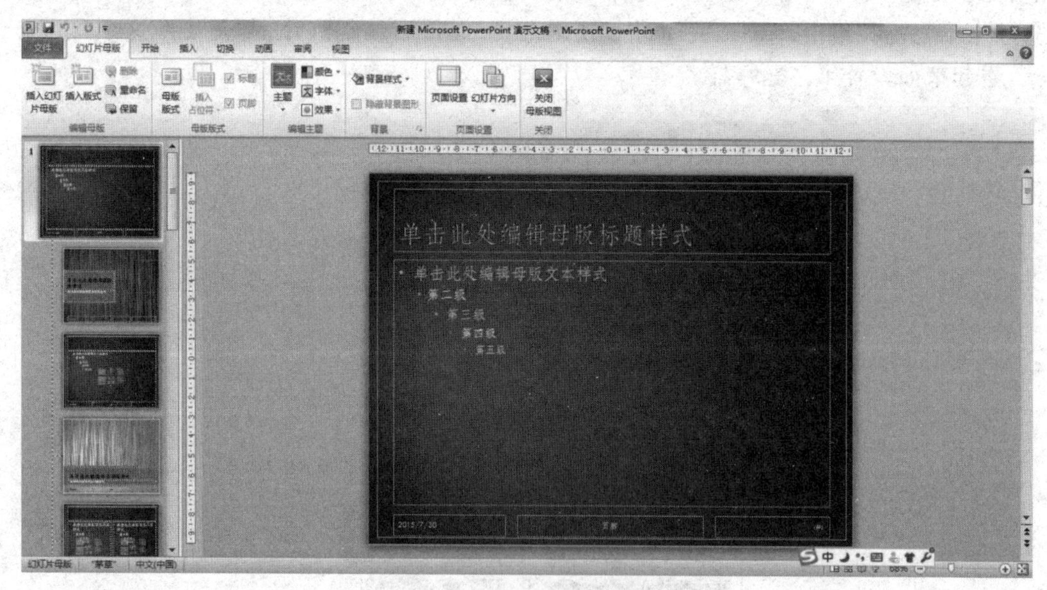

图 5.89 自定义幻灯片母版窗口

④回到普通视图后，再打开新建幻灯片时，幻灯片的版式已经是刚刚自定义的版式了。

⑤无论是创建幻灯片母版或自定义幻灯片母版，若要设置演示文稿中所有幻灯片的页面方向，都只需在“幻灯片母版”选项卡下“页面设置”组单击“幻灯片方向”，然后单击“纵向”或者“横向”即可。

5.7.2　“视图”的其他功能

(1)“显示”功能

“显示”功能有标尺、网格线、参考线。只要单击其复选框即可使用，如图 5.90 所示。

标尺可以用来定位文本的位置，如缩进等；网格线也是辅助定位的方式之一；参考线标志在幻灯片上的中心点位置。

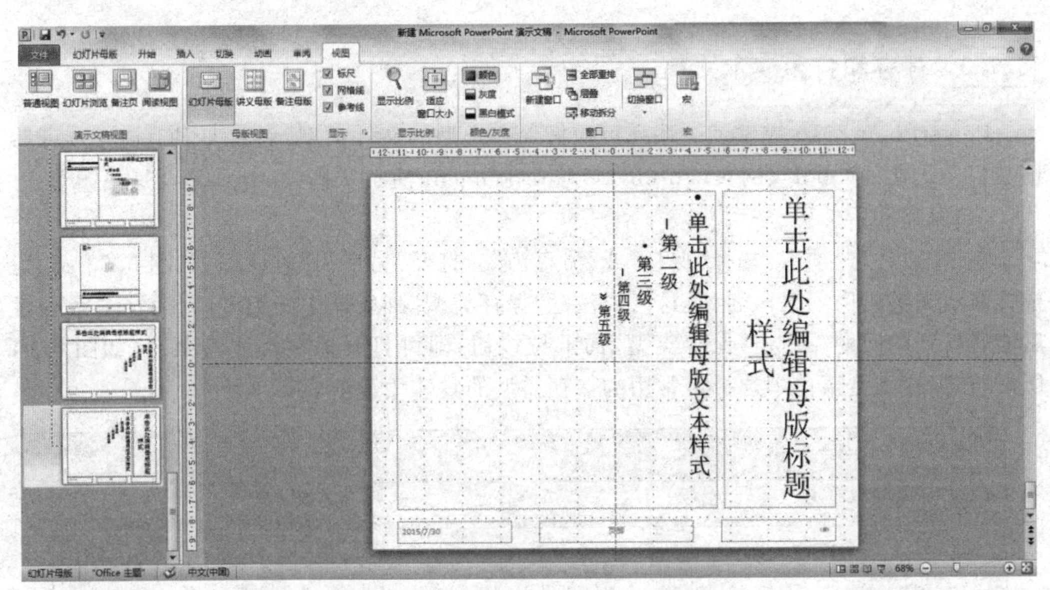

图 5.90　显示标尺、网格线、参考线

(2)“显示比例”功能

调整幻灯片的显示比例有多种途径，可以在“视图”选项卡中，单击“显示比例”按钮，打开“显示比例”对话框进行设置；还可以通过拖动 PowerPoint 2010 窗口右下角的显示比例滚动条来实现。

(3)“颜色/灰度”功能

“颜色/灰度”主要用在显示和打印效果上，在当前的演示文稿中右键单击“视图”选项卡的“灰度”，打开更改所选项，如图 5.91 所示，单击“更改所选对象”组的“灰度”，当前演示文稿便从彩色模式变成了灰度模式。在当前的演示文稿中右键单击“视图”选项卡的“黑白模式”，打开更改所选项，如图 5.92 所示，单击“更改所选对象”组“黑白模式”下的“灰度”，当前演示文稿变为所选的黑白模式。单击“返回颜色视图”按钮即可返回。

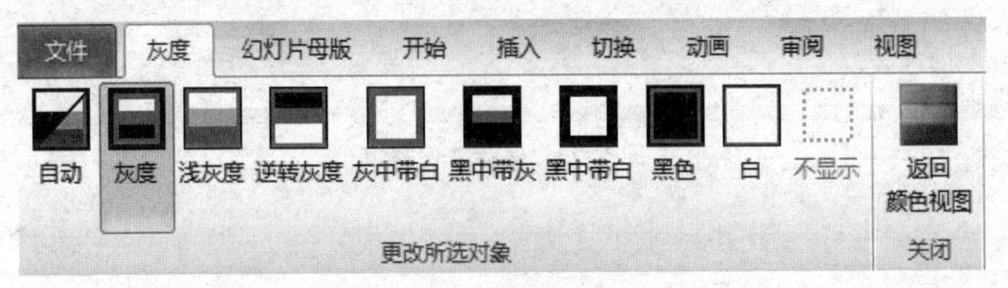

图 5.91　“灰度”模式

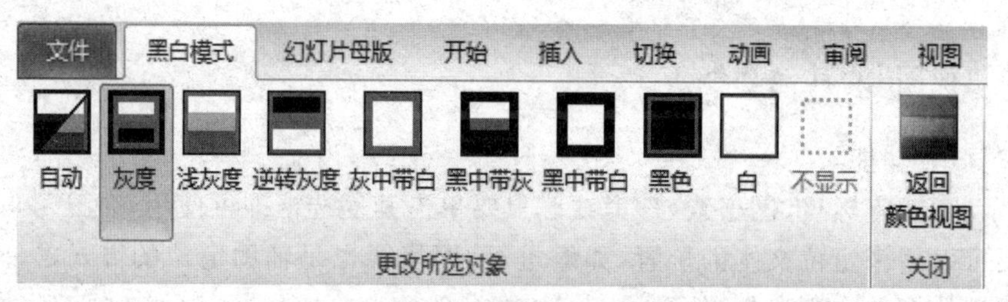

图 5.92　黑白模式

5.7.3 保存和打印演示文稿

PowerPoint 2010 提供了一系列可用做保存类型的文件类型，例如 JPEG(.jpg)、可移植文档格式文件(.pdf)、网页(.html)、OpenDocument 演示文稿(.odp)，甚至是视频等。

(1)保存演示文稿

单击“文件”选项卡，选择“保存”或“另存为”。打开“另存为”对话框，如图 5.93 所示。根据演示文稿的内容输入名称，这时要注意“保存类型”列表框中的类型，因为这关系到以后能否打开的问题。单击“保存类型”的下拉按钮，即可打开保存类型的菜单，如图 5.94 所示，在保存类型菜单中选择。常用的保存类型的具体用途如表 5.1 所示。

图 5.93　保存文件窗口

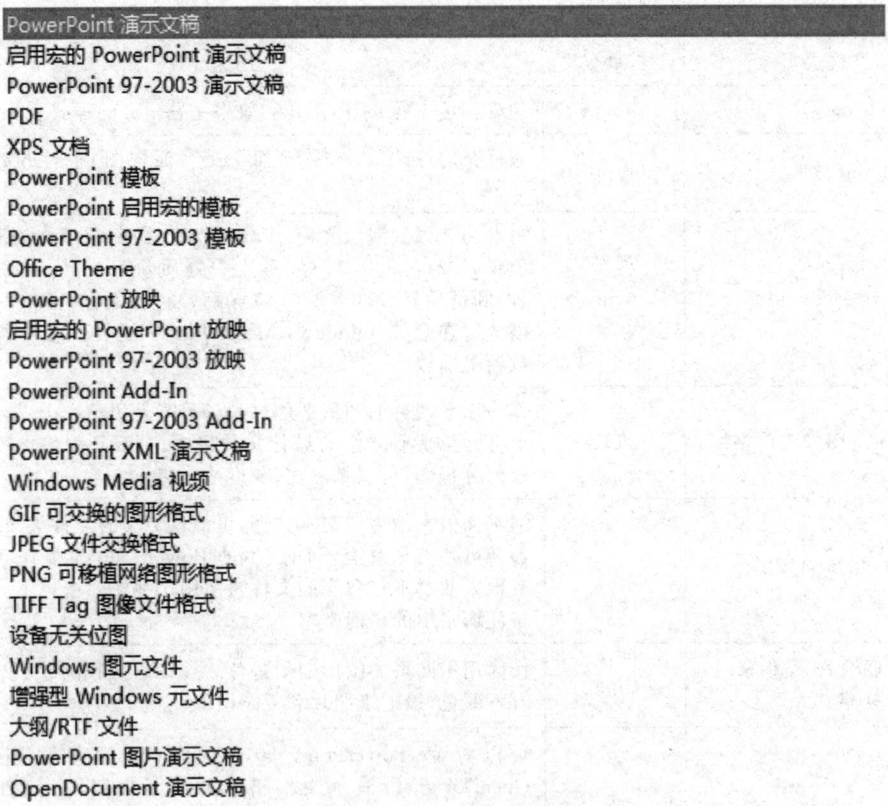

PowerPoint 演示文稿
启用宏的 PowerPoint 演示文稿
PowerPoint 97-2003 演示文稿
PDF
XPS 文档
PowerPoint 模板
PowerPoint 启用宏的模板
PowerPoint 97-2003 模板
Office Theme
PowerPoint 放映
启用宏的 PowerPoint 放映
PowerPoint 97-2003 放映
PowerPoint Add-In
PowerPoint 97-2003 Add-In
PowerPoint XML 演示文稿
Windows Media 视频
GIF 可交换的图形格式
JPEG 文件交换格式
PNG 可移植网络图形格式
TIFF Tag 图像文件格式
设备无关位图
Windows 图元文件
增强型 Windows 元文件
大纲/RTF 文件
PowerPoint 图片演示文稿
OpenDocument 演示文稿

图 5.94　保存类型菜单

表 5.1　保存类型的用途

文件类型	扩展名	用途
PowerPoint 演示文稿	.pptx	PowerPoint 2010 演示文稿，默认情况下为支持 XML 的文件格式
启用宏的 PowerPoint 演示文稿	.pptm	包含 Visual Basic for Applications (VBA)代码的演示文稿
PowerPoint 97—2003 演示文稿	.ppt	可以在早期版本的 PowerPoint(从 PowerPoint 97 到 PowerPoint 2003)中打开的演示文稿
PDF	.pdf	由 Adobe Systems 开发的基于 PostScript 的电子文件格式，该格式保留了文档格式并允许共享文件
XPS 文档	.xps	一种新的电子文件格式，用于以文档的最终格式交换文档
PowerPoint 模板	.potx	可用于对将来的演示文稿进行格式设置的 PowerPoint 2010 演示文稿模板
PowerPoint 启用宏的模板	.potm	包含预先批准的宏的模板，这些宏可以添加到模板中以便在演示文稿中使用
PowerPoint 97—2003 模板	.pot	可以在早期版本的 PowerPoint(从 PowerPoint 97 到 PowerPoint 2003)中打开的模板

续 表

文件类型	扩展名	用途
OfficeTheme	. thmx	包含颜色主题、字体主题和效果主题定义的样式表
PowerPoint 放映	. pps/. ppsx	始终在幻灯片放映视图(而不是普通视图)中打开的演示文稿
Windows Media 视频	. wmv	另存为视频的演示文稿。PowerPoint 2010 演示文稿可按高质量(1024×768,30 帧/秒)、中等质量(640×480,24 帧/秒)和低质量(320×240,15 帧/秒)进行保存。WMV 文件格式可在诸如 Windows Media Player 之类的多种媒体播放器上播放
TIFF Tag 图像文件格式	. TIF	作为用于网页的图形的幻灯片,TIFF 是用于在个人计算机上存储位映射图像的最佳文件格式。TIFF 图像可以采用任何分辨率,可以是黑白、灰度或彩色
大纲/RTF 文件	. rtf	演示文稿大纲为纯文本文档,可提供更小的文件大小,并能够和可能与您具有不同版本的 PowerPoint 或操作系统的其他人共享不包含宏的文件。使用这种文件格式不会保存备注窗格中的任何文本
JPEG(联合图像专家组)文件交换格式	. jpg	作为用于网页的图形的幻灯片。JPEG 文件格式支持 1600 万种颜色,最适于照片和复杂图像
OpenDocument 演示文稿	. odp	可以保存 PowerPoint 2010 文件,以便可以在使用 OpenDocument 演示文稿格式的演示文稿应用程序(如 Google Docs 和 OpenOffice. org Impress)中将其打开,也可以在 PowerPoint 2010 中打开“. odp”格式的演示文稿。保存和打开“. odp”文件时,可能会丢失某些信息

(2)保存并发送

保存并发送是保存的另一种快捷多样操作。单击“文件”选项卡,选择“保存并发送”后打开该项功能选项,如图 5.95 所示。

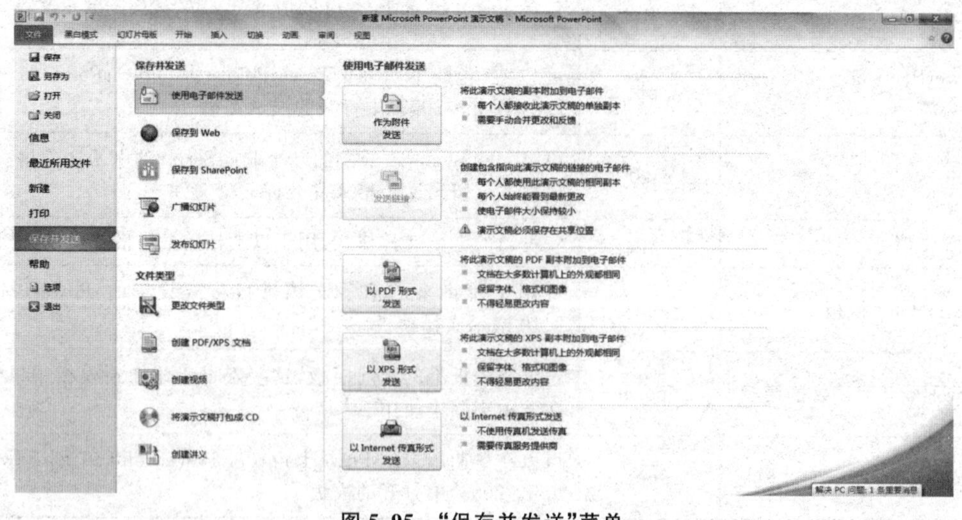

图 5.95 “保存并发送”菜单

“保存并发送”菜单分“保存并发送”和“文件类型”两选项，根据需要选择并按提示操作即可。例如，单击“将演示文稿打包成 CD”的对话框，单击提示框的“打包成 CD”按钮，即打开“打包成 CD”的对话框，如图 5.96 所示，根据提示输入内容或选择即可。

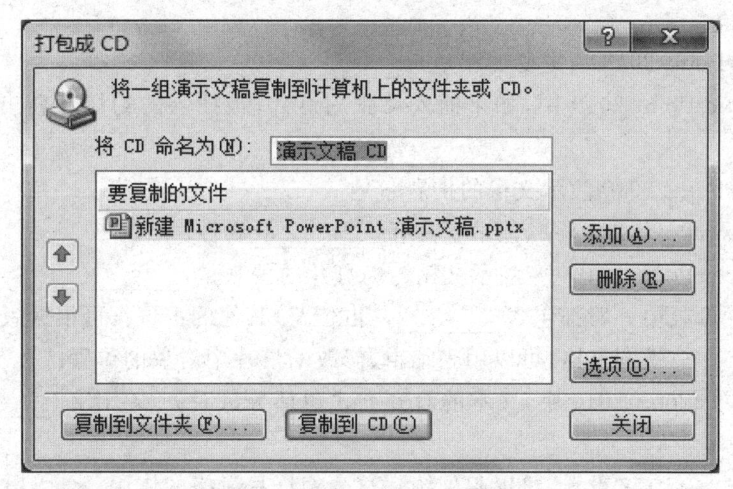

图 5.96　“打包成 CD”对话框

(3)打印演示文稿

打印演示文稿的过程与 Word、Excel 都差不多，同样是单击“文件”选项卡，选择“打印”命令，打开“打印”命令选项，如图 5.97 所示。这里有打印机型号的选择，打印多少张幻灯片的选择，打印版式的选择，以及单双面打印、纵横方向、颜色的选择，根据需要选择打印项即可。

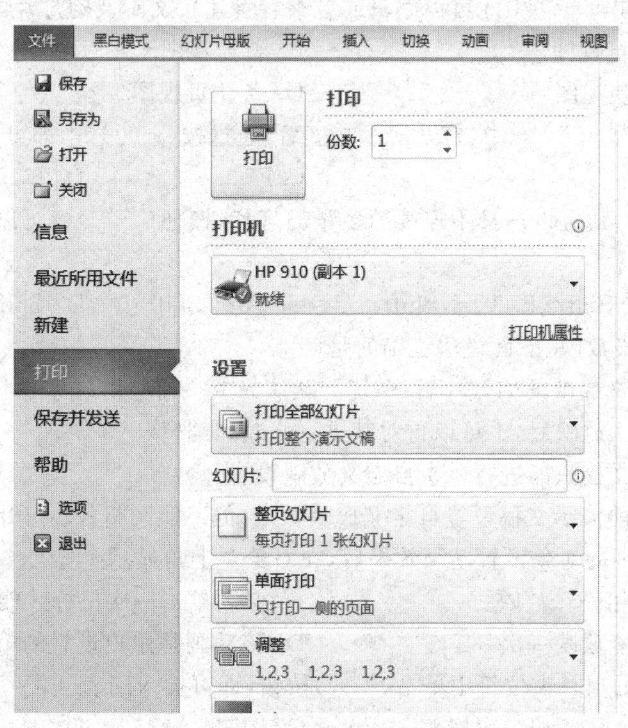

图 5.97　“打印”选项菜单

习 题

一、填空题

1. PowerPoint 2010 的主要功能是________________。

2. 在 PowerPoint 2010 中，如果插入一张幻灯片，被插入的幻灯片会出现在____________。

3. PowerPoint 2010 演示文稿的扩展名是__________。

4. 在 PowerPoint 2010 中，艺术字具有__________属性。

5. 在 PowerPoint 2010 中，演示文稿与幻灯片的关系是__________。

6. 幻灯片母版中一般都包含__________占位符，其他的占位符可根据版式而不同。

7. __________视图窗格，可以用来编辑、修改幻灯片中对象的位置。

8. 在 PowerPoint 2010 中，文本的对齐方式包括分散对齐、左对齐、__________和右对齐。

9. 进行__________设置，可以起到统一整套幻灯片风格的作用。

10. 在幻灯片放映时，__________可将鼠标指针暂时隐藏起来。

二、选择题

1. PowerPoint 2010 中，在浏览视图下，按住 Ctrl 并拖动某幻灯片，可以完成(　　)操作。

A. 移动幻灯片　B. 复制幻灯片　C. 删除幻灯片　D. 选定幻灯片

2. 用户只有在(　　)中才可以编辑或者查看备注页文本及幻灯片内的各个对象。

A. 幻灯片浏览视图　B. 普通视图

C. 幻灯片放映视图　D. 备注页视图

3. 在 PowerPoint 2010 中，打开演示文稿后，通过按(　　)键，即可启动幻灯片放映。

A. F2　B. F4　C. F5　D. F6

4. 按住(　　)键可以选择不连续的多张幻灯片，按住(　　)键可以选中连续的多张幻灯片。

A. Ctrl，Ctrl＋Shift　B. Ctrl，Shift　C. Alt，Shift　D. Shift，Ctrl

5. 关于自定义放映，下面说法正确的是(　　)。

A. 选择自定义放映的幻灯片后，系统会默认只放映这些幻灯片

B. 设置自定义放映后，不可以再对其进行修改和编辑

C. 一个演示文稿只能进行一次自定义放映设置

D. 可以为当前演示文稿设置自定义放映效果，但不能调整各幻灯片的顺序

6. 为幻灯片中的对象设置动画效果后，在对象左上角显示 1，表示(　　)。

A. 该动画将第一个放映　B. 必须单击一次鼠标才能放映动画

C. 该动画只能放映一次　D. 该动画是用户设置的第一个动画效果

7. 在幻灯片的项目占位符中单击(　　)按钮，即可插入图表。

A. 打开　B. 表格　C. 图表　D. 图片

8. 默认情况下，插入幻灯片中的图表为(　　)。

A. 条形图　　B. 柱形图　　C. 饼图　　D. 雷达图

9. 要往幻灯片中添加文本，可以在(　　)中输入文本。

A. 文本占位符　　B. 幻灯片窗格　　C. 大纲窗格　　D. 项目占位符

10. 打开幻灯片后，单击视图选项卡中的(　　)按钮，可以进入幻灯片母版视图。

A. 备注母版　　B. 讲义母版　　C. 幻灯片母版　　D. 幻灯片浏览

11. 在 PowerPoint 2010 中新建演示文稿，可以单击(　　)来选择新建命令。

A."开始"菜单　　B."Office"按钮　　C."文件"选项卡　　D. 编辑菜单

12. 绘制动作按钮后，系统自动打开(　　)对话框，可设置将其链接到相应的幻灯片中。

A. 动作设置　　B. 编辑超链接　　C. 插入超链接　　D. 设置自选图形格式

13. 为幻灯片中的对象设置超链接后，可在(　　)中查看链接效果。

A. 普通视图　　B. 幻灯片放映视图

C. 幻灯片浏览视图　　D. 幻灯片预览视图

14. 设置打印参数时，如果要打印第2页和第5页，应在打印范围栏下的文本框中输入(　　)。

A. 2>5　　B. 2-5　　C. 2,5　　D. 2/5

15. 如果要从最后一张幻灯片返回到第一张幻灯片，可以使用(　　)。

A. 幻灯片切换　　B. 动画功能　　C. 动作按钮　　D. 排练计时

三、简答题

1. 简述 PowerPoint 2010 中的视图方式。

2. 简述 PowerPoint 2010 中母版的作用。

3. 在 PowerPoint 2010 中哪些方法可以实现超链接？超链接到的对象有哪些？

4. 在 PowerPoint 2010 中幻灯片的放映方式有哪些？

5. 什么情况下需要将在 PowerPoint 2010 的演示文稿打包成 CD？如何打包？

四、操作题

1. 将第一张幻灯片中标题的文字颜色设置为白色。

2. 在第二张幻灯片前插入一张幻灯片版式为空白的新幻灯片，并添加标题"新幻灯片"。

3. 将新幻灯片标题文字所处的文本框的背景填充图案为"小棋盘"(第三行最后一个)。

4. 在新幻灯片内输入"搜狐网"三个字，并为这三个字所在的文本框添加超链接，链接到网址 http://www.sohu.com。

5. 将第三张幻灯片的切换方式改为从左下部揭开(此处的第三张幻灯片指插入新幻灯片后的第三张，下同)。

6. 设置第三张幻灯片标题框在前一事件3秒后自动播放。

第6章　计算机网络基础

6.1　计算机网络定义

计算机网络也称计算机通信网。关于计算机网络最简单的定义是：一些相互连接的，以共享资源为目的的，独立的计算机的集合。若按此定义，则早期那些面向终端的网络都不能算作计算机网络，而只能称为联机系统，因为那时的许多终端不能算是自治的计算机。但随着硬件价格的下降，许多终端都具有一定的智能，因而终端和自治的计算机逐渐失去了严格的界限。若将微型计算机作为终端使用，按上述定义，则早期的那种面向终端的网络也可称为计算机网络。

另外，从逻辑功能上看，计算机网络是以传输信息为基础目的，用通信线路将多个计算机连接起来的计算机系统的集合，一个计算机网络组成包括传输介质和通信设备。

从用户角度看，计算机网络是这样定义的：存在着一个能为用户自动管理的网络操作系统，由它调用完成用户所调用的资源，而整个网络像一个大的计算机系统一样，对用户是透明的。

一个比较通用的定义是：利用通信线路将地理上分散的、具有独立功能的计算机系统和通信设备按不同的形式连接起来，以功能完善的网络软件及协议实现资源共享和信息传递。

从整体上来说，计算机网络就是把分布在不同地理区域的计算机与专门的外部设备用通信线路互联成一个规模大、功能强的系统，从而使众多的计算机可以方便地互相传递信息，共享硬件、软件、数据信息等资源。简单来说，计算机网络就是由通信线路互相连接的许多自主工作的计算机构成的集合体。

最简单的计算机网络就只有两台计算机和连接它们的一条链路，即两个节点和一条链路。

此外，还可以从连接和需求方面来定义。

(1)按连接定义

计算机网络就是通过线路互连起来的有资质的计算机集合，确切地说就是将分布在不同地理位置上的具有独立工作能力的计算机、终端及其附属设备用通信设备和通信线路连接起来，并配置网络软件，以实现计算机资源共享的系统。

(2)按需求定义

计算机网络就是由大量独立的但相互连接起来的计算机来共同完成计算机任务。这些系统称为计算机网络(computer networks)。

6.2　计算机网络的发展历程

计算机网络是计算机技术与通信技术紧密结合的产物，它涉及通信与计算机两个领域。它的诞生使计算机体系结构发生了巨大变化，在当今社会中起着非常重要的作用，对人类社会的进步做出了巨大贡献。从某种意义上讲，计算机网络的发展水平不仅反映了一个国家的计算机科学和通信技术水平，而且也已经成为衡量其国力及现代化程度的重要标志之一。

计算机网络经历了由无到有、由单一网络向互联网发展的过程。在计算机网络尚未产生的时候，人们利用磁盘等设备在几台电脑间拷贝文件，如图 6.1 所示。

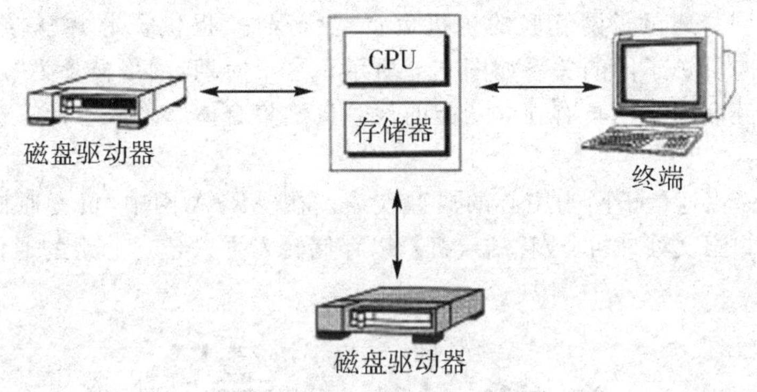

图 6.1　用磁盘拷贝

联机终端是一种主要的系统结构形式，这种以单主机互联系统为中心的互联系统，即主机面向终端系统于 1954 年诞生，如图 6.2 所示。

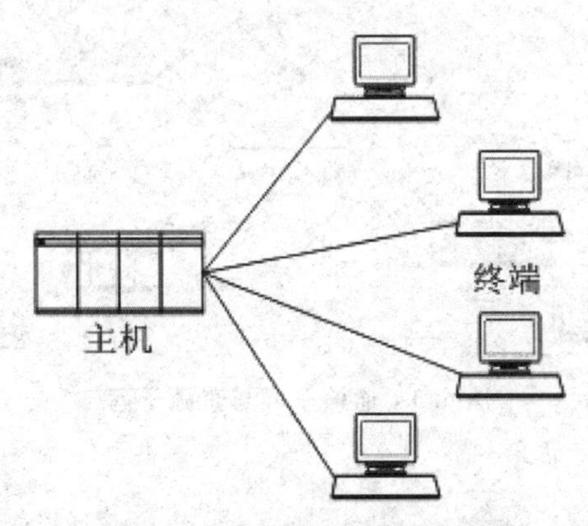

图 6.2　面向终端单主机系统

此后，计算机网络技术的发展越来越成为当今世界高新技术发展的核心之一。计算机网络的发展分为以下几个阶段。

6.2.1　诞生阶段

20 世纪 60 年代中期之前，第一代计算机网络是以单个计算机为中心的远程联机系统。典型应用是由一台计算机和全美范围内2000多个终端组成的飞机订票系统。终端是一台计算机的外部设备,包括显示器和键盘,无CPU和内存。随着远程终端的增多,在主机前增加了前端机(FEP)。早期的计算机为了提高资源利用率,采用批处理的工作方式,为适应终端与计算机的连接,出现了多重线路控制器。

6.2.2 形成阶段

20世纪60年代中期至70年代的第二代计算机网络是以多个主机通过通信线路互联起来为用户提供服务的,它兴起于60年代后期,典型代表是美国国防部高级研究计划局协助开发的ARPANET。主机之间不是直接用线路相连,而是由接口报文处理机(IMP)转接后互联的。IMP和它们之间互联的通信线路一起负责主机间的通信任务,构成了通讯子网。通讯子网互联的主机负责运行程序,提供资源共享,组成了资源子网。通信子网与资源子网的关系如图6.3所示。这个时期,网络概念为"以能够相互共享资源为目的互联起来的具有独立功能的计算机之集合体",形成了计算机网络的基本概念。

ARPA网是以通信子网为中心的典型代表。在ARPA网中,负责通信控制处理的CCP被称为接口报文处理机(或称结点机),以存储转发方式传送分组的通信子网被称为分组交换网。

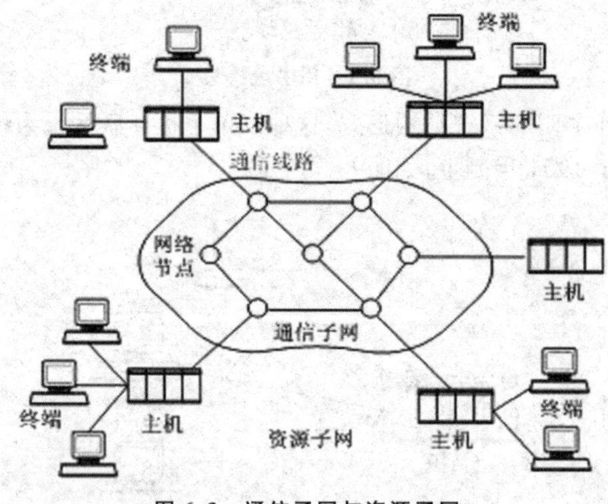

图6.3 通信子网与资源子网

6.2.3 互联互通阶段

20世纪70年代末至90年代的第三代计算机网络是具有统一网络体系结构并遵守国际标准的开放式和标准化的网络。ARPANET兴起后,计算机网络发展迅猛,各大计算机公司相继推出自己的网络体系结构及实现这些结构的软硬件产品。由于没有统一的标准,不同厂商的产品之间很难互联,人们迫切需要一种开放性的标准化实用网络环境,这样就顺势产生了两种国际通用的最重要的体系结构,即TCP/IP体系结构和国际标准化组织的OSI(Open System Interconnect, OSI,开放系统互联参考模型)体系结构。

6.2.4 高速网络技术阶段

由于局域网技术发展成熟，20世纪90年代至今的第四代计算机网络出现了光纤及高速网络、多媒体网络和智能网络，整个网络就像一个对用户透明的大的计算机系统，而后发展成为以Internet为代表的互联网。而其中Internet(因特网)的发展也分三个阶段：

(1)从单一的APRANET发展成为互联网

诞生于1969年的第一个分组交换网ARPANET还只是一个单个的分组交换网(不是互联网)。20世纪70年代中期，ARPA开始研究多种网络互联的技术。1983年，ARPANET分解成两个：一个是实验研究用的科研网(人们常把1983年作为因特网的诞生之年)，另一个是军用的MILNET。1990年，ARPANET正式宣布关闭，实验完成。

(2)建成三级结构的因特网

1986年，NSF(The National Science Foundation，美国国家科学基金会)建立了国家科学基金网NSFNET。它是一个三级计算机网络，分为主干网、地区网和校园网。1991年，美国政府决定将因特网的主干网转交给私人公司来经营，并开始对接入因特网的单位收费。1993年因特网主干网的速率提高到了45Mb/s。

(3)建立多层次ISP结构的因特网

从1993年开始，由美国政府资助的NSFNET逐渐被若干个商用的因特网主干网(即服务提供者网络)所替代。用户通过因特网提供商ISP上网。1994年4个网络接入点相继建立，分别由4个电信公司经营管理。1994年起，因特网逐渐演变成多层次ISP结构的网络。1996年，主干网速率为155 Mb/s。1998年，主干网速率为2.5 Gb/s。

6.3 计算机网络在我国的发展历程

我国计算机网络起步于20世纪80年代。1980年进行联网试验，并组建各单位的局域网。1989年11月，第一个公用分组交换网建成运行。1993年建成新公用分组交换网CHINANET。80年代后期，我国相继建成各行业的专用广域网。1994年4月，我国用专线接入因特网(64Kb/s)。1994年5月，设立第一个WWW服务器。1994年9月，中国公用计算机互联网启动。2004年2月，我国下一代互联网CNGI主干试验网CERNET2建成开通并提供服务(2.5—10Gb/s)。

截至2015年，中国的网络已经实现五个世界第一：网络规模全球第一；网络用户全球第一；手机用户全球第一；利用手机上网的人数全球第一；互联网的交易额全球第一。这五个第一说明中国已经成为一个网络大国。

6.4 计算机网络的分类

计算机网络的分类方式有很多种，可以按网络的覆盖范围、交换方式、网络拓扑结构等分类。

6.4.1 根据网络的覆盖范围进行分类

根据网络的覆盖范围，我们可以分为三类：局域网 LAN(Local Area Network)、城域网 MAN(Metropolitan Area Network)和广域网 WAN(Wide Area Network)。

(1)局域网 LAN：局域网用于将有限范围内(如一个实验室、一幢大楼、一个校园)的各种计算机、终端与外部设备互联成网。局域网按照采用的技术、应用范围和协议标准的不同可以分为共享局域网与交换局域网。局域网技术发展迅速，应用日益广泛，是计算机网络中最活跃的领域之一。

局域网的特点：限于较小的地理区域内，一般不超过 10 公里，通常是由一个单位组建，如一个建筑物内、一个学校内、一个工厂的厂区内等。但局域网的网络速度快且稳定，并且组建简单、灵活，使用方便。

(2)城域网 MAN：城市地区网络常简称为城域网。目标是要满足几十公里范围内的大量企业、机关、公司的多个局域网互联的需求，以实现大量用户之间数据、语音、图形与视频等多种信息的传输功能。城域网基本上是一种大型的局域网，通常使用与局域网相似的技术，把它单列为一类的主要原因是它有单独的一个标准而且被应用。城域网地理范围可从几十公里到上百公里，可覆盖一个城市或地区，分布在一个城市内，是一种中等形式的网络。

(3)广域网 WAN：广域网所覆盖的地理范围从几十公里到几千公里。广域网覆盖一个国家、地区，或横跨几个洲，是一个国际性的远程网络。广域网的通信子网主要使用分组交换技术。广域网的通信子网可以利用公用分组交换网、卫星通信网和无线分组交换网，它将分布在不同地区的计算机系统互联起来，达到资源共享的目的。

世界上最大的广域网是国际互联网 Internet。

6.4.2 按传输介质分类

传输介质就是指用于网络连接的通信线路。目前常用的传输介质有有线传输介质和无线传输介质，相应地可将网络分为同轴电缆网、双绞线网、光纤网、无线电波网和微波网，如图 6.4 所示。

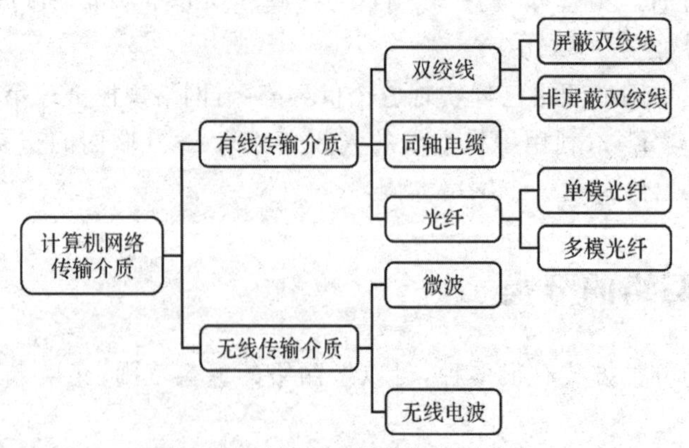

图 6.4 计算机网络传输介质分类

有线传输介质是指在两个通信设备之间实现的物理连接部分，它能将信号从一方传输到另一方，有线传输介质主要有双绞线、同轴电缆和光纤。双绞线和同轴电缆传输电信号，光纤传输光信号。

无线传输介质指我们周围的自由空间。我们利用无线电波在自由空间的传播可以实现多种无线通信。在自由空间传输的电磁波可根据频谱分为无线电波、微波等，信息被加载在电磁波上进行传输。

(1)双绞线

双绞线，简称 TP，将一对以上的双绞线封装在一个绝缘外套中，为了降低信号的干扰程度，电缆中的每一对双绞线一般是由两根绝缘铜导线相互扭绕而成，因此也称为双绞线。双绞线分为非屏蔽双绞线 UTP(如图 6.5a 所示)和屏蔽双绞线 STP(如图 6.5b 所示)。

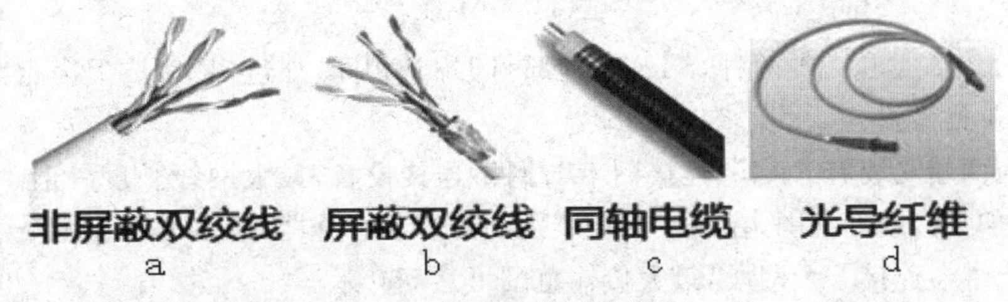

图 6.5 有线传输介质

非屏蔽双绞线价格便宜，传输速度偏低，抗干扰能力较差。屏蔽双绞线抗干扰能力较好，具有更高的传输速度，但价格相对较贵。

双绞线需用 RJ-45 或 RJ-11 连接头插接，如图 6.6，图 6.7 所示。

图 6.6 RJ-45

市面上出售的 UTP 分为 3 类、4 类、5 类和超 5 类四种：

3 类：传输速率最大支持 10Mbps，外层保护胶皮较薄，皮上注有“cat3”。

4 类：4 类 UTP 标准的推出比 3 类晚，而传输性能与 3 类 UTP 相比并没有提高多少，所以一般较少使用。

5 类：传输速率支持 100Mbps 或 10Mbps，外层保护胶皮较厚，皮上注有“cat5”。

超 5 类：超 5 类双绞线在传送信号时比普通 5 类双绞线的衰减更小，抗干扰能力更强，在 100M 网络中，受干扰程度只有普通 5 类线的 1/4。

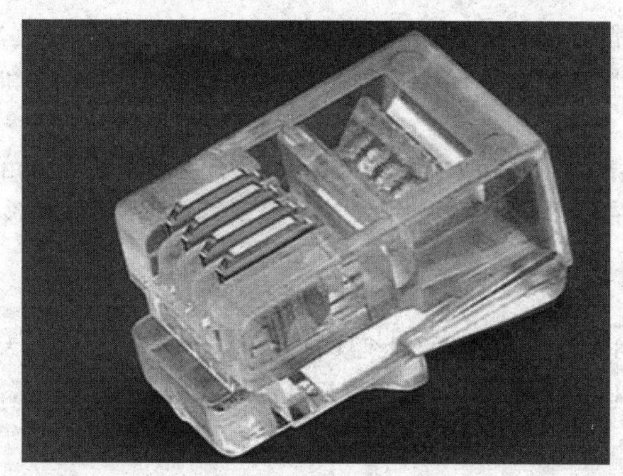

图 6.7　RJ-11

STP 分为 3 类和 5 类两种，STP 的内部与 UTP 相同，外包铝箔，抗干扰能力强、传输速率高，但价格昂贵。

双绞线两端安装有 RJ-45，连接网卡与网络连接设备，最大网线长度一般不超过 100 米，如果要加大网络的范围，在两段双绞线之间可安装中继器，最多可安装 4 个中继器，如安装 4 个中继器连接 5 个网段，最大传输范围可达 500 米。

(2)同轴电缆

同轴电缆由一根空心的外圆柱导体和一根位于中心轴线的内导线组成，如图 6.5c 所示，内导线和圆柱导体及外界之间用绝缘材料隔开。同轴电缆具有抗干扰能力强、连接简单等特点，信息传输速度可达每秒几百兆位。按直径的不同，可分为粗缆和细缆两种。

粗缆：传输距离长，性能好但成本高，网络安装、维护困难，一般用于大型局域网的干线，连接时两端需终接器。

①粗缆与外部收发器相连。

②收发器与网卡之间用 AUI 电缆相连。

③网卡必须有 AUI 接口(15 针 D 型接口)：每段 500 米，100 个用户，4 个中继器可达 2500 米，收发器之间最小 2.5 米，收发器电缆最大 50 米。

细缆：与网卡相连，两端装 50 欧的终端电阻。用 T 型头，T 型头之间最小 0.5 米。细缆网络每段干线长度最大为 185 米，每段干线最多接入 30 个用户。如采用 4 个中继器连接 5 个网段，网络最大距离可达 925 米。

细缆安装较容易，造价较低，但日常维护不方便，一旦一个用户出故障，会影响其他用户的正常工作。

(3)光纤

光纤又称为光缆或光导纤维，由光导纤维纤芯、玻璃网层和能吸收光线的外壳组成，是用来传播光束的、细小而柔韧的传输介质。应用光学原理，由光发送机产生光束，将电信号变为光信号，再把光信号导入光纤，在另一端由光接收机接收光纤上传来的光信号，并把它变为电信号，经解码后再处理。与其他传输介质比较，光纤的电磁绝缘性能好、信号衰小、频带宽、传输速度快、传输距离大，主要用于要求传输距离较长、布线条件特殊的主干网连接。它具有不受外界电磁场影响、无限制带宽等特点，可以实现每秒几十兆的数据传送，尺寸小、重量轻，数据可传送几百公里，但价格昂贵。

光纤分为单模光纤和多模光纤。

①单模光纤：由激光做光源，仅有一条光通路，传输距离长达 20—120km。

②多模光纤：由二极管发光，低速短距离，传输距离在 2km 以内。

(4)无线电波

无线电波是指在自由空间(包括空气和真空)中传播的射频频段的电磁波，如图 6.8 所示。无线电技术是通过无线电波传播声音或其他信号的技术。

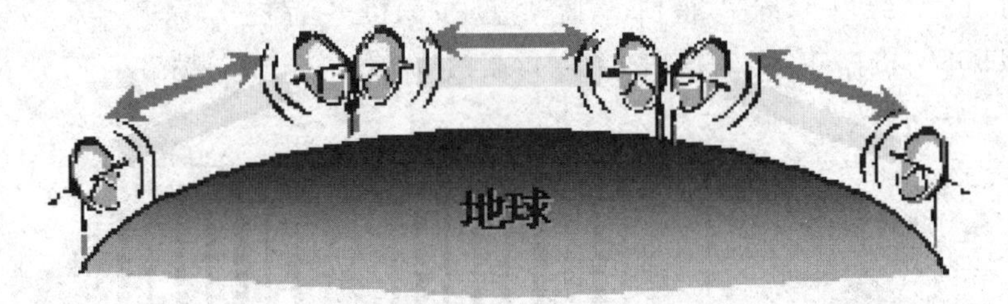

图 6.8 无线电波的传输

无线电技术的原理在于，导体中电流强弱的改变会产生无线电波。利用这一现象，通过调制可将信息加载于无线电波之上。当电波通过空间传播到达收信端，电波引起的电磁场变化又会在导体中产生电流。通过解调将信息从电流变化中提取出来，就达到了信息传递的目的。

(5)微波

微波是指频率为 300MHz—300GHz 的电磁波，是无线电波中一个有限频带的简称，即波长在 1 毫米到 1 米(不含 1 米)之间的电磁波，是亚毫米波、毫米波、厘米波和分米波的统称。

微波频率比一般的无线电波频率高，通常也称为“超高频电磁波”。微波作为一种电磁波也具有波粒二象性，微波的基本性质通常呈现为穿透、反射、吸收三个特性。对于玻璃、塑料和瓷器，微波几乎是穿越而不被吸收；水和食物等会吸收微波而使自身发热；而金属类东西则会反射微波。

如图 6.9 所示为一种微波发生器。

图 6.9 微波发生器

6.4.3 制作网线

1985 年初，计算机工业协会(CCIA)提出了对大楼布线系统标准化的倡议，美国电子工业协会(EIA)和美国电信工业协会(TIA)开始制定标准化工作。

1991 年 7 月，ANSI/EIA/TIA568 即《商业大楼电信布线标准》问世。1995 年底，EIA/TIA 568 标准正式更新为 EIA/TIA/568A，EIA/TIA 的布线标准中规定了两种双绞线的线序 T568A 与 T568B，具体如图 6.10 所示。

标准 T568A：绿白-1，绿-2，橙白-3，蓝-4，蓝白-5，橙-6，棕白-7，棕-8。

标准 T568B：橙白-1，橙-2，绿白-3，蓝-4，蓝白-5，绿-6，棕白-7，棕-8。

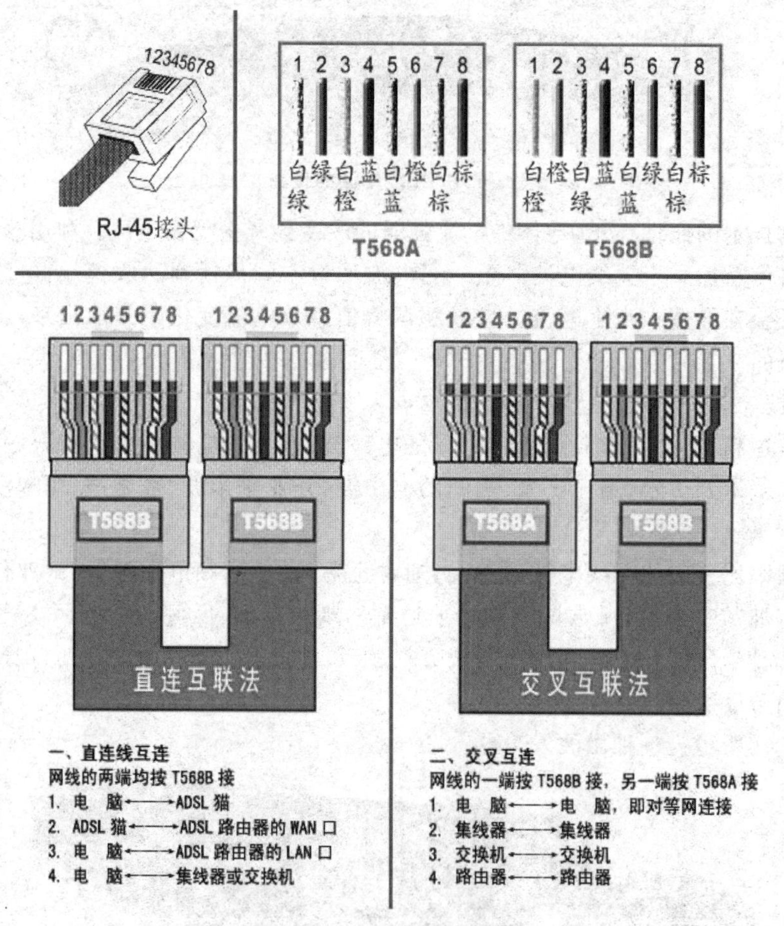

图 6.10 两种双绞线的线序

在制作网线前要先准备好制作设备，如压线钳、测线仪等，如图 6.11 所示。在此以标准 T568B 为例。

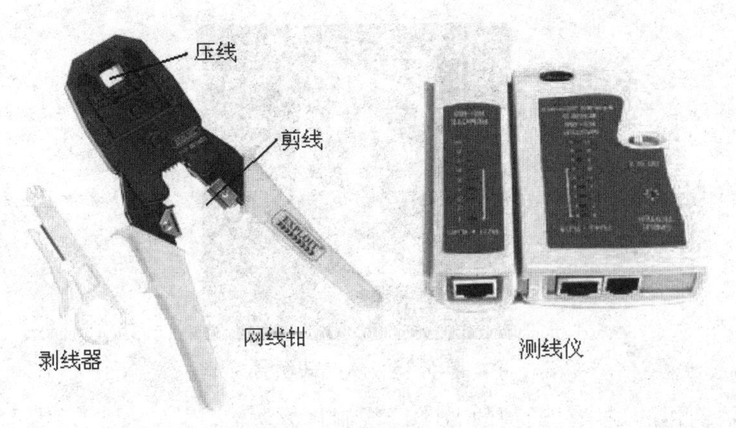

图 6.11　制作网线的工具

使用网线钳的剥皮功能剥掉网线的外皮，会看到彩色与白色互相缠绕的八根金属线。橙、绿、蓝、棕四个色系，与它们相互缠绕的分别是白橙、白绿、白蓝、白棕，有的稍微有点橙色，有的只是白色，如果是纯色，千万要注意，不要将四种白色搞混了。分别将它们的缠绕去掉，注意摆放的顺序是：橙绿蓝棕，白在前，蓝绿互换。也就是说最终的结果是橙白、橙、绿白、蓝、蓝白、绿、棕白、棕，如图 6.12 所示。

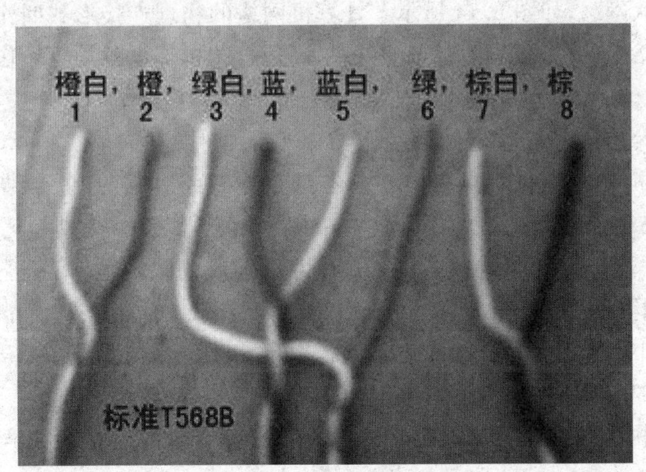

图 6.12　金属线摆放位置

摆好位置之后将网线摆平捋直，使用压线钳将其切齐，一定要确保切得整齐，然后平放入水晶头，注意水晶头金属面对自己，每根线各自从左到右插入对应的 1，2，3，4，5，6，7，8 位，观察到线整齐排列之后，使用压线钳的水晶头压制模块将其挤压固定，如图 6.13 所示。

然后将网线两端分别插入测线仪两端网线插口，观察指示灯是否按照 1 到 8 的顺序闪烁，如果是，说明网线制作成功；如果不是，说明网线制作有问题，需要将水晶头剪断后重新制作。

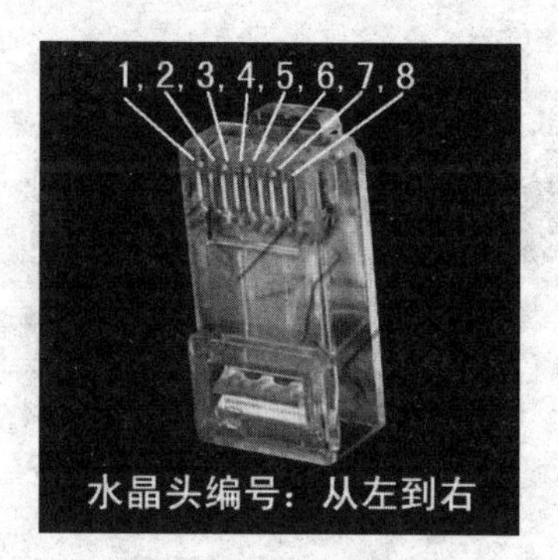

图 6.13　水晶头编号

这种网线制作的顺序是通用的 B 类网线制作方法。

如果是制作 A 类网线，则橙绿互换，变成：绿白、绿、橙白、蓝、蓝白、橙、棕白、棕。

直连线是网线两端的水晶头都是 A 或者 B，如果是交叉线则一头是 A，一头是 B。

6.4.4　按网络拓扑结构进行分类

按网络拓扑结构进行分类，我们可以将网络分为五类，星形网络、树形网络、总线形网络、环形网络、网状网络，如图 6.14 所示。计算机网络的物理连接形式叫作网络的物理拓扑结构。连接在网络上的计算机、大容量的外存、高速打印机等设备均可看作网络上的一个节点，也称为工作站。

(1)星形拓扑结构

星形拓扑结构是以中央结点为中心与各结点连接而组成的，各个结点间不能直接通信，而是经过中央结点控制进行通信。这种结构适用于局域网，特别是近年来连接的局域网，大都采用这种连接方式。这种连接方式以双绞线或同轴电缆作为连接线路。

星型拓扑结构的优点是安装容易，结构简单，费用低，通常以集线器(Hub)作为中央节点，便于维护和管理。中央节点的正常运行对网络系统来说是至关重要的，具有便于管理、组网容易、网络延迟时间短、误码率低的优点。

星型拓扑结构的缺点是共享能力较差，通信线路利用率不高，中央结点负担过重。

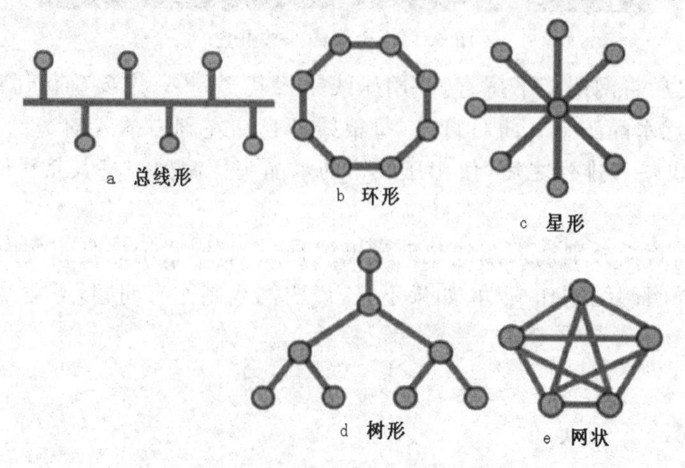

图 6.14　各类拓扑结构示意图

(2)环形拓扑结构

环形拓扑结构中,各结点通过环路接口连在一条首尾相连的闭合环形通信线路中,环路上任何结点均可以请求发送信息。请求一旦被批准,便可以向环路发送信息。

一个结点发出的信息必须穿越环中所有的环路接口,信息流中目的地址与环上某结点地址相符时,即被该结点的环路接口所接收,而后信息继续流向下一环路接口,一直流回到发送该信息的环路接口结点为止。这种结构特别适用于实时控制的局域网系统。

环型拓扑结构的优点是安装容易,费用较低,电缆故障容易查找和排除。有些网络系统为了提高通信效率和可靠性,采用双环结构,即在原有的单环上再套一个环,使每个节点都具有两个接收通道,简化了路径选择的控制,可靠性较高,实时性强。

环型拓扑结构的缺点是结点过多时传输效率低,故扩充不方便。

(3)总线形拓扑结构

总线形拓扑结构是指用一条被称为总线的中央主电缆,将相互之间以线性方式连接的工作站连接起来的布局方式。总线拓扑结构是一种共享通路的物理结构。在这种结构中总线具有信息的双向传输功能,普遍用于局域网的连接,总线一般采用同轴电缆或双绞线。

总线拓扑结构的优点是安装容易,扩充或删除一个节点很容易,不需要停止网络的正常工作,节点的故障也不会殃及系统。由于各个节点共用一个总线作为数据通路,信道的利用率高。结构简单灵活,便于扩充,可靠性高,响应速度快。此外,设备量少,价格低,安装使用方便,共享资源能力强,便于广播式工作。

总线结构的缺点是由于信道共享,连接的节点不宜过多,并且总线自身的故障会导致系统的崩溃。总线长度有一定限制,一条总线也只能连接一定数量的结点。

(4)树形拓扑结构

树形拓扑结构是总线形结构的扩展,它是在总线网上加上分支形成的,其传输介质可有多条分支,但不形成闭合回路。树型拓扑结构就像一棵“根”朝上的树,与总线拓扑结构相比,主要区别在于总线拓扑结构中没有“根”。这种拓扑结构的网络一般采用同轴电缆,用于军事单位、政府部门等上、下界限相当严格和层次分明的部门。

树型拓扑结构的优点是容易扩展,故障也容易分离处理;联系固定,专用性强;具有一定容错能力、可靠性强、便于广播式工作、容易扩充。

树型拓扑结构的缺点是整个网络对根的依赖性很大,一旦网络的根发生故障,整个系统就不能正常工作。

(5)网状拓扑结构

多个子网或多个网络连接起来就构成了网际拓扑结构。在一个子网中,集线器、中继器将多个设备连接起来,而桥接器、路由器及网关则将子网连接起来。

6.4.5 计算机网络设备

(1)服务器

服务器是计算机网络上最重要的设备。服务器指的是在网络环境下运行相应的应用软件,为网络中的用户提供共享信息资源和服务的设备。服务器的构成与微机基本相似,有处理器、硬盘、内存、系统总线等，但服务器是针对具体的网络应用特别制定的，因而服务器与微机在处理能力、稳定性、可靠性、安全性、可扩展性、可管理性等方面存在很大的差异。通常情况下，服务器比客户机拥有更强的处理能力、更多的内存和硬盘空间。服务器上的网络操作系统不仅可以管理网络上的数据，还可以管理用户、用户组、安全和应用程序。

服务器是网络的中枢和信息化的核心，具有高性能、高可靠性、高可用性、I/O 吞吐能力强、存储容量大、联网和网络管理能力强等特点。

服务器可以适应各种不同功能、不同环境，分类标准也多样化，按应用层次进行划分，可分为入门级、工作组级、部门级、企业级；按处理器架构进行划分，可分为 X86/IA64/RISC；按服务器的处理器所采用的指令系统划分，可分为 CISC/RISC/VLIW；按用途进行划分，可分为通用型、专用型；按服务器的机箱架构进行划分，可分为台式服务器（如图 6.15 所示）、机架式服务器（如图 6.16 所示）、机柜式服务器、刀片式服务器等等。

图 6.15　台式服务器

图 6.16　机架式服务器

(2)中继器

中继器（如图 6.17 所示）是局域网互联的最简单设备，它工作在 OSI 体系结构的物理层，用于接收并识别网络信号，然后再生信号并将其发送到网络的其他分支上。要保证中继器能够正确工作，首先要保证每一个分支中的数据包和逻辑链路协议是相同的。例如，在 802.3 以太局域网和 802.5 令牌环局域网之间，中继器是无法使它们通信的。但是，中继器可以用来连接不同的物理介质，并在各种物理介质中传输数据包。某些多端口的中继器很像多端口的集线器，它可以连接不同类型的介质。中继器是扩展网络最廉价的方法。当扩展网络的目的是要突破距离和结点的限制，并且连接的网络分支都不会产生太多的数据流量，成本又不能太高时，就可以考虑选择中继器。采用中继器连接网络分支的数目要受具体网络体系结构的限制。中继器没有隔离和过滤功能，它不能阻挡含有异常的数据包从一个分支传到另一个分支。这意味着一个分支出现故障可能影响到其他每一个网络分支。

图 6.17　中继器

(3)集线器

集线器(如图 6.18 所示)是指将多条以太网双绞线或光纤集合连接在同一段物理介质下的设备。Hub 是“中心”的意思，集线器的主要功能是对接收到的信号进行再生整形放大，以扩大网络的传输距离，同时把所有节点集中在以它为中心的节点上。它工作于 OSI 参考模型第一层，即物理层。集线器与网卡、网线等传输介质一样，属于局域网中的基础设备，采用 CSMA/CD(一种检测协议)介质访问控制机制。

图 6.18　集线器

(4)网桥

网桥(如图 6.19 所示)工作于 OSI 体系的数据链路层。所以 OSI 模型数据链路层以上各层的信息对网桥来说是毫无作用的。所以协议的理解依赖于各自的计算机。网桥包含了中继器的功能和特性,不仅可以连接多种介质,还能连接不同的物理分支,如以太网和令牌网,能将数据包在更大的范围内传送。网桥的典型应用是将局域网分段成子网,从而降低数据传输的瓶颈,这样的网桥叫"本地"桥。用于广域网上的网桥叫作"远地"桥。两种类型的桥执行同样的功能,只是所用的网络接口不同。生活中的交换机就是网桥。

图 6.19　网桥

(5)路由器

路由器工作在 OSI 体系结构中的网络层,这意味着它可以在多个网络上交换和路由数据包。路由器通过在相对独立的网络中交换具体协议的信息来实现这个目标。比起网桥,路由器不但能过滤和分隔网络信息流、连接网络分支,还能访问数据包中更多的信息,并且提高数据包的传输效率。路由表包含网络地址、连接信息、路径信息和发送代价等。路由器比网桥慢,主要用于广域网或广域网与局域网的互联。桥由器是网桥和路由器的合并。

如图 6.20 所示为普通路由器,图 6.21 所示为带无线信号发射功能的路由器。

图 6.20　普通路由器

图 6.21　带无线发射功能的路由器

(6)网关

网关(如图 6.22 所示)能把信息重新包装,其目的是适应目标环境的要求。网关能互联异类的网络,它从一个环境中读取数据,剥去数据的老协议,然后用目标网络的协议进行重新包装。网关的一个较为常见的用途是在局域网的微机和小型机或大型机之间做翻译。网关的典型应用是网络专用服务器。

图 6.22 网关

(7)防火墙

在网络设备中,防火墙(如图 6.23 所示)是指硬件防火墙。硬件防火墙是指把防火墙程序做到芯片里面,由硬件执行这些功能的设备,这样能减少 CPU 的负担,使路由更稳定。硬件防火墙是保障内部网络安全的一道重要屏障,它的安全和稳定直接关系到整个内部网络的安全。因此,日常例行的检查对于保证硬件防火墙的安全是非常重要的。

系统中存在的很多隐患和故障在暴发前都会出现这样或那样的苗头,例行检查的任务就是要发现这些安全隐患,并尽可能将问题定位,以方便问题的解决。

图 6.23 防火墙

(8)交换机

交换器(如图 6.24 所示)是一个扩大网络的设备,它能在子网中提供更多的连接端口,以便连接更多的电脑。它具有性能价格比高、高度灵活、相对简单、易于实现等特点。

交换机的主要功能包括物理编址、网络拓扑结构、错误校验、帧序列以及流控。目前交换机还具备了一些新的功能,如对 VLAN(虚拟局域网)的支持、对链路汇聚的支持,有的甚至还具有防火墙的功能。

交换机除了能够连接同种类型的网络之外,还可以在不同类型的网络(如以太网和快速以太网)之间起到互联作用。如今许多交换机都能够提供支持快速以太网或 FDDI 等的高速连接端口,用于连接网络中的其他交换机或者为带宽占用量大的关键服务器提供附加带宽。

图 6.24 交换机

(9)网卡

网卡全称网络接口卡(如图 6.25 所示),是计算机或其他网络设备所附带的适配器,用于计算机和网络间的连接。每一种类型的网络接口卡都是分别针对特定类型的网络设计的,例如以太网、令牌网、FDDI 或者无线局域网。网卡根据物理层(第一层)和数据链路层(第二层)的协议标准进行运作。网卡主要定义了与网络线进行连接的物理方式和在网络上传输二进制数据流的组帧方式。它还定义了控制信号，为数据在网络上进行传输提供时间选择的方法。

目前，除了一些对网络有特殊要求的计算机、服务器外，大部分设备的网卡都集成在主板上面，不再作为一个独立设备。

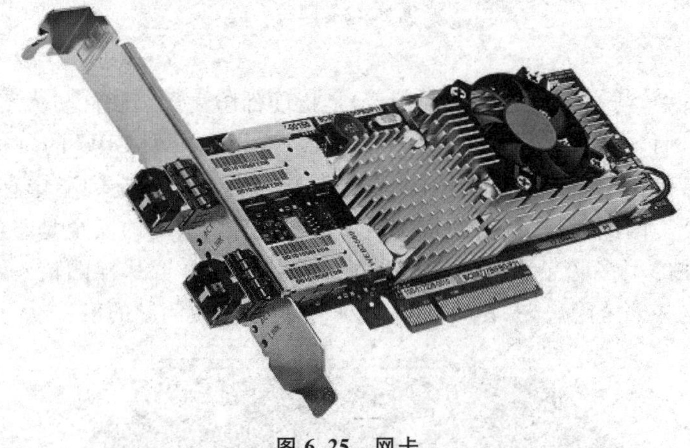

图 6.25 网卡

6.4.6 路由器的设置

随着网络设备价格的下降，以及用户日常对无线网络需求的持续增加，路由器特别是带无线发射功能的路由器已经成为最常用的家用网络连接设备，本节主要介绍如何设置路由器。

(1) 把路由器连接到外网

将外部接入的网络连接到路由器 WAN 口上后，就可以将需要上网的设备连接到路由器 LAN 口上了。插上电之后，路由器正常工作后系统指示灯(SYS 灯或者是小齿轮图标)是闪烁的。线路连好后，路由器的 WAN 口和有线连接电脑的 LAN 口对应的指示灯都会常亮或闪烁，如图 6.26 所示。

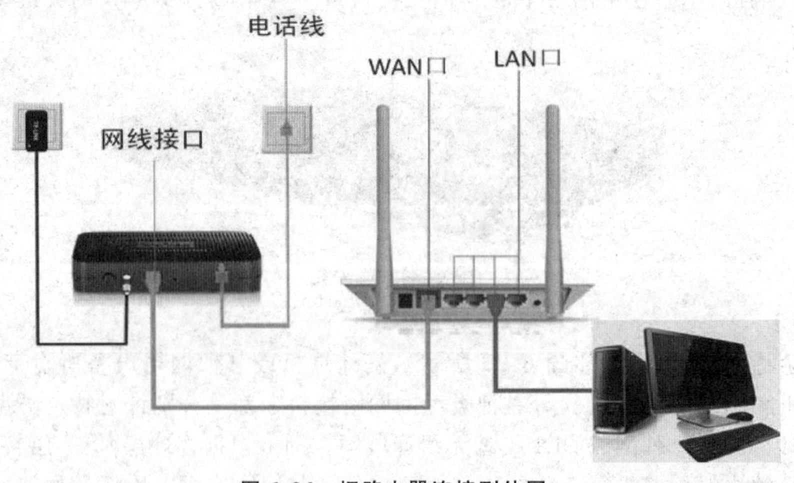

图 6.26 把路由器连接到外网

(2)配置

打开网页浏览器,在地址栏输入 http://192.168.1.1 打开路由器的管理界面,在弹出的登录框中输入路由器的管理账号(用户名:admin;密码:admin)。

如果无法打开路由器的管理界面,请检查输入的 IP 地址是否正确以及是否把“.”输成了中文格式的句号。然后选择“设置向导”,点击“下一步”。如图 6.27 所示。

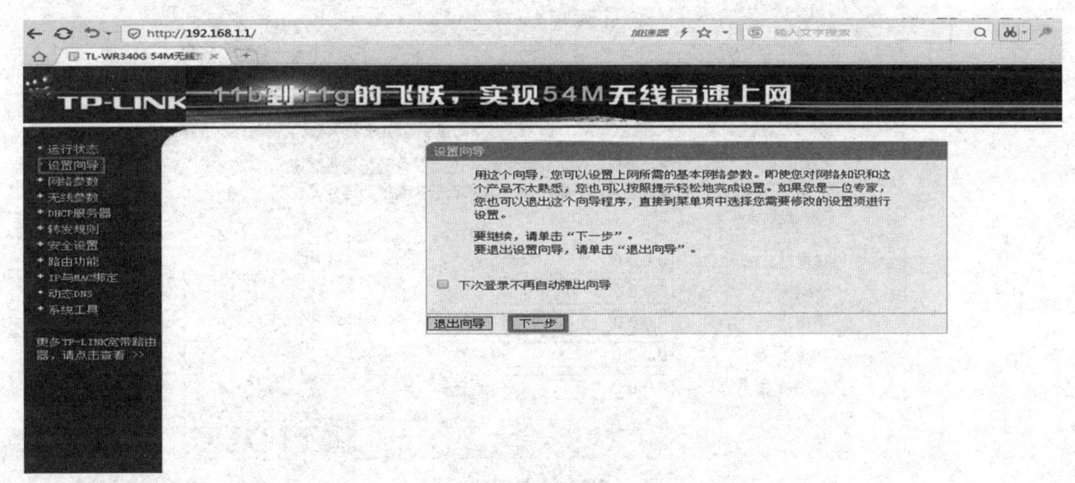

图 6.27　配置

(3)选择上网方式

选择正确的上网方式。常见上网方式有 PPPOE、动态 IP 地址、静态 IP 地址三种,请根据下面的描述选择上网方式。

①PPPOE:拨号上网,单机(以前没使用路由器的时候)使用 Windows 系统自带的宽带连接来拨号,运营商给了一个用户名和密码。这是比较常见的上网方式,ADSL 线路一般都使用该上网方式,如图 6.28 所示。

设置向导

本路由器支持三种常用的上网方式，请您根据自身情况进行选择。

ADSL虚拟拨号（PPPoE）
以太网宽带，自动从网络服务商获取IP地址（动态IP）
以太网宽带，网络服务商提供的固定IP地址（静态IP）

上一步　下一步

设置向导

您申请ADSL虚拟拨号服务时，网络服务商将提供给您上网帐号及口令，请对应填入下框。如您遗忘或不太清楚，请咨询您的网络服务商。

上网账号：
上网口令：

上一步　下一步

图 6.28　PPPOE(拨号上网)

②静态 IP 地址:前端运营商提供了一个固定的 IP 地址和网关、DNS 等参数,在一些

光纤线路上有应用,如图 6.29 所示。

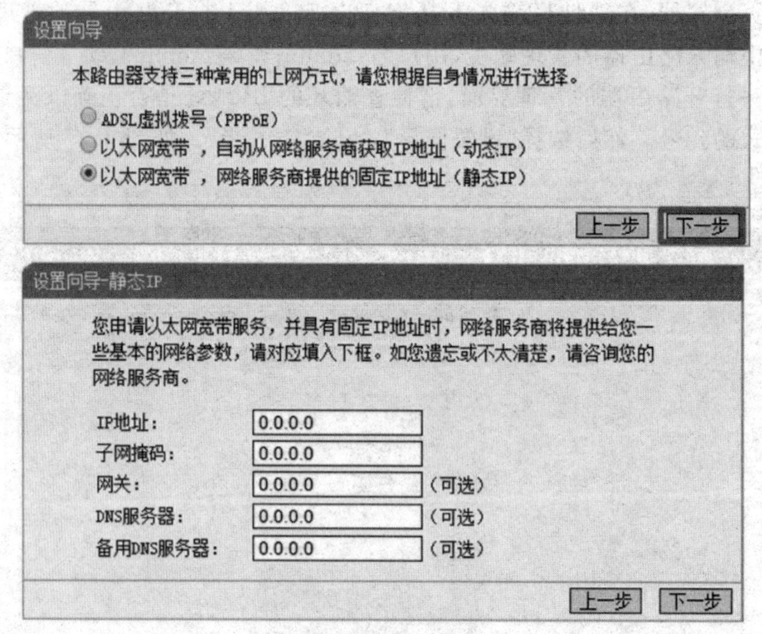

图 6.29　静态 IP 地址

③动态 IP 地址:没用路由器之前,电脑只要连接好线路,不用拨号,也不用设置 IP 地址等就能上网,在小区宽带、校园网等环境中会有应用,如图 6.30 所示。

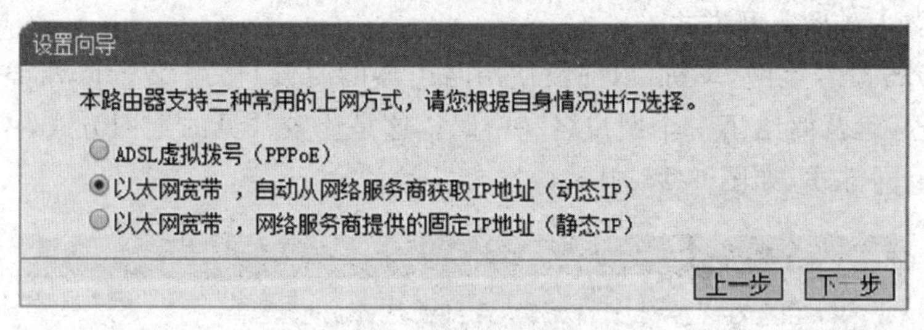

图 6.30　动态 IP 地址

(4)设置无线名称和密码

SSID 即路由器的无线网络名称,可以自行设定,建议使用字母和数字组合的 SSID,如图 6.31 所示。无线密码是连接无线网络时的身份凭证,设置后能保护路由器的无线安全,防止别人蹭网。

无线网络基本设置

本页面设置路由器无线网络的基本参数和安全认证选项。

SSID号：zzzzz
频 段：6
模式：54Mbps (802.11g)

开启无线功能
允许SSID广播

开启Bridge功能
AP1的MAC地址：
AP2的MAC地址：
AP3的MAC地址：
AP4的MAC地址：
AP5的MAC地址：
AP6的MAC地址：
开启安全设置
安全类型：WEP
安全选项：自动选择
密钥格式选择：16 进制
密码长度说明：选择64位密钥需输入16进制数字符10个，或者ASCII码字符5个。选择128位密钥需输入16进制数字符26个，或者ASCII码字符13个。选择152位密钥需输入16进制数字符32个，或者ASCII码字符16个。

密钥选择	密钥内容	密钥类型
密钥 1：	1234567890	64 位
密钥 2：		禁用

图 6.31　设置无线名称和密码

(5) 设置完成

设置完成后重启，如图 6.32 所示。重启后进入管理界面(http://192.168.1.1)，打开运行状态，等待 1—2 分钟，正常情况下此时能看到 WAN 口状态的 IP 地址有了具体的参数而不是“0.0.0.0”，说明此时路由器已经连通互联网了，如图 6.33 所示。

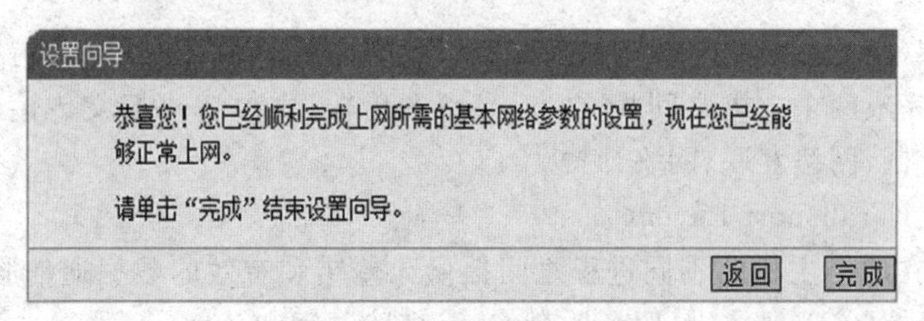

图 6.32　设置完成后重启

WAN口状态

MAC 地址：00-23-CD-34-EC-07
IP地址：100.82.4.242　　PPPoE
子网掩码：255.255.255.255
网关：100.82.4.242
DNS 服务器：218.108.248.245 , 218.108.248.228
上网时间：0 day(s) 05:03:13　断线

图 6.33　连通互联网

这样，路由器的设置就完成了。

6.5 计算机网络体系结构

计算机网络也采用了层次结构的方法，每一层都具有完成某些特定的功能。每一层的功能都是向它的上一层提供一定的服务，并把这种服务实现的细节对上层屏蔽起来。其优点是灵活性强，层与层之间有独立性。

一般将网络中的各层和协议的集合称为网络体系结构。

6.5.1 开放系统互连参考模型(OSI)

开放系统互连参考模型（OSI)是国际标准化组织(ISO)和国际电报电话咨询委员会(CCITT)联合制定的开放系统互连参考模型，为开放式互连信息系统提供了一种功能结构的框架。

OSI参考模型(如图6.34所示)只定义了分层结构中的每一层向其高层所提供的服务，它提供了一个概念化和功能化的结构。ISO/OSI参考模型从下至上定义了物理层、数据链路层、网络层、传输层、会话层、表示层、应用层七层。

OSI各层的主要功能简介：

(1)物理层(Physical Layer)

物理层指完成相邻节点之间原始比特流的传输，可如下四个方面研究：机械特性，连接器形状，DB25；电气特性，正、负逻辑，传输介质、速率、距离等；功能特性，每一根信号线的功能定义；过程特性，完成特定功能时，各信号的工作过程。

(2)数据链路层(Data Link Layer)

数据链路层指完成相邻节点之间数据的可靠传输，主要解决成帧(frame)、差错控制、流量控制。

(3)网络层(Network Layer)

网络层指完成两个主机之间报文(packet)的传输，主要解决报文传输、主机寻址、路由选择、拥塞控制、网络互联、网络计费。

(4)传输层(Transport Layer)

传输层指在两个主机的不同进程之间提供无差错和有效的数据通信服务，主要解决进程寻址、流量控制、差错控制、服务质量QoS、多路复用和分解。

(5)会话层(Session Layer)

会话层指完成用户进程之间的会话管理，主要解决同步、令牌管理。

(6)表示层(Presentation Layer)

表示层指完成数据格式转换、数据加密/解密、数据压缩/解压。

(7)应用层(Application Layer)

应用层指提供访问网络的各种接口和应用层协议。

图6.34 OSI参考模型7层次

6.5.2 TCP/IP参考模型

TCP/IP参考模型是首先由ARPANET所使用的网络体系结构。这个体系结构在它的两个主要协议出现以后被称为TCP/IP参考模型(TCP/IP Reference Model)。这一网络协议共分为四层:网络访问层、互联网层、传输层和应用层。

网络访问层(Network Access Layer)在TCP/IP参考模型中并没有详细描述,只是指出主机必须使用某种协议与网络相连。

互联网层(Internet Layer)是整个体系结构的关键部分,其功能是使主机可以把分组发往任何网络,并使分组独立地传向目标。这些分组可能经由不同的网络,到达的顺序和发送的顺序也可能不同。高层如果需要按顺序收发,那么就必须自行处理对分组的排序。互联网层使用因特网协议(Internet Protocol, IP)。TCP/IP参考模型的互联网层和OSI参考模型的网络层在功能上非常相似。

传输层(Transport Layer)可以使源端和目的端机器上的对等实体进行会话。在这一层定义了两个端到端的协议:传输控制协议(Transmission Control Protocol, TCP)和用户数据报协议(User Datagram Protocol, UDP)。TCP是面向连接的协议,它提供可靠的报文传输和对上层应用的连接服务。为此,除了基本的数据传输外,它还有可靠性保证、流量控制、多路复用、优先权和安全性控制等功能。UDP是面向无连接的不可靠传输的协议,主要用于不需要TCP排序和流量控制等功能的应用程序。

应用层(Application Layer)包含所有的高层协议,包括:虚拟终端协议(Telecommunications Network, TELNET)、文件传输协议(File Transfer Protocol, FTP)、电子邮件传输协议(Simple Mail Transfer Protocol, SMTP)、域名服务(Domain Name Service, DNS)、网上新闻传输协议(Net News Transfer Protocol, NNTP)和超文本传送协议(Hyper Text Transfer Protocol, HTTP)等。TELNET允许一台机器上的用户登录到远程机器上,并进行工作;FTP提供有效地将文件从一台机器上移到另一台机器上的方法;SMTP用于电子邮件的收发;DNS用于把主机名映射到网络地址;NNTP用于新闻的发布、检索和获取;HTTP用于在WWW上获取主页。

6.5.3 两种模型的比较

两种模型的差异很多，其中最明显的差异是两种模型的层数不同，OSI 模型有 7 层，而 TCP/IP 模型只有 4 层。两者都有网络层、传输层和应用层，但其他层是不同的。两者的另外一个差别是有关服务类型方面。OSI 模型的网络层提供面向连接和无连接两种服务，而传输层只提供面向连接服务。TCP/IP 模型在网络层只提供无连接服务，但在传输层却提供两种服务，如图 6.35 所示。

使用 OSI 模型(去掉会话层和表示层)可以很好地了解计算机网络的工作原理和工作过程，但是 OSI 协议并未在实际使用中流行。TCP/IP 模型正好相反，其模型本身实际上并不存在，只是对现存协议的一个归纳和总结，但 TCP/IP 协议却被广泛使用。

OSI 模型			TCP/IP 模型
第七层	应用层	Application	应用层
第六层	表示层	Presentation	
第五层	会话层	Session	
第四层	传输层	Transport	传输层
第三层	网络层	Network	Internet 层
第二层	数据链路层	Data Link	网络访问层
第一层	物理层	Physical	

图 6.35 OSI 模型与 TCP/IP 模型比较

6.6 TCP/IP 协议集

1974 年，在 ARPANET 诞生后的短短五年里，Vinton Cerf 和 Robert Kahn 发明了传输控制协议(TCP，Transmission Control Protocol)，一个设计成相对于底层计算机和网络独立的协议族，在 20 世纪 80 年代初代替了受限的 NCP。由于 TCP 使其他类 ARPANET 的不同种网络相互通信，从而使得 ARPANET 的发展超过了任何人的想象，并逐渐发展为目前普遍使用的 TCP/IP 协议。

由于 TCP/IP 提供了 Internet 所需要的可靠性，因此研究者们和工程师开始在 TCP/IP 族中增加协议和工具。FTP、Telnet 和 SMTP 等协议很早就加入了这个协议族，之后的 TCP/IP 协议还增加了 IMAP、POP 和 HTTP 等协议。

6.6.1 TCP 协议

TCP 是一种面向连接的、可靠的、基于字节流的传输层通信协议。在因特网协议族(Internet protocol suite)中，TCP 层是位于 IP 层之上、应用层之下的中间层。不同主机的应用层之间经常需要可靠的，像管道一样的连接，但是 IP 层不提供这样的流机制，而是提供不可靠的包交换。

应用层向 TCP 层发送用于网间传输的，用 8 位字节表示的数据流，然后 TCP 把数据流分区成适当长度的报文段(通常受该计算机连接的网络的数据链路层的最大传输单元即 MTU 的限制)。之后 TCP 把结果包传给 IP 层，由它来通过网络将包传送给接收端实体的 TCP 层。TCP 为了保证不发生丢包，就给每个包一个序号，同时序号也保证了传送到接收端实体的包按序接收。然后接收端实体对已成功收到的包发回一个相应的确认(ACK)；如果发送端实体在合理的往返延时(RTT)内未收到确认，那么对应的数据包就被假设为已丢失将会被重传。TCP 用一个校验和函数来检验数据是否有错误，在发送和接收时都要计算和校验。

TCP 提供一种面向连接的、可靠的字节流服务。面向连接意味着两个使用 TCP 的应用(通常是一个客户和一个服务器)在彼此交换数据包之前必须先建立一个 TCP 连接。这一过程与打电话很相似，先拨号响铃，等待对方摘机说“喂”，然后才说明自己是谁。在一个 TCP 连接中，仅有两方进行彼此通信。广播和多播均不能用于 TCP。

6.6.2　UDP 协议

UDP 是 User Datagram Protocol 的简称，中文名是用户数据报协议，是 OSI 参考模型中一种无连接的传输层协议，提供面向事务的简单不可靠信息的传送服务，IETF RFC 768 是 UDP 的正式规范。UDP 在 IP 报文的协议号是 17。

UDP 协议的全称是用户数据报协议，在网络中它与 TCP 协议一样用于处理数据包，是一种无连接的协议。在 OSI 模型中，位于第四层——传输层，处于 IP 协议的上一层。UDP 有不提供数据包分组、组装和不能对数据包进行排序的缺点，也就是说，当报文发送之后，是无法得知其是否安全、完整到达的。UDP 用来支持那些需要在计算机之间传输数据的网络应用。包括网络视频会议系统在内的众多客户/服务器模式的网络应用都需要使用 UDP 协议。UDP 协议从问世至今已经被使用了很多年，虽然其最初的光彩已经被一些类似的协议所掩盖，但即使是在今天 UDP 仍然不失为一项非常实用和可行的网络传输层协议。

UDP 报头由 4 个域组成，即源端口号、目标端口号、数据报长度和校验值。其中每个域各占用 2 个字节，具体如图 6.36 所示。

16位源端口号	16位目的端口号
16位UDP长度	16位UDP检验值
数据	

图 6.36　UDP 报头

UDP 协议使用端口号为不同的应用保留其各自的数据传输通道。UDP 和 TCP 协议正是采用这一机制实现对同一时刻内多项应用同时发送和接收数据的支持。

6.6.3 FTP 协议

FTP 是 TCP/IP 网络上两台计算机传送文件的协议，也是在 TCP/IP 网络和 INTERNET 上最早使用的协议之一。尽管 World Wide Web(WWW)已经替代了 FTP 的大多数功能，FTP 仍然是通过 Internet 把文件从客户机复制到服务器上的一种途径。FTP 客户机可以通过给服务器发出命令来下载文件，上传文件，创建或改变服务器上的目录。原来的 FTP 软件多是命令型操作，有了像 CUTEFTP 这样的图形界面软件，使用 FTP 传输变得方便易学。我们主要是可以利用它进行“上载”，即向服务器传输文件。由于 FTP 协议的传输速度比较快，我们在制作诸如“软件下载”这类网站时喜欢用 FTP 来实现，同时我们这种服务面向大众，不需要身份认证，即“匿名 FTP 服务器”。

FTP 是应用层的协议，它基于传输层，为用户服务，负责进行文件的传输。FTP 是一个 8 位的客户端—服务器协议，能操作任何类型的文件而不需要进一步处理，就像 MIME 或 Unicode 一样。但是，FTP 有着极高的延时，这意味着，从开始请求到第一次接收需求数据之间的时间会非常长，并且必须不时地执行一些冗长的登录进程。

6.6.4 Telnet 协议

Telnet 主要用于 Internet 会话。它的基本功能是允许用户登录进入远程主机系统。起初，它只是让用户的本地计算机与远程计算机连接，从而成为远程主机的一个终端。它的一些较新的版本在本地执行更多的处理，于是可以提供更好的响应，并且减少了通过链路发送到远程主机的信息数量。

6.6.5 Email 相关协议

(1)SMTP 协议

电子邮件协议 SMTP 是 Simple Mail Transfer Protocol 的简称，即简单邮件传输协议。它是一组用于从源地址到目的地址传输邮件的规范，通过它来控制邮件的中转方式。SMTP 协议属于 TCP/IP 协议簇，它帮助每台计算机在发送或中转信件时找到下一个目的地。SMTP 服务器就是遵循 SMTP 协议的发送邮件服务器。SMTP 认证，简单地说就是要求用户必须在提供账户名和密码之后才可以登录 SMTP 服务器，这就使得那些垃圾邮件的散播者无可乘之机。增加 SMTP 认证的目的是使用户避免受到垃圾邮件的侵扰。

(2)POP 协议

POP 邮局协议负责从邮件服务器中检索电子邮件。它要求邮件服务器完成下面几种任务之一：从邮件服务器中检索邮件并从服务器中删除这个邮件；从邮件服务器中检索邮件但不删除它；不检索邮件，只是询问是否有新邮件到达。POP 协议支持多用户互联网邮件扩展，后者允许用户在电子邮件上附带二进制文件，如文字处理文件和电子表格文件等，实际上这样就可以传输任何格式的文件了，包括图片和声音文件等。在用户阅读邮件时，POP 命令所有的邮件信息立即下载到用户的计算机上，不在服务器上保留。

(3)IMAP协议

互联网信息访问协议(IMAP)是一种优于POP的新协议。和POP一样,IMAP也能下载邮件、从服务器中删除邮件或询问是否有新邮件,但IMAP克服了POP的一些缺点。例如,它可以决定客户机请求邮件服务器提交所收到邮件的方式,请求邮件服务器只下载所选中的邮件而不是全部邮件。客户机可先阅读邮件信息的标题和发送者的名字再决定是否下载这个邮件。通过用户的客户机电子邮件程序,IMAP可让用户在服务器上创建并管理邮件文件夹或邮箱、删除邮件、查询某封信的一部分或全部内容,完成所有这些工作时都不需要把邮件从服务器下载到用户的个人计算机上。

6.6.6 IP协议

IP协议的作用是在源地址和目的地址之间传数据包,它还提供对数据大小的重新组装功能,以适应不同网络对数据包大小的要求。

IP实现了两个基本功能:寻址和分段。IP可以根据数据报报头中包括的目的地址将数据报传送到目的地址,在此过程中IP负责选择传送的道路,这种选择道路称为路由功能。如果有些网络内只能传送小数据报,IP可以将数据报重新组装并在报头域内注明。IP模块中包括这些基本功能,这些模块存在于网络中的每台主机和网关上,而且这些模块(特别在网关上)有路由选择和其他服务功能。对IP来说,数据报之间没有什么联系,没有连接或逻辑链路可言。

IP不提供可靠的传输服务,它不提供端到端的或(路由)结点到(路由)结点的确认,对数据没有差错控制,只使用报头的校验码,不提供重发和流量控制。

6.7 IP地址

IP地址是指互联网协议地址(Internet Protocol Address),又译为网际协议地址,是IP Address的缩写。IP地址是IP协议提供的一种统一的地址格式,它为互联网上的每一个网络和每一台主机分配一个逻辑地址,以此来屏蔽物理地址的差异。目前还有些IP代理软件,但大部分是收费的。

6.7.1 IP地址的表示方法

IP地址=网络号+主机号

如果把整个Internet网作为一个单一的网络,IP地址就是给每个连到Internet网的主机分配一个全世界范围内唯一的标示符。Internet管理委员会定义了A、B、C、D、E五类地址,在每类地址中,还规定了网络编号和主机编号。在TCP/IP协议中,IP地址是以二进制数字形式出现的,共32bit,其中1bit就是二进制中的1位,但这种形式非常不适用于个人阅读和记忆。因此Internet管理委员会决定采用一种“点分十进制表示法”表示IP地址:面向用户的文档中,由四段构成的32bit的IP地址被直观地表示为四个以圆点隔开的十进制整数,其中,每一个整数对应一个字节(8个bit为一个字节称为一段)。A、B、C类最常用,下面将加以介绍,如图6.37所示。本书介绍的都是第四版本的IP地址,称为 IPv4。

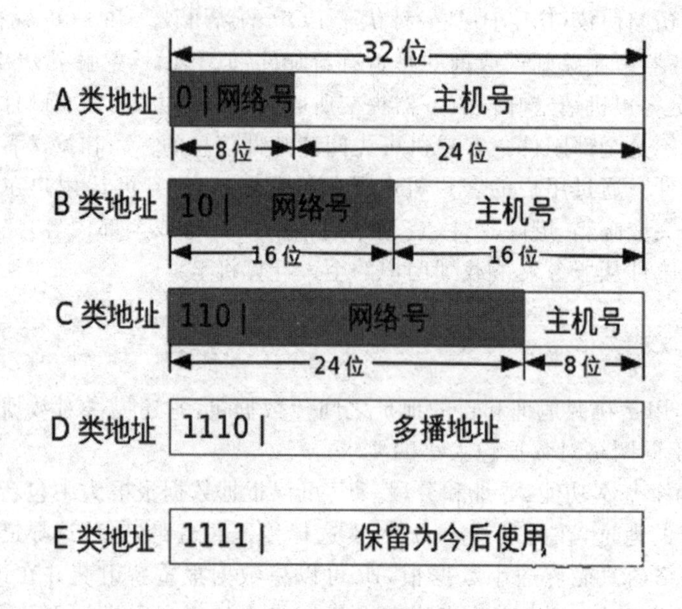

图 6.37　IP 地址分类

从图 6.37 可以看出：

①A 类地址的网络标识由第 1 组 8 位二进制数表示，A 类地址的特点是网络标识的第一位二进制数取值必须为 0。不难算出，A 类地址第一个地址为 00000001，最后一个地址是 01111111，换算成十进制就是 127，其中 127 留作保留地址。A 类地址的第一段范围是 1～126，A 类地址允许有 127－2＝126 个网段（减 2 是因为 0 不用，127 留作他用）。网络中的主机标识占 3 组 8 位二进制数，每个网络允许有 224－2＝16777216 台主机（减 2 是因为全 0 地址为网络地址，全 1 为广播地址，这两个地址一般不分配给主机，通常分配给拥有大量主机的网络。）

②B 类地址的网络标识由前两组 8 位二进制数表示，网络中的主机标识占 2 组 8 位二进制数，B 类地址的特点是网络标识的前两位二进制数取值必须为 10。B 类地址第一个地址为 10000000，最后一个地址是 10111111，换算成十进制 B 类地址第一段范围就是 128～191。B 类地址允许有 214＝16384 个网段，网络中的主机标识占 2 组 8 位二进制数，每个网络允许有 216－2＝65533 台主机，适用于结点比较多的网络。

③C 类地址的网络标识由前 3 组 8 位二进制数表示，网络中主机标识占 1 组 8 位二进制数，C 类地址的特点是网络标识的前 3 位二进制数取值必须为 110。C 类地址第一个地址为 11000000，最后一个地址是 11011111，换算成十进制 C 类地址第一段范围就是 192～223。C 类地址允许有 221＝2097152 个网段，网络中的主机标识占 1 组 8 位二进制数，每个网络允许有 28－2＝254 台主机，适用于结点比较少的网络。

有些人对范围是 2x 不太理解，下面举个简单的例子加以说明。如 C 类网，每个网络允许有 28－2＝254 台主机是这样来的。因为 C 类网的主机位是 8 位，变化如下：

00000000

00000001

00000010

00000011

……

11111110

11111111

除去00000000和11111111不用外，从00000001到11111110共有254个变化，也就是28－2个。如图6.38所示即是IP地址的使用范围。

网络类别	最大网络数	第一个可用的网络号	最后一个可用的网络号	每个网络中的最大主机数
A	126 (2^7-2)	1	126	16777214
B	16384 (2^{14})	128.0	191.255	65534
C	2097152 (2^{21})	192.0.0	223.255.255	254

图6.38　IP地址的使用范围

6.7.2　特殊IP地址

(1)私有地址

上文提到IP地址在全世界范围内是唯一的，但是像192.168.0.1这样的地址在许多地方都能看到，并不唯一，这是为何？Internet管理委员会规定如下地址段为私有地址，私有地址可以自己组网时用，但不能在Internet网上用，Internet网没有这些地址的路由，有这些地址的计算机要上网必须转换成为合法的IP地址，也称为公网地址。这就像有很多世界公园，每个公园内都可命名相同的大街，如香榭丽舍大街，但对外我们只能看到公园的地址和真正的香榭丽舍大街。下面是A、B、C类网络中的私有地址段，自己组网时就可以用这些地址了。

A类地址：10.0.0.0～10.255.255.255

B类地址：172.16.0.0～172.131.255.255

C类地址：192.168.0.0～192.168.255.255

(2)回送地址

A类网络地址127是一个保留地址，用于网络软件测试以及本地机进程间通信，叫作回送地址(loopback address)。无论什么程序，一旦使用回送地址发送数据，协议软件将立即将其返回，不进行任何网络传输。含网络号127的分组不能出现在任何网络上。

(3)广播地址

TCP/IP规定，主机号全为“1”的网络地址用于广播，叫作广播地址。所谓广播，指同时向同一子网所有主机发送报文。

(4)网络地址

TCP/IP协议规定，各位全为“0”的网络号被解释成“本”网络。由上可以看出：含网络号127的分组不能出现在任何网络上；主机和网关不能为该地址广播任何寻径信息。

由以上规定可以看出，主机号全 0 和全 1 的地址在 TCP/IP 协议中有特殊含义，一般不能用作一台主机的有效地址。

6.7.3 子网掩码

子网掩码就是和 IP 地址与运算后得出的网络地址。子网掩码也是 32 位，并且是一串 1 后跟随一串 0 组成，其中 1 表示在 IP 地址中的网络号对应的位数，而 0 表示在 IP 地址中主机对应的位数。具体如图 6.39 所示。

(1)标准子网掩码

A 类网络(1～126)缺省子网掩码:255・0・0・0。

255・0・0・0 换算成二进制为 11111111・00000000・00000000・00000000。

可以清楚地看出前 8 位是网络地址，后 24 位是主机地址，也就是说，如果用的是标准子网掩码，看第一段地址即可看出是不是同一网络的。如 21.0.0.0.1 和 21.240.230.1，第一段为 21 属于 A 类，如果用的是默认的子网掩码，那这两个地址就是一个网段的。

B 类网络(128～191)缺省子网掩码:255・255・0・0。

C 类网络(192～223)缺省子网掩码:255・255・255・0。

B 类、C 类分析同上。

(2) 特殊的子网掩码

标准子网掩码出现的都是 255 和 0 的组合，在实际的应用中还有下例子网掩码：

255・128・0・0
255・192・0・0
……
255・255・192・0
255・255・240・0
……
255・255・255・248
255・255・255・252

这些子网掩码的出现是为了把一个网络划分成多个网络。如下所示，192・168・0・1 和 192・168・0・200，如果是默认掩码 255・255・255・0，那么两个地址就是一个网络的，如果掩码变为 255・255・255・192，这样各地址就不属于一个网络了。

当子网掩码为 255・255・255・0 时，通过下式计算网络地址为 192・168・0・0。

192・168・0・1	11000000・10101000・00000000・00000001
192・168・0・200	11000000・10101000・00000000・11001000
255・255・255・0	11111111・11111111・11111111・00000000

当子网掩码为 255・255・255・192 时，通过下式计算网络地址为 192.168.0.192。

192・168・0・1	11000000・10101000・00000000・00000001
192・168・0・200	11000000・10101000・00000000・11001000
255・255・255・192	11111111・11111111・11111111・11000000

用于子网掩码换算的十进制和二进制对照								
十进制	128	64	32	16	8	4	2	1
二进制	100000000	01000000	00100000	00010000	00001000	000000100	00000010	00000001
常用的子网掩码的十进制和二进制对照								
十进制	128	192	224	240	248	252	254	255
二进制	10000000	11000000	11100000	11110000	11111000	11111100	11111110	11111111

图 6.39　子网掩码十进制与二进制对照

6.8　域名系统

Internet 中可以用各种方式来命名计算机。为了避免重名，Internet 管理机构采取了在主机名后加上后缀名的方法，这个后缀名称为域名(domain)，用来标识主机的区域位置。

这样，在 Internet 网上的主机就可以用“主机名．域名”的方式进行唯一标识。

域名系统只有通过域名服务器(DNS)的解析服务转换为实际的 IP 地址，才能实现最终的访问。

DNS 是一个分布式的域名服务系统，分为根服务器、顶级域名服务器和应用域名服务器。

根服务器负责找到相应的顶级域名服务器。“. com”“. net”“. org”这些顶级域名服务器由 ICANN 管理并维护；各国家代码域名服务器由各个国家自行管理；所有人可以建立自己的域名服务器，也可将域名的解析工作放在其他应用域名服务器上进行。DNS 的工作流程如图 6.40 所示。

6.8.1　域名的结构

完整的域名由两个或两个以上部分组成，各个部分之间用英文句点“. ”分隔。

在完整的域名中，最右一个“. ”的右边部分称为顶级域名或 1 级域名(TLD，Top Level Domain)；最右一个“. ”的左边部分称为 2 级域名(SLD，Second Level Domain)；2 级域名的左边部分称为 3 级域名；3 级域名的左边部分称为 4 级域名。依此类推，每一级域名控制它下一级的域名分配。

6.8.2　顶级域名(TLD)

顶级域名由 ICANN(The Internet Corporation for Assigned Names and Numbers，互联网络名字与编号分配机构)批准设立，由若干个英文字母构成。目前，顶级域名分为两类。

(1)通用顶级域名

通用顶级域名共 7 个，其中下列 3 个通用顶级域名向所有用户开放：

COM——最初设计为用于商业机构，由 Verisign 负责运营。

NET——最初设计为用于网络服务机构，由 Verisign 负责运营。

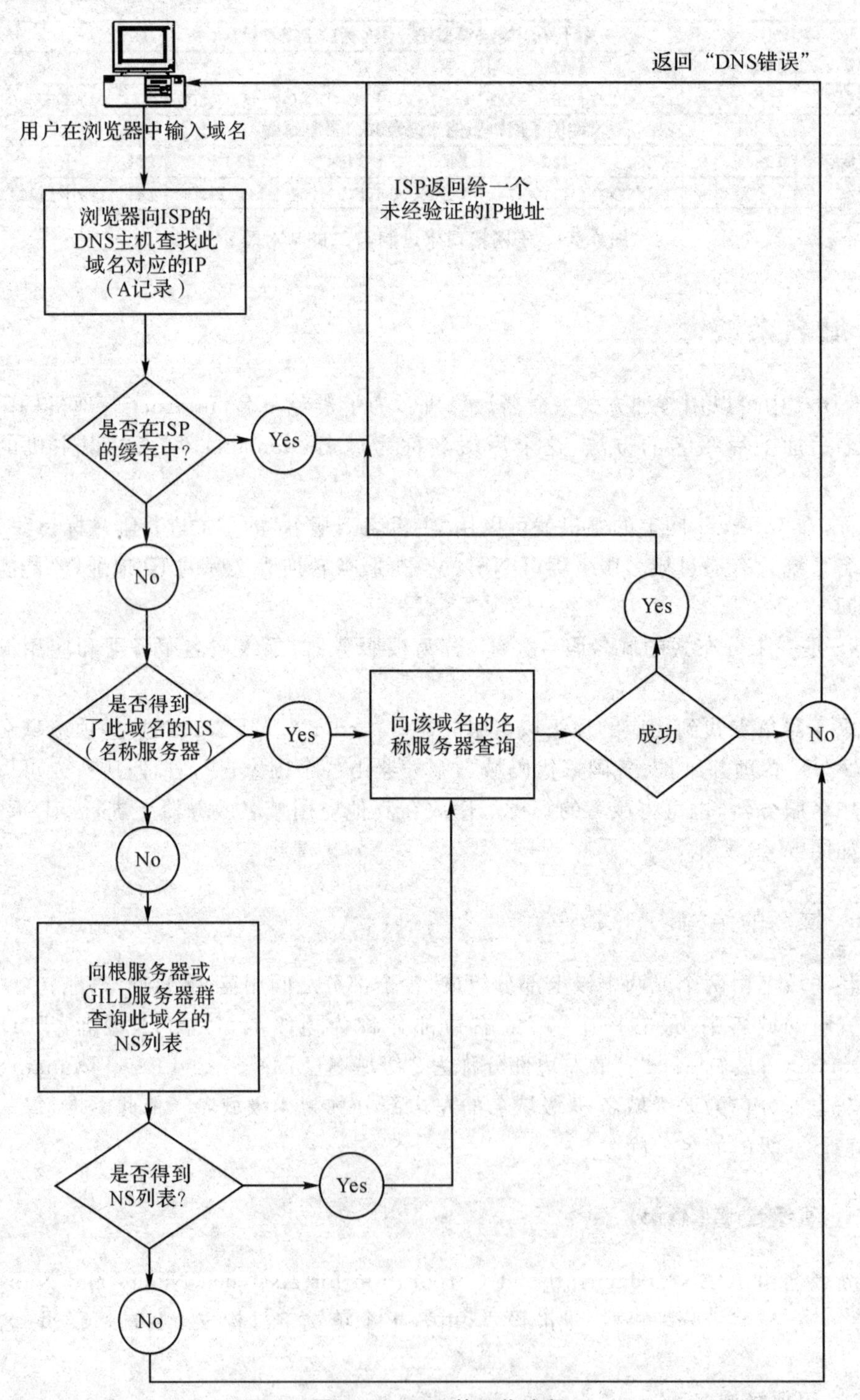

图 6.40　DNS 的工作流程

ORG——最初设计为用于非营利组织，由 Verisign 负责运营。

出于历史原因，下列通用顶级域名仅限美国的组织专用：

INT——用于国际机构。

EDU——用于教育机构。

GOV——用于美国政府机构。

MIL——用于美国军事机构。

由于 Internet 的飞速发展，通用顶级域名下可注册的 2 级域名越来越少。2000 年 11 月 15 日，ICANN 董事会批准增加下列 7 个顶级域名：

“. info”——可以替代“. com”的通用顶级域名，适用于提供信息服务的企业。

“. biz”——可以替代“. com”的通用顶级域名，适用于商业公司。

“. name”——适用于个人的通用顶级域名。

“. pro”—— 适用于医生、律师、会计师等专用人员的通用顶级域名。

“. coop”——适用于商业合作社的专用顶级域名。

“. aero”——适用于航空运输业的专用顶级域名。

“. museum”——适用于博物馆的专用顶级域名。

(2)国家与地区代码顶级域名

目前有 240 多个国家与地区的代码顶级域名（ccTLD，Country Code Top Level Domain，)，用 2 个字母缩写来表示。

例如 cn 代表中国，uk 代表英国，hk 代表中国香港地区，sg 代表新加坡。具体如图 6.41 所示。

域名	国家或地区	全称
Au	澳大利亚	Australia
Ca	加拿大	Canada
Ch	瑞士	Switzerland "Confoederatio Hlvetia"
Cn	中国	China
De	德国	Germany "Deutschland"
Es	西班牙	Spain "Espana"
Fr	法国	France
Hk	香港	Hong Kong
Jp	日本	Japan
Tw	台湾	Taiwan
Uk	英国	United Kingdom
Us	美国	United States

图 6.41　国家与地区代码顶级域名

中国原来的域名注册政策是，公众组织和企业只能在 cn 顶级域名下属的通用 2 级域名“com. cn”“net. cn”“org. cn”及地区 2 级域名如“bj. cn”(北京)、“sh. cn”(上海)、“zj. cn”(浙江)等下注册 3 级域名。自 2003 年 3 月 17 日起，中国的域名注册政策进行了改革，公众组织和企业可以直接在 cn 域下注册 2 级域名，如“10086. cn”“boc. cn”“sina. cn”。

6.8.3　2 级域名(SLD)

在完整的域名中，最右一个“.”的左边部分称为 2 级域名，命名规则由相对应的顶级域名管理机构制定，并由相应的机构来管理。

例如，域名“yahoo. com”中，2 级域名 yahoo 列在“. com”顶级域数据库中。

“. com/. net/. org”顶级域下的 2 级域名数据库均由 ICANN 委托 Verisign 公司负责管理和维护，通过 ICANN 认证的注册商可以注册“. com/. net/. org”下的 2 级域名。

6. 8. 4 3 级域名

在完整的域名中，2 级域名的左边部分称为 3 级域名，由相应的 2 级域名所有人来管理。由于世界各国各顶级域的下级域名注册和管理政策并不一致，因此，这个管理者可以是专门的域名管理机构，也可以是公司或个人。

6. 9 常用网络命令

网络命令是一组 DOS 命令，在 Windows 系统下，可以模拟 DOS 环境，从而使用 DOS 命令达到某些功能。

要使用网络命令，就要点击“开始”菜单中的“运行”命令，在弹出的“运行”对话框中输入“cmd”，跳出命令框，这也是模拟 DOS 环境。如图 6. 42 和图 6. 43 所示。

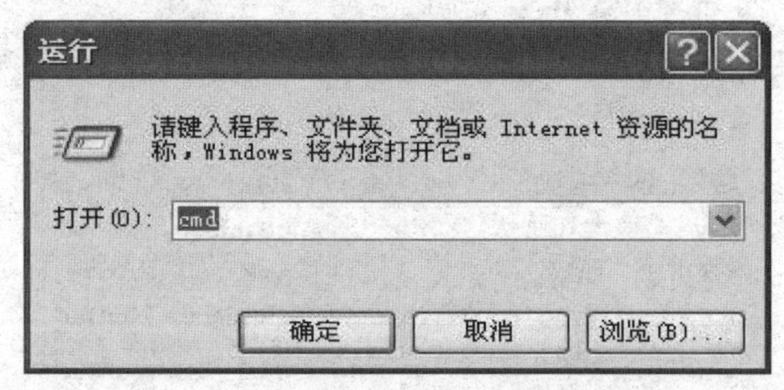

图 6. 42 “运行”对话框

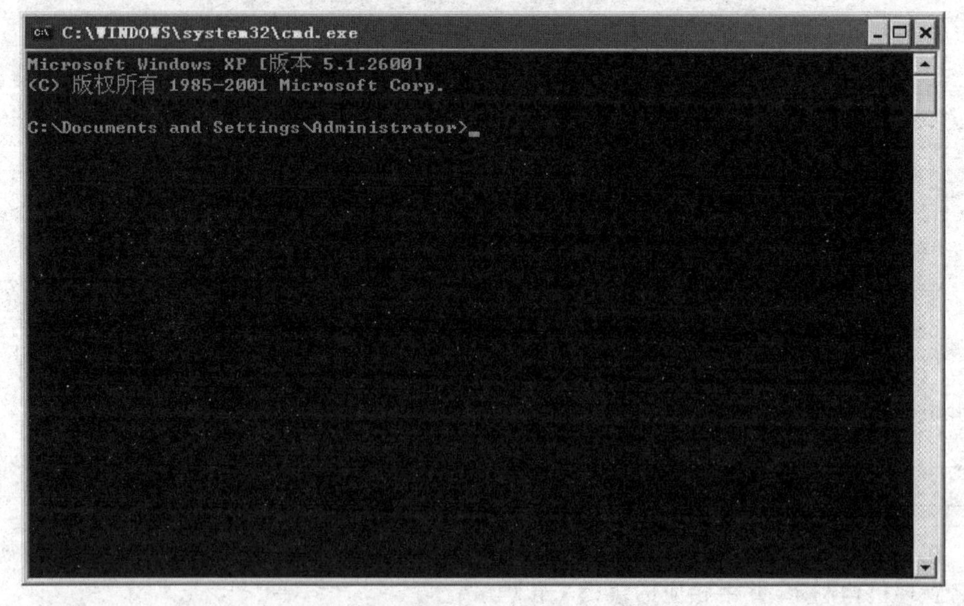

图 6. 43 输入“cmd”，跳出命令框

6.9.1 Ping 命令

Ping是个使用频率极高的实用程序，用于确定本地主机是否能与另一台主机交换（发送与接收）数据包。根据返回的信息，我们就可以推断TCP/IP参数是否设置正确以及运行是否正常。

(1)通过Ping检测网络故障的典型次序

正常情况下，使用Ping命令来查找问题所在或检验网络运行情况时，我们需要使用许多Ping命令，如果所有都运行正确，我们就可以相信基本的连通性和配置参数没有问题；如果某些Ping命令出现运行故障，它也可以指明到何处去查找问题。下面就给出一个典型的检测次序及对应的可能故障：

```
ping 127.0.0.1
```

这个Ping命令被送到本地计算机的IP软件，该命令永不退出该计算机。如果没有做到这一点，就表示TCP/IP的安装或运行存在某些最基本的问题。如图6.44所示。

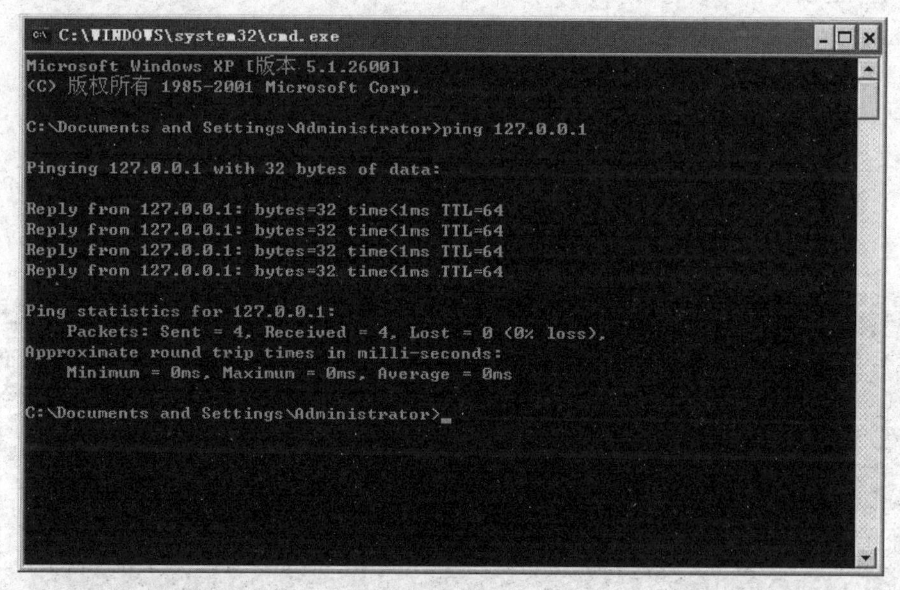

图6.44　Ping命令

①Ping本机IP：

这个命令被送到我们计算机所配置的IP地址，我们的计算机始终都应该对该Ping命令做出应答，如果没有，则表示本地配置或安装存在问题。出现此问题时，局域网用户应断开网络电缆，然后重新发送该命令。如果网线断开后本命令正确，则表示另一台计算机可能配置了相同的IP地址。

②Ping局域网内其他IP：

这个命令应该离开我们的计算机，经过网卡及网络电缆到达其他计算机，再返回。收到回送应答表明本地网络中的网卡和载体运行正确。但如果收到0个回送应答，那么表示子网掩码（进行子网分割时，将IP地址的网络部分与主机部分分开的代码）不正确或网卡配置错误或电缆系统有问题。

③Ping 网关 IP：

这个命令如果应答正确，表示局域网中的网关路由器正在运行并能够做出应答。

④Ping 远程 IP：

如果收到 4 个应答，表示成功地使用了缺省网关，对于拨号上网用户则表示能够成功地访问 Internet(但不排除 ISP 的 DNS 会有问题)。

⑤Ping localhost：

localhost 是系统的网络保留名，它是 127.0.0.1 的别名，每台计算机都应该能够将该名字转换成该地址。如果没有做到这一点，则表示主机文件(/Windows/host)中存在问题。

⑥Ping www.xxx.com(如 www.163.com)：

对这个域名执行 ping www.xxx.com 地址，通常是通过 DNS 服务器，如果这里出现故障，则表示 DNS 服务器的 IP 地址配置不正确或 DNS 服务器有故障。我们也可以利用该命令实现域名对 IP 地址的转换功能。

(2)Ping 命令的参数(如图 6.45 所示)

Ping 命令的具体语法格式：ping 目的地址[参数 1][参数 2]……

其中目的地址是指被测试计算机的 IP 地址或域名，主要参数如下：

－a：解析主机地址。

－n：数据，发出的测试包的个数，缺省值为 4。

－l：数值，所发送缓冲区的大小。

－t：继续执行 Ping 命令，直到用户按 Ctrl/C 终止。

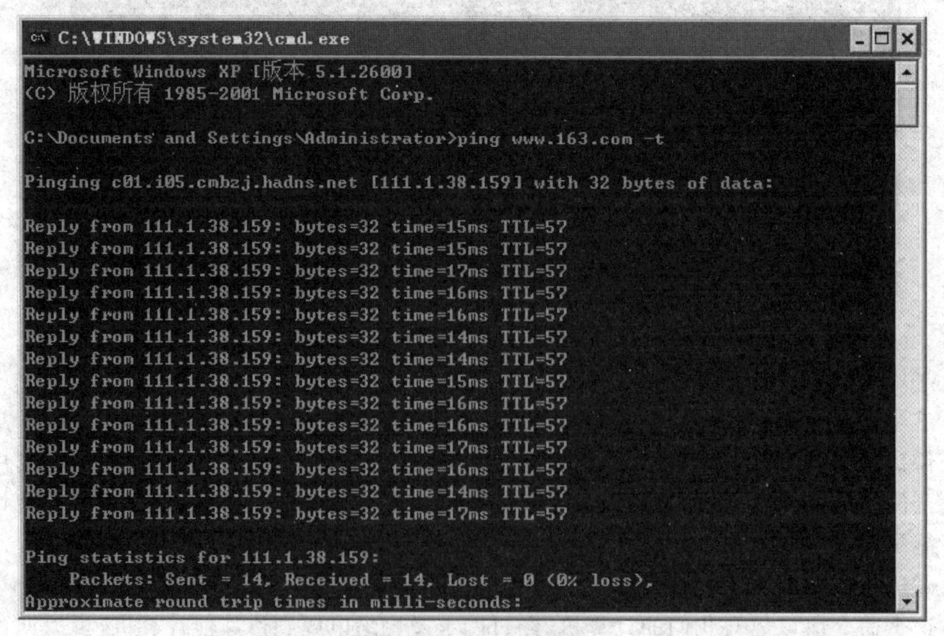

图 6.45 Ping 命令的参数

6.9.2 Netstat 命令

Netstat 用于显示与 IP、TCP、UDP 和 ICMP 协议相关的统计数据，一般用于检验本机各端口的网络连接情况。

Netstat 的一些常用选项如下：

－s：本参数能够按照各个协议分别显示其统计数据。

－e：本参数用于显示关于以太网的统计数据。它列出的项目包括传送的数据包的总字节数、错误数、删除数、数据包的数量和广播的数量。

－r：本选项可以显示关于路由表的信息，类似于后面所讲的使用 route print 命令时看到的信息。除了显示有效路由外，还显示当前有效的连接。

－a：本选项显示一个所有的有效连接信息列表，包括已建立的连接，也包括监听连接请求的那些连接。

－n：显示所有已建立的有效连接。

6.9.3 IPConfig 命令

通过 IPConfig 命令可以看到计算机是否成功得到一个 IP 地址，如果得到则可以知道目前分配的是什么地址，并了解计算机当前的 IP 地址、子网掩码和网关等信息。如图 6.46 所示。

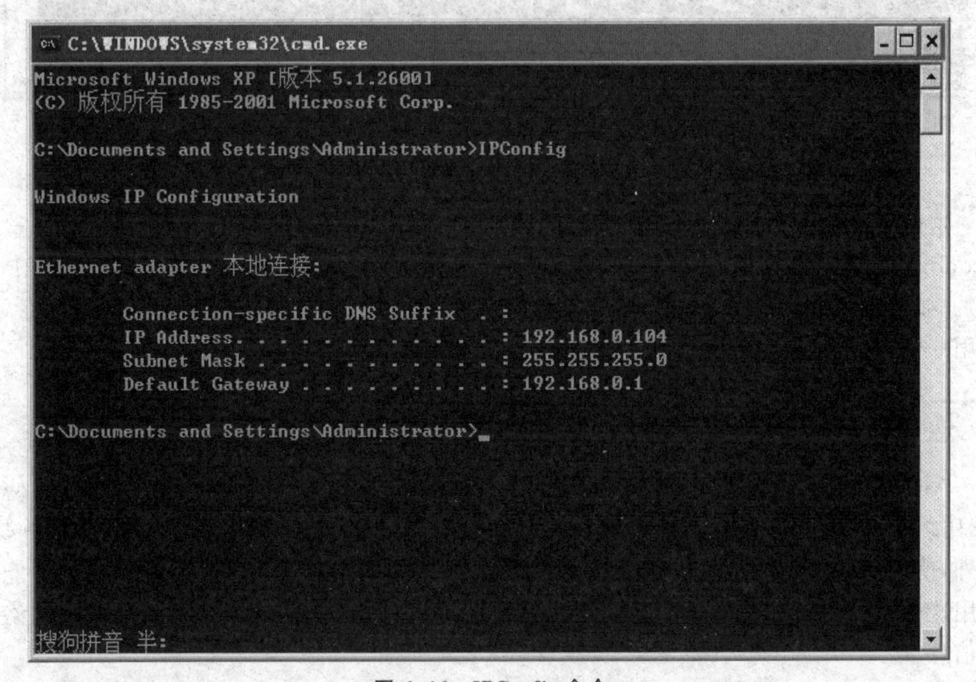

图 6.46　IPConfig 命令

IPConfig 的常用参数如下：

/all

当使用 all 参数时，IPConfig 能为 DNS 和 WINS 服务器显示它已配置且所要使用的附加信息（如 IP 地址等），并且显示内置于本地网卡中的物理地址（MAC）。如果 IP 地址是从 DHCP 服务器租用的，IPConfig 将显示 DHCP 服务器的 IP 地址和租用地址预计失效的日期。如图 6.47 所示。

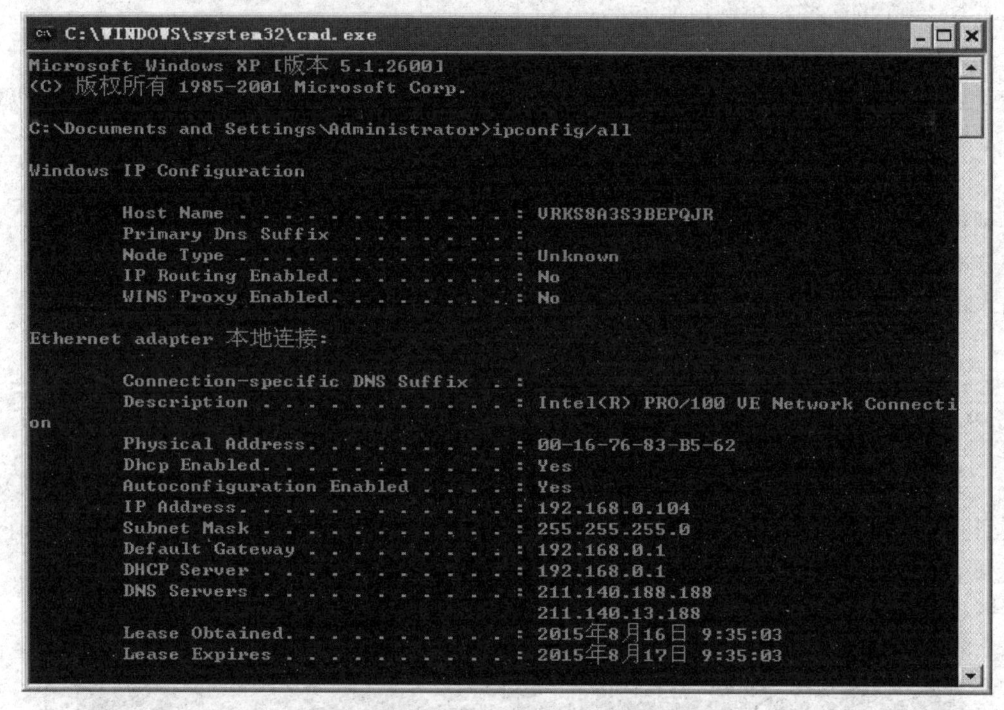

图 6.47　all 参数时，IPConfig 显示信息

/release 和/renew

这两个参数，只能在向 DHCP 服务器租用其 IP 地址的计算机上起作用。如果输入 ipconfig/release，那么所有接口的租用 IP 地址便会重新交付给 DHCP 服务器（归还 IP 地址）。如果输入 ipconfig/renew，那么本地计算机便会设法与 DHCP 服务器取得联系，并租用一个 IP 地址。

6.9.4 ARP（地址转换协议）

ARP 是一个重要的 TCP/IP 协议，用于确定对应 IP 地址的网卡物理地址。使用 ARP 命令，我们能够查看本地计算机或另一台计算机的 ARP 高速缓存中的当前内容。此外，使用 ARP 命令，也可以用人工方式输入静态的网卡物理/IP 地址对。我们可能会使用这种方式为缺省网关和本地服务器等常用主机进行这项工作，它有助于减少网络上的信息量。

ARP 常用命令参数如下：

①－a 或－g

－a 或－g 用于查看高速缓存中的所有项目。－a 和－g 参数的结果是一样的，多年来－g 一直是 UNIX 平台上用来显示 ARP 高速缓存中所有项目的选项，而 Windows 用的是 arp－a(－a 可被视为 all,即全部的意思),但它也可以接受比较传统的－g 选项。如图 6.48 所示。

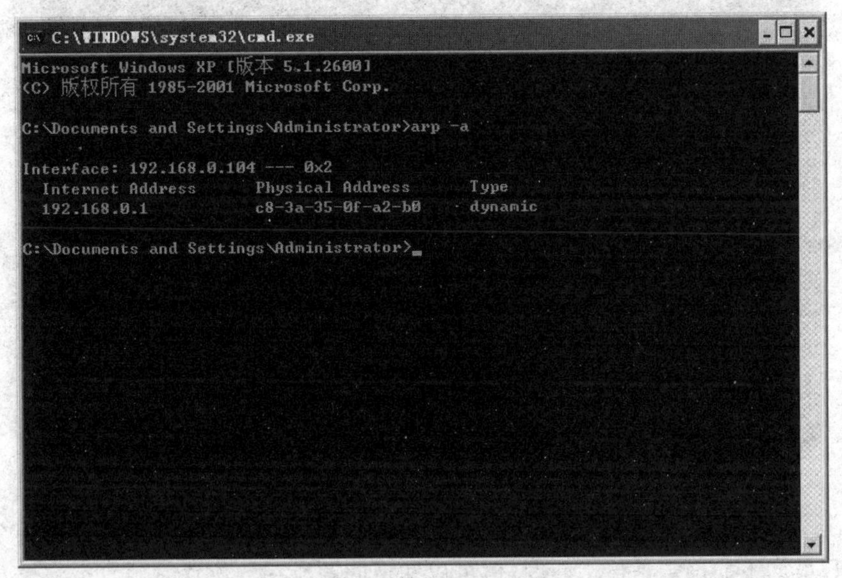

图 6.48　－a 或－g 参数

②－a IP

如果有多个网卡,那么使用 arp －a 加上接口的 IP 地址,就可以只显示与该接口相关的 ARP 缓存项目。

③arp －s IP 物理地址

该参数可以向 ARP 高速缓存中人工输入一个静态项目。该项目在计算机引导过程中将保持有效状态,或者在出现错误时,人工配置的物理地址将自动更新该项目。

④arp －d IP

使用 arp －d IP 命令能够人工删除一个静态项目。

6.9.5　Tracert 命令

如果有网络连通性问题,可以使用 Tracert 命令来检查到达的目标 IP 地址的路径并记录结果。Tracert 命令用于显示数据包从计算机传递到目标位置的一组 IP 路由器,以及每个跃点所需的时间。如果数据包不能传递到目标,Tracert 命令将显示成功转发数据包的最后一个路由器。当数据包从计算机经过多个网关传送到目的地时,Tracert 命令可以用来跟踪数据包使用的路由(路径)。

Tracert 的使用很简单,只需要在 Tracert 后面加一个 IP 地址或 URL,Tracert 就会进行相应的域名转换。如图 6.49 所示。

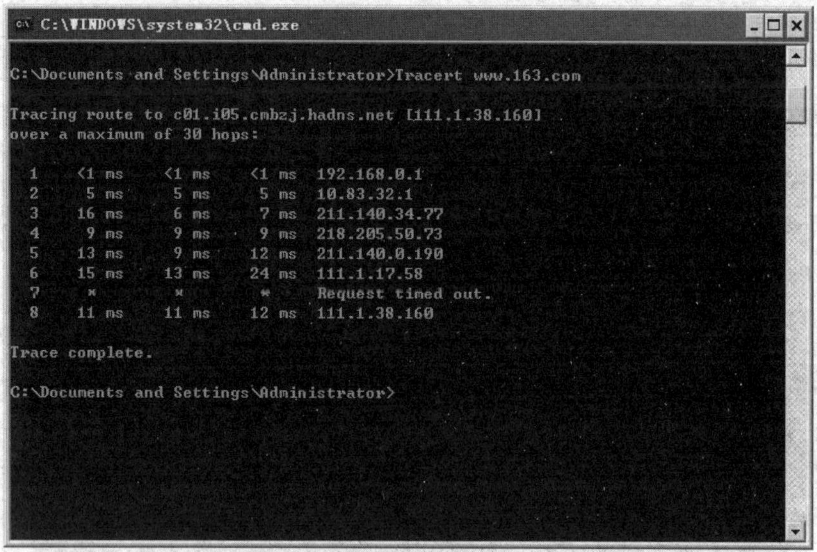

```
C:\WINDOWS\system32\cmd.exe

C:\Documents and Settings\Administrator>Tracert www.163.com

Tracing route to c01.i05.cmbzj.hadns.net [111.1.38.160]
over a maximum of 30 hops:

  1    <1 ms    <1 ms    <1 ms  192.168.0.1
  2     5 ms     5 ms     5 ms  10.83.32.1
  3    16 ms     6 ms     7 ms  211.140.34.77
  4     9 ms     9 ms     9 ms  218.205.50.73
  5    13 ms     9 ms    12 ms  211.140.0.190
  6    15 ms    13 ms    24 ms  111.1.17.58
  7     *        *        *     Request timed out.
  8    11 ms    11 ms    12 ms  111.1.38.160

Trace complete.

C:\Documents and Settings\Administrator>
```

图 6.49　Tracert 命令

Tracert 一般用来检测故障的位置,我们可以用 tracert IP 检测计算机在哪个环节上出了问题,虽然不能确定是什么问题,但可以知道问题所在的位置。

6.10　常用网络软件

6.10.1　Internet Explorer

Internet Explorer 是美国微软公司推出的一款网页浏览器,简称 IE。

双击桌面图标,就可打开浏览器。

IE 浏览器的界面(如图 6.50 所示):

第一行为标题栏,显示当前正在浏览的网页名称或当前浏览网页的地址。标题栏的最右端是这个窗口的最小化、最大化(还原)和关闭按钮。

第二行为菜单栏,显示可以使用的所有菜单命令,在实际的使用中用户可以不用打开菜单,而是单击相应的按钮来快捷执行命令。

第三行为标准工具栏,列出了常用命令的工具按钮,用户可以不用打开菜单,而是单击相应的按钮来快捷地执行命令。平时常用的按钮为:刷新按钮、主页按钮和收藏夹按钮。

第四行为地址栏,是输入网址的地方,用户可以在地址栏中输入网址直接到达需要进入的网站。

图 6.50　IE 浏览器的界面

(1)打开网址

在地址栏中输入要访问网站的地址，如要访问网易网站，就在地址栏中输入“www.163.com”，然后按“回车”键即可。如图 6.51 所示。

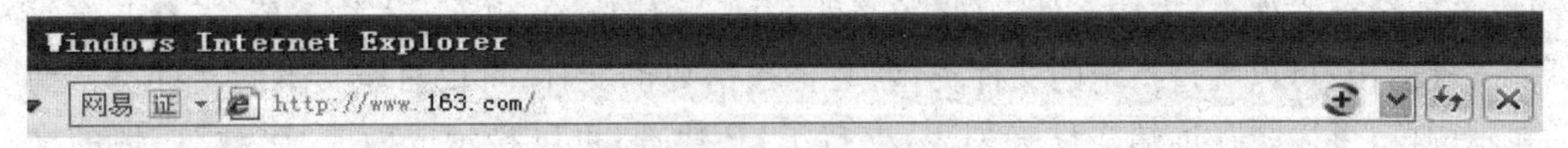

图 6.51　打开网址

在网易页面上，若把鼠标指针指向某一文字(通常都带有下划线)或者某一图片，鼠标指针变成手形，表明此处是一个超级链接。在上面单击鼠标，浏览器将显示出该超级链接指向的网页。

如果想回到上一页面，可以单击标准工具栏中的“后退”按钮。回到网易主页面后，会发现标准工具栏中的“前进”按钮也变成亮色显示了。单击“前进”按钮又会回到刚才打开的页面。

(2)收藏夹的使用

在打开浏览器后，单击“收藏夹”按钮，会显示以前加入收藏夹的网站，通过点击它可以直接到达喜欢的网站。例如，单击“收藏夹”中的“新浪”网，浏览器就可以打开新浪网页面，不必手动输入新浪网的网址。

如果想把经常登录的网站添加到收藏夹中，比如想把“网易”的“电脑频道”添加到收藏夹中，操作方法如下：打开“网易”的“电脑频道”，单击工具栏中的“添加到收藏夹”按钮，在弹出的下拉菜单中单击“添加到收藏夹栏”项，就会弹出“添加收藏”对话框，在该对话框里设置好名称和保存位置后，点击“添加”按钮，该网址就被保留在收藏夹里了，下一次想浏览该网址时，只需打开收藏夹，单击该网址名称即可，如图 6.52 所示。

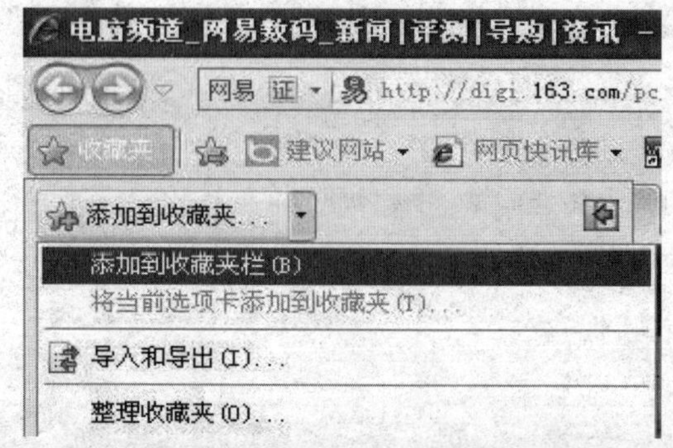

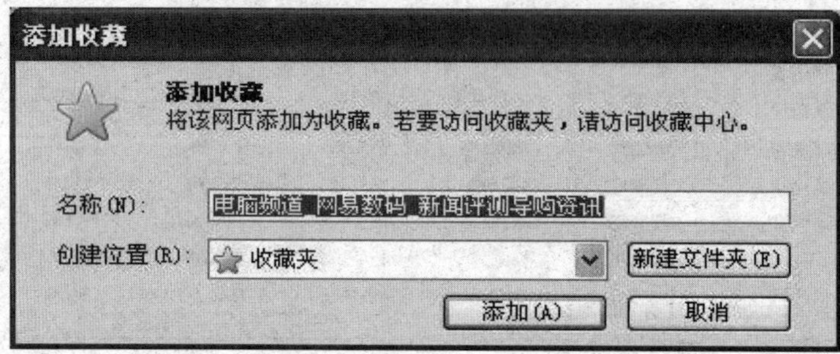

图 6.52　将网页加入收藏夹

6.10.2 FlashFXP 使用

FlashFXP 是一款功能强大的 FTP 软件，它支持彩色文字显示，支持多文件夹选择文件，能够缓存文件夹，支持文件夹(带子文件夹)的文件传送、删除；支持上传、下载及第三方文件续传；可以跳过指定的文件类型，只传送需要的文件；可以自定义不同文件类型的显示颜色；可以缓存远端文件夹列表，支持 FTP 代理；可以显示或隐藏“隐藏”属性的文件、文件夹等。

(1)使用并设定 FlashFXP

双击 FlashFXP 图标，弹出的界面如图 6.53 所示，左边是本地的存放目录，也就是电脑上的一个目录，默认是 FlashFXP 的安装目录，右边空白的是远程目录。

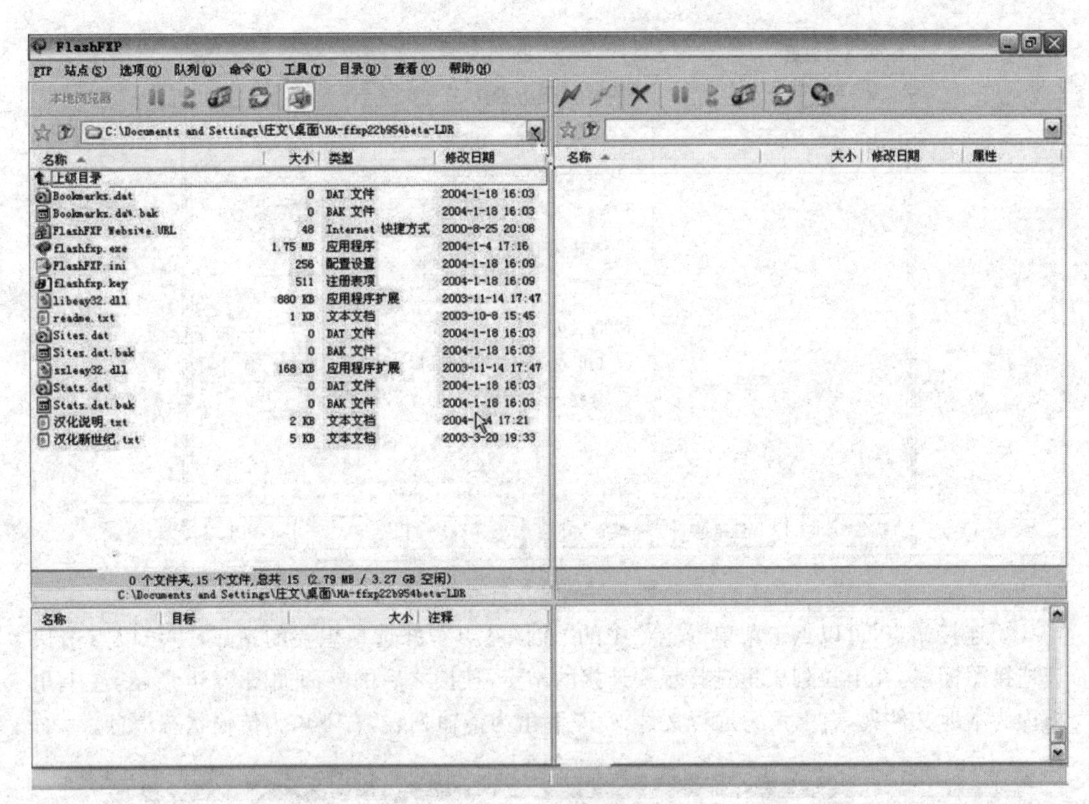

图 6.53　FlashFXP 界面

点击菜单“站点”中的“站点管理器”,在弹出的界面点左下方点“新建站点”,在跳出的“创建新的站点”对话框中输入站点名称“11”,点击“确定”按钮,就新建了一个站点。如图 6.54 所示。

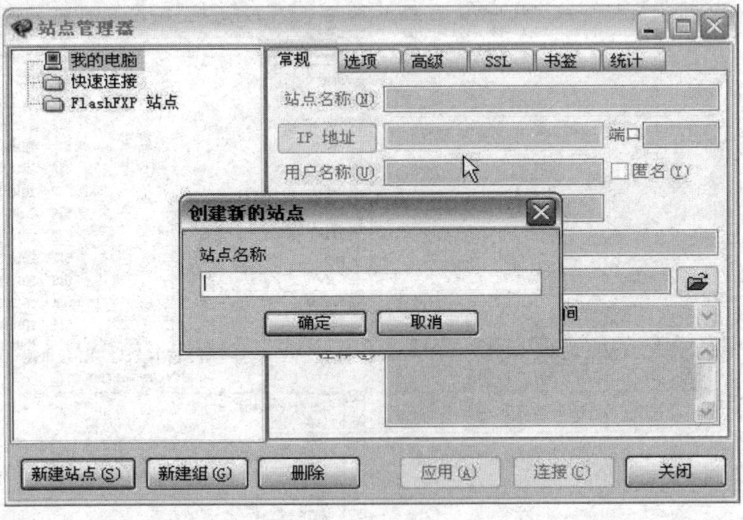

图 6.54　创建新站点

然后在站点管理器“常规”选项卡里输入 IP 地址,也可以是网址,再输入端口号,默认是 21,然后输入用户名称和密码,点击“应用”,新站点就设置完成了。如图 6.55 所示。

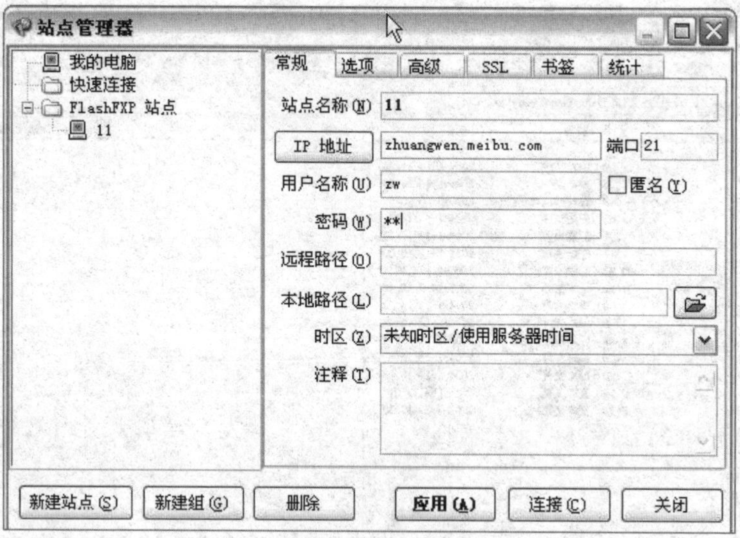

图 6.55　设置新站点

要连接站点,可以点击菜单"站点"中的"连接站点",并选择想要的站点,也可以点击快速连接图标,在下拉列表里选择想要连接的站点,连接之后的界面如图 6.56 所示,左上角框内为本地文件夹,右上角为远程文件夹,左下角为传输列表,右下角为传输状态信息。

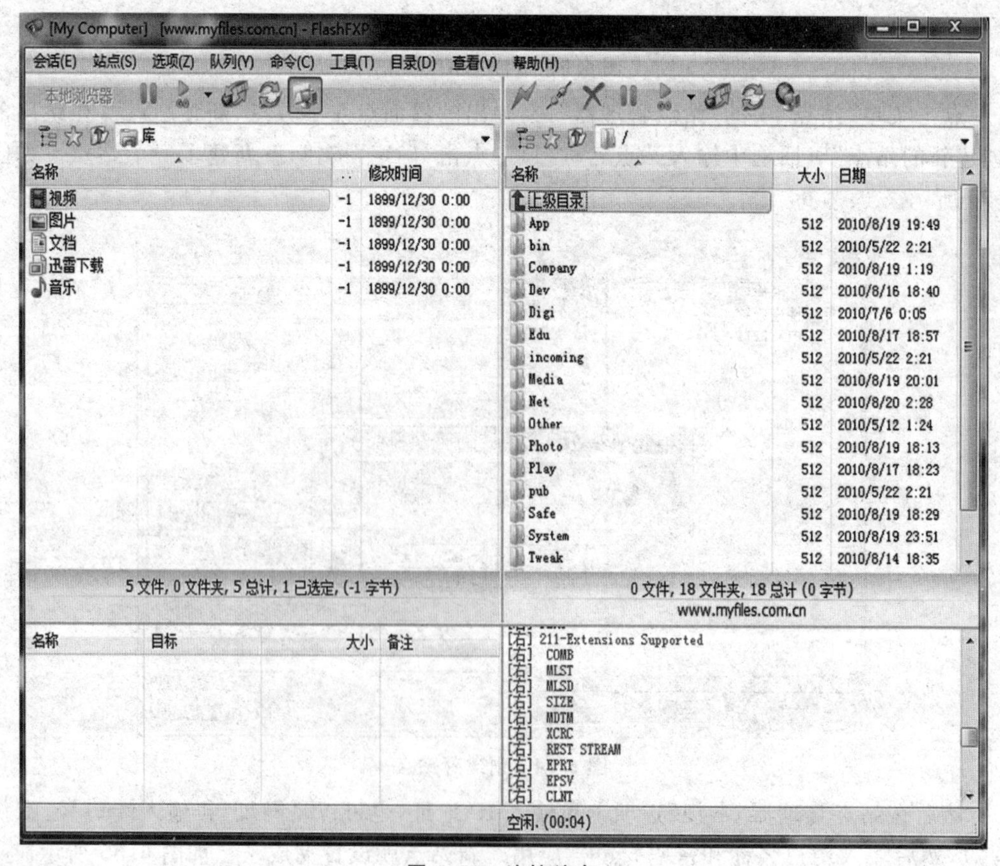

图 6.56　连接站点

要将远程文件下载到本地，只需将该远程文件拖动到本地文件夹即可。如要上传文件，就将本地文件夹内的文件拖动到远程文件夹内。

6.10.3 电子邮箱的使用

电子邮件是一种用电子手段提供信息交换的通信方式，是互联网应用最广的服务。通过网络的电子邮件系统，用户可以以非常快的方式与世界上任何一个角落的网络用户联系。

电子邮件可以是文字、图像、声音等多种形式。同时，用户可以得到大量免费的新闻、专题邮件，并轻松实现信息搜索。电子邮件的存在极大地方便了人与人之间的沟通与交流，促进了社会的发展。

(1)电子邮件格式

电子邮件的地址格式是“用户标识符＋@＋域名”。其中，@是“at”的符号，表示“在”的意思。

用户标识符表示该邮箱用户的标识，可以随意申请，但不能重复。

域名是提供邮件服务的网站名称，从技术上而言它是一个邮件交换机。

(2)用网易闪电邮收发邮件

打开网易闪电邮客户端后，会显示如图 6.57 所示的界面，在该界面输入邮箱地址和密码，点击“下一步”，跳出“邮件收取设置”对话框，如图 6.58 所示。根据喜好设置好各选项后，点击“开始收信”按钮，系统会自动收取该账号下的邮件，如图 6.59 所示。

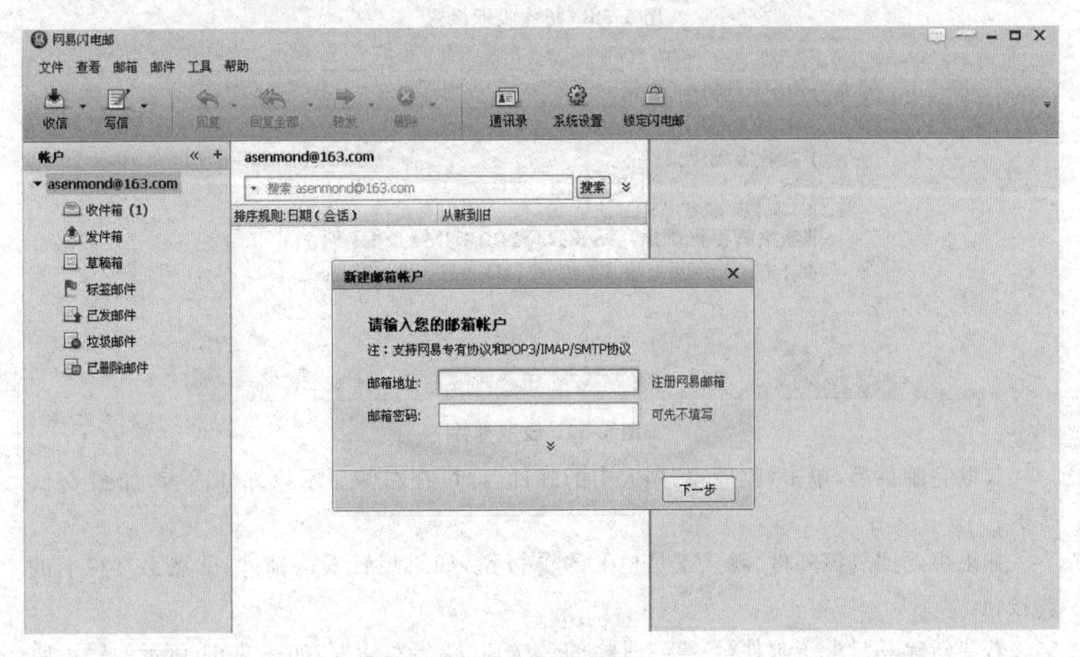

图 6.57　网易闪电邮客户端界面

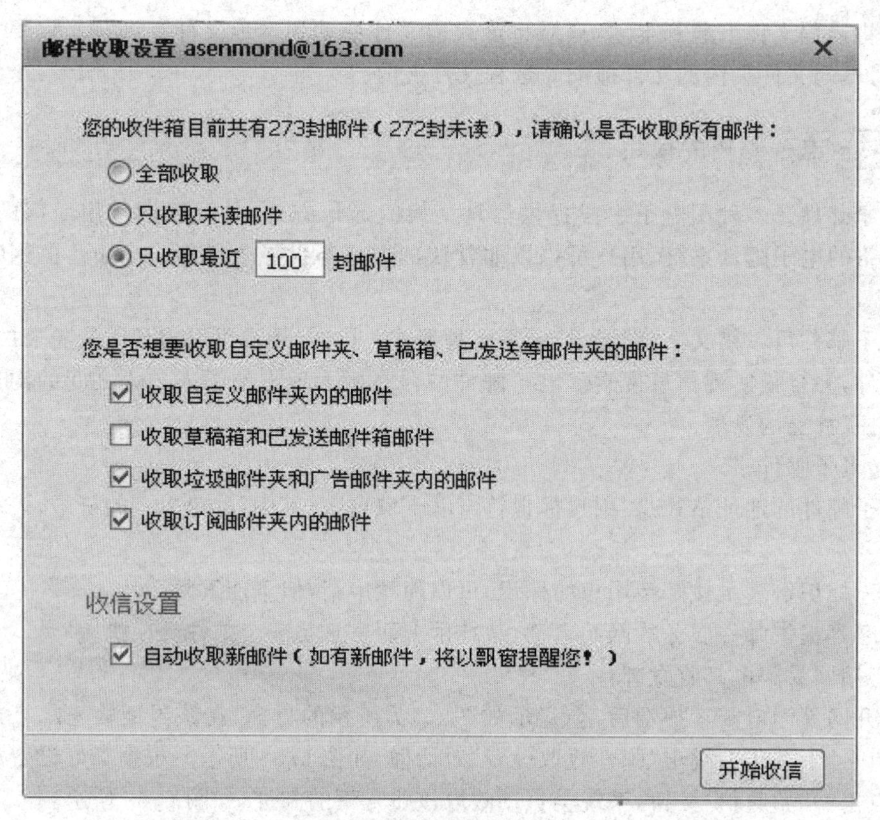

图 6.58　邮件收取设置

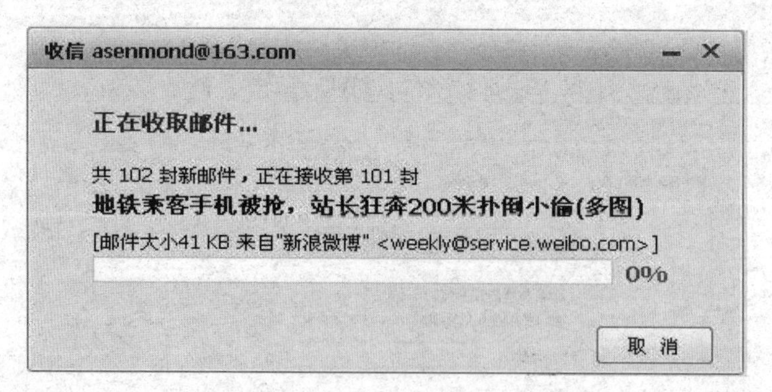

图 6.59　收取邮件

收取完邮件后，单击“收件箱”列表中的邮件，即可在右侧显示该邮件内容，如图 6.60 所示。

如果想要回复该邮件，就点工具栏上的按钮，如果想转发该邮件，就点工具栏上的按钮。

若要新建一封电子邮件，则点工具栏的按钮，跳出对话框，如图 6.61 所示。输入收件人、主题和邮件正文后，如有其他文件，如 Word 文档、图片等需要发送给对方的，可在该界面点击“添加附件”，在跳出的“打开”对话框内选择需要的文件，再点“打开”按钮，就将该文件添加到了邮件里，点击“发送”就可以将该邮件发送给对方，如图 6.62 所示。

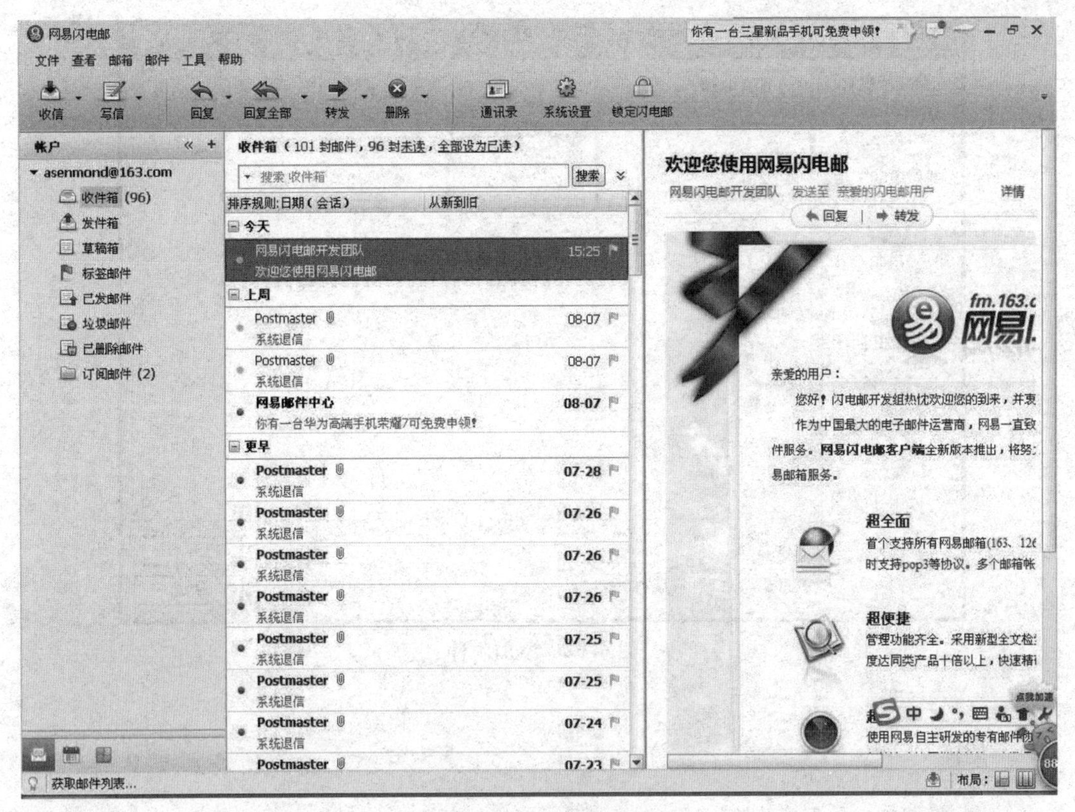

图 6.60　显示邮件内容

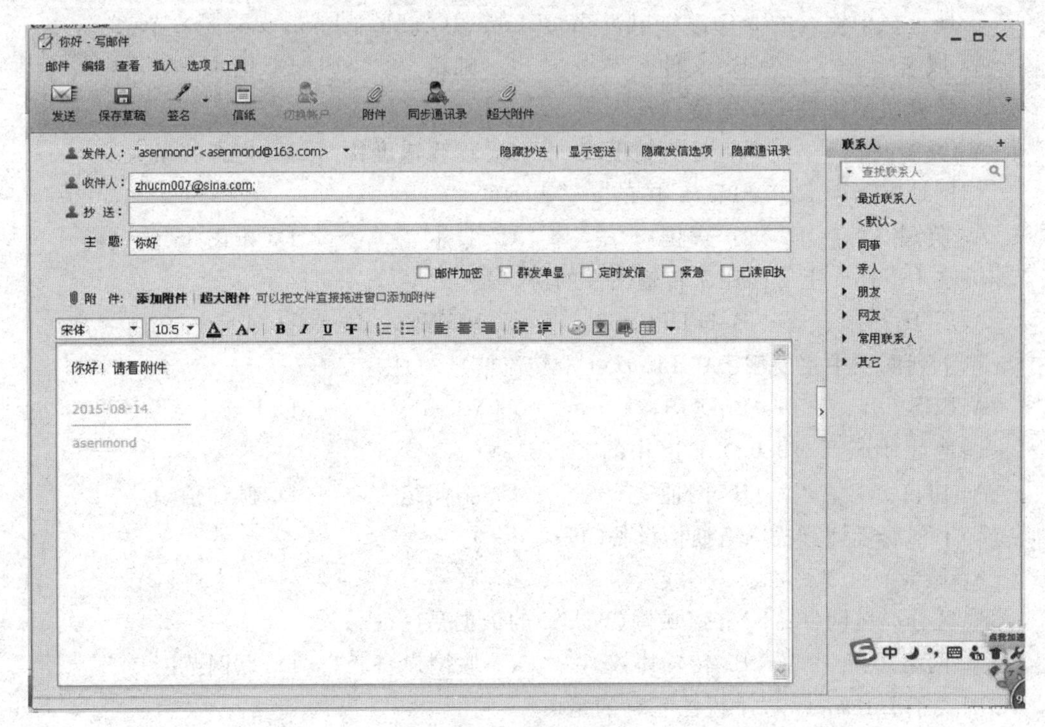

图 6.61　写信对话框

图 6.62　添加附件

习　题

一、选择题

1. 地址栏中输入的 http://zjhk.school.com 中,zjhk.school.com 是一个(　　)。

A. 域名　　B. 文件　　C. 邮箱　　D. 国家

2. 计算机网络最突出的特点是(　　)。

A. 资源共享　　B. 运算精度高　　C. 运算速度快　　D. 内存容量大

3. 网址"www.pku.edu.cn"中的"cn"表示(　　)。

A. 英国　　B. 美国　　C. 日本　　D. 中国

4. 在 Internet 上专门用于传输文件的协议是(　　)。

A. FTP　　B. HTTP　　C. NEWS　　D. Word

5. 下列四项中主要用于在 Internet 上交流信息的是(　　)。

A. BBS　　B. DOS　　C. Word　　D. Excel

6. 地址"ftp://218.0.0.123"中的"ftp"是指(　　)。

A. 协议　　B. 网址　　C. 新闻组　　D. 邮件信箱

7. 下列属于计算机网络通信设备的是(　　)。

A. 显卡　　B. 网线　　C. 音箱　　D. 声卡

8. 区分局域网(LAN)和广域网(WAN)的依据是(　　)。

A. 网络用户　　B. 传输协议　　C. 联网设备　　D. 联网范围

9. 关于 Internet,以下说法正确的是(　　)。

A. Internet 属于美国　　B. Internet 属于联合国

C. Internet 属于国际红十字会　　D. Internet 不属于某个国家或组织

10. 学校的校园网络属于(　　)。

A. 局域网　　B. 广域网　　C. 城域网　　D. 电话网

11. 连接到 Internet 的计算机中,必须安装的协议是(　　)。

A. 双边协议　　B. TCP/IP 协议　　C. NetBEUI 协议　　D. SPSS 协议

12. Internet 起源于(　　)。

A. 美国　　B. 英国　　C. 德国　　D. 澳大利亚

13. 下列 IP 地址中书写正确的是(　　)。

A. 168*192*0*　　B. 325.255.231.0　　C. 192.168.1　　D. 255.255.255.0

14. 计算机网络的主要目标是(　　)。

A. 分布处理

B. 将多台计算机连接起来

C. 提高计算机可靠性

D. 共享软件、硬件和数据资源

15. IP 地址 126.168.0.1 属于(　　)IP 地址。

A. D 类　　B. C 类型　　C. B 类　　D. A 类

16. 以下(　　)设置不是上互联网所必需的。

A. IP 地址　　B. 工作组　　C. 子网掩码　　D. 网关

17. 以下关于网络的说法错误的是(　　)。

A. 将两台电脑用网线联在一起就是一个网络

B. 网络按覆盖范围可以分为 LAN 和 WAN

C. 计算机网络有数据通信、资源共享和分布处理等功能

D. 上网时我们享受的服务不只是眼前的工作站提供的

18. OSI 模型和 TCP/IP 协议体系分别分成(　　)层。

A. 7 和 7　　B. 4 和 7　　C. 7 和 4　　D. 4 和 4

19. 当你在网上下载软件时,享受的网络服务类型是(　　)。

A. 文件传输　　B. 远程登录　　C. 信息浏览　　D. 即时短信

20. 下面关于域名的说法正确的是(　　)。

A. 域名专指一个服务器的名字

B. 域名就是网址

C. 域名可以自己任意取

D. 域名系统按地理域或机构域分层采用层次结构

21. 目前使用的 IPV4 地址由(　　)个字节组成。

A. 2　　B. 4　　C. 8　　D. 16

22. 路由器(Router)用于连接逻辑上分开的(　　)网络。

A. 1 个　　B. 2 个　　C. 多个　　D. 无数个

23. 电子邮件地址“stu@zjschool.com”中的“zjschool.com”是代表(　　)。

A. 用户名　　B. 学校名　　C. 学生姓名　　D. 邮件服务器名称

24. Internet Explorer(IE)浏览器的“收藏夹”的主要作用是收藏(　　)。

A. 图片　B. 邮件　C. 网址　D. 文档

25. 计算机网络中,分层和协议的集合称为计算机网络的(　　)。

A. 体系结构　B. 组成结构

C. TCP/IP 参考模型　D. ISO/OSI 网

26. 因特网中完成域名地址和 IP 地址转换的系统是(　　)。

A. POP　B. DNS　C. SLIP　D. Usenet

27. 世界上第一个网络在(　　)年诞生。

A. 1946　B. 1969　C. 1977　D. 1973

28. TCP 协议工作在(　　)。

A. 物理层　B. 链路层　C. 传输层　D. 应用层

29. TCP/IP 层的网络接口层对应 OSI 的(　　)。

A. 物理层　B. 链路层　C. 网络层　D. 物理层和链路层

30. 我们将 IP 地址分为 A、B、C 三类,其中 B 类的 IP 地址第一字节取值范围是(　　)。

A. 127～191　B. 128～191　C. 129～191　D. 126～191

31. 对于一个主机域名“smt. scut. edu. cn”来说,其中(　　)表示主机名。

A. cn　B. edu　C. scut　D. smt

32. Internet 的前身是(　　)。

A. Intranet　B. Ethernet　C. Cernet　D. Arpanet

33. 在网络互联中,中继器一般工作在(　　)。

A. 链路层　B. 运输层　C. 网络层　D. 物理层

34. 在顶级域名中,表示商业机构的是(　　)。

A. com　B. org　C. net　D. edu

35. 用五类双绞线实现的 100M 以太网中,单根网线的最大长度为(　　)。

A. 200M　B. 185M　C. 100M　D. 500M

36. 在给主机分配 IP 地址时,下面哪一个是错误的(　　)。

A. 129. 9. 255. 18　B. 125. 21. 19. 109　C. 195. 5. 91. 254　D. 220. 258. 2. 56

37. 检查网络联通性的命令是(　　)。

A. ipconfig　B. route　C. telnet　D. ping

38. 下面哪一句话是正确的?(　　)

A. Internet 中的一台主机只能有一个 IP 地址。

B. 一个合法的 IP 地址在一个时刻只能分配给一台主机。

C. Internet 中的一台主机只能有一个主机名。

D. IP 地址与主机名是一一对应的。

二、填空题

1. 按地理分布范围来分类,计算机网络可以分为________、________和________三种。

2. 计算机网络由负责信息传递的________和负责信息处理的________组成。

3. 在下列每一个 OSI 层的名称之后标上一个正确的字母，使得每一个选项与你认为最恰当的描述相匹配。

应用层（　　）　　表示层（　　）　　会话层（　　）　　传输层（　　）

网络层（　　）　　数据链路层（　　）　　物理层（　　）

a. 指定在网络上沿着网络链路在相邻结点之间移动数据的技术。

b. 在通信应用进程之间组织和构造交互作用。

c. 提供分布式处理和访问。

d. 在由许多开放系统构成的环境中，允许在网络实体之间进行通信。

e. 将系统连接到物理通信介质。

f. 协调数据和数据格式之间的转换，以满足应用程序的需要。

g. 在端点系统之间传送数据，并且有错误恢复和流控功能。

4. 通常我们可将网络传输介质分为________和________两大类。

5. 开放系统互联参考模型 OSI 采用了________构造技术。

6. TCP/IP 协议的层次分为________、________、________和________，其中________对应 OSI 的物理层及数据链路层，而________层对应 OSI 的会话层、表示层和应用层。

三、简答题

1. 计算机网络的发展可划分为几个阶段？每个阶段各有何特点？

2. 计算机网络可从哪几个方面进行分类？

3. 局域网、城域网与广域网的主要特征是什么？

4. 简述什么是计算机网络的拓扑结构以及其有哪些常见的拓扑结构。

5. ISO 的 OSI 参考模型为几层？请按照由低到高的顺序写出所有层次。

6. 简述星形网络的结构及其优缺点。

7. 邮件服务器使用的基本协议有哪几个？

8. 子网掩码为 255.255.252.0 的 B 类网络地址，能够创建多少个子网？

第7章 多媒体技术基础

7.1 多媒体技术基础

7.1.1 多媒体的基本概念

媒体(Media)也称为媒质或媒介,是表示和传播信息的载体。文字、声音、图形、音像、动画和视频等各种已知或未知的信息载体都可以称为媒体。

媒体在计算机领域有两重含义,一是指存储信息的实体,如磁盘、光盘、磁带、半导体存储器等;二是指传递信息的载体,如数字、文字、声音、图形等。根据国际电信联盟标准化部门(ITU-T)的建议,可将媒体分为感觉媒体、表示媒体、表现媒体、存储媒体和传输媒体五大类。

(1)感觉媒体

感觉媒体指的是能直接作用于人们的感觉器官,从而使人产生直接感觉(视觉、听觉、嗅觉、味觉、触觉)的媒体。如文字、数据、声音、图形、图像等。多媒体计算机技术中所说的媒体一般指的就是感觉媒体。目前,计算机多媒体技术大多只利用了人的视觉、听觉,"虚拟现实"中也只添加了触觉,而味觉、嗅觉尚未集成进来。

(2)表示媒体

表示媒体指的是为了传输感觉媒体而人为构造出来的媒体,借助于此种媒体,能有效地存储感觉媒体或将感觉媒体从一个地方传送到另一个地方。如语言编码、电报码、条形码等。

(3)表现媒体

表现媒体指的是用于通信中使电信号和感觉媒体之间产生转换的媒体。如输入、输出设备,包括键盘、鼠标器、显示器、输出设备、打印机等。

(4)存储媒体

存储媒体指的是用于存放表示媒体的媒体。如纸张、磁带、磁盘、光盘等。

(5)传输媒体

传输媒体指传输信号的物理载体,如双绞线、电缆、光纤等。

在这五种媒体中,表示媒体是核心,计算机通过表现媒体的输入设备将感觉媒体感知的信息转换为表示媒体信息,并存放在存储媒体中;计算机从存储媒体中取出表示媒体信息,再进行加工处理,然后利用表现媒体的输出设备将表示媒体信息还原成感觉媒体信息展现给人们。

多媒体技术是指对文字、音频、视频、图形、图像和动画等多媒体信息通过计算机进行数字化采集、获取、压缩/解压缩、编辑和存储等加工处理，再以单独或合成形式表现出来的一体化技术。多媒体技术具有以下特性：

(1)多样性，指综合处理多种媒体信息，包括文本、图形、图像、动画、音频和视频等。

(2)集成性，指将不同的媒体信息有机地组合在一起，形成一个完整的整体以及与这些媒体相关的设备集成。

(3)交互性，指人可以介入各种媒体加处理的过程，从而使用户更有效地控制和应用各种媒体信息。

在多媒体创作中，多媒体素材的准备是一个十分重要的环节。多媒体素材包括文字、图形图像、动画、声音、影像等。不同的素材，需要不同的采集设备和软件，常见的多媒体素材采集设备有扫描仪、触摸屏、数码照相机、数码摄像机和手写输入设备等。

由于多媒体技术具有直观易懂、信息量大、易于接受、传播迅速等特点，因此多媒体技术的应用领域非常广泛，几乎遍布各行各业以及人们生活的方方面面，例如教育领域、医疗领域、过程模拟领域、影视娱乐业和商业领域等。

7.1.2 图形图像处理技术

(1)图形图像的种类与特点

①位图图像

位图图像也叫栅格图像，是由一些排列在一起的栅格组成的。每一个栅格代表一个像素点，而每一个像素点只能显示一种颜色。它的特点是位图放大到一定倍数后，会产生锯齿；文件大小和分辨率有关，分辨率越高，文件所占的存储空间就越大；位图图像在表现色调方面的效果比矢量图更加优越，尤其在表现图像的阴影和色彩的细微变化方面效果更佳。

②矢量图形

矢量图形是计算机图形学中用点、直线或者多边形等基于数学方程的几何图元表示图像。它的特点是放大后图形不会失真，和分辨率无关。文件占用空间较小，可采取高分辨率印刷，适用于图形设计、文字设计和一些标志设计、版式设计等。

(2)图形图像常见格式

①BMP 位图格式

它是 Windows 操作系统中的标准图像文件格。这种格式的特点是包含的图像信息较丰富，几乎不进行压缩，因此占用磁盘空间大。

②GIF 图形交换格式

GIF 格式的特点是压缩比高，磁盘空间占用较少，常常用于保存作为网页数据传输的图像文件。该格式缺点是最多只能处理 256 种色彩，不能用于存储真彩色的图像文件。GIF 格式支持透明背景，可以较好地与网页背景融合在一起。

③JPEG 图像格式

JPEG 图像格式的压缩技术十分先进，采用有损压缩方式去除冗余的图像和彩色数据，在取得极高压缩率的同时能展现十分丰富生动的图像。

④TIFF 格式

TIFF 格式是出于跨平台存储扫描图像的需要而设计的，它的特点是图像格式复杂、存贮信息多,图像的质量也得以提高,因此非常有利于原稿的复制。

⑤PSD 格式

PSD 格式是著名的 Adobe 公司的图像处理软件 Photoshop 的专用格式,能很好地保存图层、蒙版等信息,以便于下次打开文件时修改上一次的设计。

⑥PNG 格式

PNG 格式是 20 世纪 90 年代中期开始开发的图像文件存储格式,其目的是替代 GIF 和 TIFF 文件格式,同时增加一些 GIF 文件格式所不具备的特性。

⑦SWF 格式

SWF 格式的动画图像能够用比较小的体积来表现丰富的多媒体形式,如今已被大量应用于 WEB 网页进行多媒体演示与交互性设计。

⑧SVG 格式

SVG 格式是由 W3C 开发的基于 XML 的一种开放标准的矢量图形语言格式,是可缩放的矢量图形。用户可以直接用代码来描绘图像,通过改变代码来使图像具有互交功能,并可以随时插入 HTML,通过浏览器来观看。

(3)图像浏览与管理软件 ACDSee

ACDSee 是一个图像浏览和管理软件,使用 ACDSee 可以从数码相机和扫描仪中高效获取图片,并方便地查找、组织和浏览。它支持所有常见的图像格式,不同格式可直接互相转换,并能对图像做基本的编辑操作,还可以对图像进行批量处理操作等。

①ACDSee 启动界面

ACDSee Pro 8 启动后的界面如图 7.1 所示。

图 7.1　ACDSee Pro 8 界面

Pro 8 界面有四个模式:管理、查看、冲印和编辑。“管理”模式可以对文件和图像进行浏览、排序、分类、操作和分享等。可以结合不同的工具和面板来执行复杂的搜索和筛选操作,并查看图像和文件的缩略图。“查看”模式是浏览图片的主要模式。“冲印”可以对图像进行非破坏性的处理,可通过“调谐”细节“几何”和“修复”等对图像进行处理。“编辑”用来对单张图像进行最终编辑处理。

②利用 ACDSee 浏览图片

第一种方法:在“管理”模式中浏览,点击左侧收藏图片的文件夹,所有图片的缩略图就在右侧的浏览区显示。

第二种方法:使用“查看”模式浏览。点击界面中“查看”,即进入视图式浏览状态,拖动滚动条就可以浏览所有的图片缩略图,通过点击“上一张”“下一张”,浏览全部的图片。

第三种方法:幻灯浏览,点击“工具”→“幻灯片”→“开始”,可以用幻灯片方式游览图片。

③利用 ACDSee 调整图片大小

选中图片,点击界面中“编辑”,选择“几何形状”中的“调整大小”,即可调整图片的大小,如图 7.2 所示。

图 7.2　调整图片大小

④利用 ACDSee 转换图片格式

右键单击选中的图片,在弹出的菜单中选择“批量”→“转换文件格式”,如图 7.3 所示。选择所需要的格式,点击“下一步”→“下一步”→“开始转换”,如图 7.4 所示。

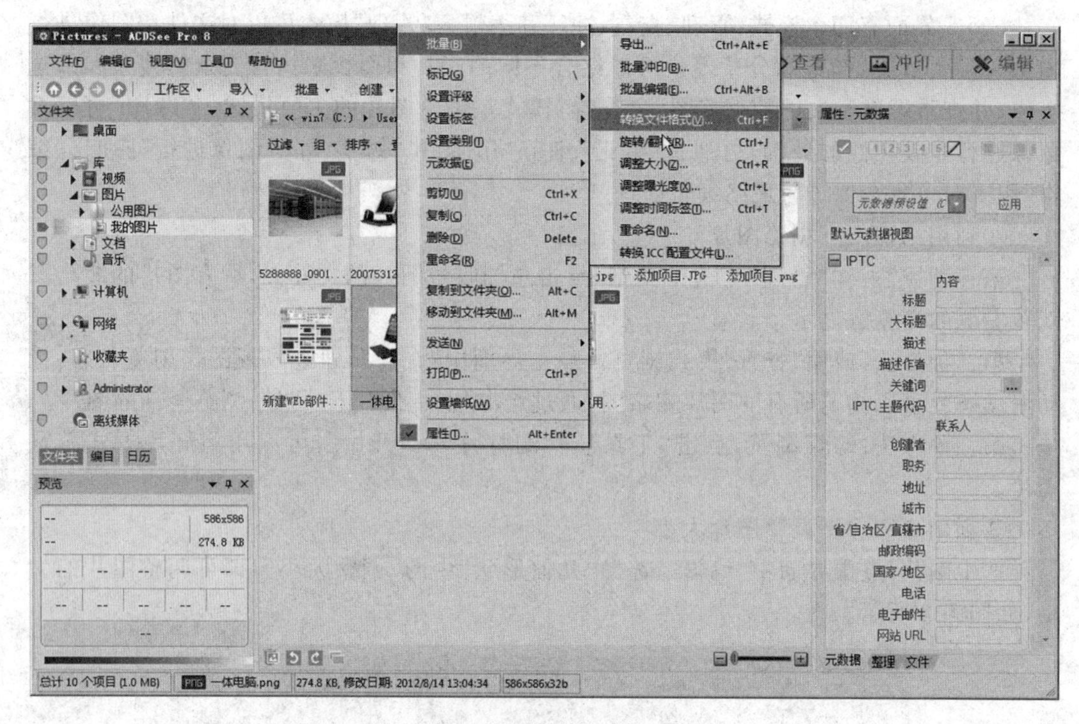

图 7.3 转换图片格式

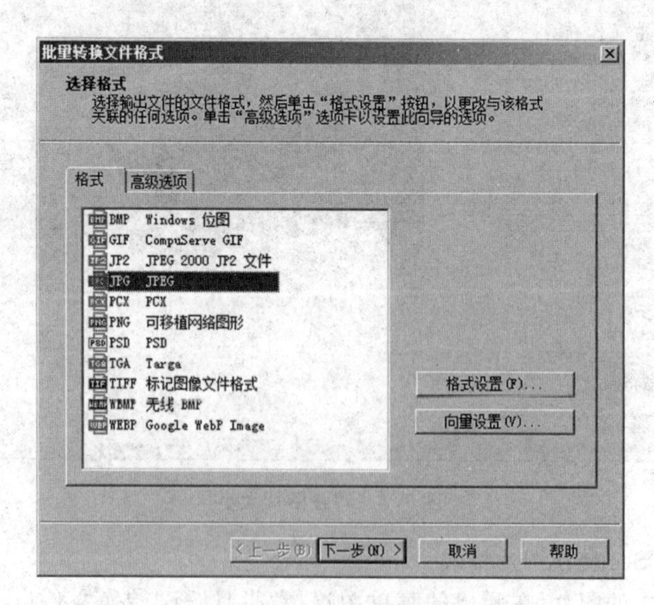

图 7.4 选择格式

7.1.3 数字音频处理技术

数字音频处理技术是一种利用数字化手段对声音进行录制、存放、编辑、压缩或播放的技术，它是随着数字信号处理技术、计算机技术、多媒体技术的发展而形成的一种全新的声音处理手段。音频编辑在音乐后期合成，多媒体音效制作，视频、声音处理等方面发挥着巨大的作用，它是修饰声音素材的最主要途径，能够直接对声音质量起到显著的影响。

(1)影响数字音频的三个因素

①采样频率

采样频率是指计算机每秒钟采集多少个声音样本。采样频率越高，采样的间隔时间越短，则在单位时间内计算机得到的声音样本数据就越多，对声音波形的表示也越精确。声卡常用的采样频率一般为 22.05kHz、44.1kHz 和 48kHz。对于高于 48kHz 的采样频率人已无法辨别出来了，尽管一些制造厂商早已开发出了更高的采样技术，但直到现在也没有在商品化声卡中实现。

②采样精度

采样精度是指每个声音样本需要用多少位二进制数来表示，它反映出度量声音波形幅度值的精确程度。样本位数的大小影响到声音的质量，位数越多，声音的质量就越好。

③声道数

声道数是指使用的声音通道的个数，用来表明声音记录只产生一个波形还是两个波形。

(2)常见的文件格式

①CD 格式

CD 格式扩展名为".cda"，CD 音轨可以说是近似无损的原声。CD 格式文件只是一个索引信息，并不真正包含声音信息，所以 CD 音乐不论长短，在电脑上看到的 cda 文件都是 44 字节长。

②MIDI 文件

MID 格式扩展名为".mid"。MIDI 文件并不是一段录制好的声音，而是记录声音的信息，然后再告诉声卡如何再现音乐的一组指令。MIDI 文件主要用于电脑作曲领域，重放的效果完全依赖于声卡的档次。

③WAV 格式

WAV 格式扩展名为".wav"，这是微软公司开发的一种声音格式，音质要强于 MP3 格式，还支持音频流技术，适合在网络上在线播放。

7.1.4 视频处理技术

视频来自于数字摄像设备、模拟资料的数字化、视频素材等。视频处理需要专门的工具软件，专业的加工处理需要非线性编辑机等专用设备。

目前，最流行的压缩编码标准有两种：JPEG 和 MPEG。JPEG 是用于静态图像压缩的标准算法，MPEG 是用于动态图像压缩的标准算法，MPEG 的标准主要有以下五个，分别是 MPEG-1、MPEG-2、MPEG-4、MPEG-7 和 MPEG-21。

MPEG-1 码率约为 1.5Mbps，其质量比 VHS 的质量高，广泛用于 VCD、数字音频广播(DAB)、因特网上的各种视音频存储及电视节目的非线性编辑中。MPEG-2 码率达 15Mbps，影视图像的质量是广播级的，广泛用于数字电视广播(DVB)、高清晰度电视(HDTV)、DVD 及下一代电视节目的非线性编辑系统及数字存储中。MPEG-4 是一种崭新的低码率、高压缩比的视频编码标准，传输速率为 4.8—64kbit/S，使用时占用的存储空间比较小，传输速率为 4.8—64kbit/S，制定了低数据传输速率的电视节目标准。

MPEG-7 并不是一种压缩编码方法，MPEG-7 被称作多媒体内容描述接口，其目的是生成一种用来描述多媒体内容的标准，这个标准将对信息含义的解释提供一定的自由度，可以被传送给设备和电脑程序，或者被设备或电脑程序查取。MPEG-7 并不针对某个具体的应用，而是针对被 MPEG-7 标准化了的图像元素，这些元素将支持尽可能多的各种应用。建立 MPEG-7 标准的出发点是依靠众多的参数对图像与声音实现分类，并对它们的数据库实现查询，就像如今查询文本数据库那样。可应用于数字图书馆，例如图像编目、音乐词典等；多媒体查询服务，如电话号码簿等；广播媒体选择，如广播与电视频道选取；多媒体编辑，如个性化的电子新闻服务、媒体创作等。

MPEG-21 是致力于定义多媒体应用的一个开放框架。制定 MPEG-21 标准的目的是：①将不同的协议、标准、技术等有机地融合在一起；②制定新的标准；③将这些不同的标准集成在一起。MPEG-21 标准其实就是一些关键技术的集成，通过这种集成环境对全球数字媒体资源进行透明和增强管理，实现内容描述、创建、发布、使用、识别、收费管理、产权保护、用户隐私权保护、终端和网络资源抽取、事件报告等功能。

常见的文件格式如下：

(1)AVI 文件

AVI 文件扩展名为“.avi”，是 Microsoft 公司开发的一种符合 RIFF 文件规范的数字音频与视频文件格式。AVI 格式调用方便、图像质量好，缺点是文件体积过于庞大。目前主要应用在多媒体光盘或者网络上，用来保存电影、电视等各种影像信息。

(2)MPEG 文件

MPEG 文件的扩展名为“.mpeg”“.mpg”“.dat”，包括了 MPEG-1、MPEG-2 和 MPEG-4 在内的多种视频格式。MPEG 的压缩效率非常高，同时图像和音响的质量也非常好，并且在计算机上有统一的标准格式，兼容性较好。

(3)RealVideo 文件

RealVideo 文件的扩展名为“.ra”“.rm”“.rmvb”。RealVideo 文件是 Networks 公司开发的一种新型流式视频文件格式，主要用来在低速率的广域网上实时传输活动视频影像，可以根据网络数据传输速率的不同而采用不同的压缩比率，从而实现影像数据的实时传送和实时播放。

(4)QuickTime 文件

QuickTime 文件的扩展名为“.mov”“.qt”，是 Apple 计算机公司开发的一种音频视频文件格式，目前已成为数字媒体软件技术领域事实上的工业标准。

(5)Microsoft 流媒体文件

Microsoft 流媒体文件的扩展名为“.asf”“.wmv”，是 Microsoft 公司推出的高级流格式，也是一个在 Internet 上实时传播多媒体的技术标准。

7.1.5 动画制作技术

在多媒体应用中，动画是最具吸引力的素材，具有表现力丰富、直观、形式活泼多样等特点，与静态的图形图像相比表达的信息更多，与视频信息相比占用的存储空间更少，要求系统资源相对较低。

1）动画的基本概念

医学证明，人类具有“视觉暂留”的特性，就是说人的眼睛看到一幅画或一个物体后，1/24秒内不会消失。动画就是利用这一原理，在一幅画消失前播放出下一幅画，给人造成一种流畅的视觉变化效果。动画的连续播放既指时间上的连续，也指图像内容上的连续。组成动画的每一个静态画面叫“帧”（Frame），动画的播放速度通常称为“帧速率”，以每秒钟播放的帧数表示，简记为FPS。动画的基本原理与电影、电视一样，都是视觉原理。电影采用每秒24幅画面的速度拍摄播放，电视采用每秒25幅（PAL制）或30幅（NSTC制）画面的速度拍摄播放。如果以每秒低于24幅画面的速度拍摄播放，就会出现停顿现象。

2）动画的分类

（1）从制作技术和手段上看，动画可分为以手工绘制为主的传统动画和以电脑制作为主的计算机动画。

在此主要介绍一下计算机动画。

①计算机动画分类

a. 按照动画性质，计算机动画可分为帧动画和矢量动画。

帧动画是借鉴传统动画的概念，每帧的内容不同，连续播放时形成动画视觉效果。

矢量动画是通过计算机编程计算生成的动画，主要表现变换的线条、图形、文字和图案。通常使用编程的方式或者矢量动画制作软件来完成制作。

b. 按照动画的表现形式，计算机动画可分为二维动画和三维动画。

二维动画又叫“平面动画”，是对手工传统动画的一个改进。通过输入和编辑关键帧，由计算机辅助完成动画制作。

三维动画又称“模型动画”，它利用计算机构造三维形体的模型，并通过对模型、虚拟摄像机、虚拟光源运动的控制描述，由计算机自动产生一系列具有真实感的连续动态图像。

②计算机动画文件格式

a. GIF动画格式

GIF图像采用了无损数据压缩方法中压缩率较高的LZW算法，文件尺寸较小，可以同时存储若干幅静止图像并进而形成连续的动画。

b. SWF格式

SWF格式是Adobe公司的动画设计软件Flash的专用格式，是一种支持矢量和点阵图形的动画文件格式，具有缩放不失真、文件体积小等特点。它采用流媒体技术，可以一边下载一边播放，目前被广泛应用于网页设计、动画制作等领域。

c. FLC格式

FLC格式是Autodesk Animator和Animator Pro的动画文件，支持256色，支持压缩，广泛用于动画图形中的动画序列，计算机辅助设计和计算机游戏应用程序。

（2）从空间的视觉效果上看，动画可分为平面动画和三维动画。

(3)从每秒播放的幅数上看,动画可分为全动画和半动画。全动画指在动画制作过程中,按照每秒播放24幅画面的数量制作的动画,因此,全动画的画面比较流畅,动作比较细,观赏性极佳,但开发费用和工作量都比较高。迪士尼公司出品的大量动画产品都属于这种动画。半动画又称"有限动画",采用少于每秒24幅画面的数量来绘制动画,常见的画面数为6幅或者8幅。为了保证播放速率,每个画面重复2—3次组成一个动画格局,因此画面连贯性、流畅性比较差,工作量比较少。

3)动画制作软件

(1)二维动画制作工具

①网页动画制作工具Flash是Adobe公司旗下一款优秀的矢量动画编辑软件。

②商业动画制作系统ANIMO,是英国Cambridge Animation公司开发的运行于SGI O2工作站和Windows NT平台上的二维卡通动画制作系统。

(2)三维动画制作工具

①3DS Max,是美国Autodesk公司开发的基于PC系统的三维动画渲染和制作软件。

②Maya,是美国Autodesk公司出品的优秀的三维动画软件,应用对象是专业的影视广告、角色动画和电影特技等。

7.1.6 数据压缩技术

数据压缩的对象是数据,而不是信息。数据和信息有着不同的概念。数据用来记录和传送信息,是信息的载体。真正有用的不是数据本身,而是数据所携带的信息。数据压缩就是用最少的数码来表示信号。数据压缩的目的是减少存储时占用的空间,以便信息处理和传输。

数据压缩方法很多,可以分为无损压缩和有损压缩两大类。

数据中常存在一些多余部分,即冗余度。这些冗余部分可在数据编码中除去或减少。例如,下面的字符串:

KKKKKKAAAAVVVVAAAAAA

该字符串可以用更简洁的方式来编码,即通过替换每一个重复的字符串为单个的实例字符并加上记录重复次数的数字来表示,上面的字符串可以用下面的编码来表示:

6K4A4V6A

6K表示6个字符,4A表示4个字符等。这种压缩方式是众多压缩技术中的一种。冗余压缩是一个可逆过程,可完全恢复原始数据,因此称为无损压缩。

有损压缩是利用了人类对图像或声波中的某些频率成分不敏感的特性,允许压缩过程中损失一定的信息;虽然不能完全恢复原始数据,但是所损失的部分对理解原始图像的影响较小,却换来了较大的压缩比。有损压缩广泛应用于语音、图像和视频数据的压缩。

常用的数据压缩软件有RAR、ZIP和ARJ等。

7.1.7 网络流媒体技术

流媒体是采用流式传输方式在网络上播放的媒体格式,流媒体将音频、视频等多媒体文件经过特殊的压缩方式分成多个压缩包,由视频服务器向计算机用户连续、实时地传送。用户不必等到整个文件下载完毕，而是经过延时即可利用解压设备（硬件或软件）解压后进行播放和观看，其余部分在后台服务器内继续下载。流式传输避免了用户必须等待整个文件全部从 Internet 上下载完毕才能观看的缺点。

(1)实现流式传输的方法

①顺序流式传输，即顺序下载，可同时观看在线媒体，用的是 HTTP 或 FTP 服务器，适合发布高质量的短片段，如片头、片尾、广告等，在指定的时刻只能观看已下载部分，不能跳到未下载的部分，不能根据用户的连接速度做出调整，管理简单。

②实时流式传输，需要专用的流媒体服务器与传输协议。实时流式传输总是实时传送，特别适合现场事件，也支持随机访问，如讲座或演说等，用户可快进或后退以观看前面或后面的内容。

(2)流媒体系统组件

流媒体系统是由各种不同的软件构成的，这些软件在各个不同的层面上互相通信。

流媒体系统包括三个基本组件，即编码器、服务器和播放器。

(3)流媒体的播放方式

①单播方式，即一台服务器传送的数据包只能传递给一个客户机，流媒体服务器必须向每个用户发送所申请的数据包，因此给服务器造成很大的负担，响应时间很长。

②组播方式，组播允许路由器将数据包复制到多个通道，客户端共享一个数据包，按需提供。

③点播方式，点播是客户端与服务器主动连接，用户通过选择内容项目来初始化客户端连接。

④广播方式，广播是用户被动接受流。数据广播过程中，客户端接受流，但不能控制流。数据包的一个单独拷贝将发送给网络上的所有用户。

(4)常用流媒体格式

①RA 格式和 RM 格式

RA 格式是 RealNetworks 公司所开发的一种新型流式音频 Real Audio 文件格式，RM 格式则是流式视频 Real Video 文件格式，主要用来在低速率的网络上实时传输活动视频影像，可以根据网络数据传输速率的不同而采用不同的压缩比率，在数据传输过程中边下载边播放，从而实现影像数据的实时传送和播放。客户端可通过 Real Player 播放器进行播放。

②ASF 格式

ASF 格式是由 Microsoft 公司开发的，也是一种网上比较流行的流媒体格式。客户端通过 Microsoft Media Player 播放器播放。

③QT 格式

QT 格式是 Apple 公司开发的一种音频、视频文件格式，具有先进的音频和视频功能。客户端通过 QuickTime 播放器进行播放。

④SWF 格式

SWF 格式是基于 Macromedia 公司（已被 Adobe 公司收购）Shockwave 技术的流式动画格式，是用 Flash 软件制作的一种格式，源文件为“.fla”格式，由于其体积小、功能强、交互能力好、支持多个层和时间线程等特点，因此越来越多地应用到网络动画中。客户端安装 Shockwave 的插件即可播放。

(5)主流流媒体平台

到目前为止，Internet 上使用较多的流媒体技术主要有 RealNetworks 公司的 Real system、Microsoft 公司 Windows Media Technology 和 Apple 公司的 QuickTime，它们是网上流媒体传输系统的三大主流。

①Real System

Real System 由媒体内容制作工具 Real Producer、服务器端 Real Server 和客户端软件(Software) 三部分组成。其流媒体文件包括 Real Audio、Real Video、Real Presentation 和 Real Flash 四类文件，分别用于传送不同的文件。Real System 采用 SureStream 技术，自动并持续地调整数据流的流量以适应实际应用中的各种不同网络带宽需求，轻松在网上实现视音频和三维动画的回放。成熟稳定的技术性能，使其占领了一半多的网络流媒体点播市场，很多知名视频网站、电视台采用的都是 Real System 技术。

②Windows Media Technology

Windows Media Technology 是 Microsoft 提出的信息流式播放方案，其核心是 ASF (Advanced Stream Format)文件。ASF 是一种包含音频、视频、图像以及控制命令、脚本等多媒体信息在内的数据格式，通过分成一个个的网络数据包在 Internet 上传输，实现流式多媒体内容发布。因此，我们把在网络上传输的内容称为 ASF Stream。ASF 支持任意的压缩、解压缩编码方式，并可以使用任何一种底层网络传输协议，具有很大的灵活性。Windows Media Technology 由 Media Tools、Media Server 和 Media Player 工具构成。Media Tools 是整个方案的重要组成部分，它提供了一系列的工具帮助用户生成 ASF 格式的多媒体流。Media Server 可以保证文件的保密性，并使每个使用者都能以最佳的影片品质浏览网页，具有多种文件发布形式和监控管理功能。Media Player 则提供强大的流信息的播放功能。

③QuickTime

QuickTime 包括服务器 QuickTime Server、带编辑功能的播放器 QuickTime Player、制作工具 QuickTime 4 Pro、图像浏览器 Picture Viewer 以及使 Internet 浏览器能够播放 QuickTime 影片的 QuickTime 插件。QuickTime 4 支持两种类型的流：实时流和快速启动流。使用实时流的 QuickTime 影片必须从支持 QuickTime 流的服务器上播放，是真正意义上的 Streaming Media，使用实时传输协议 (RTP)来传输数据。快速启动影片可以从任何 Web Server 上播放，使用超文本传输协议(HTTP)或文件传输协议(FTP)来传输数据。

(6)流媒体技术的应用

随着流媒体技术的日渐成熟，基于流媒体的应用越来越普及，流媒体技术广泛用于互联网多媒体新闻发布、在线直播、网络广告、网络视频广告、电子商务、视频点播、远程教育、远程医疗、网络电台、网络电视台、实时视频会议等互联网的信息服务领域。Internet 的迅猛发展和普及为流媒体业务的发展提供了强大的市场动力，流媒体业务正变得日益流行。随着无线通信技术的不断发展，移动运营商可以为用户提供基于移动流媒体技术的丰富应用，可以随时随地在移动终端上点播和下载高质量的音乐和 MTV，收看收听电视台的直播节目，欣赏精彩的电视剧和影片，体验激烈的体育赛事，实现远程实时监控和交通路况查询以及开展各行各业的专项应用。移动流媒体业务将在某种程度上改变人们的生活方式，进一步开拓获取信息和休闲娱乐的途径。

7.2　图像处理基础

7.2.1　基本概念

(1)像素

像素是组成图像的最基本单元，它是一个小的方形色块。一幅图像单位面积内的像素越多，图像的质量就越好。

(2)图像分辨率

图像分辨率即单位面积内像素的多少。分辨率越高，像素越多，图像的信息量越大。图像分辨率单位为 PPI(Pixels Per Inch)，如 300PPI 表示该图像每平方英寸含有 300×300 个像素。

图像分辨率和图像尺寸的值决定了文件的大小及输出质量，分辨率越高，图像越清晰，所产生的文件也越大。图像分辨率成为图像品质和文件大小的代名词；如果是用来印刷的图像，其分辨率一定要大于等于 120 像素/厘米，折算大约是 300 像素/英寸。

(3)点阵图

点阵图又称像素图，即图像由一个个的颜色方格所组成，与分辨率有关，单位面积内像素越多，分辨率越高，图像的效果越好。用于显示一般为 72PPI；用于印刷一般不低于 300PPI。

(4)矢量图

矢量图是由数学方式描述的曲线组成，其基本组成单元为锚点和路径，由 Coreldraw、Illustrator、FreeHand 等软件绘制而成，与分辨率无关，放大后无失真。

(5)设备分辨率

设备分辨率又称输出分辨率，指的是各类输出设备每英寸含有的像素点数，单位为 DPI(Dots Per Inch)。与图像分辨率不同的是，图像分辨率可更改，而设备分辨率不可更改，如常见的扫描仪。

(6)位分辨率

位分辨率又称位深或颜色深度，用来衡量每个像素存储的颜色位数。

(7)颜色模式

用于显示和打印图像的颜色模型。常用的有 RGB、CMYK、LAB、灰度等。

(8)文件格式

Photoshop 默认的文件格式为 PSD；网页上常用的有 PNG、JPEG、GIF；印刷中常用的为 EPS、TIFF。Photoshop 几乎支持所有的图像格式。

7.2.2 图像色彩基础知识

人类能够根据不同波长的光分辨颜色。太阳光所代表的白色光，包含了可见光光谱范围内的所有颜色。当物体反射、吸收或是发出某种波长的光并进入人眼时，经过大脑判断，人们便可以看到物体本身的颜色。通常，人们将可见光分解为从蓝色至红色的一个渐进的彩虹光谱带。

(1)亮度

亮度是光作用于人眼所引起的明亮程度的感觉，它与被观察物体的发光强度有关。

(2)色调

色调也称为色相，是人眼看一种或多种波长的光时所产生的色彩感觉。通常情况下，色调是由颜色名称标识的，如光是由红、橙、黄、绿、青、蓝、紫七色组成，每一种颜色代表一种色调。如图7.5所示。

图7.5 色相环

色彩是由于物体上的物理性的光反射到人眼视神经上所产生的感觉。色的不同是由光的波长的长短差别所决定的。作为色相，指的是这些不同波长的色的情况。波长最长的是红色，最短的是紫色。把红、橙、黄、绿、蓝、紫和处在它们各自之间的红橙、黄橙、黄绿、蓝绿、蓝紫、红紫这6种中间色共计12种色作为色相环。在色相环上排列的色是纯度高的颜色，被称为纯色。这些色在环上的位置是根据视觉和感觉的相等间隔来进行安排的。用类似这样的方法还可以再分出差别细微的多种色来。在色相环上，与环中心对称，并在180度的位置两端的色被称为互补色。

(3)饱和度

饱和度也称色彩的纯度，是颜色鲜艳程度的指标，纯度越高，色彩越鲜明，饱和度就越高。人类对颜色的感知取决于进入人眼的光波中各种频率分量之间的比例。光波的频率分量越少，主频与其他频率之间的能量差别越大，色彩的纯度就越高，色彩饱和度越高。相反，光波的频谱分布越均匀，色彩纯度就越低，饱和度也就越低。

(4)对比度

对比度是指不同颜色的差异程度，对比度越大两种颜色之间的差异就越大。将一幅灰度图像的对比度增大后，黑白对比更加分明。

7.2.3 三基色原理

三基色是这样的三种颜色：它们相互独立，其中任何一色均不能由其他两色混合产生；同时它们又是完备的，即所有其他颜色都可以由三基色按不同的比例组合而得到。有两种基色系统，一种是加色系统，其基色是红、绿、蓝。另一种是减色系统，其三种基色是青色、黄色和品红或紫色。

不同比例的三基色相加得到的色彩称为相加混色。其规律如下：

红＋绿＝黄

红＋蓝＝紫

蓝＋绿＝青

红＋蓝＋绿＝白

当两种色光以适当的比例混合而能产生白色感觉时，这两种颜色就称为互为补色。

相减混色利用了滤光特性，即在白光中减去不需要的彩色。相减混色主要用于美术、印刷、纺织等。因为颜料能吸收入射光光谱中的某些成分，未吸收的部分被反射，从而形成了该颜料特有的色彩。当不同比例的颜料混合在一起时，它们吸收光谱的成分也随之改变，从而得到不同的色彩。其规律为：

黄＝白－蓝

紫＝白－绿

青＝白－红

红＝白－蓝－绿

黄＋青＝白－蓝－红＝绿

紫＋青＝白－绿－红＝蓝

黄＋紫＋青＝白－蓝－绿－红＝黑

黄颜色之所以呈黄色，是因为它吸收了蓝光，反射黄光的缘故；如果把黄色和青色两种颜料混合，实际上是它们同时吸收蓝光和红光，只有绿光能反射，因此呈绿色。

由于彩色墨水和颜料的化学特性，用等量的三基色得到的黑色不是真正的黑色，因此在印刷术中常加一种真正的黑色(Black Ink)，所以 CMY 又写成 CMYK。CMYK 模式是种颜料模式，它属于印刷模式。RGB 为相加混色模式，CMYK 为相减混色模式。显示器采用 RGB 模式，因为显示器是电子光束轰击荧光屏上的荧光材料发出亮光而产生颜色。而打印机的油墨不会自己发出光线，因而只有采用吸收特定光波而反射其他光的颜色，所以需要用减色法来解决。

7.2.4 图像的色彩模式

色彩模式决定了一幅数码图像以什么样的方式在电脑中显示或打印输出。不同的色彩模式在 Photoshop 中所定义的颜色范围各不相同。除了影响图像色彩的显示，色彩模式还影响图像的通道数和文件的大小。常见的色彩模式包括 HSB(色相、饱和度、亮度)模式、RGB(红色、绿色、蓝色)模式、CMYK(青色、品红、黄色、黑色)和 Lab 模式。

7.3 会声会影 X8

会声会影是 Corel 公司推出的一款视频编辑软件，是世界上第一款面向非专业用户的视频编辑软件。它凭着简单方便的操作、丰富的效果和强大的功能，成为家庭 DV 用户的首选编辑软件。本书以 X8 为例来介绍会声会影的基本操作。

7.3.1 会声会影 X8 工作区界面

会声会影 X8 包含三个主要工作区：捕获、编辑和共享。这些工作区分别对应视频编辑流程的各种步骤。每个工作区都含有特定的工具和控件，点击捕获、编辑和共享标签可以切换工作区。

(1)“捕获”工作区

该工作区可以将媒体素材直接录制或导入计算机的硬盘。此步骤可捕获和导入视频、照片和音频素材。

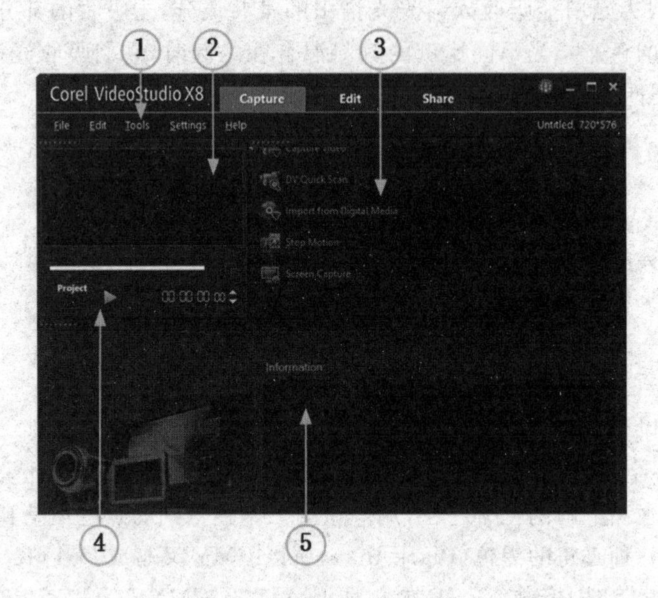

图 7.6 “捕获”工作区界面

“捕获”工作区包含下列组件，如图 7.6 所示：

①菜单栏：包括“文件”“编辑”“工具”“设置”等菜单项。

②预览窗口：显示当前项目或播放的素材。

③捕获选项：显示不同的媒体捕获和导入方法。

④导览区域：在播放器面板中提供播放和精确修剪的按钮。

⑤信息面板：可让您查看正在处理的文件的相关信息。

(2)“编辑”工作区

打开会声会影时，“编辑”工作区会显示为默认工作区，如图 7.7 所示。“编辑”工作区和时间轴是会声会影的核心，在此处可排列、编辑、修剪和加入特效到视频素材。

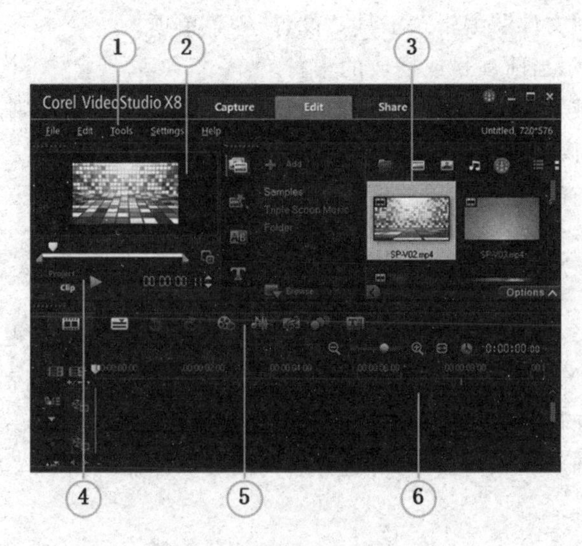

图 7.7　“编辑”工作区界面

“编辑”工作区包含下列组件：

①菜单栏：包括“文件”“编辑”“工具”“设置”等菜单项。

②预览窗口：显示当前项目或播放的素材。

③素材库面板：一个保存区域，可放置建立影片需要的所有数据，包括范例视频、照片和音乐素材，以及导入的素材等，也包括模板、转场、标题、图形、滤镜和路径等。选项区域会在素材库面板中打开。

④浏览区域：在播放器面板中提供播放和精确修剪的按钮。

⑤工具栏：在工具栏中可选择时间轴中与内容相关的各种功能。

⑥时间轴面板：时间轴是组织视频项目媒体素材的地方。

(3)“共享”工作区

“共享”工作区用于保存并输出完成的影片，如图 7.8 所示。

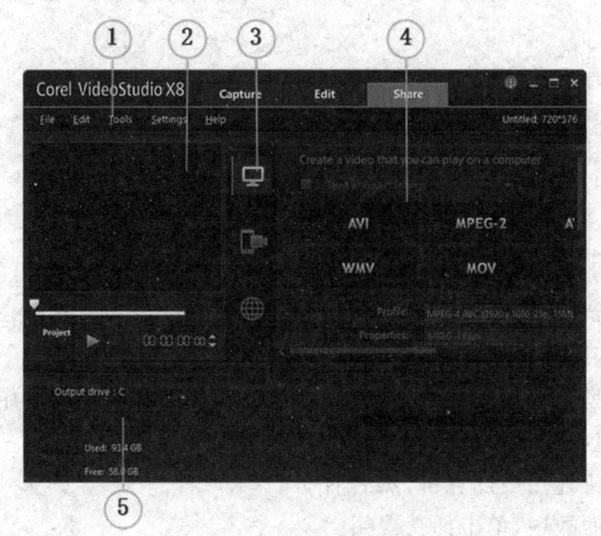

图 7.8　“共享”工作区界面

①菜单栏:包括“文件”“编辑”“工具”“设置”等菜单项。

②预览窗口:显示当前项目或播放的素材。

③类别选取区域:可让您选择计算机、光盘和3D等影片输出类别。

④格式区域:提供可供选取的文件格式、配置文件和描述。

⑤信息区域:可查看输出位置的信息,并提供文件大小的估计值。

7.3.2 捕获和导入

在使用会声会影X8制作视频前,用户首先需要做的就是捕获视频素材。所谓捕获就是从摄像机、电视等视频源获取视频数据,然后通过视频捕获卡或者通过USB接收,最后将视频信号保存在计算机硬盘中。捕获视频的质量直接影响到影片的最终效果。

在捕获工作区捕获选项面板中,可选择不同的的媒体捕获和导入方法,各选项的说明如表7.1所示。

表7.1 各选项的说明

	从外部设备捕获视频,通过摄像机将视频和照片捕获到计算机中
	DV快速扫描,通过扫描DV磁带选区场景
	从数字媒体导入,可以从光盘或硬盘导入媒体素材
	定格动画
	屏幕捕获

(1)捕获视频和照片

所有摄像机类型捕获视频的步骤都差不多,但各种来源类型的可用捕获设置会不同。以DV为例,捕获过程如下:

①首先将摄像机连接至计算机,然后启动DV。

②在捕获选项面板中,单击捕获视频。

③从来源下拉式清单中选取您的捕获设备。

④从格式下拉式清单中选取格式。

⑤单击捕获视频。单击停止捕获或按 ESC 键来停止捕获。

(2)将素材导入素材库

素材库是取得所有媒体来源,包括视频素材、照片和音乐等。其中也包括可以运用在项目的模板、转场、特效和各种其他媒体资源。

①单击应用程序窗口上方的“编辑(Edit)”,进入会声会影编辑工作区。素材库面板会显示会声会影默认的素材,如图 7.9 所示。

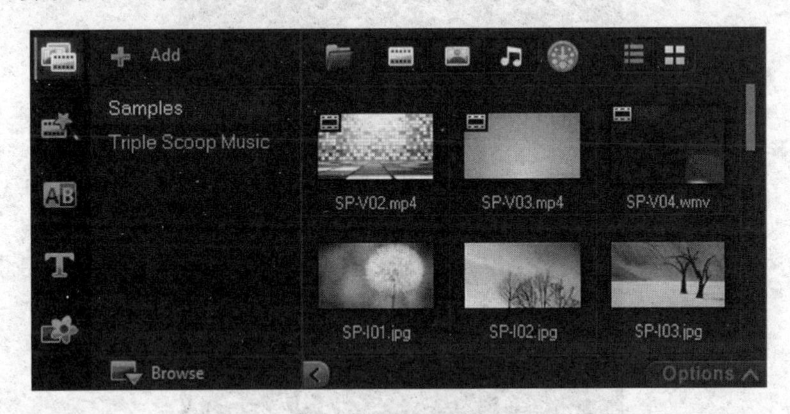

图 7.9　素材库面板

②点击素材库面板中的添加文件夹按钮 Add ,建立一个文件夹,修改文件夹名称,输入新文件夹的名称。

③单击素材库最上方的导入媒体文件按钮 ,选取所要使用的视频素材和照片等素材,然后单击打开。

可以启用或停用素材库最上方的按钮,如图 7.10 所示,依视频、相片和音乐来筛选缩略图。

图 7.10　视频、相片和音乐筛选按钮

7.3.3 项目的基本操作

项目,就是进行视频编辑等操作的文件,如图 7.11 所示,项目操作包括新建项目、打开项目、保存项目和关闭项目等。会声会影 X8 的项目文件是“.VSP”格式的文件,它用来存放制作影片所需要的必要信息,包括视频素材、图像素材、声音文件、背景音乐、字幕和特效等,项目文件本身不是影片,只有在最后的分享步骤中,经过渲染输出,将项目文件中的所有素材连接在一起,才能生成最终的影片。在运行会声会影编辑器时,程序会自动打开一下新建项目,并让用户开始制作作品。如果是第一次使用会声会影,那么新项目将会使用会声会影的初始默认设置。否则,新项目将使用上次使用的项目设置。项目设置可以决定预览项目时视频项目的渲染方式。

图 7.11 文件菜单

7.3.4 时间轴

时间轴提供两种视图模式:故事板视图和时间轴视图。

(1)故事板视图

点击时间轴面板中的"故事板视图"按钮 ,如图 7.12 所示,切换至故事板视图模式。故事板视图模式是一种简单明了的编辑模式,用户只需从素材库中直接将素材用鼠标拖曳至视频轨中即可。故事板视图中的每个缩略图均代表一张照片、一段视频素材或一个转场效果。缩略图以出现在项目中的顺序显示,可以通过拖曳缩略图来重新排列它们。如图 7.12 所示,每个素材的时间长度会显示在缩略图的底部。可以在视频素材间插入转场。在预览窗口中可对选取的视频素材进行编辑。

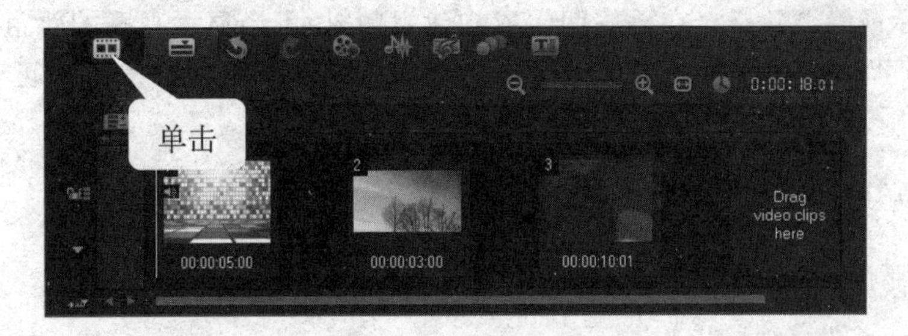

图 7.12　“故事板视图”

(2)时间轴视图

时间轴视图是会声会影 X8 中最常用的编辑模式，如图 7.13 所示，在时间轴编辑模式下，可以对标题、字幕、音频等素材进行编辑，还可以以“帧”为单位对素材进行精确编辑。在时间轴面板中，系统默认共有 5 个轨道，分别是视频轨、覆叠轨、标题轨、声音轨和音乐轨，视频轨和覆叠轨主要用于放置视素材和图像素材，标题轨主要用于放置标题字幕素材，声音轨和音乐轨主要用于放置旁白和背景音乐等音频素材。单击面板左上方的“轨道管理器”按钮，在弹出的轨道管理器窗口中，如图 7.14 所示，可以设置轨道的数目，最多可有 20 个覆叠轨、2 个标题轨和 3 个音乐轨。在编辑时，只需要将相应的素材拖动到相应的轨道中，即可完成对素材的添加操作。

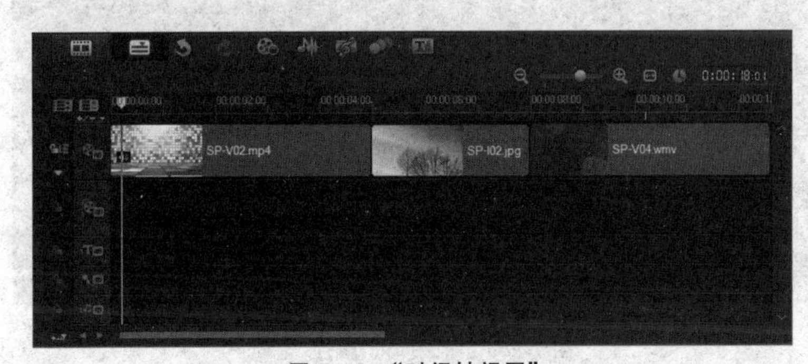

图 7.13　“时间轴视图”

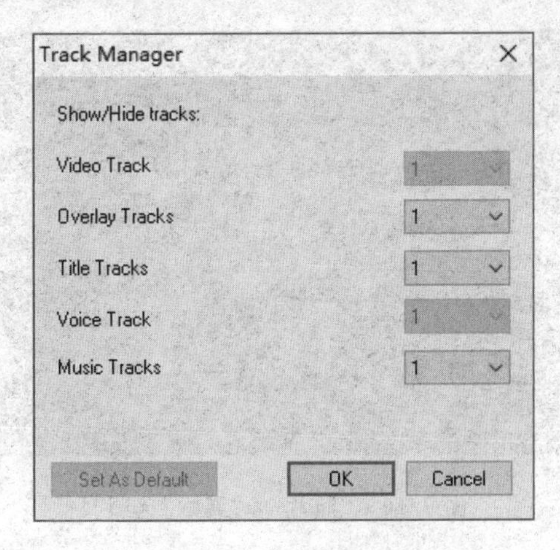

图 7.14　“轨道管理器”

可以显示或隐藏轨道。在播放期间或构建视频时，不会显示隐藏的轨道。选择显示或隐藏轨道，可看到项目中各轨的效果。单击轨道“显示/隐藏”按钮即可显示或隐藏轨道：

眼睛睁开表示显示轨道。

眼睛闭上表示轨道已隐藏。

7.3.5 媒体剪辑

1)“编辑”工作区选项面板

通过“编辑”工作区中的选项面板可以修改加到时间轴的媒体、转场、标题、图形、动画和滤镜等。选项面板中的选项卡取决于所选的媒体类型。例如，如果选取视频素材，单击素材库面板中的选项，会显示“视频”和“属性”两个选项卡，如图 7.15 所示。若选取照片素材，单击素材库面板中的选项，则显示“照片”和“属性”选项卡，如图 7.16 所示。

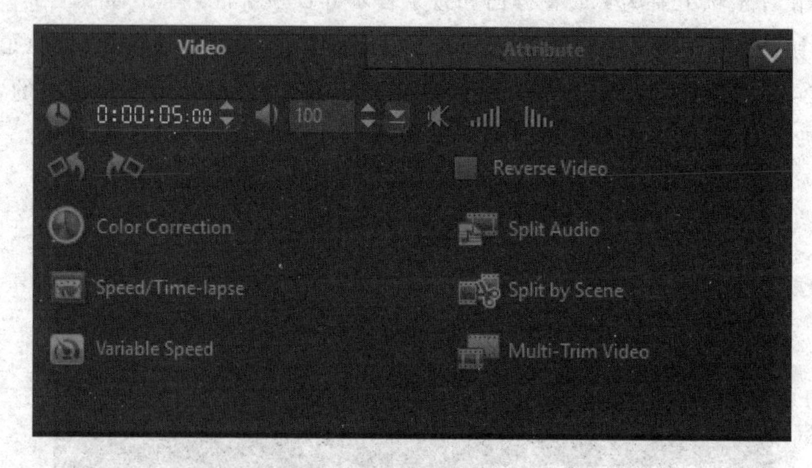

图 7.15 “视频”和“属性”选项

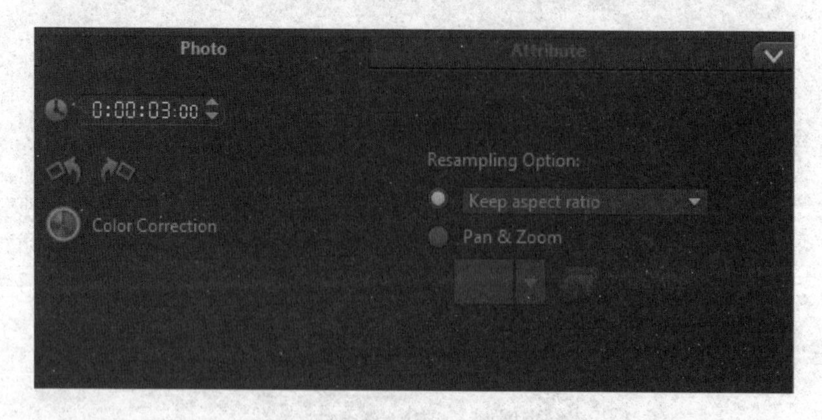

图 7.16 “照片”和“属性”选项

(1)视频选项卡

- 视频时间长度：以“时：分：秒：帧”的格式显示选定素材的时间长度。通过更改素材的时间可以修剪选定的素材。
- 素材音量：可让您调整视频音量大小。
- 静音：将视频的音量调至静音。
- 淡入/淡出：逐渐增减素材的音量，以产生平滑的转场。
- 旋转：旋转视频素材。
- 色彩修正：可让调整视频素材的色相、饱和度、亮度和对比等。也可以调整视频或照片素材的白平衡，或进行自动色调调整。
- 速度/时间流逝：调整素材的播放速度。
- 倒转播放：倒转播放视频。
- 分割音频：将音频从视频文件中分割，将它置于语音轨。
- 依场景分割：分割捕获的视频文件，按照拍摄的日期与时间，或是视频内容的变化来分割。
- 多重修剪视频：从视频文件中选择需要的片段加以修剪。
- 重新取样选项：可让您设置视频的宽高比。

(2)照片选项卡

- 时间长度：设置选取图像素材的时间长度。
- 旋转：旋转图像素材。
- 色彩修正：调整图像的色相、饱和度、亮度、对比和 Gamma 值，也可以调整视频或图像素材的白平衡，或进行自动色调调整。
- 重新取样选项：可以在套用转场或特效时，修改照片的宽高比。
- 平移和缩放：将平移和缩放特效应用在当前的图像上。
- 默认项目：提供多种平移和缩放默认项目。
- 自定义：可让您定义目前图像的平移和缩放方式。

(3)“属性”选项卡

- 遮罩与色度键：选择遮罩、色度键以及透明等覆叠选项。
- 对齐选项：在预览窗口中调整对象位置。
- 取代上一个滤镜：拖曳新滤镜至素材上，以取代最后应用在该素材上的滤镜。如果要添加多个滤镜至素材上时，则清除此选项。
- 套用的滤镜：列出已应用在素材上的视频滤镜。
- 默认项目：提供多种默认滤镜。
- 自定义滤镜：自定义滤镜在素材中的转场方式。
- 方向/样式：设置素材进入/退出的方向和样式。
- 素材变形：修改素材大小和比例。
- 显示网格线：显示网格线。
- 进阶动态：自定义覆叠和标题的追踪路径。

2)添加视频素材

会声会影 X8 的素材库中提供了各种类型视频素材，可以直接从中取用。当素材库中的视频素材不能满足编辑需求时，可以将需要的素材导入素材库。可以用下面几种方式将视频素材插入时间轴：

(1)在素材库内选取素材(可按住 Shift 选取多个素材)，然后拖曳到视频轨或覆叠轨。

(2)在素材库上按鼠标右键，在弹出的菜单中选取“插入至：视频轨”或“插入至：覆叠轨”。

(3)在 Windows 资源管理器中选取一个或多个视频文件，再拖曳至视频轨或覆叠轨。

(4)若要将素材直接从文件文件夹插入视频轨或覆叠轨，鼠标右键单击时间轴，选择“插入视频”，然后找到所要使用的视频。

图片素材的插入类似，不再赘述。

3)添加摇动和缩放效果

会声会影 X8 中的摇动和缩放效果，只能应用于图像素材。摇动和缩放可以使静止的图像动起来，使制作的影片更加生动。

(1)添加摇动和缩放效果方法

鼠标右键单击时间轴中的图片，然后选取自定义摇动和缩放，或者打开选项面板，在其中选中“摇动和缩放”单选按钮。然后单击在该单选按钮下方的下拉按钮，在弹出的列表框中选择所需的样式。

(2)自定义摇动和缩放效果

在“照片”选项面板中，选中“摇动和缩放”单选按钮，单击“自定义”，弹出如图 7.17 所示的对话框，在对话框中添加关键帧，设置“缩放率”“停靠”等参数，即可完成自定义摇动和缩放。

图 7.17 “摇动和缩放”→“自定义”

4)添加时间流逝/频闪效果

(1)单击“文件”，选择“将媒体文件插入时间轴”，选择“插入要应用时间流逝/频闪的照片”。

(2)在弹出的照片浏览窗口中,选择在添加的照片,然后单击“打开”按钮。

(3)在保留和丢弃中,选择要保留和丢弃的帧数。

(4)在帧时间长度中,指定每个帧的持续时间,如图 7.18 所示。

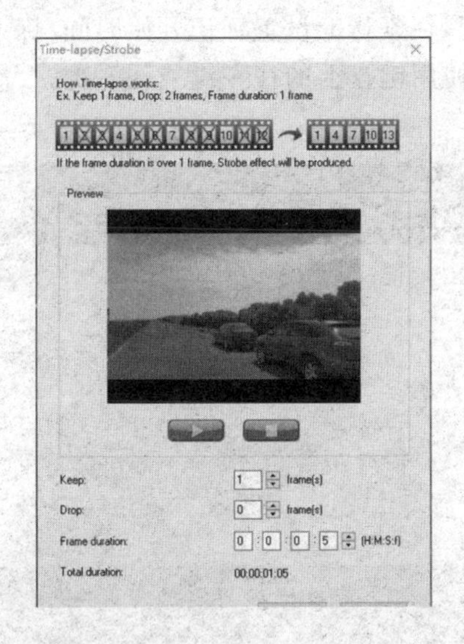

图 7.18　“时间流逝/频闪”对话框

(5)使用播放控制,可预览效果。

(6)单击确定。

5)剪辑素材

在会声会影 X8 编辑器中,可以依帧精准地、轻易地分割和修剪素材。

(1)视频分割

①时间轴中,选取要分割的素材。

②将预览窗口中滑轨上的播放头拖曳至需要分割的素材点,如图 7.19 所示。

③单击图中的,将素材分割成两个素材。若要移除其中一个素材,选取不需要的素材,再按 Delete 键。

图 7.19　预览窗口

(2)单素材修整

①双击素材库中的视频素材,或是在视频素材上单击鼠标右键,选择“单素材修整”,启动“单素材修整”对话框,如图 7.20 所示。

②单击并拖曳修整标记,在素材上设置标记开始时间/标记结束时间点。

③若要更精确地修剪,使用键盘上的往左键或往右键,一次修剪一个帧。

图 7.20 “单素材修整”对话框

(3)在时间轴上剪辑素材

①点选时间轴的素材。

②拖曳素材两端的修剪标记来更改其长度。预览窗口将反映素材内的修整标记位置。

(4)按场景分割

在编辑工作区中使用“按场景分割”可监测视频文件内的不同“场景”,然后将其分成几个不同的素材文件。

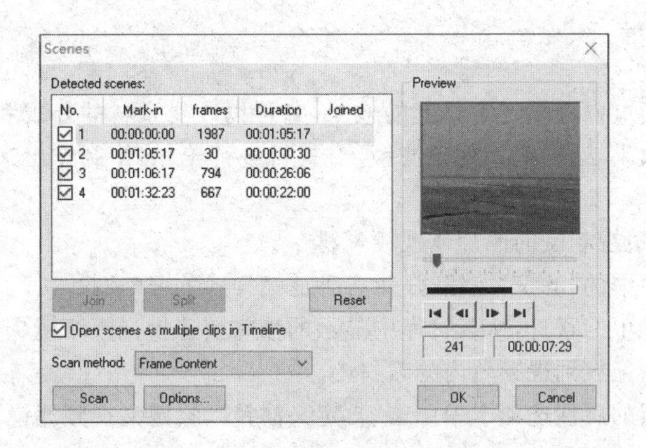

图 7.21　“按场景分割”对话框

右键单击时间轴上要分割的素材，在弹出的菜单中选择“按场景分割”，弹出如图7.21所示的对话框，单击“扫描(Scan)”，会声会影扫描视频文件，列出所有监测到的场景。单击确定来分割视频。

(5)多重修整视频

①在编辑工作区中时间轴上，选取要修剪的素材，双击素材，打开选项面板。

②单击选项面板中的“多重修整视频”。

③在“多重修整视频”对话框中，单击“播放”以查看整个素材，决定所需标示的区段。

④拖曳时间轴显示比例，选择显示的帧个数。

⑤拖曳播放头，直到要用来作为第一个区段的开始点。单击设置标记开始时间按钮“[”。

⑥再次拖曳播放头，移至所要的区段结束点。单击设置标记结束时间按钮“]”。

⑦重复进行上面两个步骤，直到标示所有要保留或移除的区段，如图 7.22。

⑧完成之后单击确定，保留的视频区段就会插入到时间轴。

图 7.22　“多重修整视频”对话框

7.3.6 视频滤镜

视频滤镜是指可以应用到素材上的效果，它可以改变素材的外观和样式。会声会影提供了多种滤镜效果，运用这些视频滤镜，对素材进行美化，使制作出来的视频更具有表现力。

(1)将视频滤镜视频轨的照片或视频素材

①单击素材库中的“滤镜”按钮，显示各种滤镜样式的缩略图。

②选取时间轴中的素材，从素材库中显示的缩略图选择视频滤镜。

③将视频滤镜拖放到视频轨内的素材上。

④在选项面板的属性选项卡中单击“自定义滤镜”，自定义视频滤镜的属性，可用的选项将随着选定的滤镜而异。

⑤使用预览窗口预览视频滤镜的效果。

(2)应用多个滤镜

在会声会影中，当用户为一个素材添加多个视频滤镜效果时，所产生的效果是多个滤镜效果的叠加。会声会影最多可应用 5 个滤镜到 1 个视频素材上。在默认状态下，当拖曳新滤镜到素材上时，就会取代原来应用在素材上的滤镜。可以在选项面板的“属性”选项卡中点击取消“替换上一个滤镜(Replace Last Filter)”，如图 7.23 所示。

在素材上应用多个视频滤镜时，如图，按“”或“”可以更改滤镜顺序，更改视频滤镜的顺序将对素材产生不同的效果。

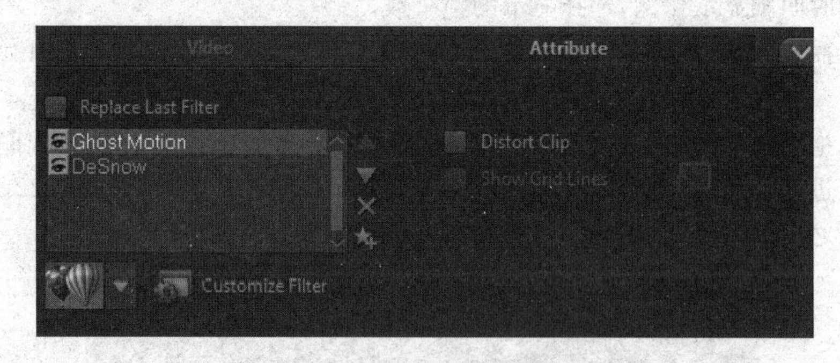

图 7.23 视频滤镜“属性”对话框

(3)自定义滤镜

在会声会影中，对视频滤镜效果进行自定义操作，可以制作更加精美的画面效果。有多种方式自定义视频滤镜，下面以通过添加关键帧到素材中说明自定义滤镜的过程。

①将视频滤镜从素材库拖放到“时间轴”中的素材上。

②单击自定义滤镜，将出现视频滤镜对应的对话框。

③在关键帧控制中，拖动滑轨或使用箭头，可以转到所需的帧，以便修改视频滤镜的属性。

④单击添加关键帧按钮，添加关键帧，并调整该帧视频滤镜的设置。

⑤单击淡入和淡出来确定滤镜上的淡化点。

⑥根据参数选择调整视频滤镜设置。

⑦在对话框的“预览窗口”中单击“播放”按钮，预览所做的更改。

⑧完成后，单击确定。

整个滤镜的自定义设置就完成了。

7.3.7 转场

转场可以看作一种特殊的滤镜效果，它可以在两个图像或视频素材之间创建某种过渡效果。合理运用转场效果，可以增加影片的观赏性和流畅性，从而提高影片的艺术档次。

(1)添加转场效果

在编辑工作区中，执行下列其中一项操作可添加转场：

①单击素材中的转场，然后从下拉式清单选取各种类别的转场效果。选取并拖曳转场特效至时间轴的两个视频素材之间。

②双击素材库中的转场，自动插入两素材间第一个空白的转场位置。重复此程序，将转场插入下一个切点。

③重叠时间轴中的两个素材。

(2)自动添加转场

①在会声会影编辑器中单击“设置”→“参数选择”，弹出“参数选择”对话框。

②切换至“编辑选项卡”，选中“自动添加转场效果”复选框。预设转场效果会自动添加到两素材之间。

(3)删除项目中的转场

执行下列其中一项可删除转场：

①单击要删除的转场，然后按 Delete 键。

②鼠标右键单击转场，然后选取删除。

③拖曳以分开具有转场特效的素材。

7.3.8 视频覆叠

所谓覆叠，是会声会影提供的一种视频编辑方法，它将视频素材添加到时间轴面板的覆叠轨中，设置相应属性后产生视频叠加的效果。

覆叠轨中添加的素材，可以是照片，也可以是视频，在预览窗口中可以调整素材的大小和位置。

(1)移动覆叠素材

在“属性”选项卡中，如图 7.24 所示，从“方向/样式”选项中选取覆叠素材在画面上移动的方向和样式。按特定的箭头来设置素材进入和离开影片的位置。也可以自定义移动，设置淡入和淡出等。

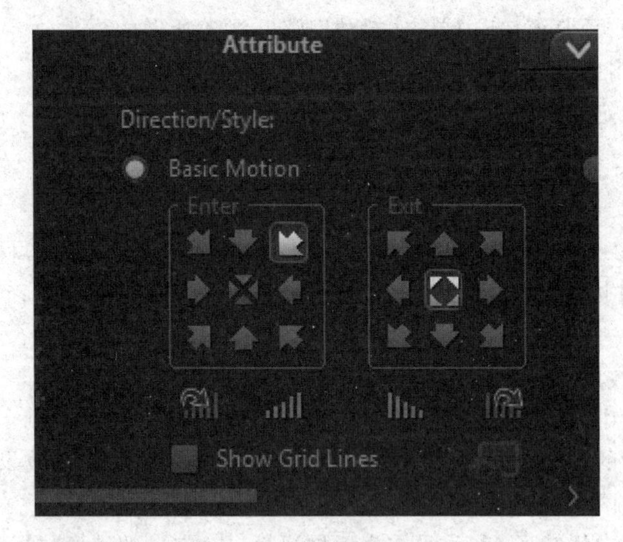

图 7.24 “属性”选项卡一

(2)设置覆叠素材透明度

在“属性”选项卡中,单击“遮罩与色度键”,如图 7.25,选择“应用覆叠选项”复选框,拖曳透明度滑杆,设置覆叠素材的透明度。

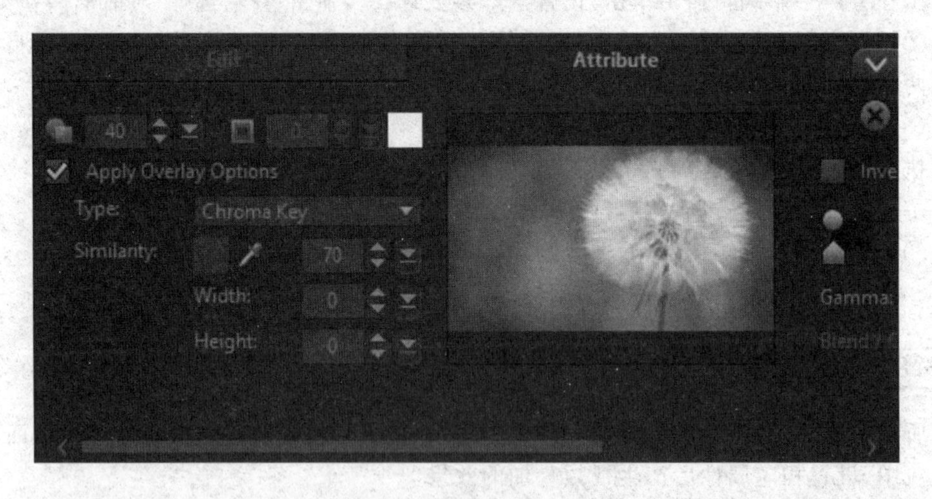

图 7.25 “属性”选项卡二

(3)添加覆叠素材外框

如图 7.25,单击边框箭头键,设置覆叠素材的外框宽度。单击箭头键旁的边框色彩方块,设置边框的颜色。

(4)添加视频遮罩

视频遮罩是以动画的方式显示覆叠素材内容,类似转场功能。可以套用既有视频遮罩,也可以导入第三方的视频遮罩。添加视频遮罩方法:在时间轴上,选取一个覆叠素材。单击“属性”选项卡中“遮罩与色度键”,单击“应用覆叠选项”,然后从“类型”下拉式列表选取视频遮罩,如图 7.26。

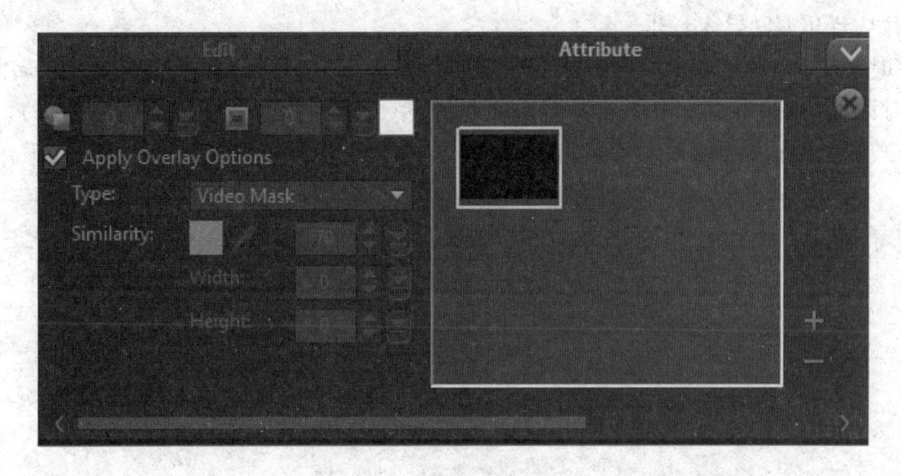

图 7.26　“属性”选项卡三

7.3.9 音频

影视作品是一门声画艺术，音频在影片中是不可或缺的元素，音频也是一部影片的灵魂，在后期制作中音频处理相当重要，如果声音运用恰到好处，往往给观众耳目一新的感觉。会声会影提供了简单的方法向影片中加入背景音乐和语音，可以将音频素材添加到素材库中以便快速调用。

(1)将音频文件加入素材库

在素材库面板中单击导入媒体文件按钮，浏览计算机中的音频文件。导入音频文件至素材库后，可从素材库拖曳音频至时间轴来添加音频。

(2)添加语音旁白

将预览窗口中的播放头移至要插入旁白的视频处，在时间轴面板中，单击“录制/捕获”按钮，接着选取旁白，在弹出的“调整音量”对话框，如图 7.27，单击“开始”并开始对麦克风说话，单击 Esc 或空格键可停止录音。

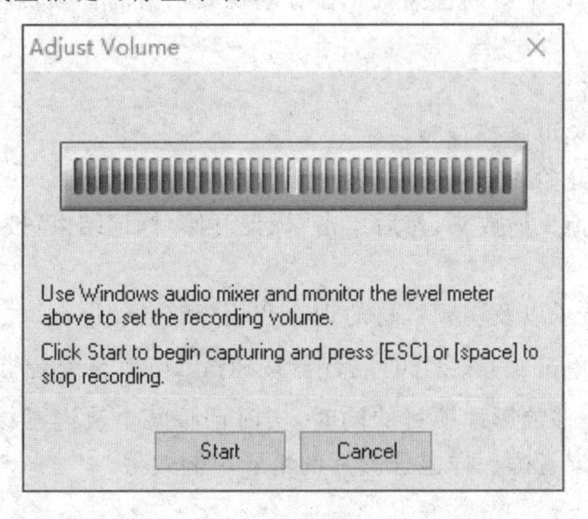

图 7.27　“调整音量”对话框

(3)从音乐 CD 导入音乐

在时间轴面板中，单击“录制/捕获”按钮，接着单击“从音乐 CD 导入”，弹出“转录 CD 音频”对话框，在曲目清单中选取要导入的曲目，单击浏览，选取导入文件要存入的目标文件夹，单击转录即可开始导入音频轨。

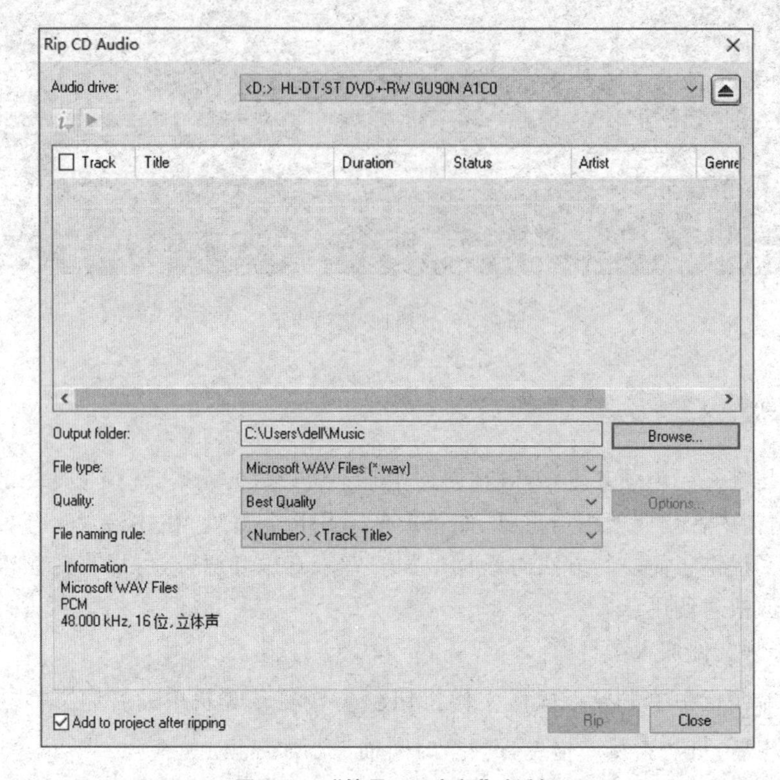

图 7.28 “转录 CD 音频”对话框

(4)分割视频素材中的音频轨

分割现有视频素材的音频部分到音频轨内。选取视频素材，鼠标右键单击该视频素材并选取“分割音频”，产生新的音频轨。在分割视频素材的音频轨后，可以将音频滤镜应用于这个音频轨。

(5)修整音频素材

执行下列其中一项可修整音频：

①在时间轴中从开始或结束位置拖曳控点，即可缩短素材。

②在预览窗口中拖曳播放头，然后单击“标记开始/标记结束”按钮。

(6)使用混音器

要让旁白、背景音乐以及视频素材的现有音频能够自然混合，关键在于控制不同素材的相对音量。可通过单击工具栏上的混音器按钮切换至混音器视图，它可以动态调整音量调节线，允许在播放影片项目的同时，实时调整某个轨道素材任意一点的音量，借助混音器可以像专业混音师一样混合影片的精彩声响效果。

(7)应用音频滤镜

若要将音频滤镜套用至音频轨:单击音频素材,然后打开选项面板,在音乐和语音选项卡中,单击音频滤镜,弹出音频滤镜对话框在可用滤镜清单中,选取所需的音频滤镜,单击加入。

7.3.10 输出与共享视频文件

经过一系列编辑后,用户便可将编辑完成的影片输出成视频文件了。通过会声会影X8中提供的“共享”步骤面板,可以将编辑完成的影片进行输出或将视频分享至优酷网站、新浪微博及QQ空间等,与好友一起分享制作的视频。

会声会影X8共享类别包括:

① 计算机:保存成可在计算机上播放影片的文件格式

② 设备:保存成可在移动设备、游戏主机或相机上播放影片的文件案格式。

③ 网站:将影片直接上传至YouTube、Facebook、Flickr或Vimeo。影片会存成所选网站适用的最佳格式。

④ 光盘:将您的影片保存并刻录到光盘或SD卡。

⑤ 3D影片:将您的影片保存成3D播放格式。

(1)创建在计算机播放的视频文件

①在共享工作区中,单击计算机按钮。

②按下列其中一个按钮进行查看并选择视频的配置文件:

- AVI
- MPEG-2
- AVC/H.264
- MPEG-4
- WMV
- MOV
- 音频
- 自定义

③在配置文件或格式下拉式清单中,选择一个选项。

④在文件名方块中,输入文件名。

⑤在文件位置方块中,指定保存位置。

⑥单击开始。

(2)上传至网站

将视频上传至YouTube、Facebook、Flickr和Vimeo。如果还没有账户,会提示您建立账户。在共享工作区中,单击网站按钮,按下列其中一个按钮:

- YouTube
- Facebook
- Flickr

● Vimeo

填入必要的信息，例如视频标题、描述、隐私权设置及其他标签。设置下列任何选项：

①仅建立预览范围：仅上传播放器面板中修剪标记之间所选取的视频区段。

②启用智能型转文件：分析视频是否存在任何先前上传的区段，然后仅上传添加的或修订后的区段。可以显著减少上传时间。单击开始，上传完成时会显示信息。

7.4 Adobe Audition CS 6

7.4.1 简介

Adobe Audition 的前身是 Cool Edit，它是 Adobe 公司开发的一款功能强大、效果出色的多轨录音和音频处理软件。它也是一款非常出色的数字音乐编辑器和 MP3 制作软件，不少人把它形容为音频“绘画”程序。

1997 年 9 月 5 日，美国 Syntrillium 公司正式发布了一款多轨音频制作软件，名字是 Cool Edit Pro（取“专业酷炫编辑”之意），版本号 1.0。

2002 年 1 月 20 日，Cool Edit Pro 发布了一个很重要的新版本，即 2.0 版。除了界面变得更漂亮以外，它开始支持视频素材和 MIDI 播放，并兼容了 MTC 时间码，另外还添加了 CD 刻录功能，以及一批新增的实用音频处理功能。也正是从 2.0 版开始，这款在欧美业余音乐音频界颇为流行的软件，开始被中国的广大多媒体玩家所注意。

Cool Edit Pro 因其“业余软件的人性化”和“专业软件的功能”，继续扩大着它的影响力，并最终引起了著名的媒体编辑软件企业 Adobe 的注意。

2003 年，Adobe 公司收购了 Syntrillium 公司的全部产品，并将 Cool Edit Pro 的音频技术融入了 Adobe 公司的 Premiere、After Effects、EncoreDVD 等其他与影视相关的软件。同时，当时的 Cool Edit Pro 也经过 Adobe 的重新制作，然后被重命名为 Adobe Audition。

Adobe Audition CS 6.0 版于 2012 年发布，它的功能比以往任何一个版本都要强大，本节主要介绍其基本功能的使用。

7.4.2 基本编辑界面

Adobe Audition 的界面如图 7.29 所示，主界面左侧是素材框，所有添加的音频素材都会在该区域列出，素材框上方的选项卡里可以选择效果调板和收藏夹调板；右侧为工作区，显示当前编辑的音频文件及其波形；左下方为传送器调板区，该区域内有录制、播放、暂停等控制按钮。

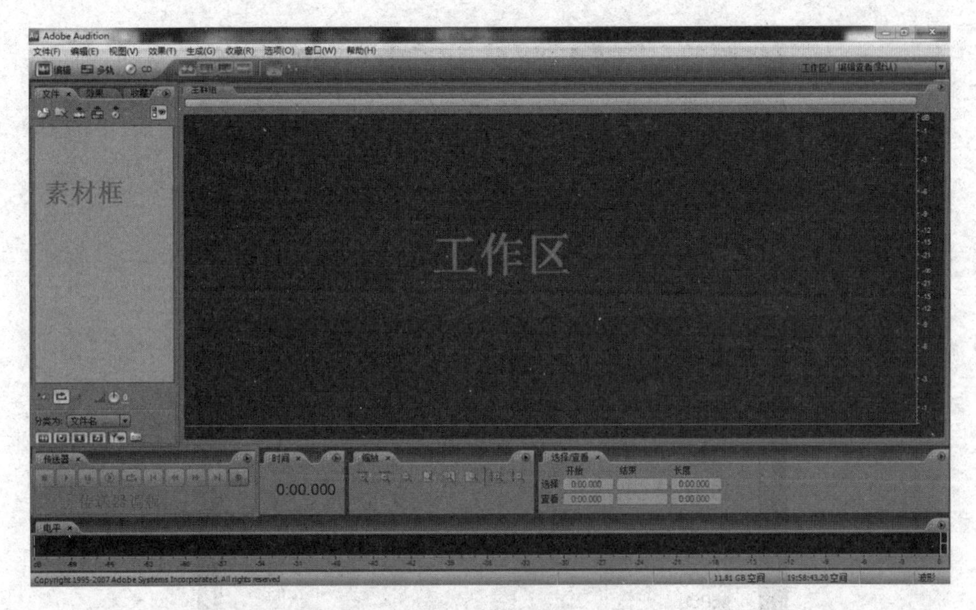

图 7.29　Adobe Audition 的界面

7.4.3 录音

双击 Adobe Audition 的图标，打开程序，即可进入 Audition 的编辑界面，如图 7.30 所示。

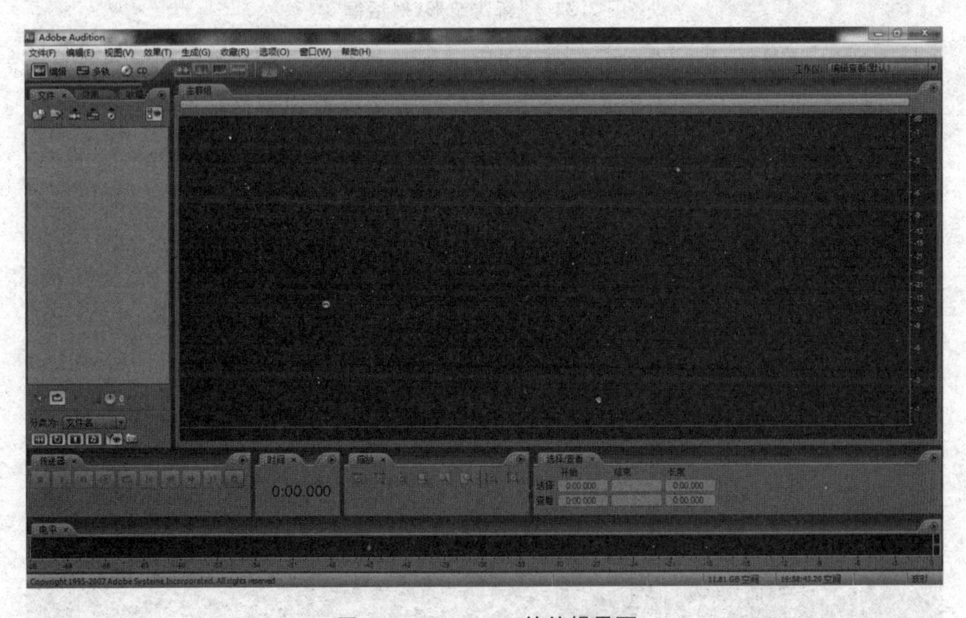

图 7.30　Audition 的编辑界面

进入编辑界面之后可以直接点击“传送器”调板上的录音键进行录音，如图 7.31 所示，然后会出现如图 7.32 所示的“新建波形”对话框。

图 7.31　传送器

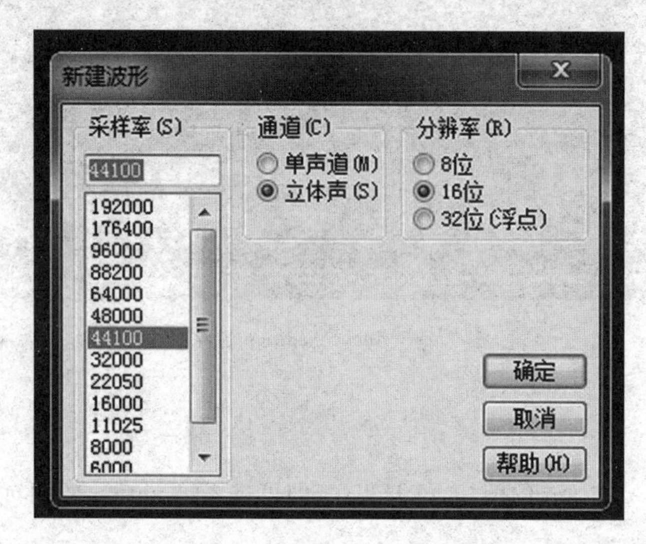

图 7.32　“新建波形”对话框

根据录音的需要选择采样率和分辨率即可，选择完毕后，单击确定进入“录音界面”，如图 7.33 所示，此时就开始录音了，录音时可以在工作区看到声音的波形。

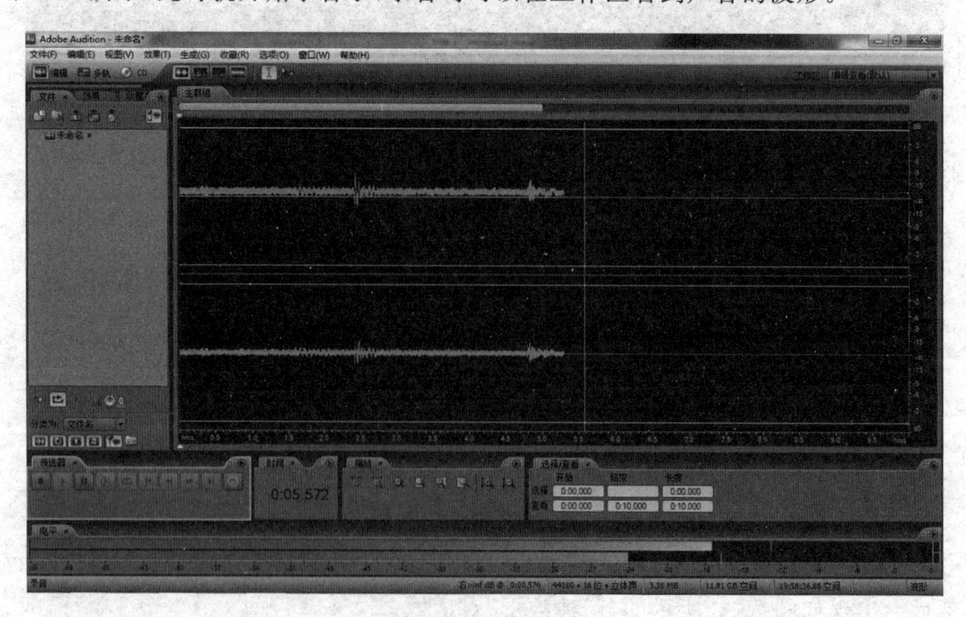

图 7.33　“录音界面”

录音完毕，再次单击录音键结束录音。这时可以用传送器调板进行音频的重放，听录制的效果。如果满意，选择“文件”→“另存为”，如图 7.34 所示，在弹出的对话框选择保存的位置、文件名和保存类型，单击保存，如图 7.35 所示，之前录制的音频文件就被保存到电脑上了。

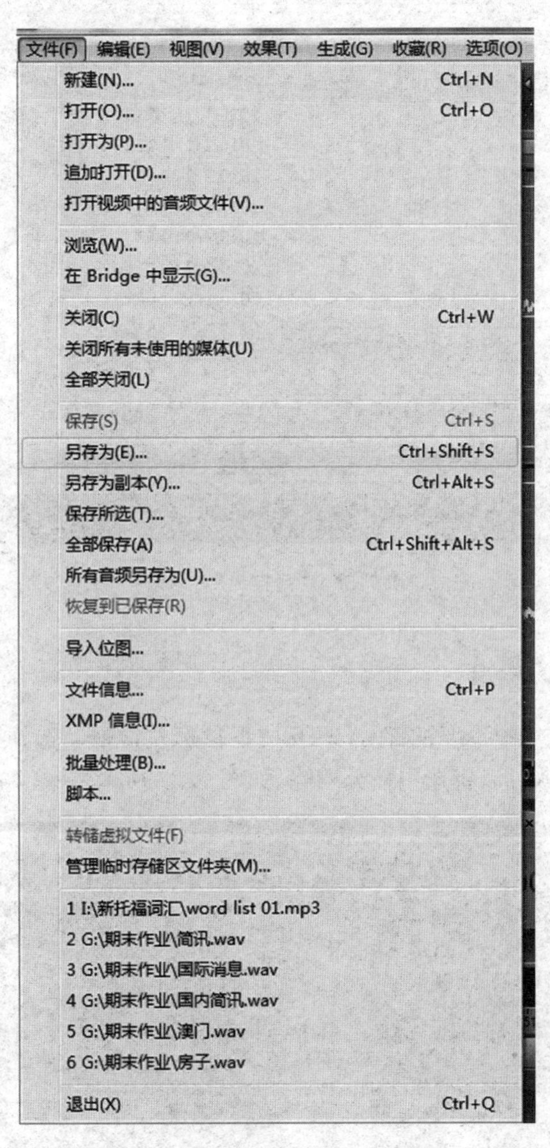

图 7.34　音频“另存为”

图 7.35 “另存为”对话框

7.4.4 单个音频的编辑

如欲删掉音频文件中不要的部分，只要按下鼠标左键拖动选择该部分，如图 7.36 所示，然后按 Delete 键就可以将选中部分删除，如图 7.37 所示。

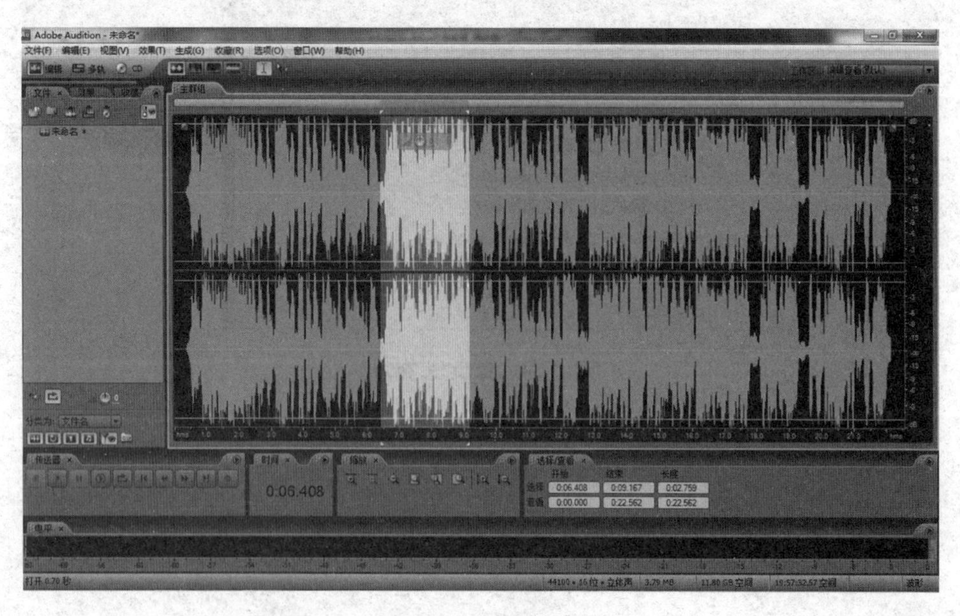

图 7.36 选择波形

图 7.37　按 Delete 键删除之后

7.4.5 音频的降噪

对于录制完成的音频，由于硬件设备和外部环境的制约，总会有噪音，所以，我们需要对音频进行降噪处理，以使声音干净、清晰。

要对音频降噪，首先要在录制音频开始时录 10 秒左右的空白声音，如图 7.38 所示，然后将环境噪音中不平缓的部分，也就是有爆点的地方删除，如图 7.39 所示。

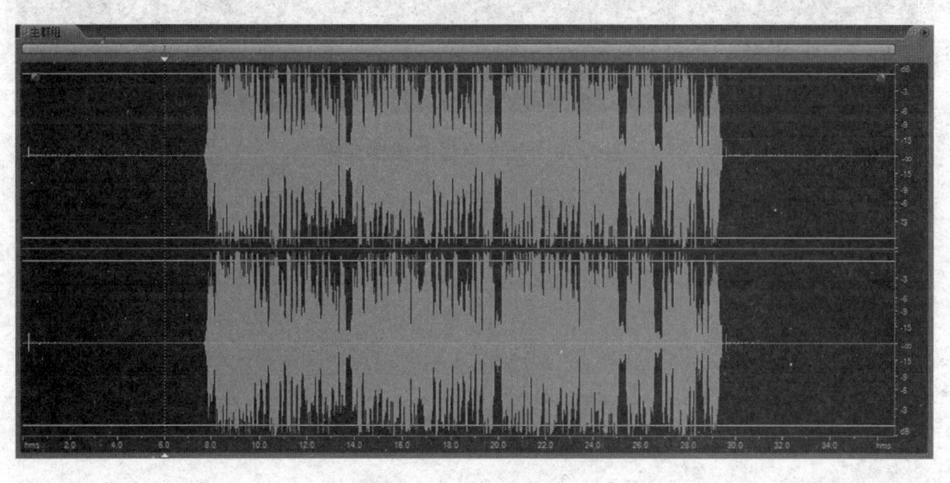

图 7.38　空白声音波形

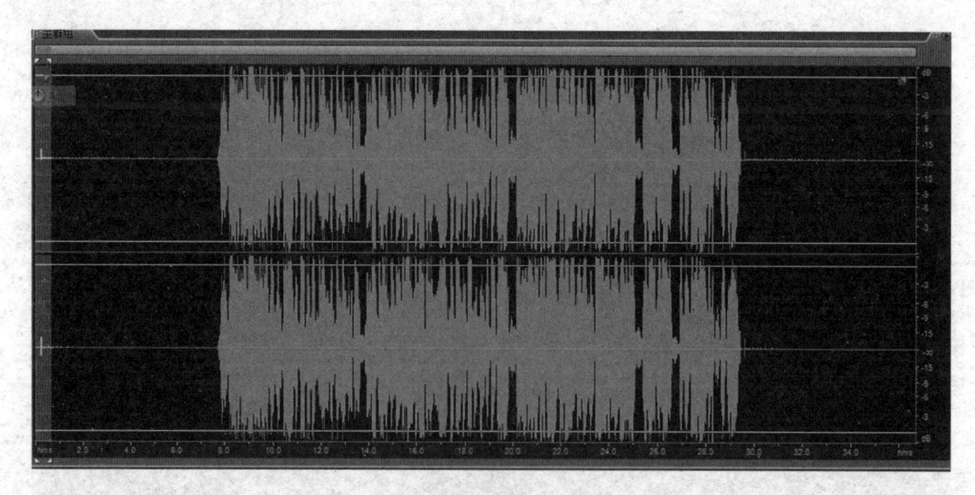

图 7.39　删除爆点

接着选择一段较为平缓的噪音片段,如图 7.40 所示。

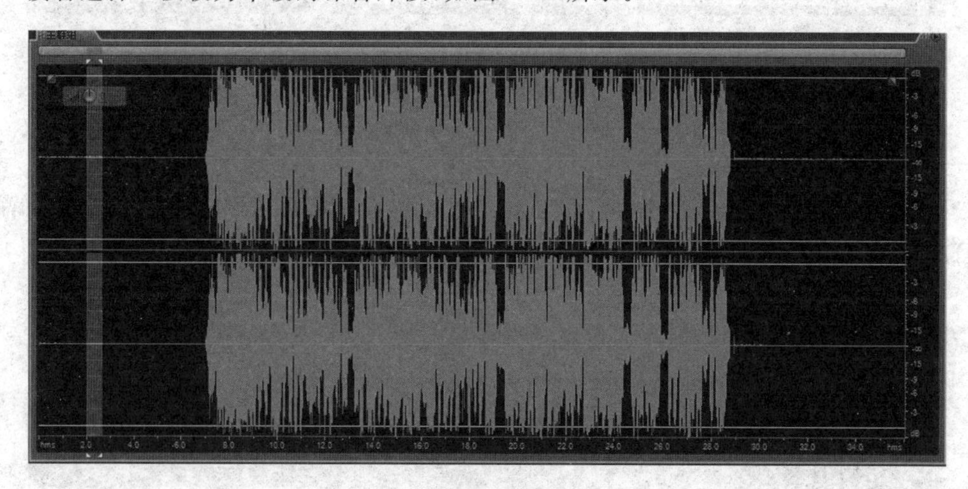

图 7.40　选择平缓的噪音片段

然后在右侧素材框上选择效果调板,选择“修复”→“降噪器”,如图 7.41 所示。

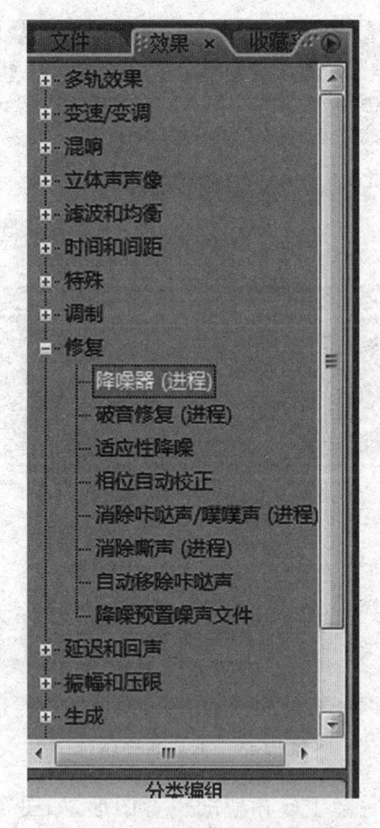

图 7.41　“修复”→“降噪器”

双击打开降噪器，单击“获取特性”，如图 7.42 所示，软件会自动开始捕获噪音特性，如图 7.43 所示。

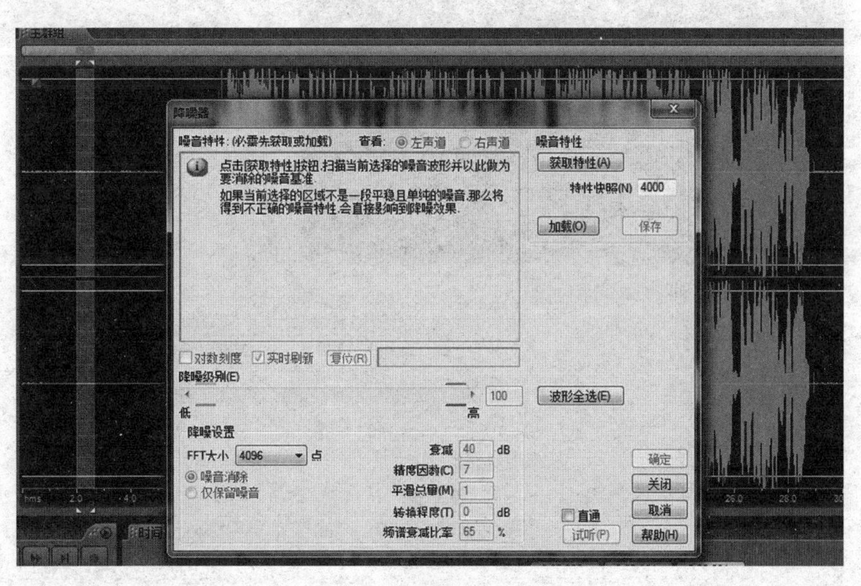

图 7.42　“获取特性”界面

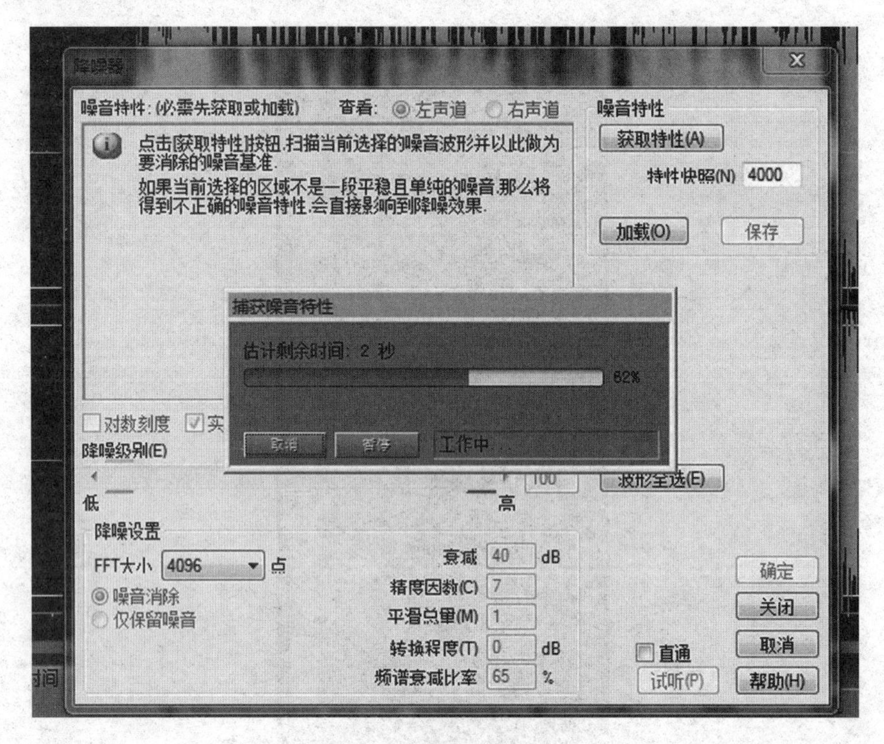

图 7.43　捕获噪音特性

噪音特性自动捕获完毕后会生成相应的声音图形,如图 7.44 所示。

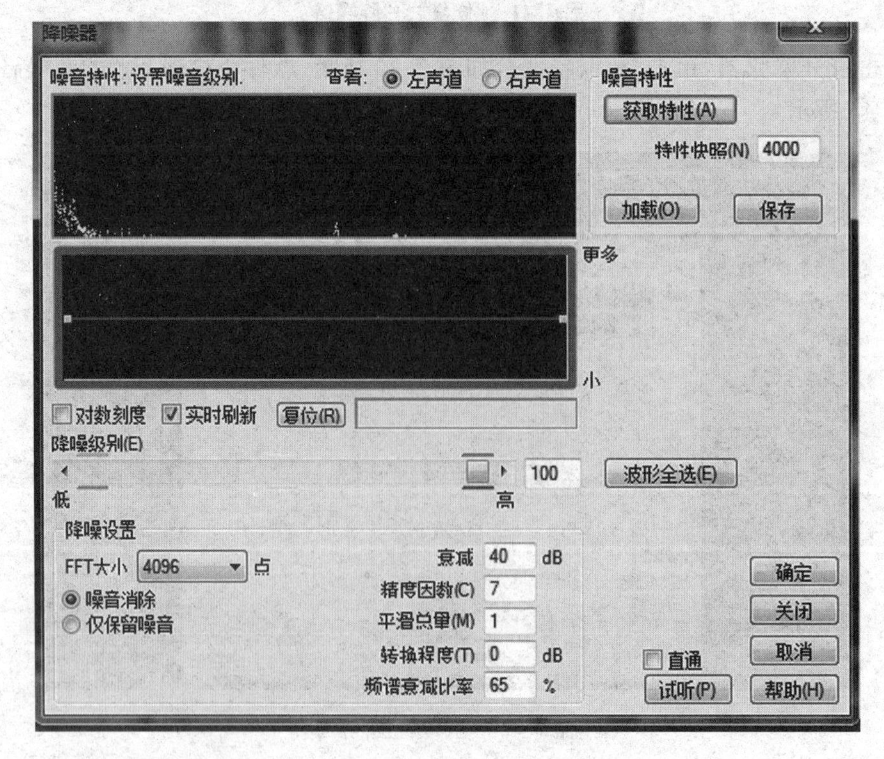

图 7.44　生成相应的声音图形

然后单击“保存”按钮，将噪音的样本保存，如图 7.45 所示。

图 7.45　保存噪音样本

接着关闭降噪器，单击工作区，按 Ctrl＋A 全选声音波形，如图 7.46 所示。

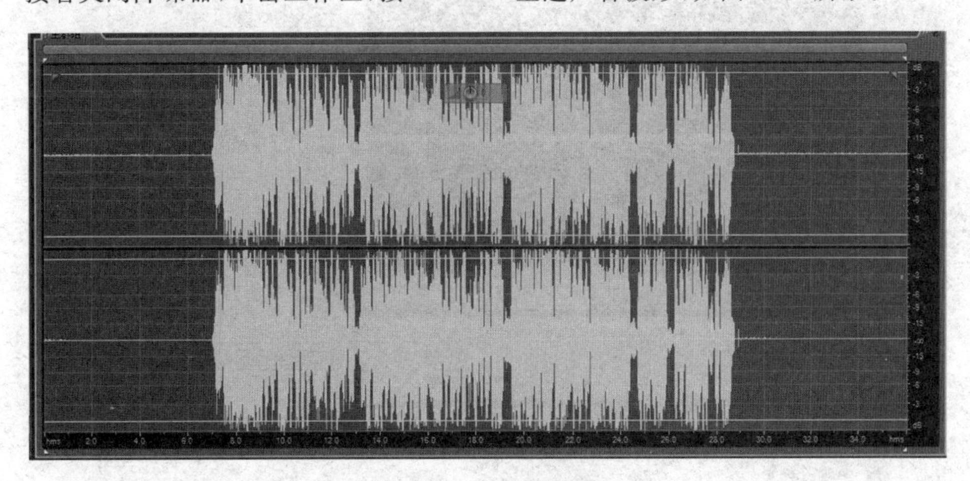

图 7.46　全选声音波形

打开降噪器，点击“加载”，将之前保存的噪音样本加载进来，如图 7.47 所示。

图 7.47　加载噪音样本

下一个步骤是修改降噪级别。噪音的消除最好不要一次性完成，这样可能会使录音失真。建议第一次降噪时将降噪级别调得低一些，比如调成 10%，如图 7.48 所示。

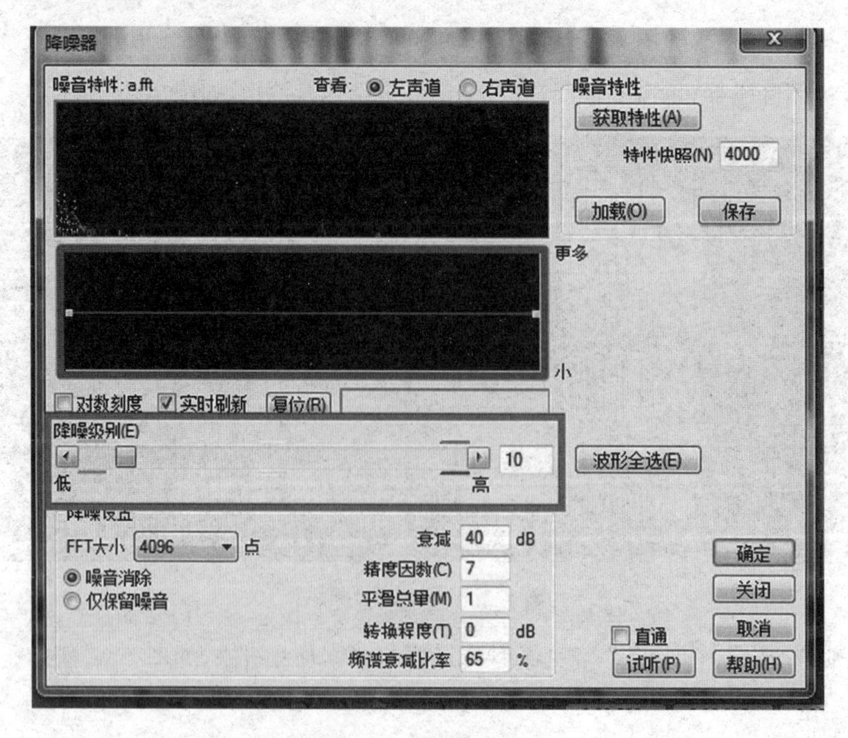

图 7.48　选择降噪级别

选好降噪级别后，单击“确定”按钮，软件会自动进行降噪处理，如图 7.49 所示。

图 7.49　降噪处理

完成第一次降噪后，可以再次在噪音部分采样，然后再次降噪。每进行一次降噪就将降噪级别提高一些，一般经过两三次降噪之后，噪音基本可以消除，如图 7.50 所示。

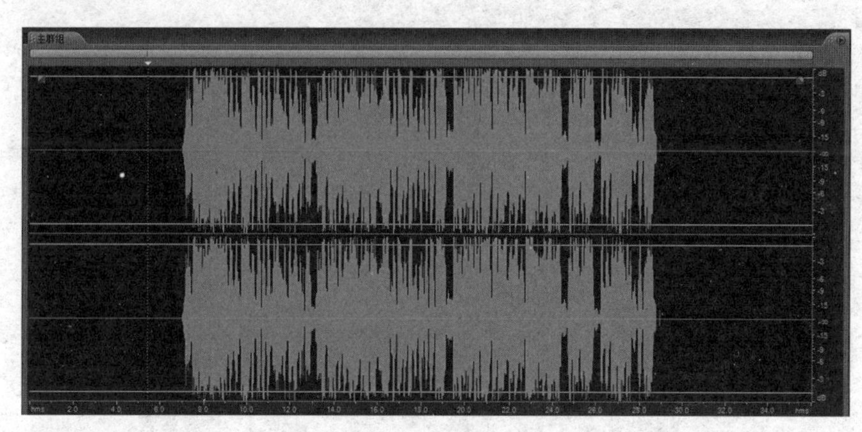

图 7.50　消除噪音后的波形

7.4.6 多个音频的编辑

多个音频文件的编辑需要在多轨模式下进行。我们单击素材框上的“多轨”按钮，如图 7.51 所示，就能进入多轨编辑模式，如图 7.52 所示。

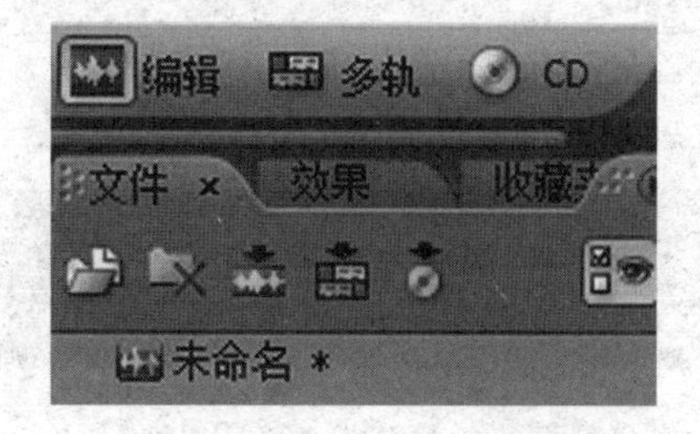

图 7.51　“多轨”按钮

图 7.52　多轨编辑模式

接着点击"文件"→"导入"命令,如图 7.53 所示。

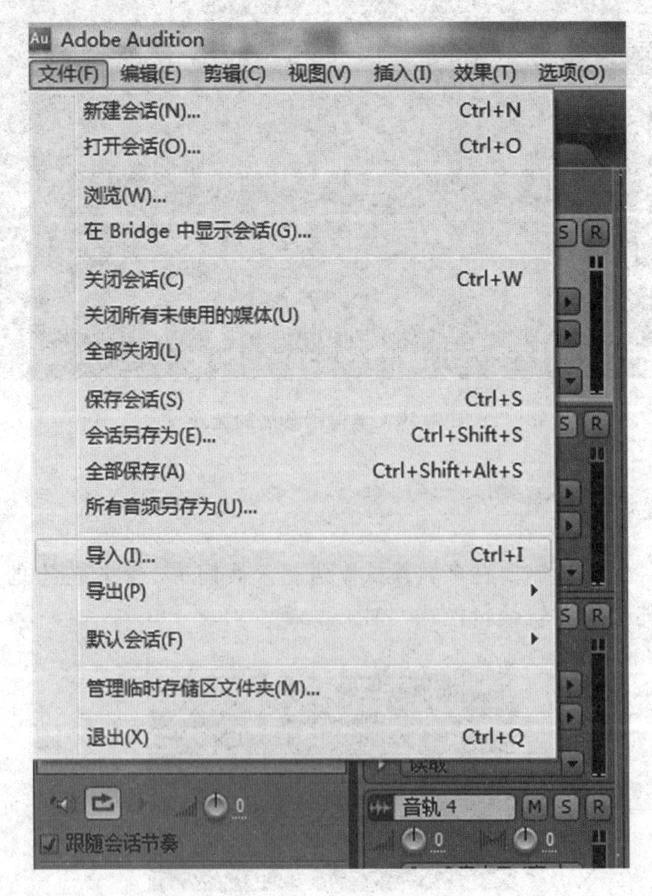

图 7.53　"文件"→"导入"命令

在弹出的界面中，选择需要编辑的音频文件，单击“打开”，即可将其导入素材框，如图 7.54 所示。

图 7.54　“导入”素材框对话框

本示例中导入的是“JTV”和“JTV2”两个音频文件，如图 7.55 所示。

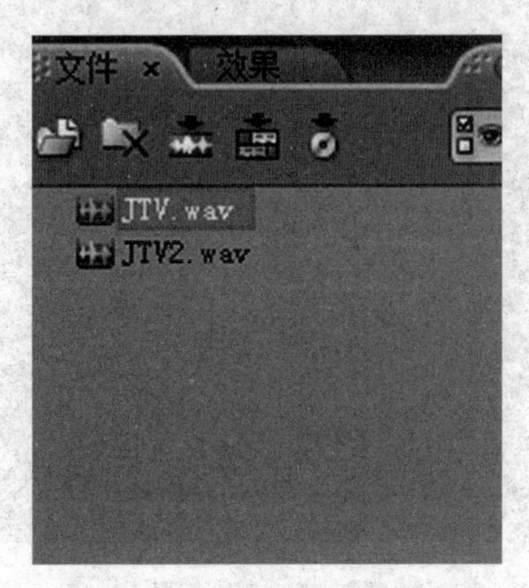

图 7.55　导入的两个音频文件

将这两个文件分别拖放到音轨 1 和音轨 2 上，这时，可以对这两个音频进行编辑了。首先将音频中不需要的部分删除，单击工作区上方的时间选择工具，对准不需要的部分，拖动鼠标选择，如图 7.56 所示，然后按 Delete 键删除，如图 7.57 所示，这和单轨操作是一致的。

图 7.56　选择音频

图 7.57　删除音频

如果需要将音频切成几个小段,方便声音对齐,这时用时间选择工具单击需要切开的位置,如图 7.58 所示。

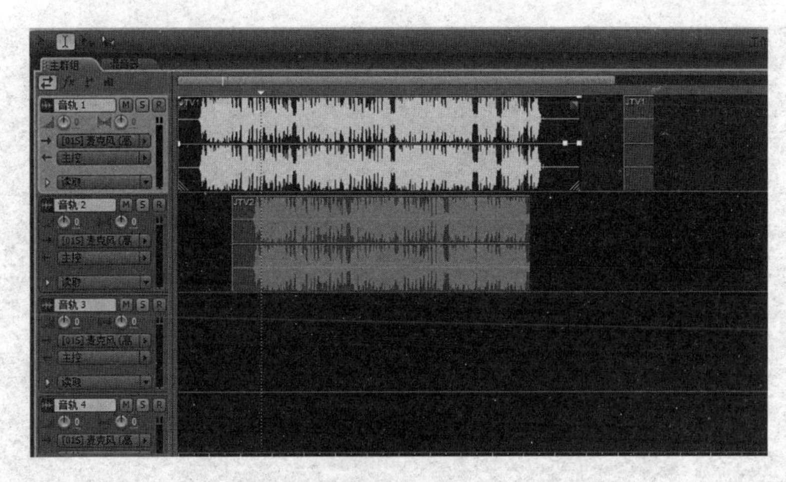

图 7.58　选择需切开位置

然后使用快捷键 Ctrl+K,或者选择菜单“剪辑”→“分离”,如图 7.59 所示,就将音频切割开了,如图 7.60 所示。

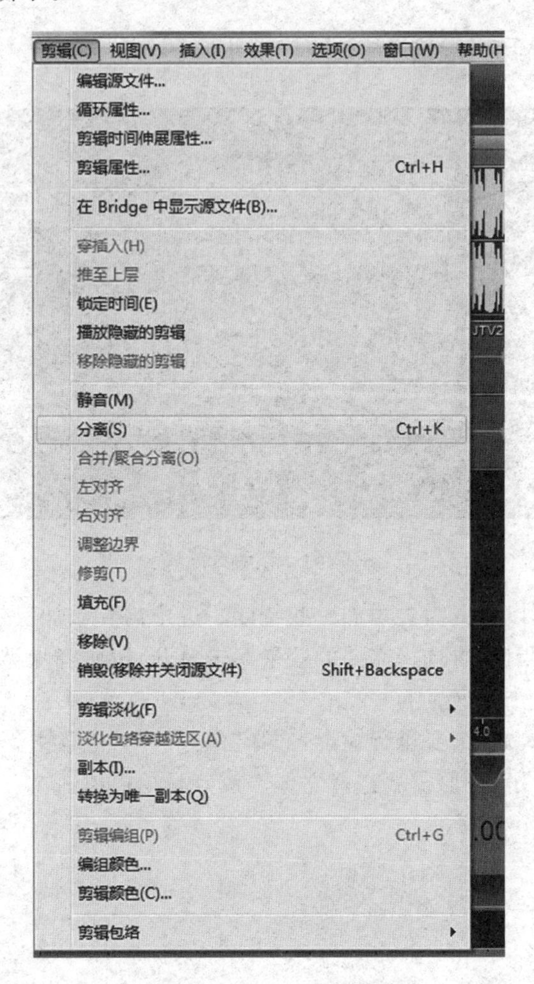

图 7.59　“剪辑”→“分离”菜单

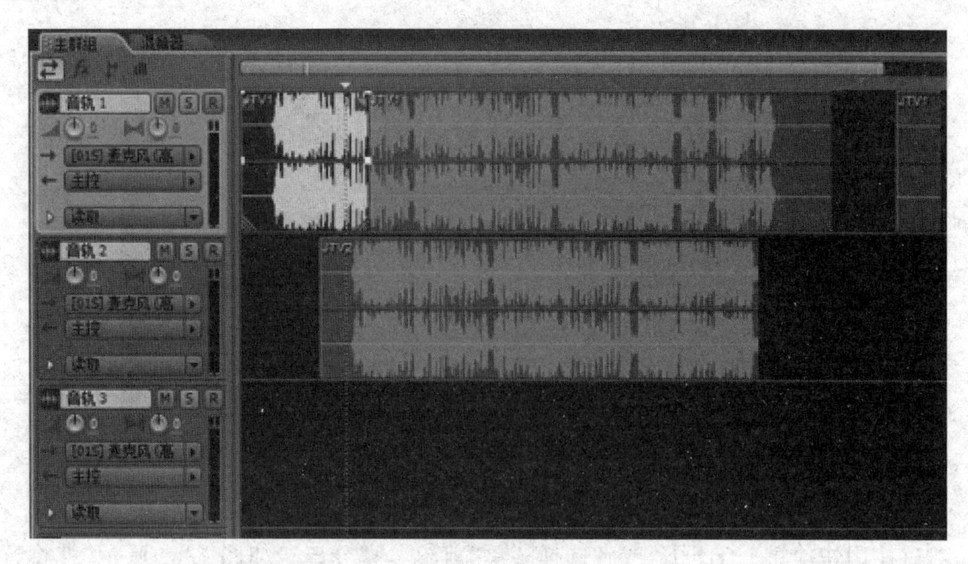

图 7.60　切割后的音频

接着，再利用移动工具移动音频块，如图 7.61 所示，将音频对准。

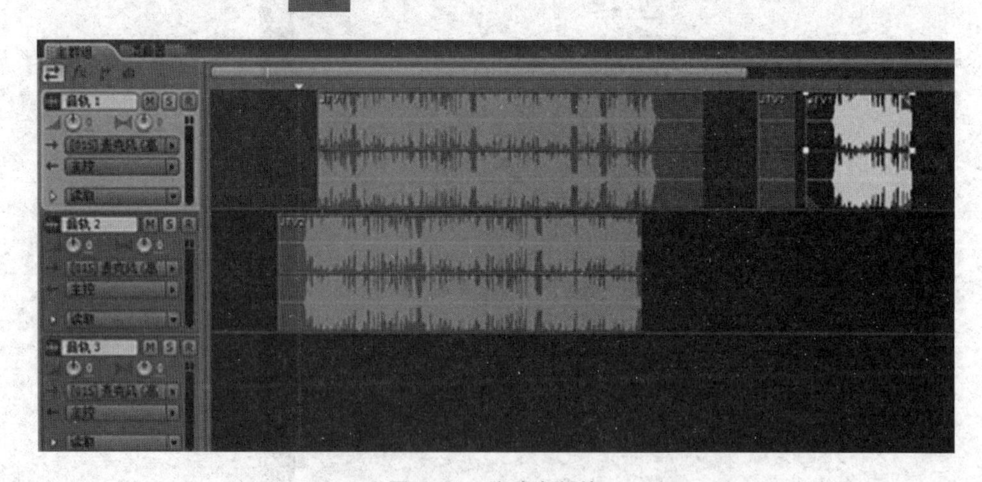

图 7.61　移动音频块

对准完成之后，可以根据需要添加一些特效。选中需要添加特效的音频块，然后在左侧素材框上选择效果调板，再选择需要的效果双击打开，按照降噪类似的步骤就可以完成效果的添加。

多轨音频完成编辑之后，要进行输出，选择“编辑”→“混缩到新文件”→“会话中的主控输出”，如图 7.62 所示，按照需要选择立体声或者是单声道。

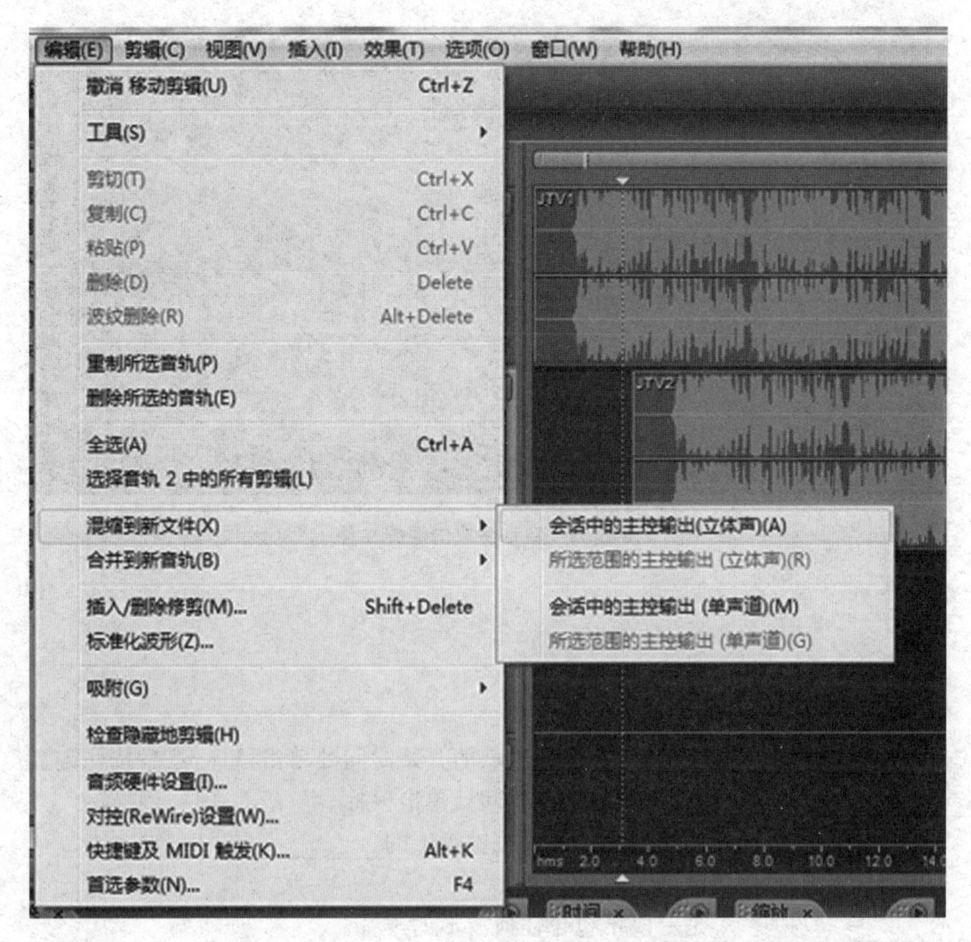

图 7.62　“会话中的主控输出”菜单

选择好立体声或者单声道之后，软件会自动开始创建混缩，如图 7.63 所示，并在单轨模式下自动生成一个混缩文件，如图 7.64 所示，这时只要再按照单轨编辑的保存方式进行保存就可以了。

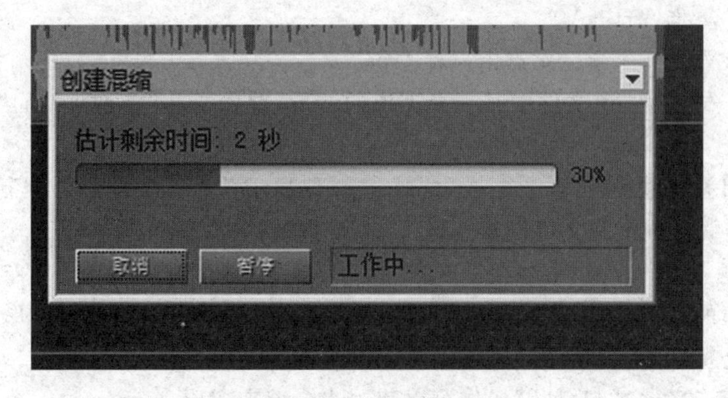

图 7.63　“创建混缩”

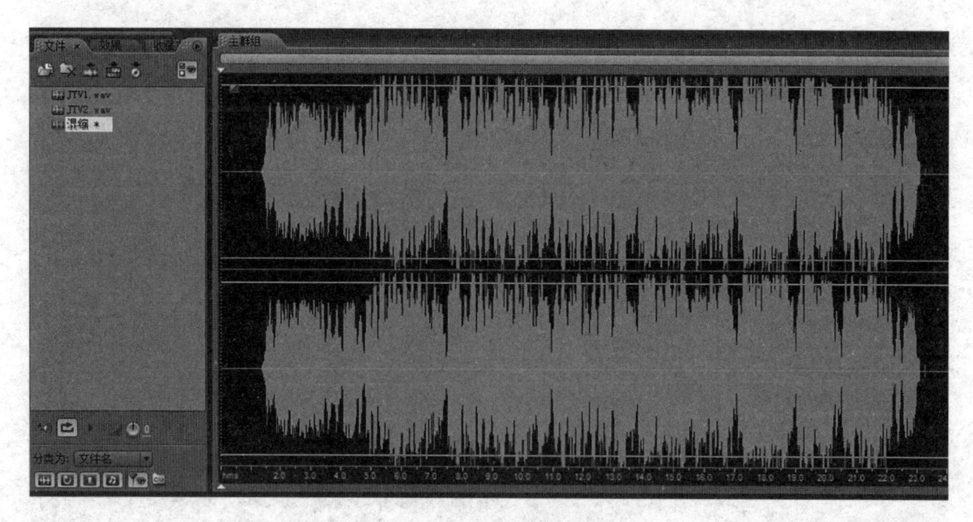

图 7.64　自动生成的混缩文件

习　题

一、填空题

1. 使用键盘选取一段波形时，在选择区域的开始时间处单击鼠标，然后按住键盘上的________键，在选择区域的结束时间处单击鼠标。

2. 删除一段已经选择的波形文件可以按键盘上的________键。

3. 混合式粘贴的快捷键是________。

4. ________是一段不包含任何波形的声音。

二、选择题

1. 选取全部波形的方法有(　　)。

A. 在波形文件上连续两次点击鼠标左键

B. 使用“编辑”菜单下的“选择全部波形”

C. 使用复合键 Ctrl＋A

D. 在波形文件上连续三次点击鼠标左键

2. 如果要选取立体声文件中某一个声道的波形，首先要在“首选项”的“常规”设置中开启(　　)。

A. 允许相关声道编辑　　B. 仅显示选中范围的悬浮控制条

C. 在波形编辑器中跨文件同步选区　　D. 扩展选择

三、判断题

1. 双声道的声音文件在编辑界面不可以单独选择一个声道的部分波形。　(　　)

2. 在混合粘贴时，被粘贴的文件不可以设置被粘贴次数。　(　　)

3. 在对声音文件复制、粘贴操作可以使用快捷键来完成。　(　　)

4. 对声音的剪切和删除操作是完全相同的。　(　　)

5. 一个声音文件的一部分波形可以被粘贴到另外一个声音文件里。　(　　)

四、操作题

1. 在互联网上下载一段“溪流”效果声，通过剪辑将其时间长度改为30秒，保存为“溪流.mp3”文件。

2. 在互联网上下载一段“鸟鸣”效果声，通过混合粘贴功能，将其与剪辑好的“溪流.mp3”文件缩混为一个文件，保存为“天然.mp3”文件。

第8章 信息安全

信息安全是指信息网络的硬件、软件及其系统中的数据受到保护，不受偶然的或恶意的原因而遭到破坏、更改和泄漏。通过采用各种技术和管理措施，使系统正常运行，确保信息的可用性、保密性、完整性，以及不可抵赖性。信息安全是一门涉及数学、密码学、计算机、通信、安全工程、法律等多种学科的综合性学科。

一般认为，信息安全主要包括物理安全、网络安全和操作系统安全。网络安全是目前信息安全的核心。

8.1 密码技术

密码技术是保障信息安全的核心技术，在数据加密、安全通信及数字签名等方面有广泛的应用。密码技术采用密码学的原理与方法，以可逆的数学变换方式对信息进行编码，把数据变成一堆杂乱无章难以理解的字符串。从密码技术流程来说，发送方用加密密钥通过加密设备或算法将信息加密后发送出去，接收方在收到密文后，用解密密钥将密文解密，恢复为明文。如果传输中有人窃取，他只能得到无法理解的密文，从而对信息起到保密作用。

加密与解密算法和密钥构成密码体制的两个基本要素。密码算法是稳定的，可以公开，密钥则是一个变量，一般不可公开，由通信双方掌握。密钥分别称为加密密钥和解密密钥，二者可以相同也可以不同，加密和解密算法的操作通常都是在一组密钥的控制下进行的。普通用户一般并不需要掌握加密原理，利用现有的加密软硬件，生成并管理密钥，就可以对磁盘或文件及数据库信息等完成加密和解密操作。

8.1.1 RAR 文件加密

压缩文件在日常操作中使用非常多。WinRAR 是一款高效的压缩软件，它比 WinZip 发布晚，但在压缩比、操作方法上都比 WinZip 优越，而且能兼容 ZIP 压缩文件，可以支持 RAR、ZIP、ARJ、CAB 等多种压缩格式，并且可以在压缩文件时设置密码。用 WinRAR 加密文件的具体操作步骤如下：

右键点击要压缩并加密的文件，在快捷菜单中选取“添加到压缩文件”命令。在弹出的“压缩文件名和参数”对话框中，点击“高级”选项卡。如图 8.1 所示。

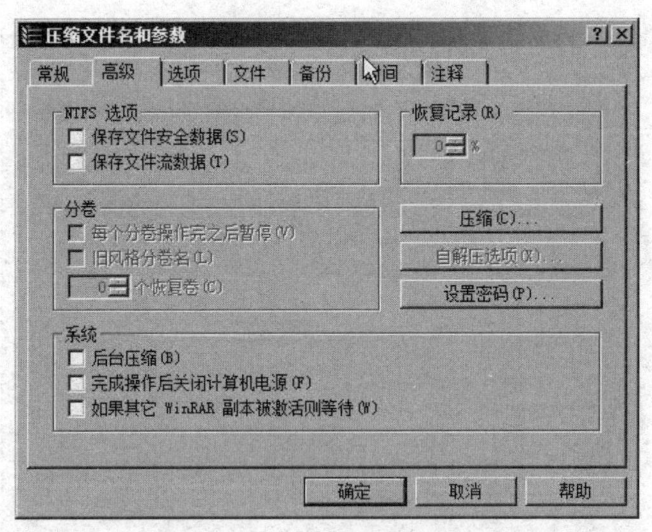

图 8.1　“压缩文件名和参数”对话框

点击图 8.2 中的“设置密码”按钮,在“输入密码”对话框中输入密码以及确认密码,并勾选“加密文件名”,点击确定。此时可以查看生成的 RAR 文件。

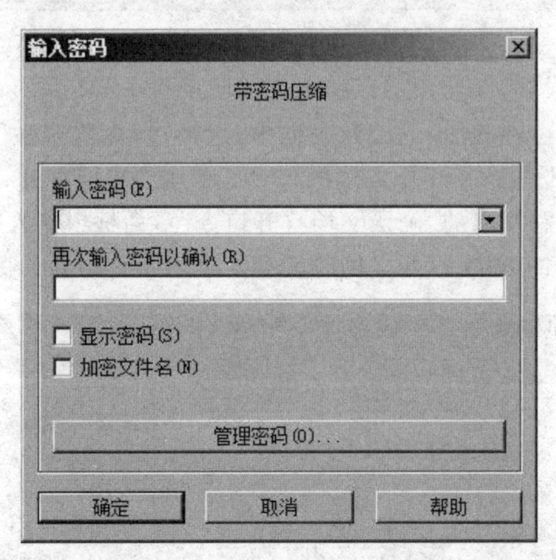

图 8.2　“输入密码”对话框

8.1.2　PDF 文档加密

PDF 格式的文件现在被广泛地使用,文件的安全性非常关键。PDF 格式的官方编辑器 Adobe acrobat 软件提供了加密方式,下面以 Adobe acrobat XI pro 11.0 为例介绍加密过程。

(1)口令加密

口令加密包含打开文档的口令和限制文档编辑打印的口令。如果设置了打开文档的口令,那么在打开这个文件的时候就需要输入密码才能够打开。点击菜单栏中的“文件”→“属性”命令,弹出“文档属性”对话框。加密前文件“安全性”选项卡显示如图 8.3 所示。

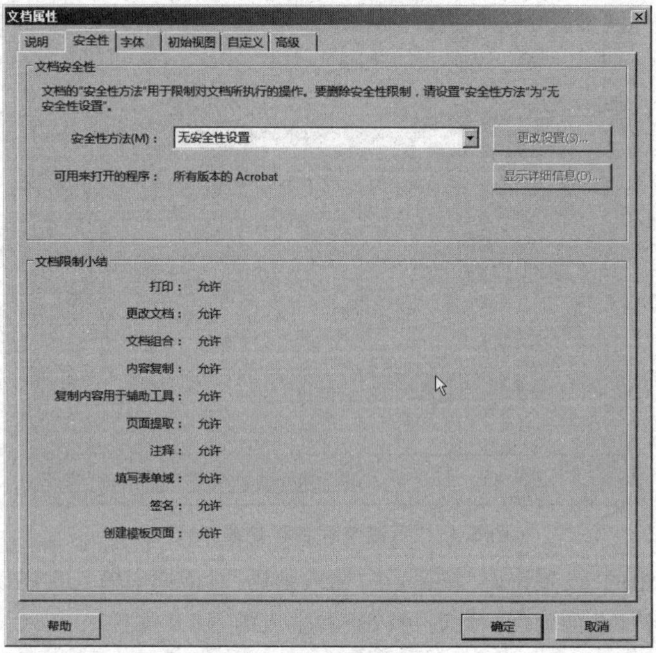

图 8.3 “文档属性”对话框

①打开文档口令设置

在图 8.3 中的“安全性方法”下拉列表框中，选择“口令安全性”，在弹出的“口令安全性-设置”对话框中，勾选“要求打开文档的口令”，并在“文档打开口令”输入框中输入口令。点击“确定”按钮，在弹出的“确认文档打开口令”对话框中输入同样的口令后点击“确定”。保存以后关闭文件，再次打开文档时就会要求输入密码，如图 8.4、图 8.5 所示。

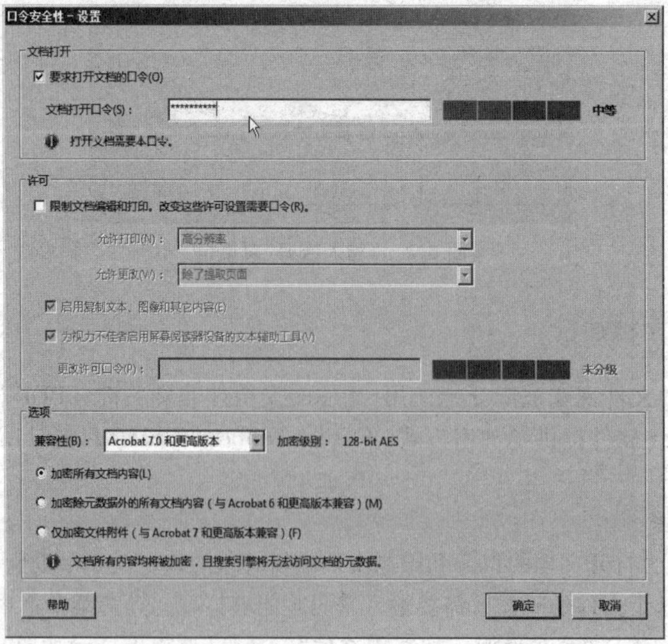

图 8.4 “口令安全性-设置”对话框

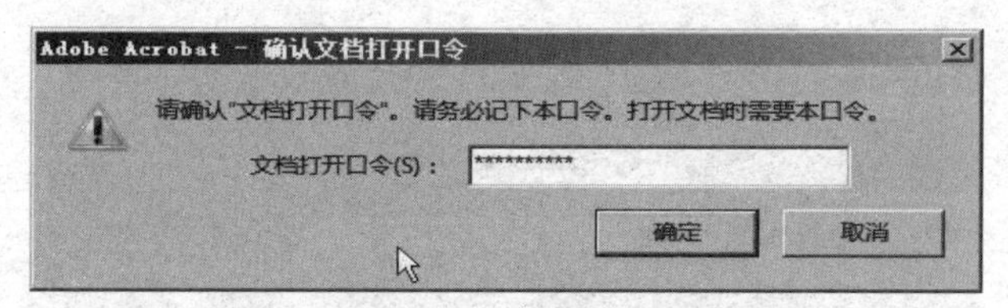

图 8.5 “确认文档打开口令”对话框

②限制文件编辑和打印的密码设置

只要设置好“许可”一栏中的项目就可以了，如图 8.6 所示。

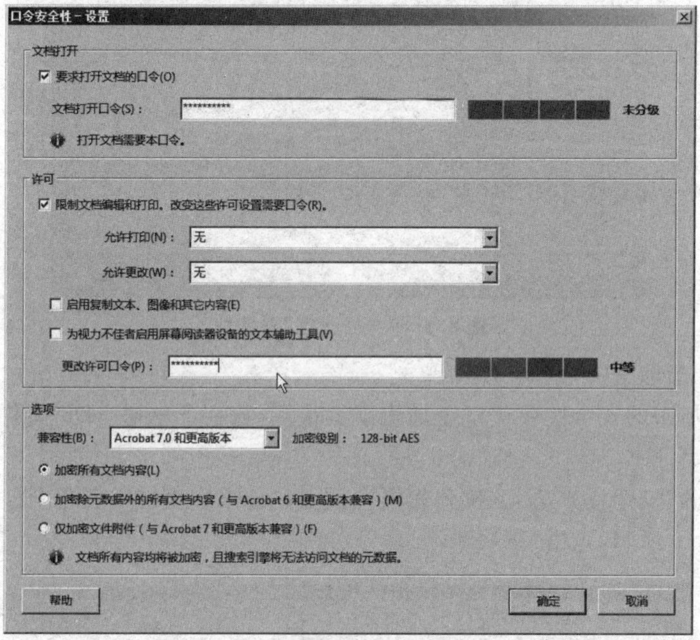

图 8.6 “口令安全性-设置”对话框

在去掉“为视力不佳者启用屏幕阅读器设备的文本辅助工具”前面的勾时会弹出如图 8.7 所示对话框，确定即可。

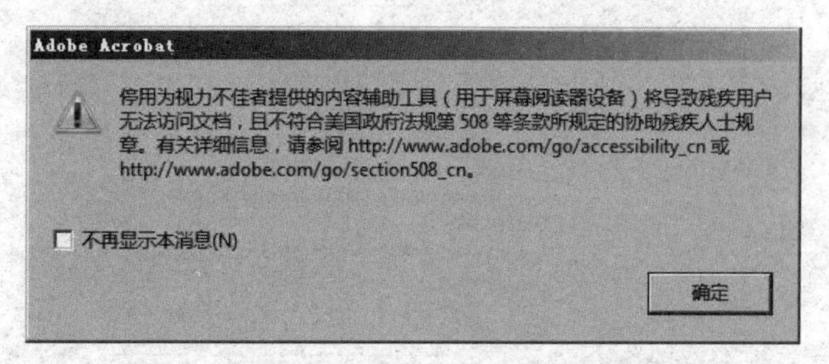

图 8.7 停用为视力不佳者提供的内容辅助工具

点击图 8.8 中的“确定”按钮，弹出“确认”对话框，把设置的密码再次输入，确定后保存文件，加密就算完成了。此时，关闭该文件后再次打开，查看文件的属性的安全性选项卡(如图 8.8 所示)，可见对于文档的一切编辑功能全部被限制了，文档只能够被阅读，说明加密成功了。

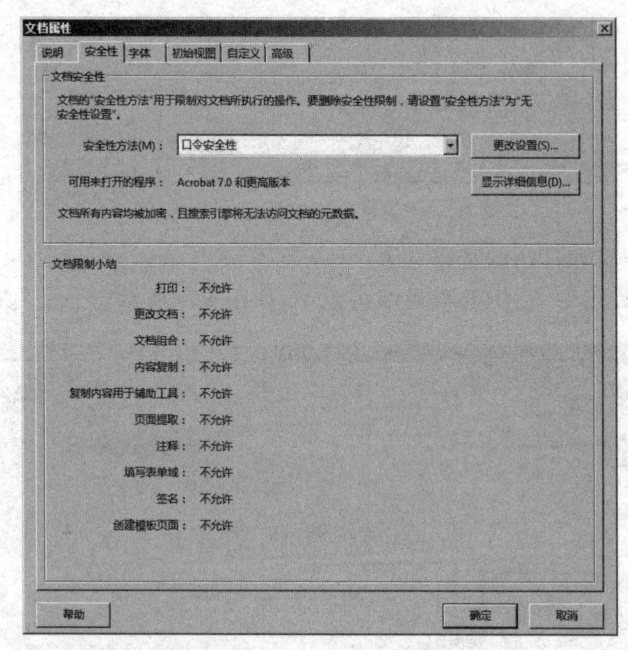

图 8.8 "文档属性"对话框

(2)数字证书加密

数字证书加密的安全性要比口令加密高上很多,数字证书对 PDF 文件进行加密首先要创建一个数字证书。

在图 8.3 的"安全性方法"下拉列表框中,选择"证书安全性",弹出"证书安全性设置"对话框,如图 8.9 所示,点击"下一步"。

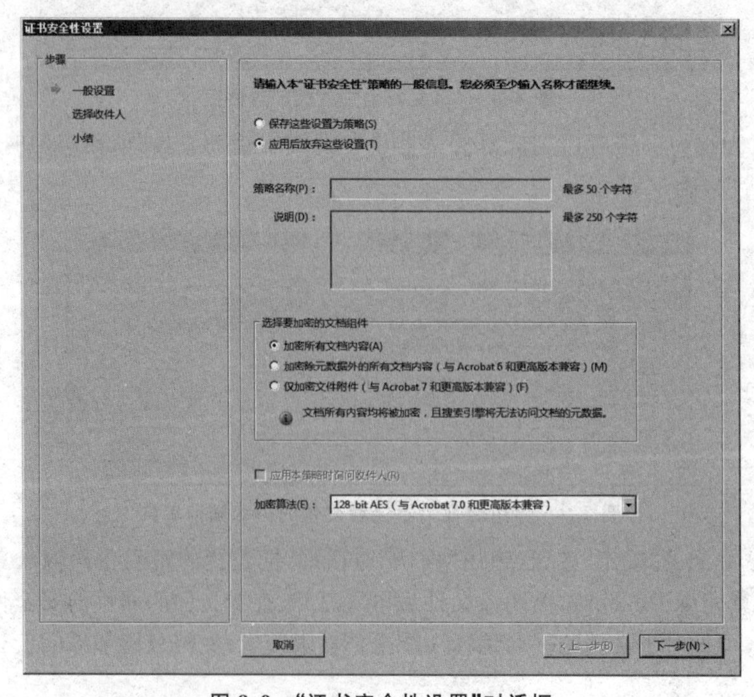

图 8.9 "证书安全性设置"对话框

在弹出的"文档安全性-选择数字身份证"对话框中，点击"添加数字身份证"按钮，如图 8.10 所示，在弹出的对话框中选择"我要立即创建的新数字身份证"，如图 8.11 所示，点击"下一步"，选择"新建 PKCS＃12 数字身份证文件"，如图 8.12，点击"确定"按钮。

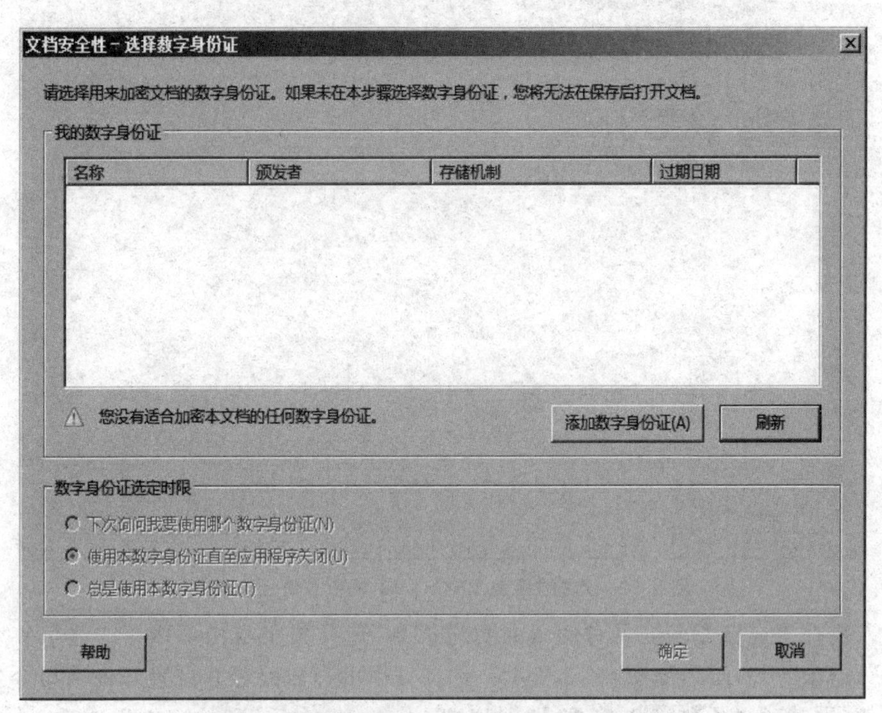

图 8.10　"文档安全性-选择数字身份证"对话框

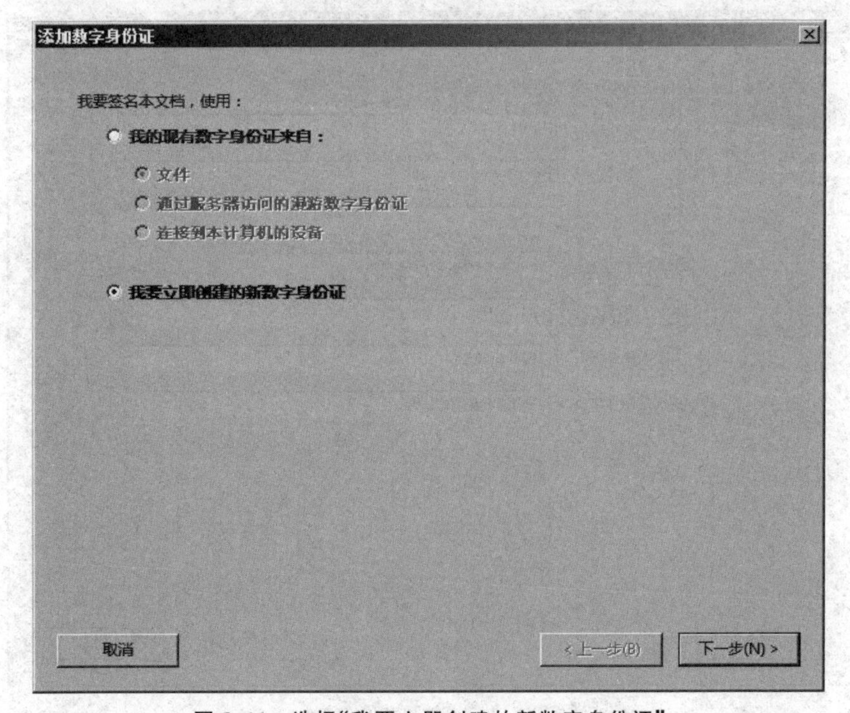

图 8.11　选择"我要立即创建的新数字身份证"

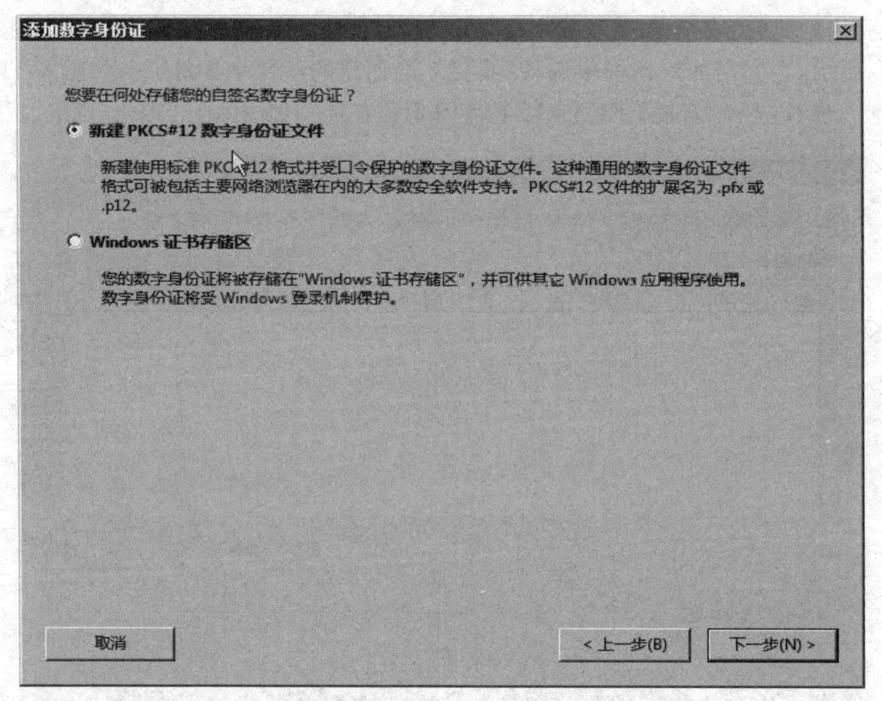

图 8.12　选择“新建 PKCS＃12 数字身份证文件”

输入要在生成自签名证书时使用的身份信息，选择数字身份证用于“数字签名和数据加密”，点击“下一步”，如图 8.13 所示。选择证书的存放路径并设置好证书口令后点击“完成”，这样就建立了数字证书，如图 8.14 所示。

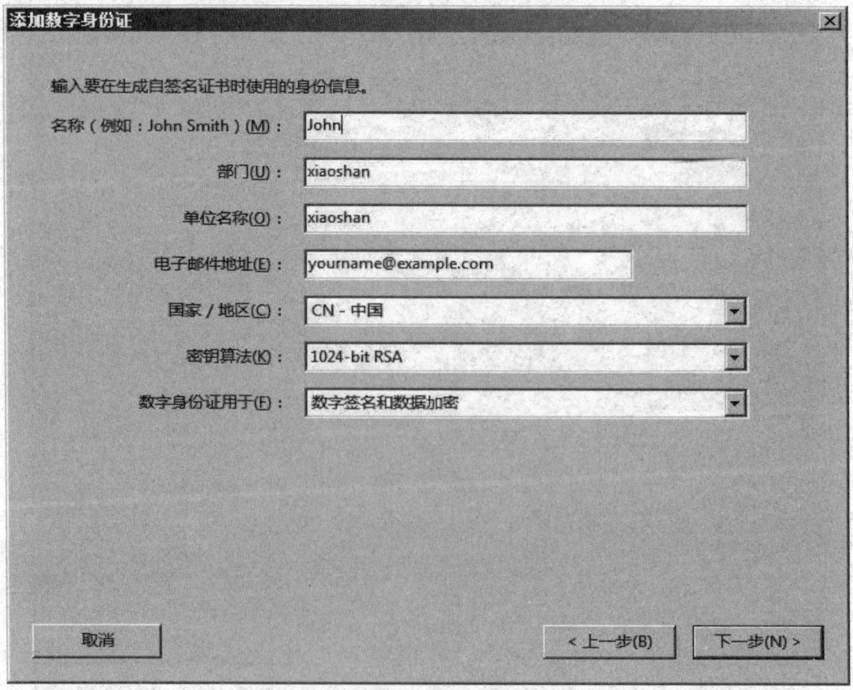

添加数字身份证

输入要在生成自签名证书时使用的身份信息。

名称（例如：John Smith）(M)：John

部门(U)：xiaoshan

单位名称(O)：xiaoshan

电子邮件地址(E)：yourname@example.com

国家 / 地区(C)：CN - 中国

密钥算法(K)：1024-bit RSA

数字身份证用于(F)：数字签名和数据加密

取消　< 上一步(B)　下一步(N) >

图 8.13　输入身份信息

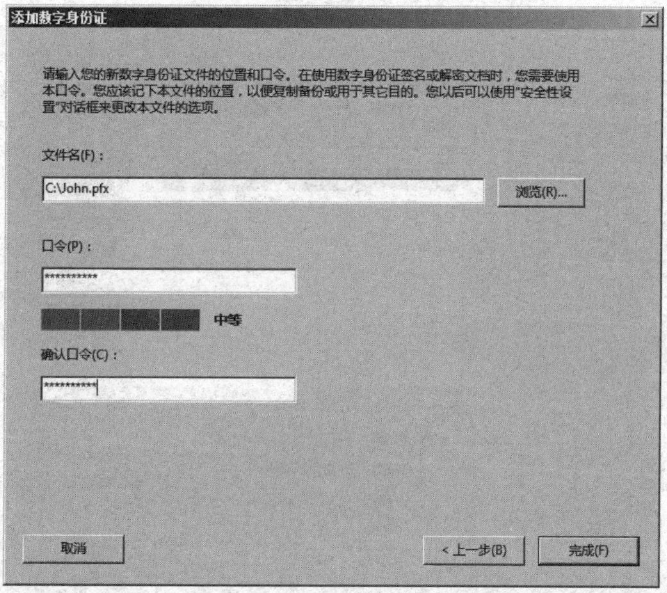

图 8.14 选择证书存放路径并设置口令

如图 8.15 所示，在“文档安全性-选择数字身份证”对话框中选择上面建立好的数字证书并确定，弹出“证书安全性设置”对话框（如图 8.16 所示），选择收件人。最下面是预览的目前该文档的权限，如果需要改变，可以点击“许可”改变许可设置，弹出“Acobat 安全性”消息框，如图 8.17 所示。点击“确定”，弹出“许可设置”对话框，如图 8.18 所示。如果要全部限制，按图 8.18 进行设置，确定后改变许可，改变后如图 8.19 所示。点击图 8.19 中的“下一步”按钮，弹出如图 8.20 所示对话框，查看输入的信息小结，确认无误后点击“完成”结束，然后保存文件。

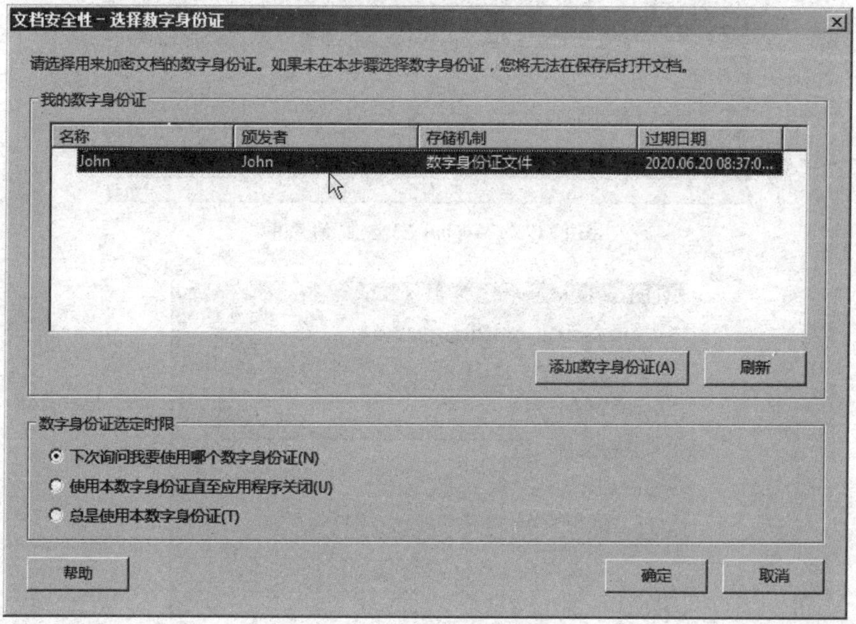

图 8.15 “选择数字身份证”

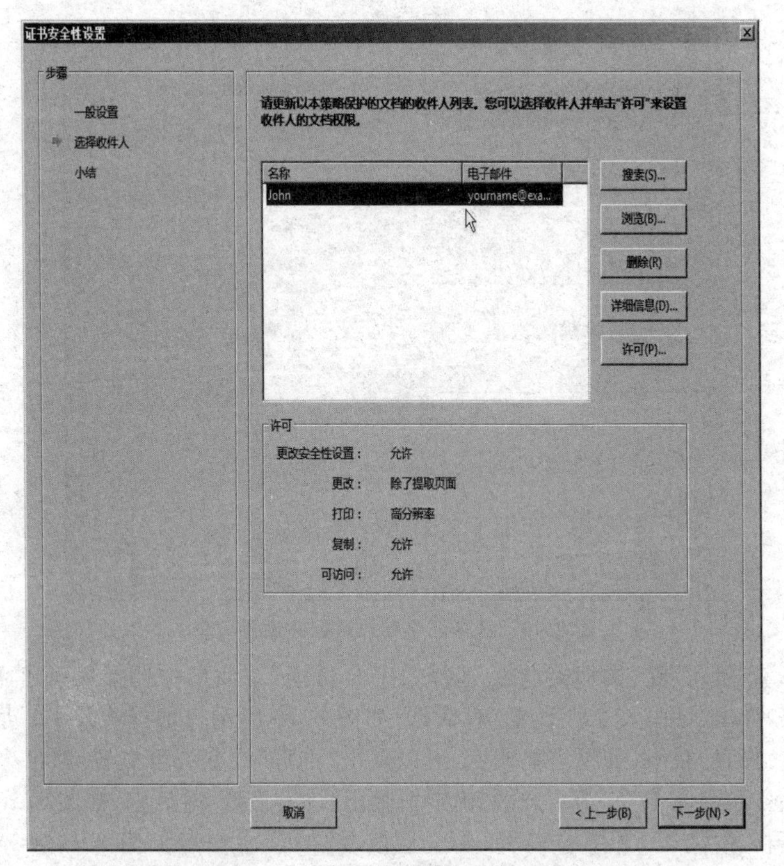

图 8.16 "证书安全性设置"对话框

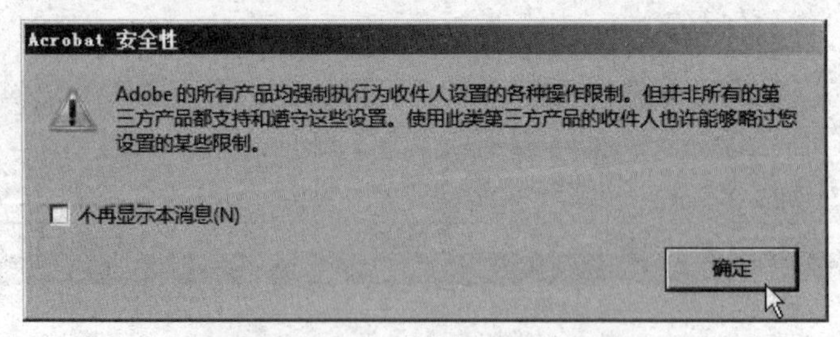

图 8.17 "Acobat 安全性"消息框

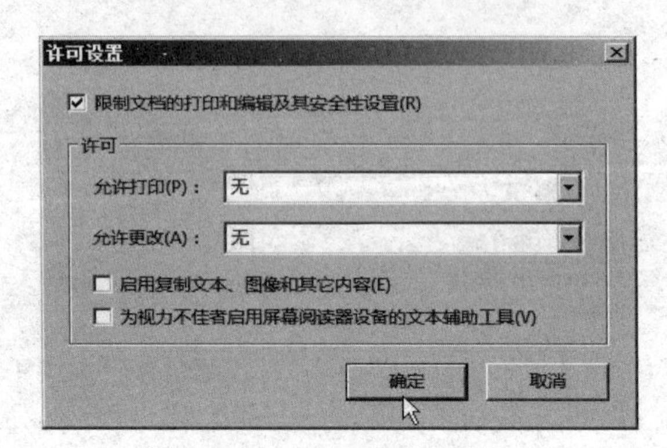

图 8.18 "许可设置"对话框

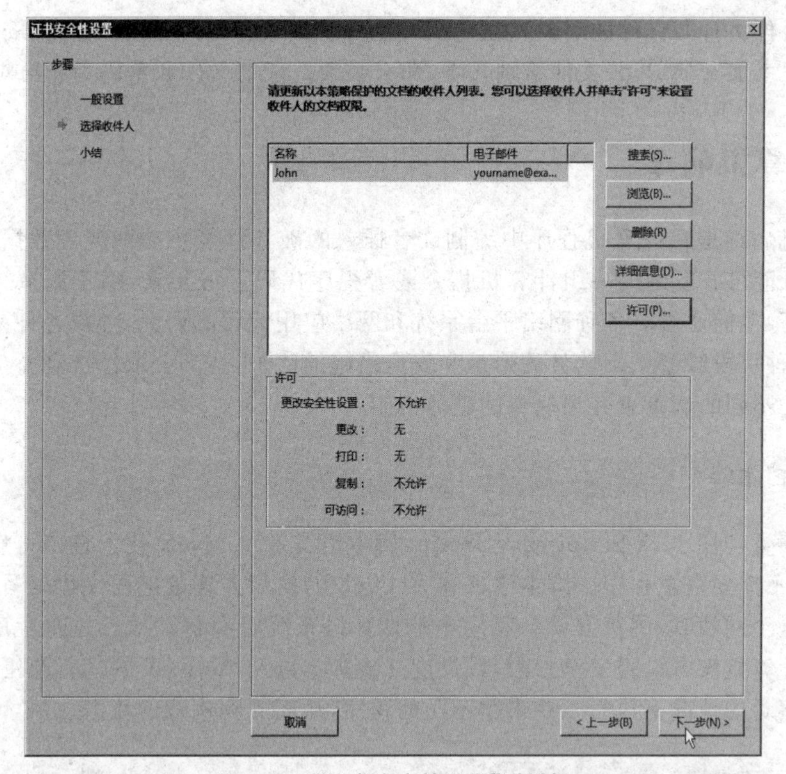

图 8.19　"证书安全性设置"对话框

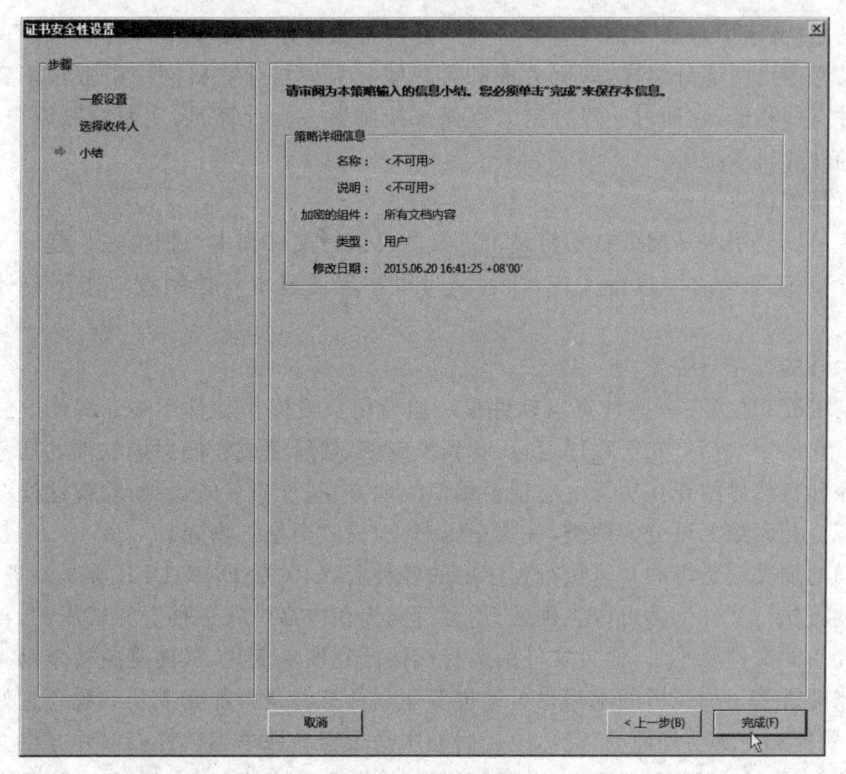

图 8.20　信息小结

关闭后再次打开文件的时候，就会提示需要证书和密码，两者缺一不可，安全性很高，如果你把证书加密的PDF文件给别人看，那么必须把证书文件和密码一起给对方。

8.2 计算机病毒

计算机病毒是在计算机程序中编制或者插入的破坏计算机功能或者数据，影响计算机使用并且能自我复制的一组计算机指令或者程序代码。近年来，病毒制造者的技术水平越来越高，他们通过对各种网络平台系统和网络应用流程的研究，寻找各种漏洞进行攻击，利用各种手段躲避杀毒软件的追杀和安全措施的防护，达到获取经济利益的目的。下面列举两类不同的病毒来介绍病毒的破坏机制。

8.2.1 脚本病毒

脚本病毒利用Java Script或VBScript脚本语言和ActiveX技术直接将病毒写到网页上，完全不需要宿主程序。脚本语言和ActiveX的执行方式是把程序代码写在网页上，当连接到这个网站时，浏览器就会利用本地计算机系统资源自动执行这些程序代码。如果用户的计算机没有设置安全权限，或过度开放脚本以及ActiveX的运行范围，使用者就会在毫无察觉的情况下执行一些来路不明的程序，从而遭到病毒的攻击。

8.2.2 木马病毒

木马是“特洛伊木马”的简称，木马一词因古希腊特洛伊战争中著名的“木马计”而得名。木马程序由两部分组成，即服务端和客户端。木马与计算机网络中常常用到的远程控制软件有些相似，它通过一段特定的程序来控制另一台计算机，从而窃取用户资料，破坏用户的计算机系统等。

1)木马的伪装

黑客可以使用木马捆绑技术将一个正常的可执行文件和木马捆绑在一起。一旦用户运行这个含有木马的可执行文件，黑客就可以实现通过木马控制或攻击用户计算机的目的。

2)木马的加壳与脱壳

所谓的壳，是指在一些计算机软件里一段专门负责保护软件不被非法修改或反编译的程序。它们一般都是先于程序运行，拿到控制权，然后完成它们保护软件的任务。由于这段程序和自然界的壳在功能上有很多相似的地方，基于命名的规则，就把这样的程序称为“壳”了。壳大致上可分为两类，一类是压缩壳，另一类是加密壳。

木马的加壳就是将一个可执行程序中的各种资源，包括EXE、DLL等文件进行压缩。压缩后的可执行文件依然可以正确运行，运行前先在内存中将各种资源解压缩，再执行程序。加壳后的文件变小了，而且文件的运行代码已经发生变化，从而避免被木马查杀软件扫描出来并查杀。加壳后的木马也可通过专业软件查看是否加壳成功。脱壳正好与加壳相反，指脱掉加在木马外面的“壳”，脱壳后的木马很容易被杀毒软件扫描并查杀。

ASPack是专门用于对WIN32可执行程序进行压缩的工具，压缩后程序能正常运行，不会受到任何影响。而且即使将ASPack从系统中删除，压缩过的文件仍可正常使用。

(1)用ASPack对木马加壳。

①运行ASPack。

②切换至“打开文件”选项卡，单击“打开”按钮，如图8.21所示。

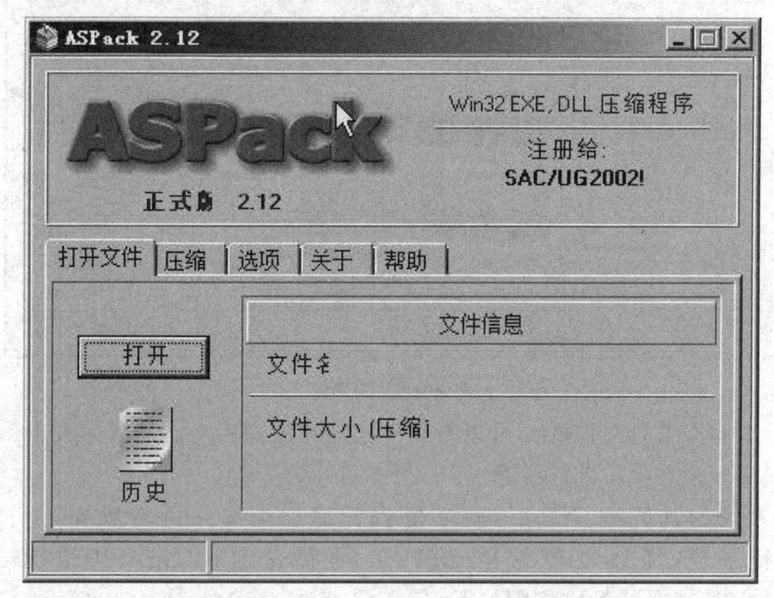

图8.21 ASPack打开文件界面

③选择要加壳的文件，如图8.26所示。开始压缩，压缩后的比例如图8.22所示。

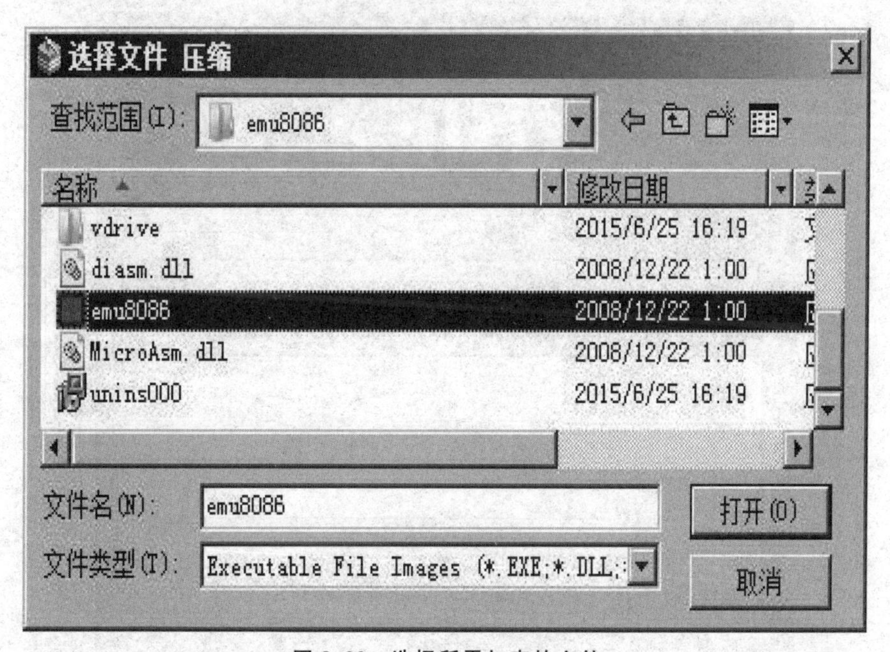

图8.22 选择所需加壳的文件

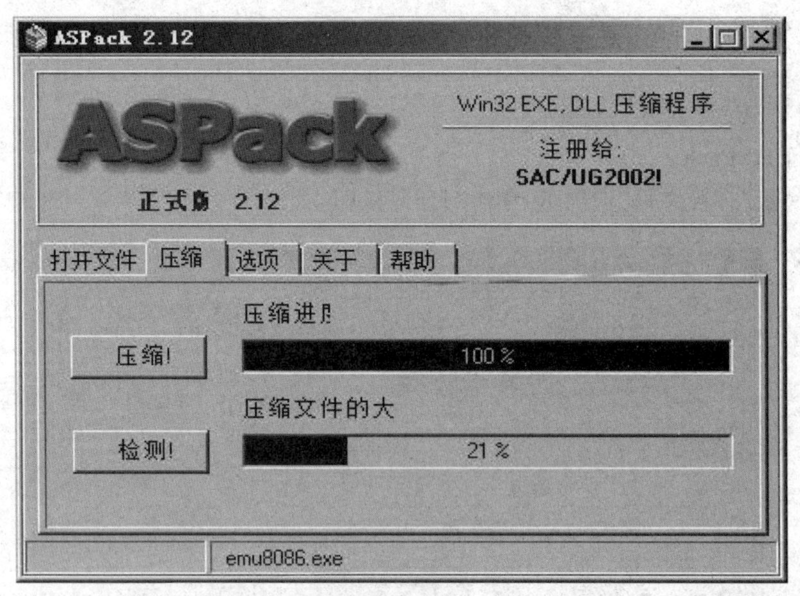

图 8.23 压缩比

④切换到“打开文件”选项卡,可以看到压缩前和压缩后文件的具体大小。

(2)用 ASPack 对木马进行脱壳

在查出木马的加壳程序之后,就需要找到原加壳程序进行脱壳,上述木马使用 ASPack 进行加壳,所以需要使用 ASPack 的脱壳工具 UnASPack(Unpacker for ASPack)进行脱壳。具体操作步骤如下。

①启动 UnASPack,打开 UnASPack 界面,如图 8.24 所示。

图 8.24 UnASPack 脱壳界面

②单击图 8.24 中的“文件”按钮，选择要脱壳的文件，如图 8.25 所示，点击“确定”。

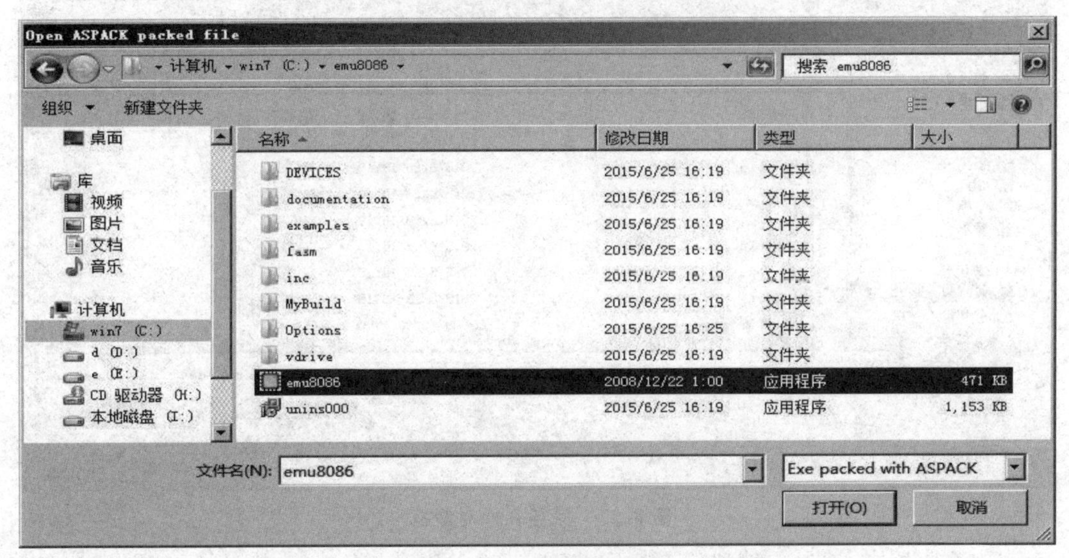

图 8.25　选择要脱壳的文件

③点击图 8.26 中的“脱壳”按钮，在“Save as”对话框中输入文件名。如图 8.27 所示，点击“保存”钮，开始脱壳。

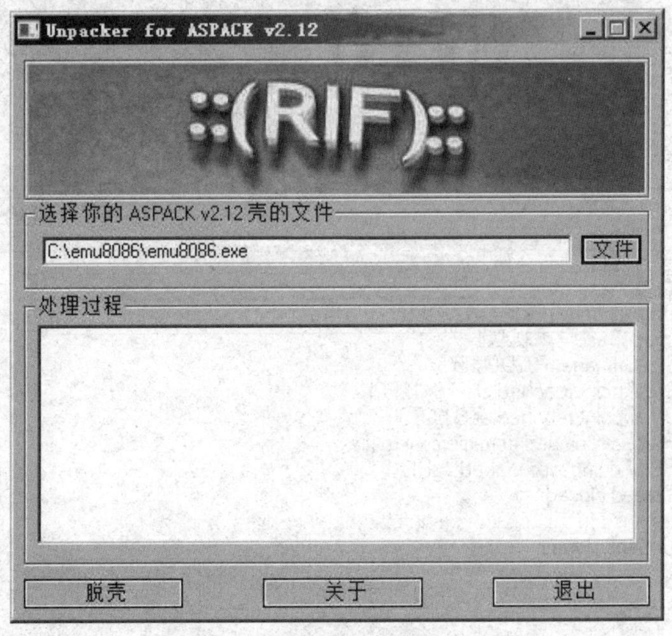

图 8.26　选择脱壳的文件后界面

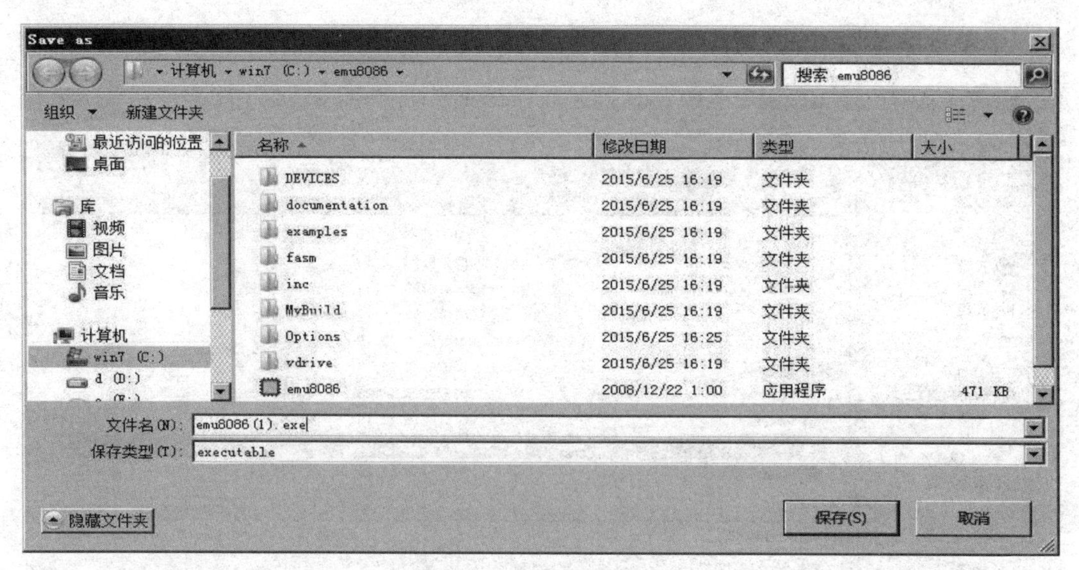

图 8.27 保存文件对话框

④完成脱壳，如图 8.28 所示。

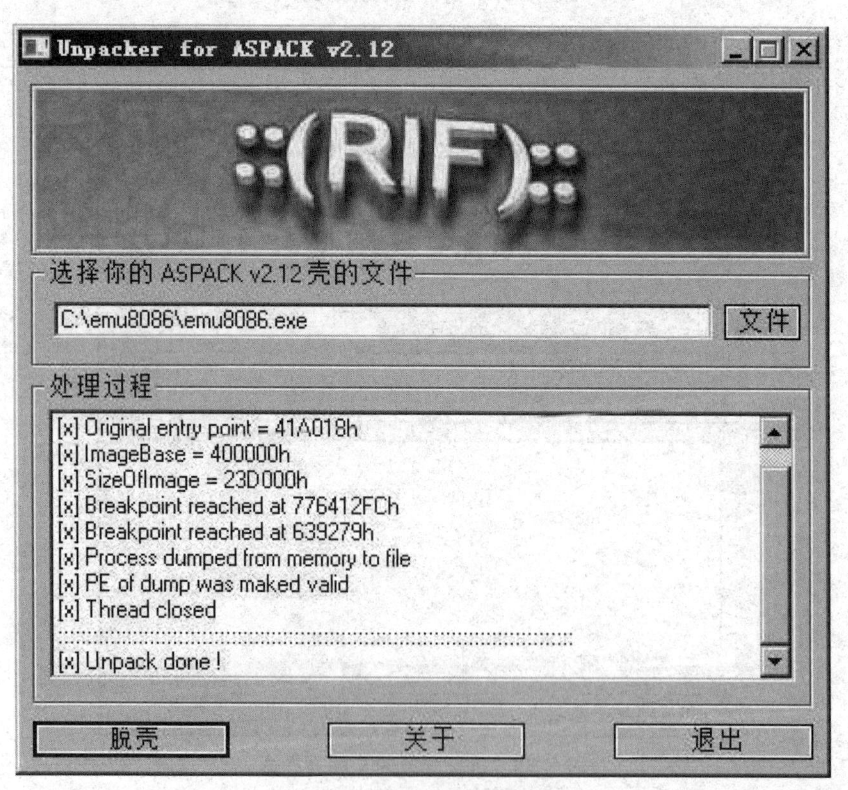

图 8.28 完成脱壳后的界面

可到文件夹中查看脱壳后的文件，如图 8.29 所示。

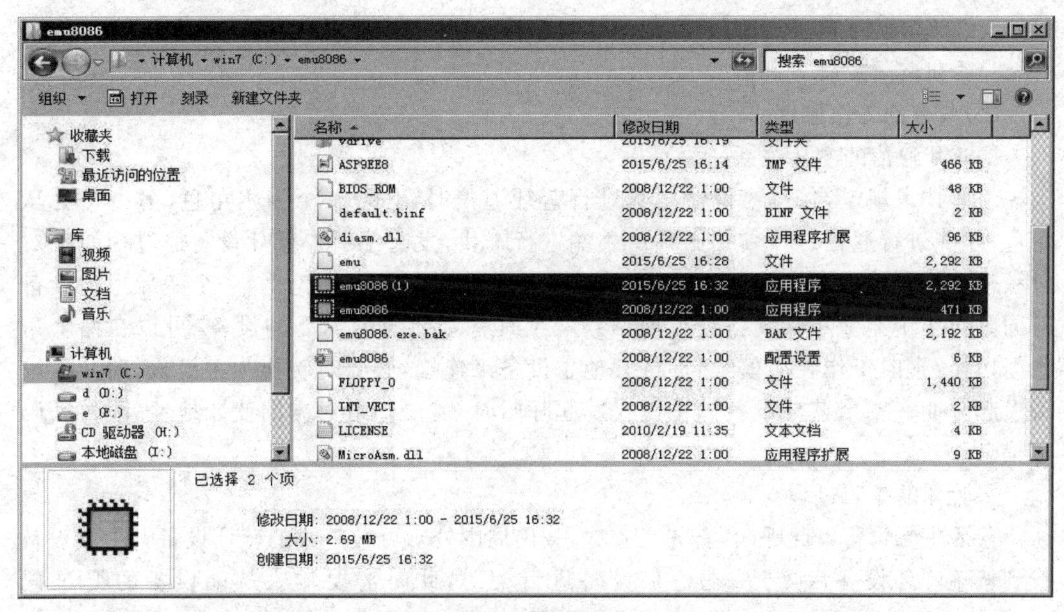

图 8.29　查看文件

使用 UnASPack 进行脱壳时要注意，UnASPack 的版本要与加壳时的 ASPack 的版本一致，才能够成功为木马脱壳。

8.3　手机安全基础

8.3.1　智能操作系统

智能手机操作系统是一种运算能力及功能比传统功能手机更强的操作系统。使用最多的操作系统有：Android、iOS、Windows Phone 等。它们之间的应用软件互不兼容。智能手机可以像个人计算机一样安装第三方软件，它具有独立的操作系统及良好的用户界面，拥有很强的应用扩展性，能方便、随意地安装和删除应用程序。智能手机已经实现了计算机的大部分功能，因而对智能手机的攻击类型与对计算机的攻击类型相类似。常见的手机攻击类型有蓝牙攻击、拒绝服务攻击、电子邮件攻击及病毒、木马和蠕虫攻击等。

1）Android 手机 Root 权限及 iPhone 手机越狱

Root 权限通常是针对带有 Android 系统的手机而言的，它使得用户可以获取 Android 操作系统的超级用户权限。Root 权限通常用于帮助用户越过手机制造商的限制，使得用户可以卸载手机制造商预装在手机中的某些应用，以及运行一些需要超级用户权限的应用程序。越狱是针对 iPhone 手机来讲的，是针对 iPhone 操作系统（也就是 iOS 系统）限制用户读写权限的破解操作。经过越狱的 iPhone 拥有对系统底层的读写权限，能够让 iPhone 手机免费使用破解后的 App Store 软件的程序。

2）Android 手机刷机方法

刷机，泛指通过软件或者手机自身对系统文件进行更改，从而使手机达到预期的使用效果。有时，智能手机的系统被损坏，造成功能缺失或无法开机，用刷机的方法通常也可以使系统恢复。手机进行刷机,需要第三方软件,例如比较常用的刷机大师。

3)手机蓝牙攻防

(1)蓝牙的工作原理

①蓝牙通信的主从关系

蓝牙技术规定,每一对设备之间进行蓝牙通信时,必须一个为主角色,另一个为从角色,才能进行通信;通信时,必须由主端进行查找,发起配对。蓝牙设备通过初始配对过程建立安全连接。连接建立成功后,双方即可收发数据。理论上,一个蓝牙主端设备可同时与 7 个蓝牙从端设备进行通信。一个具备蓝牙通信功能的设备,可以在两个角色间切换,平时工作在从模式,等待其他主设备来连接,必要时转换为主模式,向其他设备发起呼叫。一个蓝牙设备以主模式发起呼叫时,需要知道对方的蓝牙地址、配对密码等信息。

②蓝牙的呼叫过程

蓝牙主端设备发起呼叫,首先是查找,找出周围处于可被查找的蓝牙设备。主端设备找到从端蓝牙设备后,与从端蓝牙设备进行配对,此时需要输入从端设备的 PIN 码(Personal Identification Number,个人识别码)。个人识别码(PIN)是一个 4 位或更多位的字母数字代码,该代码将临时与产品相关联,以便进行一次安全配对。这个原理就好比远程登录一个系统需要输入账户及密码一样。不过在蓝牙设备配对中,不需要账户名称,只要输入正确的密码,就能够建立连接。这个密码就是常说的 PIN 码。配对完成后,从端蓝牙设备会记录主端设备的信任信息。已配对的设备在下次呼叫时,不再需要重新配对。链路建立成功后,主、从两端之间即可进行双向的数据或语音通信。在通信状态下,主端和从端设备都可以发起断链,断开蓝牙链路。

蓝牙耳机等设备的 PIN 码基本上都是固定的,由厂商在出厂之前直接设置好,一般都是 4 位纯数字,比如 0000,1111,1234 等,在产品说明书里都会有说明。作为手机或者其他蓝牙设备,则需要双方约定一个 PIN 码,然后输入一致即可。

③蓝牙一对一的串口数据传输应用

蓝牙数据传输应用中,一对一串口数据通信是最常见的应用之一。蓝牙设备在出厂前即提前设好两个蓝牙设备之间的配对信息,主端预存有从端设备的 PIN 码、地址等,两端设备加电即自动建链,透明串口传输,无须外围电路干预。一对一应用中,从端设备可以设为两种类型:一是静默状态,即只能与指定的主端通信,不能被别的蓝牙设备查找;二是开发状态,既可被指定主端查找,也可以被别的蓝牙设备查找。

(2)蓝牙攻击与防范

对于蓝牙手机使用者来说,最主要的威胁有三种:蓝牙拦截(Bluejacking)、蓝牙漏洞攻击(Bluesnarfing)和蓝牙窃听(Bluebugging)。

蓝牙拦截是指使用蓝牙技术匿名发送名片的行为。这些名片通常包括一些玩笑、挑逗或骚扰性的消息,而不是通常人们所认为的姓名和电话号码。蓝牙拦截并不会从设备中删除或修改任何数据。Bluejacker 指的就是那些喜欢发蓝牙信息的捣乱者,这些人通常会寻找 Ping 通的手机或有反应的用户,随后他们会发送很多的个人名片、广告、骚扰信息等到该设备。从攻击本身上说,接收该类文件不会对手机造成危害,但接收的文件也会存在感染恶意代码的可能。

蓝牙漏洞攻击和蓝牙窃听则会让黑客取得手机的控制权。早在蓝牙手机面世之时，其安全漏洞就已被提及。有通信安全人员就曾通过一个计算机程序，扫描蓝牙手机的传输波段，并利用其弱点绕过持有人设置的密码，获取了目标电话通信簿里的联系人信息和图片信息。但是，蓝牙手机的安全漏洞并没有引起手机生产厂商的足够重视，从而导致其被高科技“扒手”利用。蓝牙窃听允许攻击者利用蓝牙技术，通过连接手机隐藏且未经保护的频道，在事先不通知或提示手机用户的情况下访问手机，使得攻击者可以通过被攻击手机拨打电话、发送和接收短信、偷听电话内容等。

(3)常用的防范措施

①禁用蓝牙

禁用蓝牙是最简单、最有效的对策。不过，这也意味着用户将无法使用任何蓝牙手机配件或设备。另一个办法是当需要使用时开启蓝牙，而在人多的地方或收到匿名短信时关闭蓝牙。

②使用不可见/隐藏模式

调整手机设置，将蓝牙模式设置为不可见/隐藏模式，这也是一种实用的方法。在这种模式下，当攻击者搜索蓝牙设备时，用户的手机不会出现在攻击者的名单中。同时，用户可以继续使用手机上的蓝牙功能与其他设备相连接。

③不要接收

当收到陌生人发送的名片时，为防止拦截，选择不接收短信即可。尤其在拥挤的公共场所，更需要提高警惕。

④更改手机名称

如果用户保留手机默认的名称，攻击者可以很容易在手机里找到详细的隐私信息。而且，手机名称让攻击者更容易确定用户的手机防范系统是否脆弱。

⑤变更 PIN 码

在执行装置配对时，请务必私下进行，并且改掉预设的 PIN 码。如果可以，尽量使用 8 个字符以上而且字母和数字混合的 PIN 码。

4)手机支付安全的防范

随着以支付宝、微信支付、财付通为代表的第三方移动支付的应用范围不断拓展，其便捷化特征日益突出。与此同时，国内手机支付市场上信息泄露、病毒侵袭等诸多安全隐患正逐渐暴露。对于用户而言，移动支付安全引人担忧。除了常见的虚假账号、手机木马、钓鱼网站、恶意应用等带来的安全隐患，一些支付平台还有用户数据被泄露或倒卖的情况出现。为了降低手机支付风险，使用时应注意安全防范。

(1)实名认证。实名认证一方面可以增加服务功能，另一方面安全性也更高。尤其是重置密码时，实名认证后的用户会要求验证更多的细节，提高了安全性。

(2)不要随意点击好友发来的链接，尤其是提示下载手机应用的链接。在扫描二维码的时候，也一定要看清楚识别出来的内容，不安装不明文件。

(3)不要连接陌生 Wi-Fi。一些没有设置密码的 Wi-Fi 实际上并不安全，有可能是黑客设置的陷阱。当手机通过其交易时，包括银行账号在内几乎所有隐私信息都可以被黑客轻易获取。

(4)出门不要将银行卡、身份证及手机放在同一个地方。如果一同丢失,他人可使用支付软件的密码找回功能更改密码,危险程度极高。

(5)在丢失手机后应向运营商和支付服务商挂失。第一时间挂失 SIM 卡,以防被用于其他用途;如果有银行卡、支付宝等的绑定,也应该及时打电话给上述服务商,进行相关业务的冻结。用电脑登录支付平台的账户,关闭无线支付开关。

(6)不要随意下载安装手机应用。下载手机应用一定要通过正规渠道。目前已经出现不少窃取隐私的木马,可窃取到身份证号、银行卡号等信息。利用信息,骗子可以利用补办 SIM 卡的方式,通过手机网银盗取银行存款。

(7)不要越狱,不给手机乱装软件。下载支付应用客户端,必须在官方的软件商店或者软件官方网站下载,确保来源的安全。

(8)要给支付账户设置单独的、高安全级别的密码,给手机支付设置手势密码。

(9)要及时为手机系统打上安全补丁以有效阻止这类木马入侵。另外还要安装安全软件,在木马装进手机之前将其查杀。

(10)保持设置手机开机密码的习惯。在手机中安装可以加密的软件,给移动支付软件增加一层密码,这样,即使有人破解了开机密码,支付软件仍有密码保护。登录密码和支付密码也要设置为不同。不要把密码保存在手机里,或者设置成生日、车牌等容易被猜到的个人信息。

8.4 微信安全基础

微信已经成为手机中的必备软件之一。“扫一扫”“微信支付”“微店”等众多功能的推出,让微信从单一的沟通工具,逐步向多元化的生活平台扩展。随着微信用户数的不断增长和应用范围的更加广泛,如何保障微信的在线生活安全也成为微信用户关注的焦点。

(1)微信账号安全

通过微信账号与安全设置功能可以设置微信账号的安全性,如通过声音锁,可以朗读一段数字,做一把声音锁,使用声音直接登录微信。

微信账号保护功能可以增加微信账号安全。账号保护功能是微信针对账号安全所做的一种独立的保护措施,开启账号保护之后,若号码被盗,盗号者登录被盗账号时需要验证绑定手机短信才能登录,否则无法进行登录,这样就保证了账号被盗后微信信息的安全。栏中分别根据提示绑定 QQ 号和手机号,绑定完成即可启用账号保护。

(2)隐私设置

微信地理位置服务(Location Based Service, LBS)。用户在使用微信的 LBS 功能扩大社交圈子,结交好友的同时,应该注意微信的隐私设置,以防止个人信息被不当公开。微信“附近的人”功能可定位用户的位置,依次点击“设置”→“通用”→“功能”→“附近的人”,选择“清空并停用”,必要时可重新开启。如果不想被陌生人打扰或泄露自己的隐私,用户可以在“设置”的“隐私”中关闭“通过 QQ 号搜索到我”“通过手机号搜索到我”,以及对“朋友圈”权限进行设置。在微信“隐私”选项中关闭“允许陌生人查看十张照片”。

(3)微信支付安全

设置手机锁屏密码,那么即使别人拿到手机也无法立即开启使用,另外,微信支付密码切勿与手机锁屏密码或者其他密码一致。如果手机、身份证、钱包同时丢失,可向微信支付客服反馈情况,微信支付核实后会进行交易异常判断,采取账户紧急冻结等手段,保证用户账户安全。

当用户在公众账户内进行交易时,一定要认准账户加“V”标志,带“V”的即为微信认证商户的官方公众号,同时在交易时要认准“微信安全支付”认证字样,只有这样才能确保支付安全。对于未经认证的公众号所发布的支付页面、链接等,用户需保持警惕。

此外,对于手机病毒,这种情况加锁几乎已经不管用了,须借助于第三方软件比如说腾讯手机管家中“防护监控”的“支付保护”功能才可以,如图8.30所示。

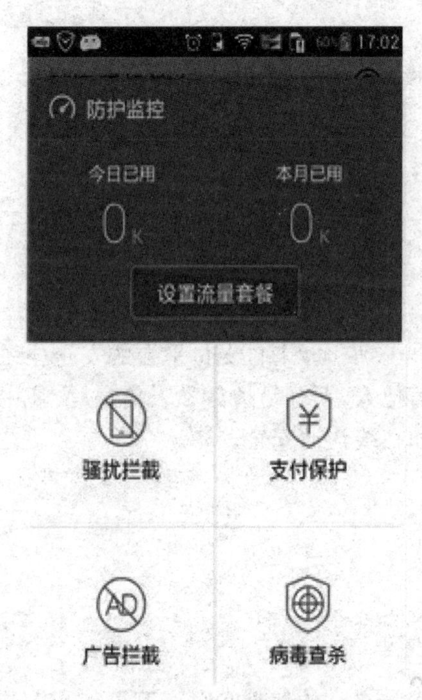

图8.30　防护监控

开启腾讯手机管家的支付保护功能后它会自动检测出手机中的支付软件,其中就包括微信,然后点击一键开启保护。之后开启软件的时候,会自动检测木马病毒等威胁,保护手机安全,如图8.31所示。

图 8.31 支付保护

网络支付没有绝对的安全。安全,来自支付平台的安全体系设定,加上用户的安全意识。用户应提高警惕,不轻信他人,不轻易透露私人信息,交往中采取必要保护措施,才能更好地保障自身隐私、财产和在线沟通安全。

8.5 网络攻防

8.5.1 QQ 账号攻防

当 QQ 受到攻击,不但用户自己的信息和财产等可能受到威胁,还极有可能给他人带去安全隐患。因此应该对存在的安全问题进行相应的防御。以"QQ 简单盗"为例,它采用进程插入技术,使软件本身不产生进程,因而很难被发现。"QQ 简单盗"能自动生成木马,只要将木马发送给目标用户,并使其在目标计算机中运行该木马,就可以达到盗取计算机中 QQ 密码的目的。因此,不要轻易接收 QQ 好友发过来的不明文件,说不定它就是一个盗取 QQ 的软件,一旦运行,QQ 也就没有任何安全性可言了。在公共场所上网的 QQ 用户应特别注意,以防被这种方法盗取 QQ,如果条件允许,最好先用杀毒软件对计算机进行杀毒再登录。

8.5.2 ARP 攻击

ARP(Address Resolution Protocol,地址解析协议)协议的基本功能是通过目标设备的IP地址，查询目标设备的MAC地址，以保证通信的进行。ARP攻击就是通过伪造IP地址和MAC地址实现ARP欺骗，在网络中产生大量的ARP通信数据使网络阻塞。攻击者只要持续不断地发出伪造的ARP响应包就能更改目标主机ARP缓存中的IP－MAC条目，造成网络中断或中间人攻击。ARP攻击主要存在于局域网中。

8.5.3 拒绝服务攻击

利用Ping攻击造成网络阻塞，网站无法访问，此后网络中出现了拒绝服务(DoS，Denial of Service)攻击这个名词。所谓拒绝服务，是指在特定攻击发生后，被攻击的对象不能及时提供应有的服务，例如本来应提供网站服务(HTTP Service)的不能提供网站服务，电子邮件服务器(SMTP，POP3)不能提供收发信件等的功能。基本上，阻绝服务攻击通常利用大量的网络数据包，以瘫痪对方之网络及主机，使得正常的使用者无法获得主机及时的服务。DoS的攻击方式有很多种，最基本的DoS攻击就是利用合理的服务请求来占用过多的服务资源，从而使合法用户无法得到服务器的响应。

随着技术的改进，有了分布式拒绝服务(DDoS，Distributed Denial of Service)攻击。分布式拒绝服务攻击指借助于客户/服务器技术，将多个计算机联合起来作为攻击平台，对一个或多个目标发动DoS攻击，从而成倍地提高拒绝服务攻击的威力。通常，攻击者使用一个偷窃账号将DDoS主控程序安装在一个计算机上，在一个设定的时间，主控程序将与大量代理程序通讯。代理程序已经被安装在Internet上的许多计算机上，代理程序收到指令时就发动攻击。利用客户/服务器技术，主控程序能在几秒钟内激活成百上千次代理程序的运行。

8.5.4 WiFi攻击防范基础

近年来，WiFi热点因其免费、方便接入等特性而广受欢迎。咖啡馆、饭馆、酒店和飞机场等公共区域，公交车、火车甚至飞机等公共交通工具上都能够提供WiFi热点接入服务，且这些公共WiFi大都是免费的。但同时，信息安全风险也随之而来。我国近80％的手机用户每天都会连接WiFi，这其中接近10％的WiFi都是没有设置密码的。在当前的公共WiFi中，隐藏安全风险的“黑WiFi”比例非常高，甚至远远超过了用户之前比较关注的手机病毒。很多“黑WiFi”没有密码，并且以Starbucks、Airport free等常见的公共WiFi名称命名。这些公共WiFi已经成为不法分子窃取用户隐私、骗取用户钱财的一个新兴渠道。一些黑客搭建一个不设密码的钓鱼WiFi，网民连上钓鱼WiFi后，所进行的操作、传输的数据都可以被黑客监视，黑客可从上网数据包里查到网民的登录信息，从而窃取个人邮箱、社交软件账号密码和照片等信息，还可以截获网民与网银、支付宝等财产相关的验证码短信，盗取受害者的资金。即便是设有密码的WiFi也不一定安全，黑客只需要将钓鱼WiFi的账号和密码设置成与正规WiFi热点一样，当网民进入钓鱼WiFi的范围后，他们极有可能被信号更强的“冒牌”WiFi所“俘获”。

家庭WiFi同样也存在着安全问题。许多家庭为了方便家庭成员使用各类智能终端上网，利用家里的固定网宽带搭建WiFi热点。家用的无线路由器一般有两层密码，一层是接入WiFi时需输入的密码，一层是管理路由器时需要的密码。许多人只是设置了前者而往往忽视了后者，甚至许多人根本不知道后者的存在。而为了使用方便，许多人设置的WiFi接入密码又非常简单，如“000000”“123456”或自己的生日等。黑客利用软件可以很容易地“暴力破解”用户的密码。黑客破解网民的家庭WiFi大多不只是为了蹭网这么简单。许多网民没有对家中的无线路由器管理账号和密码进行设置(许多路由器的默认账号和密码均为“admin”)，黑客一旦成功接入网民的WiFi热点，就可以随意修改路由器的参数，并进一步入侵接入该WiFi的智能终端，轻而易举地窃取网民的照片和文件，电子邮箱、社交软件和游戏的账号及密码等隐私信息，进行网上银行转账等操作，或者将网民的电脑变为“肉鸡”，构建“僵尸网络”等。

一些应用开发者看到免费WiFi所蕴藏的商机，推出可以帮助用户免费“蹭WiFi”的各类应用软件。如WiFi万能钥匙、万能WiFi钥匙、WiFi钥匙万能工具箱等，此类软件一经推出就受到网民欢迎。但此类软件隐藏着巨大的信息安全风险。当用户下载安装此类软件后，可以搜索到附近存在的一些WiFi热点，利用该软件，用户可以很方便地“一键接入”其中的部分WiFi热点(即便它们设有密码)。它们的原理很简单，一方面，软件商搜集大量的公共WiFi账号和密码；另一方面，用户分享他们接入的所有WiFi热点的账号和密码，这样一来就形成了一个大型的WiFi数据库，当用户进入这个数据库中WiFi的覆盖范围时，就能够自动调用密码接入该网络。对于用户而言，最大的风险就是，当他们连接自己的WiFi时，也会自动分享账号和密码，而许多人对此毫不知情。因为在安装此类软件的过程中，许多选项是默认勾选的(如“自动分享热点”“自动备份”等)，而人们往往不会注意到这些细节。一旦这些账号和密码被不法分子所利用，就极有可能造成用户的隐私信息泄露甚至造成财产损失。

那么应该如何防范WiFi攻击呢？可以从以下几方面入手。

(1)在公共WiFi环境中，要避免使用没有密码的免费WiFi。如果黑客利用开启监听模式的无线网卡，没有密码的WiFi流量数据是可以被黑客直接看到的。仔细辨认常见的公共WiFi账号，尤其要特别警惕同一地区有多个相同或相似名字的WiFi。出现这一情况，很有可能是黑客搭建了钓鱼WiFi。不要用手机浏览器登录重要账号，尽可能使用手机APP。因为一般的银行客户端和支付宝APP都会对数据传输进行加密，相对更安全一些。手机邮箱设置应开启SSL加密，以避免在钓鱼WiFi环境中泄露账号密码。

(2)在家庭WiFi环境中，要修改无线路由器的管理账户和密码。不要使用无线路由器默认的账号和密码，以免黑客篡改路由器参数。

使用最高等级的加密方式。在设置无线路由器的加密方式时，不要使用WEP加密方式，这种静态加密的方式很容易被破解，要使用WPA/WPA2的加密方式，WiFi的接入密码应尽量设置得复杂些，建议16位以上而且要同时包含字母、数字与符号。

(3)不要使用“蹭网”软件，以免自己的WiFi账号和密码等信息被自动共享。

(4)在不使用WiFi时要养成关闭WiFi开关的习惯，以防智能终端自动连上“黑WiFi”；同时可安装正规的安全软件，目前大多数的安全软件均有WiFi环境扫描功能，可以更安全地接入WiFi网络。此外，政府相关部门、运营商和安全厂商等各方应更多地进行合作，通过大数据平台找到这些“黑WiFi”。

习　题

一、填空题

1. 信息安全主要包括＿＿＿＿＿＿、＿＿＿＿＿和＿＿＿＿＿＿。＿＿＿＿是目前信息安全的核心。

2. ＿＿＿＿＿＿是保障信息安全的核心技术，在数据加密、安全通信及数字签名等方面都有广泛的应用。

3. ＿＿＿＿＿＿＿和＿＿＿＿＿＿＿＿构成密码体制的两个基本要素。

4. 木马程序由两部分组成，分别是＿＿＿和＿＿＿＿。木马与计算机网络中常常用到的远程控制软件有些相似，通过一段特定的程序来控制另一台计算机，从而窃取用户资料、破坏用户的计算机系统等。

5. 所谓的壳，是指＿＿＿＿＿＿＿＿＿＿＿＿＿＿＿＿＿＿＿＿＿＿，它们一般都先于程序运行，拿到控制权，然后完成它们保护软件的任务。

6. 对于蓝牙手机使用者来说，最主要的威胁有三种：＿＿＿＿、＿＿＿＿＿和＿＿＿＿＿＿。

7. ARP 协议的基本功能是＿＿＿＿＿＿＿＿＿＿＿＿＿。ARP 攻击就是通过＿＿＿＿＿＿＿＿ARP 欺骗，在网络中产生大量的 ARP 通信数据使网络阻塞。

8. 所谓拒绝服务，是指＿＿＿＿＿＿＿＿＿＿＿＿＿＿＿＿，例如本来应提供网站服务而不能提供网站服务，电子邮件服务器(SMTP，POP3)不能提供收发信件等功能。

二、操作题

1. 试使用 WinRAR 软件压缩并加密文件。
2. 试使用数字证书加密 PDF 文档。
3. 试使用 ASPack 对文件进行加壳。
4. 试对手机微信账号安全进行设置。